TRAITÉ

DE

BOTANIQUE MÉDICALE

CRYPTOGAMIQUE

SUIVI

Du Tableau du Droguier de la Faculté de médecine de Paris

PAR

H. BAILLON

Professeur d'Histoire naturelle à la Faculté de médecine de Paris

AVEC 370 FIGURES DANS LE TEXTE

DESSINS DE A. FAGUET

PARIS

OCTAVE DOIN, ÉDITEUR

8, PLACE DE L'ODÉON, 8

1889

TRAITÉ

DE

BOTANIQUE MÉDICALE

CRYPTOGAMIQUE

Imprimeries réunies, **B**, rue Mignon, 2.

TRAITÉ

DE

BOTANIQUE MÉDICALE

CRYPTOGAMIQUE

SUIVI

Du Tableau du Droguier de la Faculté de médecine de Paris

PAR

H. BAILLON

Professeur d'Histoire naturelle médicale à la Faculté de médecine de Paris

AVEC 370 FIGURES DANS LE TEXTE

DESSINS DE A. FAGUET

PARIS

OCTAVE DOIN, ÉDITEUR

8, PLACE DE L'ODÉON, 8

1889

TRAITÉ

DE

BOTANIQUE MÉDICALE

CRYPTOGAMIQUE

Les *Cryptogames*, dites encore *Agames* et *Acotylédones*, ont long-temps passé pour avoir une organisation[1] des plus simples et pour se reproduire sans organes sexuels distincts. Mais cette manière de voir ne serait pas acceptable aujourd'hui pour un très grand nombre d'entre elles. Il était plus exact de dire que, contrairement aux Phanérogames, elles ne possèdent pas de fleurs proprement dites; mais elles ont souvent des organes analogues à ceux que l'on appelle chez les Phanérogames des appareils reproducteurs, et elles peuvent aussi présenter des organes de protection pour les agents réels de leur reproduction.

On s'accorde assez bien aujourd'hui à distinguer les Cryptogames en *Vasculaires* et en *Cellulaires*, suivant qu'elles possèdent ou non des faisceaux de vaisseaux. On les divise aussi en *Thallophytes* ou *Amphigènes* et en *Acrogènes* : les unes pourvues de *Spores* qui reproduisent, en général, une plante semblable à celle qui portait les spores; les autres donnant naissance, au sortir de la spore, à un *Proembryon* ou *Prothalle* qui porte les organes sexuels et qui, après la fécondation des uns par les autres, produira des *Oospores* ou œufs renfermés dans un *Oosporange* et donnant naissance à une plante asexuée; de sorte que la génération est dans les Acrogènes de celles qu'on nomme alternantes.

Nous commencerons ce livre par l'étude des Cryptogames dites vascu-laires et nous le terminerons par celle des Cryptogames cellulaires.

---

1. Nous avons donné, dans notre *Traité de Botanique phanérogamique*, dont le pré-sent ouvrage est la suite, et auquel peut se reporter le lecteur (p. 297), des notions aussi sommaires que possible sur l'organographie des Cryptogames.

CRYPTOGAMES VASCULAIRES

Cette grande division de la Cryptogamie comprend les Fougères, les Lycopodiacées, les Équisétacées et les Rhizocarpées; ces dernières n'intéressent pas la médecine.

FOUGÈRES

Les Fougères (*Filices*) sont des Cryptogames acrogènes, pourvues d'organes analogues à des feuilles distinctes et qui ont reçu le nom de *Frondes*. Simples ou, plus ordinairement, divisées, ces frondes portent les organes de la reproduction asexuée, qui sont des *Sporanges* presque toujours groupés sur leur face inférieure ou leurs bords. Ces sporanges, abrités ou non par un *Indusium*, ne sont pas renfermés dans un *Sporocarpe* (comme il arrive dans les Rhizocarpées); et les spores donnent ordinairement naissance à un prothalle bien développé, portant ou les *Anthéridies,* ou les *Oosporanges,* ou à la fois les unes et les autres.

Polypodes

Le *Polypodium vulgare* L. (fig. 1-3) est une de nos Fougères les plus répandues et les plus employées en médecine. C'est le *Polypode de chêne, P. commun, Fougerolle, Arglisse sauvage, Réglisse des bois, Fougère-Réglisse.* Vivace et haute de 2 à 5 décimètres, cette plante a un rhizome mince, traçant, charnu et chargé d'écailles brunes et scarieuses. Il porte inférieurement des racines adventives, et supérieurement des frondes aériennes, alternes, pétiolées, dont le limbe, enroulé primitivement en crosse, a, dans son ensemble, la forme ovale-lancéolée et est pinnatipartite; les segments alternes, un peu confluents à leur base, le long de la nervure médiane, oblongs-lancéolés, obtus ou aigus, entiers ou dentés. Les infé-

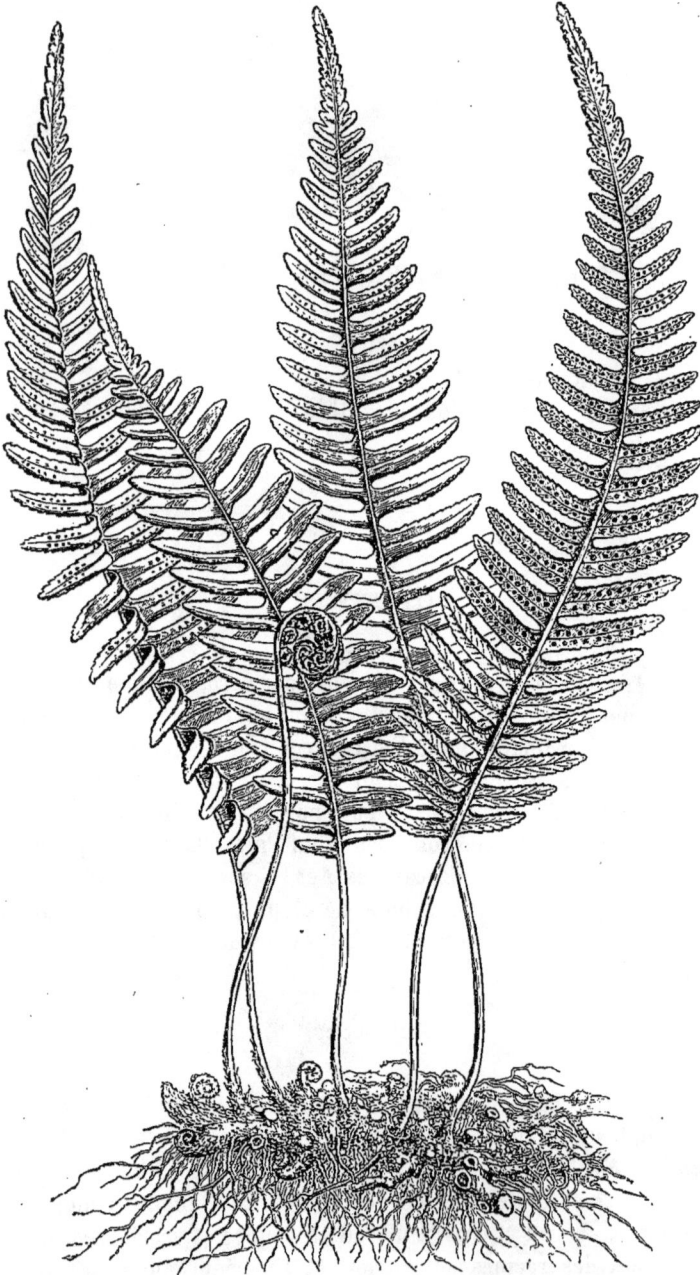

FIG. 1. — *Polypodium vulgare*. Port.

rieurs sont profondément pinnatilobés dans le *P. cambricum* L., qui n'est qu'une variété de cette espèce. De la nervure principale naissent, dans les segments, des nervures secondaires, bi- ou trifurquées, dont les divisions sont épaissies et translucides au sommet et n'atteignent pas les bords de la fronde. C'est sur la plus courte de ces divisions que s'insèrent, à la face inférieure de la fronde, les amas de corps reproducteurs ou *Sores* (fig. 2, 3), arrondis, disposés par suite sur deux rangées parallèles à la nervure moyenne du segment, et formés de sporanges tous semblables entre eux.

Chaque sporange (fig. 2, 3) est un sac pyriforme, supporté par un pied rétréci, et dont la paroi membraneuse et fragile, formée de phytocystes inégaux et irréguliers, s'épaissit sur un de ses bords, dans les deux tiers environ de son étendue, en une sorte de rachis arqué, désigné sous le nom d'*Anneau*, et formé de phytocystes superposés en une longue série, dont les parois ont subi une modification particulière. Sur un bord, cette paroi est demeurée mince et

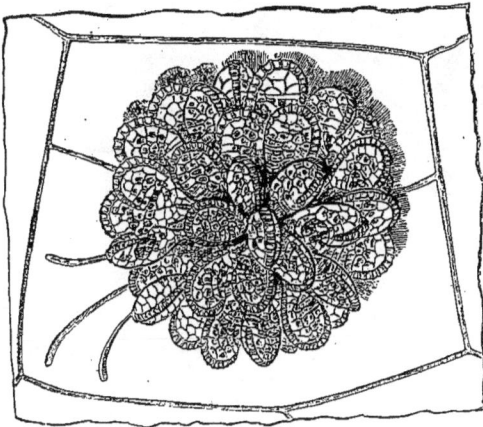

Fig. 2. — *Polypodium vulgare.* Sore.

fragile; mais au côté interne de l'anneau, la paroi opposée s'est épaissie, s'incrustant d'une matière brune et dure dans toute sa hauteur. La même incrustation s'est produite dans les cloisons qui séparent l'un de l'autre deux phytocystes successifs de l'anneau; et la couche incrustée y est d'autant plus épaisse qu'elle se rapproche davantage de la face profonde. Il en résulte une sorte d'U, à branches atténuées à leur sommet, qui demeurent à peu près parallèles tant que les phytocystes de l'anneau sont gorgés de liquide. Mais celui-ci diminuant lors de la complète maturité du sporange, les portions membraneuses des phytocystes s'affaissent et permettent aux branches de l'U de se rapprocher. La conséquence est le redressement du rachis que représente l'anneau; ce qui amène la déchirure des parois membraneuses latérales du sporange, surtout vers un point plus faible que tous les autres et qu'on a nommé *Stomium*.

La déhiscence du sporange une fois produite de la sorte, les *Spores* (fig. 7) qu'il contenait s'échappent (fig. 3, 11, 25, 33), projetées parfois assez loin, élastiquement et comme par saccades. Elles sont ovoïdes, de couleur brune, au nombre d'une soixantaine dans chaque sporange. Leur paroi est double : un *Exospore* ferme, coloré, cassant, et un *Endospore* membraneux, incolore, doué d'une certaine extensibilité.

Une fois mises en liberté, les spores du Polypode, comme celles des
Fougères en général, si elles sont placées dans des conditions favorables
de température et d'humidité, absorbent de l'eau, et leur endospore aug-

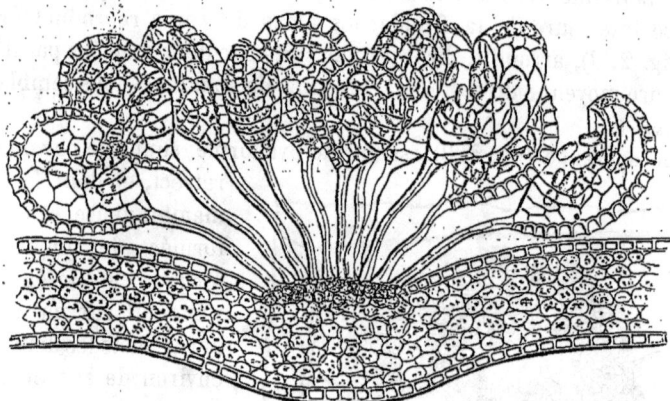

FIG. 3. — *Polypodium vulgare*. Sore, coupe longitudinale.

mente de volume. Il presse contre l'exospore qui se brise, et par la
solution de continuité, l'exospore fait hernie et s'allonge graduellement
en un tube qui bientôt se cloisonne, et en travers et en long. Peu à peu,

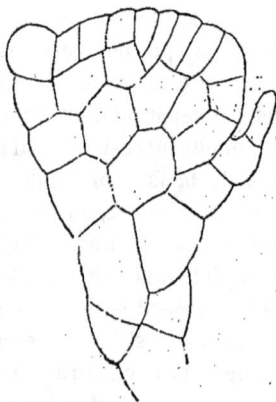

FIG. 4. — Prothalle de Fougère, en voie
de développement (Luerssen).

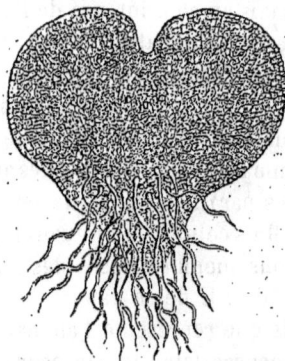

FIG. 5. — Prothalle de Fougère,
adulte et vu par la face inférieure.

et par des multiplications successives de phytocystes, il se constitue un
Prothalle (fig. 4, 5), en forme de lame verte, à peu près cordiforme,
échancrée en avant et parfois aussi en arrière, épaissie au centre et
membraneuse vers les bords. Cette lame présente une échancrure anté-

rieure qui répond à son point végétatif : c'est là qu'on voit ses phytocystes constituants plus nombreux, plus petits et en voie de division. Appliqué sur le sol par une de ses faces que nous nommerons l'inférieure, le prothalle produit là des poils, ou phytocystes-tubules, qui jouent le rôle de racines (*Rhizines, Rhizoïdes*), et puisent dans le substratum des liquides et des aliments. Bientôt, sur cette même face, pourvu qu'elle soit soustraite à l'action de la lumière, se forment des organes reproducteurs, les uns mâles et les autres femelles. On a pu, en exposant la face supérieure du prothalle à l'obscurité et en éclairant sa face inférieure, faire développer au-dessus et non en dessous ces mêmes organes reproducteurs.

Les organes femelles sont situés vers l'échancrure antérieure du prothalle, et en petit nombre. Ce sont, à leur état adulte, comme de petits puits renversés (fig. 6), dont le fond est enchâssé dans le prothalle et dont la portion libre proémine en dessous de lui. Cette dernière portion est

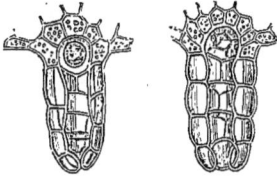

FIG. 6. — Oosporanges de Fougère, contenant, au fond de leur canal, l'oosphère à deux états différents.

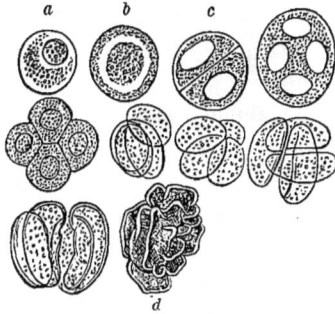

FIG. 7. — Série des développements des spores d'une Fougère. États successifs, *a, b, c, d* (Sachs).

formée par quatre séries superposées de quatre phytocystes arqués, limitant un canal dont le sommet finit par s'ouvrir en bas, par écartement des phytocystes de la série apicale. Sa cavité est occupée par trois autres phytocystes inégaux et superposés. Les deux plus voisins de l'orifice sont destinés à se résoudre en un mucilage dont le gonflement détermine l'ouverture du puits ; ce mucilage servira d'ailleurs ultérieurement de support aux agents fécondateurs, lorsqu'ils se dirigeront vers l'organe à féconder. Celui-ci occupe le fond du puits ; c'est un gros phytoblaste auquel on donne le nom d'*Oosphère*. L'oosphère doit devenir l'*Oospore*; de sorte que le réservoir dans lequel elle est enfermée est, pour nous, l'*Oosporange*, comme le sporange est la cavité qui contient les spores. On le nomme aussi généralement *Archégone*.

Les organes mâles se trouvent en arrière des oosporanges, vers le point du prothalle où naissent les rhizines. Ce sont des sacs ovoïdes ou arrondis, à paroi formée d'une seule couche de phytocystes et à contenu constitué par d'autres phytocystes, plus nombreux et plus délicats ; chacun d'entre eux renfermant un corps fécondateur mobile, nommé *Anthérozoïde*. De là le nom d'*Anthéridies* donné à ces sacs. A leur état parfait, ils se déchirent à leur sommet en étoile ; les petits phytocystes contenus sortent en tournoyant dans un liquide ; puis ils s'ouvrent et laissent échapper leur anthérozoïde, qui nage sous forme d'un ruban spiralé, à extrémité postérieure atténuée en pointe, à portion antérieure munie de longs et nombreux cils vibratiles (fig. 21). Chaque anthérozoïde traîne avec lui un globule hyalin dont l'origine et les fonctions ne sont pas encore bien connus. Un certain nombre de ces anthérozoïdes progressant entre la face inférieure du prothalle et la surface humide du sol, parviennent jusqu'à l'orifice béant de l'oosporange. A ce moment, le canal de ce dernier est tout rempli du mucilage dont nous connaissons l'origine et dont une portion fait même saillie, sous forme d'une grosse goutte, au dehors de l'orifice qui s'est porté plus ou moins de côté. Les anthérozoïdes pénètrent dans le canal, arrivent à l'oosphère et se mêlent à sa substance ; ce qui assure sa fécondation. L'oosphère se recouvre alors d'un phytocyste cellulosique et devient l'oospore qui est apte à germer.

Par son développement, l'oospore devient une petite plante, un petit pied de Fougère, qui n'a plus qu'à grandir pour constituer un Polypode tel que celui que nous avons examiné au début. Avant même que le prothalle qui la renfermait se soit entièrement détruit, cette *Plantule* possédait une courte tige, une ou plusieurs racines adventives et une ou quelques frondes. Celles-ci prennent peu à peu les caractères de l'état adulte, jusqu'au jour où leur face inférieure sera en mesure de produire des sores.

Le prothalle possédant à la fois des organes mâles et femelles, appartient donc à un mode de reproduction sexuée du Polypode ou des autres Fougères. Les frondes ne produisant que des spores, sans agent fécondateur mâle immédiat, représentent un mode de génération asexué. Il y a donc dans le Polypode, comme dans les Fougères en général, alternance des générations.

Le *Polypodium vulgare* est très commun dans la plus grande partie de l'Europe, principalement dans les bois, sur les roches, les murs, les toits de chaume. On emploie, sous le nom de racine, son rhizome qui, entier et récent, est couvert d'écailles jaunâtres ; mais elles sont tombées pour la plupart du rhizome sec, qui est de la grosseur d'un tuyau de plume, comprimé, cassant, tuberculeux sur celui des bords qui répond à l'insertion des frondes, uni sur l'autre bord qui porte cependant quelquefois des restes de racines. Sa surface extérieure est brune ou jaunâtre, et il est verdâtre d'abord à l'intérieur, avec une odeur légèrement désagréable et une saveur d'abord douce et sucrée, puis âcre et nauséeuse. Il contient une matière sucrée, et abandonne, par l'action prolongée de l'eau bouillante, un extrait mucilagineux, gélatineux et amer. Son infusion alcoolique est beaucoup plus sucrée que l'infusion aqueuse ; elle renferme de

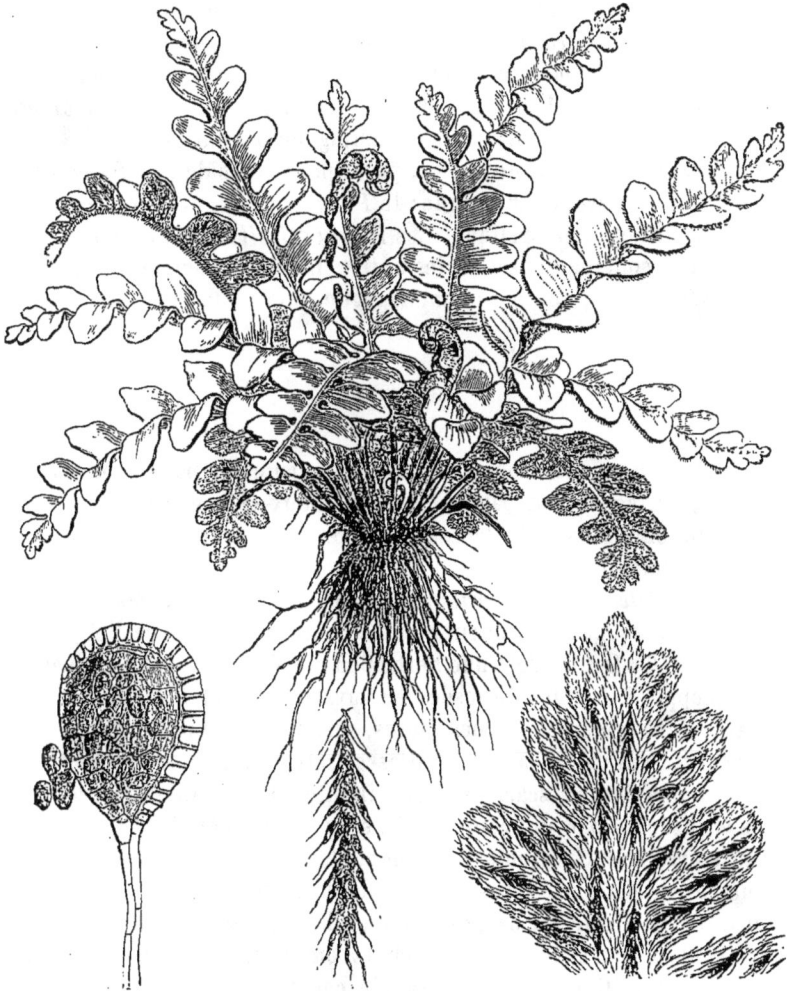

FIG. 8-11. — *Ceterach officinarum*. Port. Segment de fronde, vu en dessous. Sore. Sporange déhiscent.

la glycyrrhizine, des sels alcalins, de l'oxyde de fer. On peut extraire de cette plante de la mannite, une huile grasse, une substance résineuse et une sorte de glu. Le rhizome entre dans la composition de l'Electuaire lénitif (E. de séné composé) et de l'E. catholicum (E. de rhubarbe composé). Il est astringent à faible dose, évacuant à dose plus élevée.

C'est un purgatif doux, utile surtout pour les enfants. On l'a recommandé comme ascaricide, anticatarrheux, antiasthmatique; on l'emploie communément dans les campagnes contre les bronchites invétérées.

Le *Polypodium Calaguala* R. et Pav., du Pérou, produit la véritable Souche de *Calaguala*, jadis usitée en médecine, vantée comme sudorifique, antisyphilitique, anthelmintique, et à laquelle on substituait les rhizomes du *P. crassifolium* L. et de l'*Acrostichum Huacsaro* R. et Pav., puis le *P. adiantiforme* Forst. et l'*Aspidium coriaceum* Sw., ou même une phanérogame de la famille des Balanophoracées, le *Cynomorium coccineum* ou *Fungus melitensis* (Champignon de Malte).

Le *P. percussum* Cav., du Brésil, passe pour tænicide ; le *P. morbillosum* Presl, de Java, pour tonique; le *P. lycopodioides* L., du Mexique, pour astringent et diaphorétique. Les *P. quercifolium* L., *Rhedii* Kost., *suspensum* L. sont indiqués dans les traités classiques comme vermifuges; le *P. taxifolium* L., comme emménagogue, etc.

Ceterach

Les *Ceterach* sont des fougères à frondes garnies de poils et d'écailles scarieuses, protégeant en partie les sores. Ceux-ci sont oblongs ou linéaires, disséminés sur la face inférieure de la fronde, avec ou sans ordre. On n'emploie chez nous en médecine que le *C. officinarum* W. (*Asplenium Ceterach* L. — *Grammitis Ceterach* Sw. — *Gymnogramma Ceterach* Spreng.), vulgairement nommé *Daurade*, *Doradille* d'*Espagne*, *Herbe dorée* (fig. 8-11). C'est une herbe peu élevée (5-20 cent.), à rhizome peu développé, à frondes disposées en cuvette, puis étalées, pinnatipartites, avec des segments alternes, obtus, épais, confluents, verts en dessous, chargés sur cette face d'écailles grisâtres, finalement roussâtres, plus ou moins dorées, scarieuses et brillantes. Ces écailles sont ovales-aiguës et insérées par un point étroit, situé à une certaine distance de leur base arrondie, de façon à être comme feutrées. Les sores sont étroits, atténués aux deux extrémités, et les sporanges sont lisses et d'un brun noirâtre. Cette plante est assez commune dans presque toute la France, sur les vieilles murailles et les rochers ombragés. Elle est béchique, astringente, diurétique, et on l'a vantée contre la gravelle et un grand nombre de maladies des voies urinaires. On la préconise, en décoction dans l'eau de forgeron, contre les engorgements de la rate et l'œdème qui accompagne ou suit les fièvres intermittentes (Cazin).

Pteris

Les *Pteris* sont des fougères à frondes plus ou moins divisées et dont les sporanges naissent disposés en bandelettes longitudinales continues, tout près des bords brusquement amincis des divisions de la fronde. En dehors de leur ligne d'insertion, le bord atténué de la fronde se réfléchit sur les bandelettes de sporanges et leur constitue une indusie continue, libre par son bord interne.

Le *P. aquilina* L. (*Fougère à l'aigle, F. impériale, Feuchière*) (fig. 12, 13) est la plus commune, chez nous, des espèces de ce genre et c'est le type d'une section à laquelle on a donné le nom de *Pœsia*, caractérisée par un indusium plus ou moins dédoublé. C'est une grande plante vivace (haute de 5-18 décimètres), à rhizome traçant, à peu près horizontal; à frondes annuelles très grandes, pétiolées. Certaines coupes obliques du pétiole

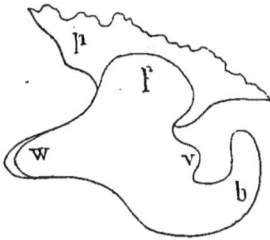

FIG. 12. — *Pteris aquilina*. Schéma du développement de la génération asexuée sur le prothalle *p; f,* pied; *b,* sommet de la tige; *w,* racine; *v,* feuille (Hofmeister).

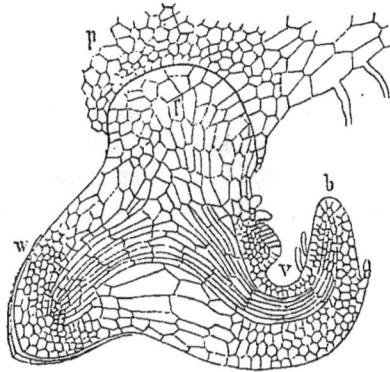

FIG. 13. — *Pteris aquilina*. Coupe longitudinale du prothalle, en voie de développement, montrant ses divers points végétatifs. Mêmes lettres que dans la figure 12 (Hofmeister).

laissent voir la figure des faisceaux ligneux bruns, rappelant par leur disposition l'image d'un aigle à double tête. Le limbe, dont l'ensemble est ovale-triangulaire, coriace, d'un beau vert, est bi-tripinnatiséqué, avec les segments opposés, pétiolulés, ovales-lancéolés ou triangulaires; les lobules entiers, très rapprochés, pubescents, surtout en dessous et sur leur ligne médiane, à bord réfléchi constituant l'indusie mince et grisâtre, à cordons épais de spores brunes très nombreuses et plurisériées. Cette belle espèce est très abondante dans toute la France, dans les bois, les champs sablonneux, surtout dans les terrains siliceux des landes, dunes, etc. Elle doit son nom spécifique à cette figure d'aigle héraldique qu'on obtient en coupant son rhizome et même ses pétioles. Ces coupes nous montrent un épiderme, un sous-épiderme, un parenchyme fondamental à phytocystes gorgés de fécule et dans lequel se développent les faisceaux fibro-vasculaires et ce qu'on a nommé les *Cordons sombres*. Ceux-ci sont au nombre de deux, en forme de croissants qui se regardent par leur concavité. Ils sont formés de phytocystes devenus scléreux et chargés de ponctuations croisées, qui donnent au rhizome une grande solidité. Les faisceaux fibro-vasculaires se joignent à eux pour compléter la figure d'oiseau à laquelle nous faisions allusion : les plus petits se groupant en une sorte de couronne autour des faisceaux sombres, et les deux plus gros, en dedans et presque accolés l'un à l'autre. Ce rhizome n'a pas, quoiqu'on l'ait dit, les propriétés tænicides de la Fougère mâle; il n'est qu'astringent et sert, comme tant d'autres, au tannage des cuirs. La poudre du rhizome, sans doute à cause de la fécule qu'il contient, a pu servir à faire un mauvais pain dans les temps de disette. C'est une plante riche en sels de potasse et dont la cendre a été utilisée en verrerie. Les feuilles s'emploient à fumer et à écobuer les terres, à faire des litières, à emballer les fruits et le poisson.

Il y a en Amérique un *P. caudata* L., et en Polynésie un *P. esculenta* Forst., dont les indigènes mangent les souches grillées et en préparent un pain grossier, d'ailleurs fort peu nutritif. Le *P. indica* Sw., le *Bali* d'Amboine, a des jeunes pousses comestibles. Au Brésil, les *P. pedata* Sw. et *leptophylla* Radd.; aux Antilles, le *P. arachnoides* Kaulf. sont employés, dit-on, comme pectoraux.

Adiantum

Les *Adiantum* sont des fougères dont les frondes sont complètement partagées en segments irrégulièrement quadrilatéraux ou presque triangulaires, à bords libres prolongés çà et là en lobes membraneux, arrondis ou oblongs, qui portent les sores sur une de leurs faces, laquelle se replie suivant sa base, de façon à venir s'appliquer par sa face sorifère sur la face inférieure de la foliole.

L'*A. Capillus Veneris* L. est le *Capillaire de Montpellier* (fig. 14-16). C'est une fougère à rhizome mince et à frondes délicates, molles, bipinnatiséquées, hautes de 1 à 3 décimètres, à pétioles et pétiolules grêles, capillaires, noirâtres, avec les folioles à peu près aussi larges que longues, insymétriquement quadrilatérales, cunéiformes et entières à la base, arrondies vers le sommet, lobulées dans les frondes sorifères, tandis que dans les frondes stériles, elles sont en haut dentées en scie, avec des veinules ténues, bifurquées et dont les divisions atteignent les bords. Le pétiole est grêle, très long, lisse, luisant, noirâtre et nu dans sa moitié inférieure ou davantage. Les sporanges sont petits, nombreux, courtement stipités, arrondis au sommet. Cette plante a une odeur douce et faible, agréable. Elle croît dans les portions chaudes de la France, sur les rochers ou les murs humides et ombragés, dans les grottes, les puits, au bord des fontaines. On la trouve dans une grande partie de l'Europe.

Le Capillaire du Canada est généralement préféré au précédent pour

FIG. 15. — *Adiantum Capillus Veneris.*
Portion de fronde.

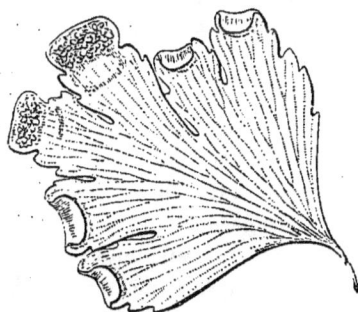

FIG. 14. — *Adiantum Capillus Veneris.* Port
du sommet d'un rhizome feuillé (réduit environ de moitié) (Marchand).

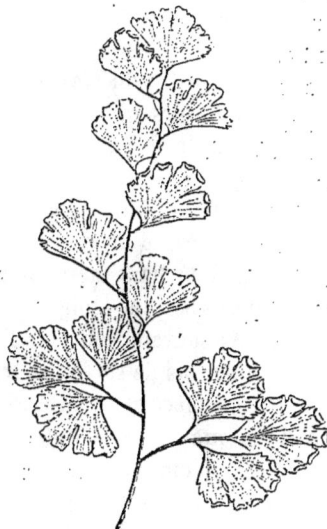

FIG. 16. — *Adiantum Capillus Veneris.* Foliole ; deux lobules sorifères étalés et renversés.

l'emploi médical; c'est l'*Adiantum pedatum* L. (fig. 17-18). Ses frondes peuvent atteindre un demi-mètre de hauteur. Elles ont de longs pétioles lisses, d'un rouge brun, et des divisions pédalées, c'est-à-dire dichotomes avec des ramifications du côté interne seulement. Celles-ci portent dans

l'ordre distique les folioles qui sont oblongues, en forme de parallélo-
gramme irrégulier ou de triangle scalène ; les deux bords inférieurs entiers,
et le supérieur lobé, incisé en quelques plaques
semi-circulaires ou oblongues, qui portent les
sporanges et sont rabattues avec eux sur la foliole. Ces folioles sont glabres, douces au toucher; d'un vert gai, à odeur faible mais assez
agréable et à saveur douceâtre ou légèrement
styptique.

L'*A. tenerum* L., du Mexique, a été substitué
au précédent alors qu'il faisait défaut dans le
commerce de la droguerie. Il a des pétioles
solides, longs (50 cent. à 1 m.), très ramifiés et
noirs. Ses folioles sont alternes, rhomboïdales
ou trapéziformes, d'un vert foncé et sombre,
fermes et se détachant facilement par leur base.
Les deux bords les plus éloignés du pétiolule sont
peu inégaux, souvent continus l'un avec l'autre,
incisés et pourvus de sores sur leurs divisions repliées. Cette espèce est d'ailleurs à peu près aussi
aromatique que la précédente.

Au Cap, on emploie aux mêmes usages l'*A-
diantum æthiopicum* L.; aux Antilles, les *A.
fragile* Sw., *trapeziforme* L., *macrophyllum*
Sw., *cristatum* L., *falcatum* Sw., *caudatum* L., *villosum* L. et *radia-
tum* L.; dans l'Inde, l'*A. melanocaulon* W. L'*A. fragile* Sw. a été vanté
contre la consomption et les
ulcérations pulmonaires. Les
A. pentadactylon Langsd.
et *cuneatum* Langsd., du
Brésil, se substituent, sous
le nom d'*Arençaó*, à l'*A. pedatum*. Tous ces Capillaires
sont pectoraux, diaphoré-
tiques, aromatiques, parfois
un peu amers ou styptiques,
probablement fort peu ac-
tifs, mais cependant encore
très fréquemment prescrits,
à l'état d'infusion, de décoction, de sirop, principale-
ment dans les affections inflammatoires des bronches, alors qu'on désire
modifier la nature de leurs produits sécrétés. Le C. du Canada fait partie
du Sirop des chantres ou d'*Erysimum* composé du *Codex*.

Fig. 17. — *Adiantum pe-
datum*. Portion de fronde.

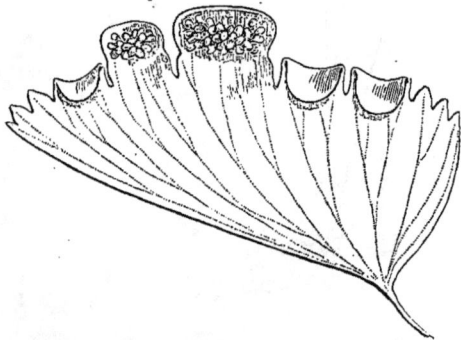

Fig. 18. — *Adiantum pedatum*. Foliole ; deux
lobules sorifères étalés et renversés.

Fougère mâle

Adanson a attribué en 1763 la Fougère mâle (fig. 19-28), le *Polypodium Filix-mas* L., à un genre *Dryopteris* qui a été appelé depuis [1803] *Nephrodium*. C'est donc le *D. Filix-mas* SCHOTT (*Nephrodium Filix-*

FIG. 20. — *Dryopteris Filix-mas.* Lobes de fronde, fructifère.

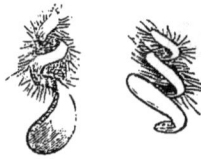

FIG. 19. — *Dryopteris Filix-mas.* Jeune plante.

FIG. 21. — *Dryopteris Filix-mas.* Anthérozoïdes.

mas RICH. — *Aspidium Filix-mas* SW. — *Polystichum Filix-mas* ROTH. — *Lastræa Filix-mas* PRESL). C'est une herbe vivace, dont le rhizome, à peu près horizontal et plus ou moins relevé vers son sommet, paraît épais de 6-8 centimètres environ, parce qu'il est tout entouré des bases des frondes qui persistent avec plus ou moins d'obliquité à sa surface. Il est, en outre, tout chargé de *Ramenta*, c'est-à-dire d'écailles allongées, aplaties, scarieuses, translucides, d'un brun doré, qui se détachent graduellement du rhizome, à partir de sa base. De très nombreuses racines adventives, cylindriques, filiformes, légèrement ramifiées, d'un brun foncé, naissent du rhizome et descendent en passant entre les bases des frondes.

Les frondes sont dressées, pétiolées, naissant du rhizome dans l'ordre alterne. Quand elles sont jeunes, elles sont fortement enroulées en crosse et chargées aussi de *ramenta*. Épanouies, elles ont un limbe ovale-

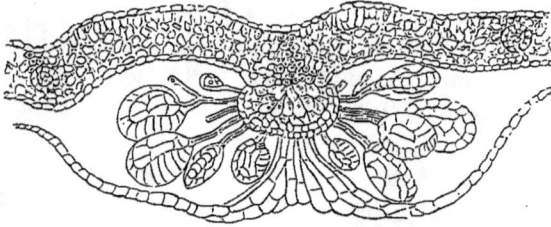

FIG. 22. — Coupe verticale d'un lobe de fronde de *Dryopteris Filix- nas*, passant par le centre d'un sore (Sachs).

oblong et atténué au sommet (long d'un demi-mètre ou plus), dont le rachis est d'un brun pâle, tout chargé de poils. Il est pinnatipartite. Ses lobes sont nombreux, alternes, à peu près sessiles sur le rachis, linéaires-

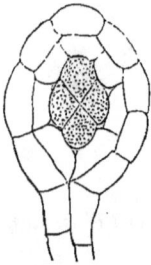

FIG. 23. — Sporange jeune de *Dryopteris Filix-mas*, avec cavité sporigène (Sachs).

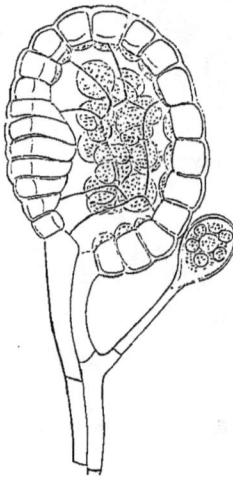

FIG. 24. — Sporange de *Dryopteris Filix-mas*, à peu près mûr et portant une glande latérale (Sachs).

FIG. 25. — Sporange de *Dryopteris Filix-mas*, au moment de la déhiscence.

oblongs, à base tronquée, à sommet atténué. Il sont d'autant plus courts qu'ils sont plus élevés sur le rachis; et ceux de l'extrême sommet sont confluents. Chacun d'eux est découpé jusque vers le milieu de la moitié de sa largeur en grandes dents qui sont presque entières ou dentées-crénelées. Ses deux faces sont glabres, lisses, et leurs veines sont

simples ou fourchues. Leur face inférieure porte deux séries parallèles
de sores (fig. 20), peu nombreux (4-6 sur chaque série), orbiculaires, qui
consistent en sporanges pyriformes, légèrement comprimés, stipités, très
petits, bruns, avec un anneau longitudinal qui occupe la moitié ou les trois
quarts de leur bord, et qui, se redressant avec élasticité, produit le
déchirement transversal de la paroi du sporange. Du centre des sporanges se détache une colonne dont l'extrémité supérieure se dilate en
un indusium qui doit recouvrir et protéger le sore (fig. 22). Cet indusium
n'est pas circulaire, comme celui des *Aspidium*, parce que du côté inférieur, il présente un pli radial déprimé qui aboutit à une échancrure du
bord de l'indusium, adhère à son pied, et rend l'indusium réniforme
(fig. 20). Sa consistance est membraneuse; sa coloration grisâtre ou un
peu violacée. Les spores, très petites, très nombreuses, ovoïdes, brunes,
sont lisses, réticulées. Quand elles germent, elles donnent naissance à un
prothalle obcordé-réniforme, plat, vert, qui porte en avant, vers l'échancrure, quelques oosporanges, et plus en arrière d'assez nombreuses anthéridies et des rhizines.

Le *Dryopteris Filix-mas* est une de nos plus communes fougères. On
le trouve en abondance dans les bois, sur le bord des fossés, dans les
landes ombragées. Il croît dans toute l'Europe, dans les portions tempérées de l'Asie, dans l'Afrique septentrionale et australe, dans l'Amérique du Nord et les Andes de l'Amérique du Sud. Il présente des variétés
et des formes très nombreuses, reliées au type par de nombreuses transitions et qui ont reçu les noms de *abbreviatum, elongatum, affine, pu-
milum, Borreri.*

La partie usitée est le rhizome (fig. 26-28). Sa structure est relativement
peu compliquée. Entièrement parenchymateux au début, il présente un
épiderme et un sous-épiderme qui devient plus ou moins épais et brun.
Intérieurement, le parenchyme, formé de phytocystes légèrement polyédriques et contenant beaucoup de grains de fécule, est parcouru par une
dizaine de faisceaux fibro-vasculaires, sans compter un grand nombre de
beaucoup plus petits faisceaux qui sont extérieurs aux précédents. Les
bases des frondes ont une organisation analogue; mais leurs faisceaux
sont ordinairement au nombre de huit. Il y a dans les phytocystes du
parenchyme, outre la fécule, des granulations jaunâtres ou brunes de
substance tannique et des gouttes d'huile. On ne doit employer en médecine que la portion du rhizome où le parenchyme est suffisamment jeune
pour présenter une teinte jaune verdâtre. En ces points, Schacht a
montré qu'il y a de petits et de grands espaces intercellulaires dans
lesquels proéminent quelques glandes stipitées, globuleuses et verdâtres,
nées des parois des phytocystes qui limitent les méats. Elles laissent
exsuder, alors que leur développement est complet, un fluide vert qui,
dans les coupes plongées dans la glycérine, se solidifie en cristaux aciculaires, formés, dit-on, d'acide filicique, coloré par de la chlorophylle et de

l'essence. On ne trouve pas ces glandes dans la plupart des Fougères qui ont été substituées à la F. mâle, quoique M. Flückiger les ait rencontrées aussi dans l'*Aspidium spinulosum* Sw. Il y a des glandes analogues entre

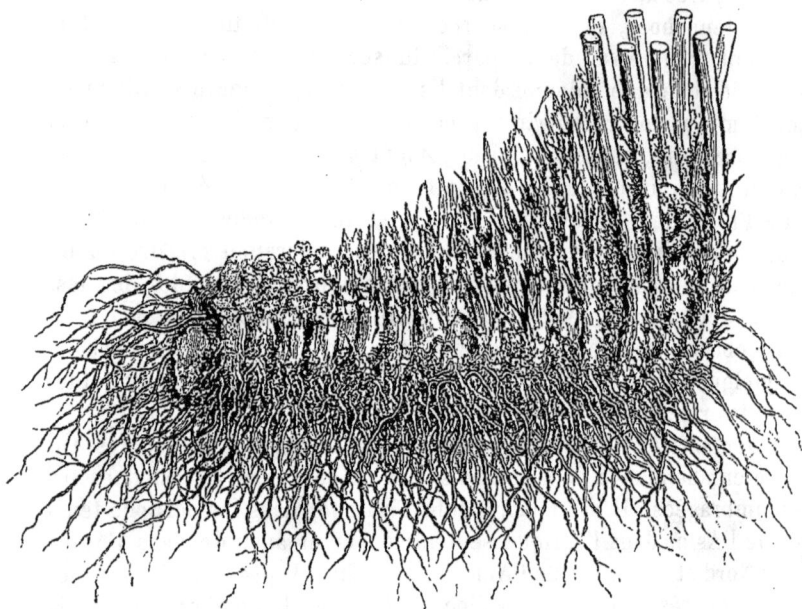

FIG. 26. — *Dryopteris Filix-mas.* Rhizome.

les écailles qui recouvrent la portion végétante du rhizome, et on en observe même parfois sur le pied des sporanges (fig. 24) ; mais elles ne sécrètent pas de liquide vert. Quand, avec l'âge, c'est-à-dire après l'effort de la végétation, les glandes du parenchyme se flétrissent, deviennent de couleur jaune-brun et ne produisent plus de substance verte, la Fougère mâle perd ses propriétés actives ; de sorte qu'il faut récolter son rhizome, du commencement de l'été à la fin de l'automne, avant qu'il n'ait perdu, dans sa portion parenchymateuse, sa coloration verdâtre et ses principales qualités. C'est jusqu'ici l'éther seul qui

FIG. 27. — *Dryopteris Filix-mas.* Sommet du rhizome, coupe longitudinale (Sachs).

enlève au rhizome toutes ses matières actives : une huile grasse et verte, une essence volatile, de la résine, du tannin et du sucre. De l'extrait éthéré, dont un rhizome peut donner environ 8 p. 100, il se dépose une substance cristalline et granuleuse, qu'on a nommée Acide filicique

2

(Luck). La portion verte de l'extrait a reçu le nom de Filixoline et produit par la saponification deux acides. Les rhizomes perdent peu à peu, en se desséchant, toutes leurs propriétés; il faut donc en renfermer hermétiquement la poudre ou en préparer l'extrait éthéré aussi peu de temps que possible après leur récolte. Dans ces conditions, l'extrait éthéré de Fougère mâle est peut-être le meilleur remède qu'on connaisse contre les helminthes cestoïdes en général, contre les Tænias en particulier.

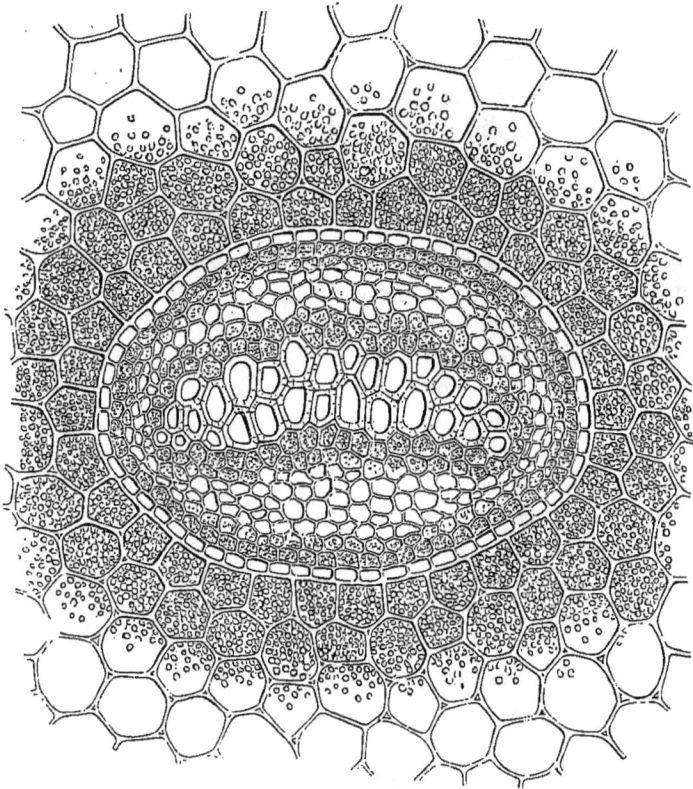

Fig. 28. — *Dryopteris Filix-mas.* — Faisceau fibro-vasculaire du rhizome.

On a substitué à la Fougère mâle, la Fougère femelle et les *Aspidium spinulosum* Sw. et *Oreopteris* Sw., mais ils n'en ont pas les propriétés. Les *Aspidium* se distinguent des *Dryopteris* en ce que leurs indusies sont orbiculaires, sans repli ni encoche qui les rende réniformes, et aussi en ce que les bases des frondes portées par leurs rhizomes sont pourvues de deux faisceaux fibro-vasculaires, tandis qu'il y en a huit dans le *Dryopteris*. Ces faisceaux ont ici la même structure que dans les Fougères en général : ce sont, comme ceux des Monocotylédones, des faisceaux fermés. Ils ont une coupe transversale (fig. 28) à peu près elliptique. Au voisinage des deux foyers de l'ellipse se trouvent quelques trachées, puis, suivant le grand axe, de dedans en dehors, des vaisseaux dits scalariformes, des phytocystes grillagés et des phytocystes libériens mous et séveux. Une gaine protectrice générale enveloppe tout le faisceau. La découverte des vaisseaux spiralés des Fougères, revendiquée par plusieurs auteurs modernes, date en réalité de Malpighi (1687).

Asplenium.

Le genre *Asplenium* est caractérisé par des sporanges allongés, ovales ou linéaires, solitaires ou épars sur les nervures secondaires des frondes, ou plus rarement presque régulièrement bisériés. Les sores sont protégés par une indusie qui devient libre par son bord interne, tandis que son bord externe demeure adhérent et sert comme de charnière à l'indusie qui se relève et se renverse en dehors. Les segments de la fronde sont d'ailleurs plus courts vers sa base et son extrémité que vers son milieu.

Le plus simple de nos *Asplenium* utiles a des frondes une seule fois pinnatiséquées. C'est l'*A. Trichomanes* L. (fig. 29). De son court rhizome s'élèvent des pétioles grêles, lisses, d'un noir plus ou moins pourpré, convexes en dessous, aplatis en dessus où il sont bordés d'une aile très courte, finement crénelée. La lame de la fronde est découpée de nombreux segments ovales, arrondis, finement dentelés ou rarement incisés, qui commencent près de la base du pétiole. Suivant les nervures, dont les secondaires ne sont pas épaissies à leur sommet qui n'atteint pas les bords du limbe, se voient, sur la face inférieure, les sores linéaires, bisériés, obliques, distincts d'abord, puis confluents vers le centre. L'*A. Petrarchæ* est une variété à rachis pubescent, observée d'abord à la fontaine de Vaucluse. L'*A. Trichomanes* est le *Capillaire rouge* des *officines* et s'est substitué, dans les hôpi-

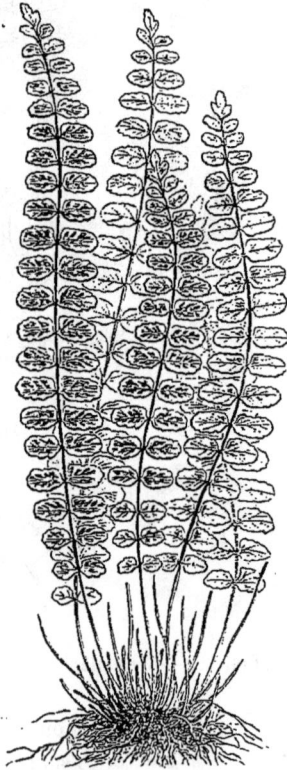

Fig. 29. — *Asplenium Trichomanes*. Port.

taux, à l'*A. pedatum*; mais il a peu de parfum et doit être fort peu actif.

La Rue des murailles (*Asplenium Ruta muraria* L.) porte encore le nom de *Sauve-vie*, *Capillaire blanche* (fig. 30). C'est une espèce qui appartient à une section du genre dans laquelle les frondes, par suite du raccourcissement successif de leurs segments, sont triangulaires et se rétrécissent graduellement de la base au sommet. C'est le plus petit de nos *Asplenium*, ses frondes n'ayant que de 2 à 12 centimètres de long; elles sont uni-bipinnatiséquées, épaisses, coriaces, à segments peu nombreux (3-7), avec des lobes obovales ou ovales-oblongs, entiers ou lobulés. Les sporanges, disposés en quelques groupes linéaires, deviennent confluents au point de recouvrir presque toute la face inférieure des lobes. L'indusium se détache par son bord interne qui est finement frangé. Cette espèce est très commune, sur les rochers et les vieilles murailles, dans presque toute l'Europe. Elle a été vantée contre cent maladies : la gravelle, la diarrhée, les catarrhes des bronches, de la vessie, les hémoptysies, etc., mais elle ne paraît pas très digne de son antique réputation. Le nom d'*Asplenium* vient, selon Ray, de ce que : *quod adversus splenis morbos efficax sit.*

Le Capillaire noir (*A. Adiantum nigrum* L.)(fig. 31-33) appartient à la même section. Son rhizome cespiteux, logé dans le sol ou dans les fentes des roches, supporte des frondes triangulaires-lancéolées, acuminées (longues de 1 à 3 décimètres), glabres, brillantes et d'un vert foncé en dessus, bi-tripinnatiséquées, à segments lancéolés-aigus et généralement multilobulés, décroissant graduellement de la base au sommet de la fronde. Les lobules sont atténués et entiers à leur base, dentés au sommet. Les sores sont linéaires, puis confluents et couvrent presque toute la face inférieure des lobes. L'indusium

FIG. 30. — *Asplenium Ruta muraria*. Port.

allongé a son bord interne entier et d'assez bonne heure libre. Le pétiole est aussi long que le limbe, lisse, luisant et inférieurement d'un brun noirâtre. L'*A. Virgilii* BORY est une variété de cette plante, à lobes plus distants, plus étroits, plus finement découpés. C'est une herbe assez commune dans le centre, l'ouest et le midi de la France. Elle a joui d'une grande réputation en médecine, surtout contre les affections chroniques des reins, du foie et de la rate.

La véritable Fougère femelle, dont Linné avait fait un *Polypodium*, doit se rapporter aussi au genre *Asplenium*, après avoir été attribuée à un grand nombre d'autres (*Aspidium Filix-fœmina* Sw. — *Cystopteris Filix-fœmina* Coss. et GERM. — *Athyrium Filix-fœmina* ROTH). C'est donc l'*Asplenium Filix-fœmina* BERNH. Par ses caractères extérieurs et son port, cette herbe (haute de 1/2 mètre à 1 mètre) rappelle beaucoup la Fougère mâle. Mais les segments de sa fronde, finement bi-pinnatiséquée, sont eux-mêmes pinnatiséqués, lancéolés, plus courts vers le haut et le bas de la fronde que vers son milieu. Les sores sont linéaires, nombreux,

FIG. 31-33. — *Asplenium Adiantum nigrum*. Port. Pinnule. Sporange.

plus ou moins confluents à la fin; et leur indusium, détaché par son bord interne est, de ce côté, finement frangé. Les sporanges sont jaunâtres, puis bruns, plurisériés et très nombreux. Cette fougère est très commune dans presque toute l'Europe, parmi les bois humides. Son rhizome n'est guère utile en médecine, quoiqu'on l'ait aussi vanté comme vermicide. Ses frondes servent à tous les mêmes usages que celles de la Fougère mâle. Ses cendres sont riches en sels de potasse et sont employées dans les blanchisseries et les verreries. On dit que leur lessive sert aussi en Chine à préparer le vernis de certaines porcelaines.

Scolopendre.

Le *Scolopendrium officinale* Sm. (*S. officinarum* Sw.), ou *Langue de bœuf, L. de veau, L. de chien, L. de cerf, Herbe à la rate*, est une herbe vivace, à rhizome épais et cespiteux, qui porte des frondes (fig. 34) alternes (longues de 1-4 décim.), pétiolées, oblongues ou oblongues-lancéolées, entières ou un peu érodées dans le type, diversement découpées en haut dans certaines formes qu'on cultive, à base cordée au-dessus de laquelle elles sont souvent un peu rétrécies, le plus souvent pourvues à cette même base de deux oreillettes obtuses, contournées en dedans; glabres, fermes, rigides, d'un vert clair. Le pétiole est plus court que le limbe et écailleux. La nervure médiane du limbe porte un grand nombre de nervures secondaires, parallèles, un peu obliques. Les sores sont parallèles aux nervures secondaires et occupent tout ou portion de la largeur de la demi-fronde. Ils sont formés de nombreux petits sporanges noirâtres, stipités, disposés sur deux saillies linéaires, parallèles,

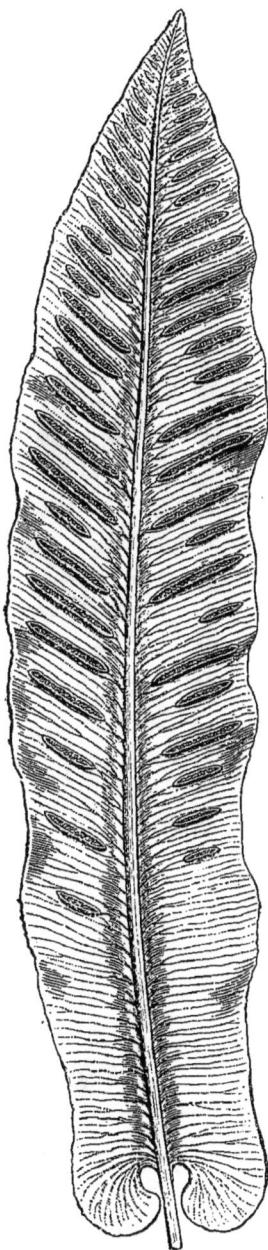

FIG. 34. — *Scolopendrium officinale*. Fronde, face inférieure.

séparées l'une de l'autre par un sillon. L'indusium est double, répondant au prolongement du bord libre de deux nervures secondaires ; il se rabat sur une ligne de
sporanges, sous forme d'une lame linéaire,
membraneuse, translucide, et recouvre
l'autre lame indusiale semblable, qui naît
de l'autre côté de la sore. A un moment
donné, ces deux lames cessent de s'im-
briquer, se relèvent plus ou moins perpendiculairement au plan de la fronde ; et les
sporanges, mis à nu, s'ouvrent et projettent
élastiquement leurs spores. C'est une plante
assez commune en Europe, très abondante
dans le sud et l'ouest de la France, assez
rare aux environs de Paris, sauf dans les
puits obscurs. On la trouve sur les rochers,
au bord des chemins ombragés. Elle fait
partie des *Espèces vulnéraires suisses* ou
Thé suisse et du *Sirop de Rhubarbe* ou *de
Chicorée composé*. Elle s'emploie verte ou
sèche. Les anciens la préconisaient contre
les obstructions de la rate et du foie, la
diarrhée, la dysenterie, les catarrhes pulmonaires, les hémoptysies, les affections
calculeuses. Elle faisait partie de presque
toutes les tisanes diurétiques. Elle est aussi
légèrement astringente et vermifuge. Topiquement, elle s'emploie encore, dans les
campagnes, au traitement des brûlures.

Ophioglosses.

Les Ophioglosses représentent un type
anormal parmi les Fougères et en ont même
été totalement séparés dans une famille
des Ophioglossées, principalement parce
que leur fronde n'est pas enroulée au
début, parce qu'elle se dédouble de bonne
heure en une lame externe stérile et
une lame interne fertile, et parce que

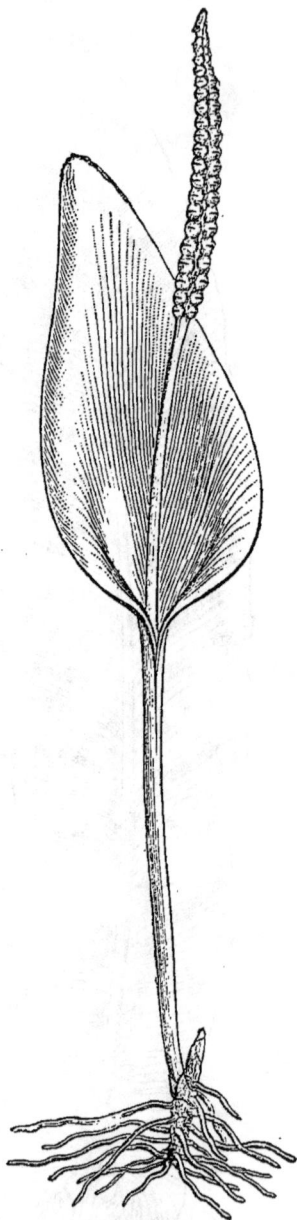

Fig. 35. — *Ophioglossum vulgatum*. Port.

leur prothalle, de forme particulière, est dépourvu de chlorophylle.

L'*Ophioglossum vulgatum* L. (fig. 35), vulgairement *Langue de serpent, L. de Christ, Lance de Christ, Herbe sans couture, H. à daucune, Petite Serpentaire, Luciole,* est une petite herbe vivace (3-30 cent.), qui a un rhizome court, à sommet écailleux, à face inférieure chargée de racines fibreuses. La lame stérile de sa fronde est ovale-lancéolée ou ovale, entière, glabre, peu rigide, d'un beau vert, avec de très fines nervures anastomosées. La lame fertile a la forme d'un épi linéaire, pédonculé, plus court, puis plus long que la lame stérile, aigu, comprimé suivant les deux faces, tandis que ses bords présentent chacun une série de sporanges superposés, distiques, et qui finissent par s'ouvrir transversalement en deux valves. Des spores en germination sort un prothalle en forme de masse allongée, épaisse, parenchymateuse, incolore et analogue à un rhizome. L'*O. vulgatum* est assez commun dans toute l'Europe, principalement dans les prairies et dans les bois humides et sombres. Il passe pour vulnéraire, tonique, astringent, résolutif, utile contre les hémorrhagies, la leucorrhée ; on l'applique encore, dans les campagnes, sur les plaies et les contusions. Les alchimistes prétendaient qu'il peut devenir lumineux la nuit (d'où son nom de *Luciola*).

L'*O. lusitanicum* L., plus petit et à feuilles linéaires, a les mêmes propriétés. Dans l'Océanie tropicale, les *O. pendulum* L. et *ovatum* Sw. sont recherchés, à ce qu'on rapporte, pour leurs frondes comestibles.

Botrychium.

Le *Botrychium Lunaria* Sw. (fig. 36-39), vulgairement nommé *Lunaire* ou quelquefois *Langue de cerf*, était pour Linné l'*Osmunda Lunaria*. C'est une herbe vivace, haute de 5-20 cent., qui a un rhizome court, écailleux au sommet, pourvu inférieurement de racines adventives. Ses frondes sont, comme celles des Ophioglosses, divisées en deux lames : l'extérieure stérile, pennatiséquée, non enroulée en crosse au début, avec des segments semi-lunaires, réniformes ou subrhomboïdaux, à peu près entiers ou plus ou moins incisés, veinés. L'intérieure, fertile, est aussi pinnatiséquée ; mais ses segments sont réduits à leur rachis. Ascendants ou dressés, ils constituent une sorte d'inflorescence terminale composée et supportent de nombreux sporanges sans anneau, subglobuleux, déhiscents à leur sommet par une courte fente dont les bords se renversent un peu en dehors lors de la sortie des spores. Le prothalle qui provient de celles-ci a la forme d'un petit tubercule ovoïde, dépourvu de chlorophylle et creusé de cavités qui renferment des anthéridies ovoïdes et des oosporanges peu nombreux. Cette plante, assez rare aux environs de Paris, se trouve dans les clairières des forêts et les pâturages secs, depuis la côte française occidentale jusqu'aux plus hauts sommets alpins. Elle a joué un grand rôle dans les rêveries des Hermétiques, passant pour briser le fer, solidifier le mercure, mettre le bétail en rut. On la croit astringente, antileucorrhéique, antidysentérique ; on l'a même dite réductrice des hernies. C'est l'*Herba Lunariæ Botrylidos* de la pharmacopée germanique. C'était

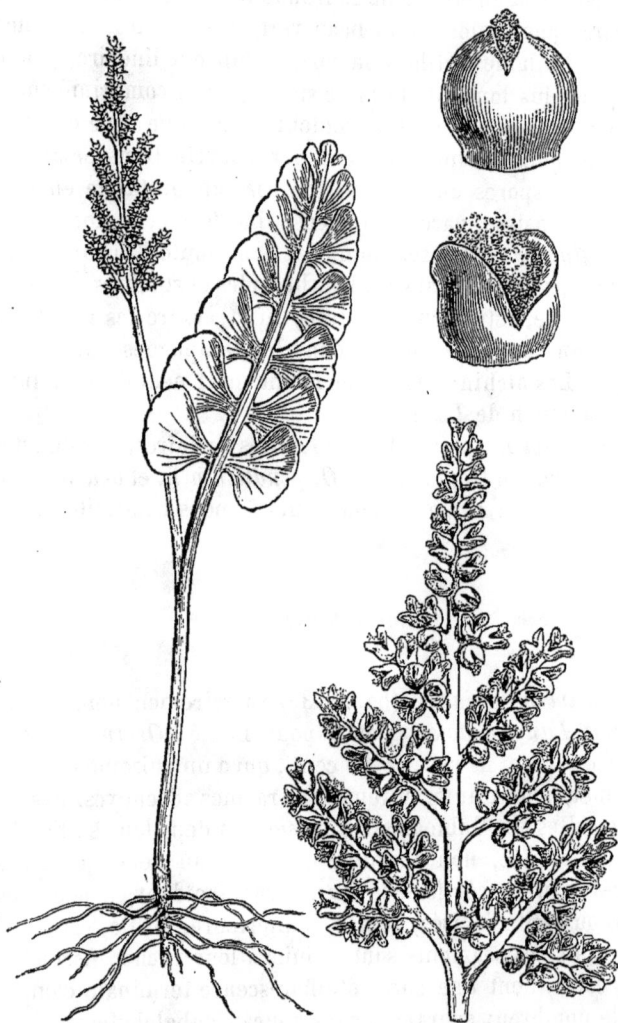

Fig. 36-39. — *Botrychium Lunaria*. Port. Fronde fructifère. Sporanges déhiscents.

la *Petite Lunaire* des anciens, qui passait pour avoir « grande vertu contre les playes, car elle les peut conglutiner et fermer », et qui était considérée comme « merveilleusement bonne pour arrester le flux menstrual et fleurs blanches des femmes » (Fuchs). Elle passe pour guérir les contusions et les plaies. On lui substitue les *B. Matricariæ* Spreng. et *rutaceum* W. Aux Antilles, le *B. cicularium* Sw. est préconisé comme dépuratif, sudorifique, et se prescrit contre les morsures des serpents venimeux.

Les Fougères d'un intérêt secondaire au point de vue médical, sont : L'*Agneau de Scythie* (*Dicksonia Barometz* Link. — *Cibotium Barometz* Link. — *C. glaucescens* Hook. — *C. assamicum* Hook.), encore appelé au moyen âge *Frutex tartareus*. C'était une panacée, un être semblable quant au corps à un animal, broutant les végétaux autour de lui, mais fixé comme une plante par sa racine. Les marchands qui colportaient cette drogue laissaient à sa surface quelques bases de frondes, représentant grossièrement les quatre membres et la queue du prétendu animal. Les poils qui couvrent le rhizome de cette fougère, étaient employés comme hémostatiques. On vend encore ce singulier remède dans les bazars d'Orient. A Java, les *Balantium chrysotrichum* Hook. et *magnificum* Hook. jouent le même rôle en médecine, sous le nom de *Paku-Kidang*. Les *Cibotium Chamissoi* Kaulf., *Menziezii* Hook., *glaucum* Hook. et Arn., qui sont aussi des *Dicksonia*, sont exportés des îles Sandwich en Australie et en Californie, et, sous le nom de *Pulu*, s'emploient aux mêmes usages.

Le *Blechnum Spicant* Roth (*B. boreale* Sw. — *Osmunda Spicant* L. — *Lomaria Spicant* Desvx), assez commun dans toute l'Europe, est remarquable par ses frondes dimorphes : les unes stériles

Fig. 40. — *Osmunda regalis.*
Portion fertile de la fronde.

et plus courtes, à divisions plus larges ; les autres fertiles, plus longues, à divisions étroites, portant deux groupes linéaires de sporanges finalement confluents, primitivement recouverts d'un indusium qui s'ouvre en dedans et en dehors. Cette plante passe pour vulnéraire ; il y a des campagnes où elle entre dans la fabrication de la bière. C'est l'*Herba Lonchitidis minoris* de la pharmacopée allemande.

Dans la Fougère royale (*Osmunda regalis* L.), c'est une seule et même fronde qui porte inférieurement des lobes stériles, foliacés, et supérieurement des lobes dont le parenchyme disparaît presque totalement et dont les nervures supportent de nombreux sporanges, gibbeux et subglobuleux, sans anneau, disposés en une sorte de grappe composée. Originaire de toutes les localités marécageuses de l'Europe, l'Osmonde (fig. 40), plante très ornementale, est vantée comme dépurative, antiscrofuleuse et antirachitique. Elle a été surtout recommandée contre le carreau des enfants. On la dit aussi vermicide. Elle sert de litière et a été employée à l'extraction de la potasse.

L'*Aspidium marginale* W. est employé en médecine aux États-Unis. On trouve dans le commerce deux oléo-résines extraites de son rhizome : l'une molle et brune; l'autre liquide et verdâtre. On en a séparé des cristaux d'acide filicique par le repos (Patterson). Son extrait éthéré a une saveur amère et nauséeuse, et ne renferme ni sucre, ni tannin.

Le *Gymnogramme Calomelanos* KAULF., de l'Amérique du Sud, est astringent et pulmonaire.

Le *Notochlæna heterophylla* (*N. piloselloides* KAULF. — *Acrostichum heterophyllum* L.) passe dans l'Inde pour un bon antisyphilitique et sert, dit-on, à tonifier les gencives.

Le *Cheilanthes fragrans* WEBB (*Polypodium fragrans* L.) est considéré en Asie comme antiscorbutique; il entre, dit-on, en Sibérie, dans la fabrication de certaines bières.

Le *Lomaria scandens* DE VR., de l'Inde orientale, est usité dans ce pays pour la fabrication des cordages et des nattes.

Le *Diplacium malabaricum* SPRENG. (*Asplenium ambiguum* Sw.), du Malabar, sert au traitement des fièvres intermittentes. Il y a, dans l'Inde orientale, un *D. esculentum* Sw.

Le *Davallia aculeata* Sw., du même pays, y est prescrit contre les affections pulmonaires chroniques.

L'*Alsophila armata* MART. (*Polypodium aculeatum* RADD.) sert d'astringent, au Brésil, principalement dans le traitement des affections pulmonaires et des hémorrhagies.

Les *Lygodium japonicum* Sw., *scandens* L., *microphyllum* R. BR. et *circinatum* Sw. s'emploient aux mêmes usages que nos Capillaires.

Aux Antilles, le *Cyathea arborea* Sw. produit des jeunes pousses comestibles, et toutes ses parties donnent une cendre riche en potasse. A la Nouvelle-Zélande, on mange les bourgeons du *C. medullaris* (*Polypodium medullare* FORST.); et dans le même pays, l'*Angiopteris erecta* a des souches en partie comestibles, et se mange assaisonné avec de l'huile de coco. Les jeunes pousses du *Ceratopteris thalictroides* AD. BR., singulière fougère annuelle et aquatique, sont potagères, dit-on, dans l'Inde orientale.

LYCOPODÌACEES

Parmi les Lycopodes, qui ont donné leur nom à cette famille, le plus anciennement connu de ceux qu'on emploie en médecine est le *Lycopo-*

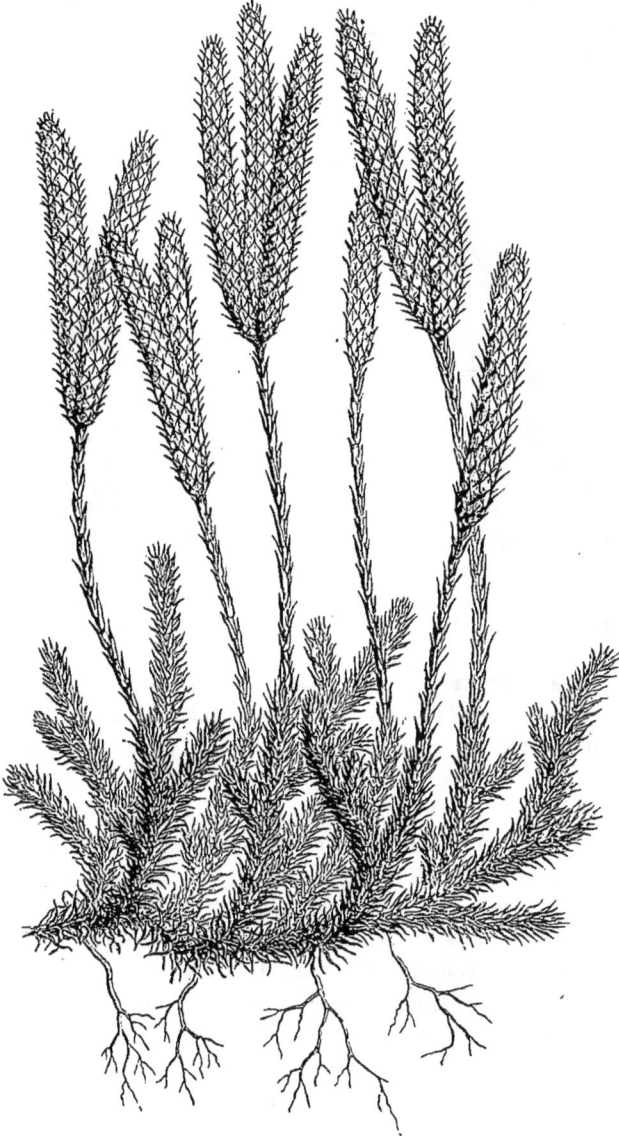

Fig. 41. — *Lycopodium clavatum.* Port.

dium clavatum L. (*Pied de loup, Patte de loup, Plicaire, Herbe à la plique, H. aux massues, Mousse terrestre, Griffe de loup*) (fig. 41-43).

C'est une herbe vivace, dont la tige, fixée au sol par des racines adventives d'un jaune pâle, se divise beaucoup, sans que ses ramifications s'accroissent notablement en épaisseur, et peut s'étendre jusqu'à plus de 10 mètres. Les feuilles sont très nombreuses, très rapprochées les unes des autres, de façon à constituer parfois de faux verticilles. Elles sont pressées et imbriquées, dirigeant leur sommet vers le haut, sessiles, linéaires-oblongues; le sommet terminé par une pointe sétacée, parfois aussi longue que la feuille elle-même; uninerves, lisses, d'un vert jaunâtre et pâle; le sommet parfois rougeâtre. La ramification est dichotomique quand rien ne vient l'altérer, et, comme dans les Lycopodiacées en général, le point végétatif se partage au début en deux lobes égaux; mais souvent plus tard, une des divisions l'emportant sur l'autre, celle-ci

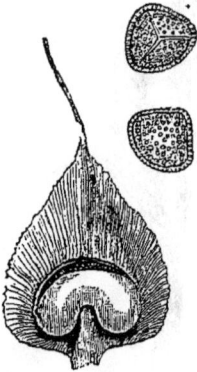

FIG. 42. — *Lycopodium clavatum.*
Bractée sporangifère et spores.

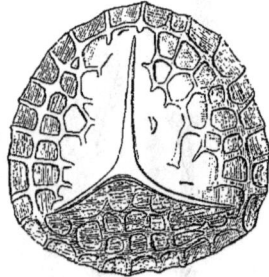

FIG. 43. — *Lycopodium clavatum.*
Microspore.

peut paraître latérale. Les organes de la fructification sont des épis, solitaires, géminés, quelquefois même ternés au sommet d'un axe atténué en pédoncule, portant des feuilles plus petites et plus écartées que celles des tiges. L'axe de l'épi porte aussi des feuilles ou bractées, plus semblables à celles des tiges, très rapprochées, ovales-triangulaires, courtement atténuées à leur base subpeltée, terminées par un long acumen filiforme, entières ou plus souvent finement denticulées sur les bords, d'un jaune de soufre, dressées, puis, après l'émission des spores, plus ou moins écartées de l'axe. Dans leur aisselle se trouve un sporange, légèrement entraîné au-dessus du point d'insertion de la bractée; réniforme, s'ouvrant en deux en travers, à la façon d'une coquille bivalve, et laissant échapper de nombreuses spores d'un jaune pâle, irrégulièrement tétraédriques, avec les faces finement ponctuées-réticulées et les angles finement ciliés. Ce sont ces spores qui, sous le nom de *Soufre végétal*, constituent la poudre de Lycopode et s'emploient à enrober les pilules, à saupoudrer les plaies et les cuisses érythémateuses des enfants, pour prévenir ou sécher les écorchures; au traitement des ulcérations palpébrales, des affections des reins et de la vessie, du poumon, de la diarrhée infantile ; dans la préparation des moxas dits chinois. Jetée sur l'eau, cette poudre surnage en grande partie. Elle se précipite quand on chauffe l'eau qui prend alors une saveur cireuse et présente une assez forte proportion d'un mucilage qui peut se prendre en gelée, comme celui des Lichens. La poudre colore l'éther en jaune verdâtre ; elle tombe au fond de l'alcool qui la pénètre facilement. En chauffant, on obtient une teinture dont on précipite par l'eau un extrait fermentescible, qui contient du sucre. S'enflammant très facilement, cette poudre sert au théâtre à imiter les éclairs. On dit qu'on la falsifie avec le pollen des *Typha;* ce qui est rare et se reconnaîtrait facilement aux grains isolés et arrondis ou quadruples de ce pollen. Bien plus souvent, c'est le pollen des Pins qui se substitue aux microspores du Lycopode. Mais ce pollen se distingue plus aisément encore à ses grains irréguliers, formés de trois lobes ou portions distinctes. On y mélange souvent aussi du talc qui se précipite dans l'eau, et de la fécule qui bleuit par l'iode ; ce que ne fait pas le Lycopode. Ses spores sont de celles que, dans les Sélaginelles, nous désignerons tout à l'heure sous le nom de *microspores.*

Placées dans des conditions favorables, ces microspores développent un prothalle que l'on n'a pu observer que dans un petit nombre de *Lycopodium,* notamment dans le *L. annotinum.* On y a vu ce prothalle porter une ou plusieurs plantules à sa face supérieure ; leur base était encore enchâssée dans un reste d'oosporange. Sur le même prothalle on voyait aussi quelques anthéridies, sous forme de poches ovoïdes, creusées dans le parenchyme. Leur cavité était remplie de petits phytocystes qui sont des cellules-mères d'anthérozoïdes et qui renferment chacun un de ces agents fécondateurs, arqué, assez épais, atténué en avant où il porte deux cils locomoteurs plus longs que lui.

Le *L. clavatum* se trouve dans presque toute l'Europe, dans l'Asie et l'Amérique septentrionales, sur les coteaux boisés et pierreux, dans les landes. On le récolte surtout en Suisse et en Allemagne. Ses organes de végétation passent pour vomitifs et sont, dit-on, employés à cet effet dans les Alpes. On les a vantés contre les rétentions d'urine. Mais c'est surtout contre la plique, comme l'indiquent plusieurs de ses noms vulgaires, et contre diverses autres affections du cuir chevelu, qu'on a préconisé et les feuilles et les spores.

Le *L. Selago* L. appartient à une section différente du genre, parce que ses sporanges, au lieu d'être groupés au sommet d'axes spéciaux, occupent l'aisselle des feuilles ordinaires de la tige, et souvent d'un grand nombre d'entre elles. Ses spores font parfois partie de la poudre de Lycopode ; mais ses organes végétatifs sont narcotico-âcres, vénéneux. Ils produisent, dit-on, des syncopes, des superpurgations, des vomissements violents, même l'avortement. En Suède, on en prépare une lotion qui détruit la vermine du bétail ; d'où le nom d'*Herbe aux porcs.*

Semblable paraît être l'action du *Piligan*, le *L. Saururus* Lamk (*L. elongatum* Sw.), qui contient une résine purgative et un alcaloïde (?) nommé Piliganine, lequel est un poison énergique, agissant sur le bulbe, les pneumogastriques et tuant à très petites doses les animaux. Cette espèce habite les régions tropicales et sous-tropicales des deux mondes. On dit qu'elle est usitée comme évacuante dans l'Amérique du Sud. Elle appartient, par la situation de ses sporanges dans l'aisselle des feuilles caulinaires, au même groupe que le *L. Selago*.

Le *L. alpinum* L. sert en teinture, et, employé comme mordant avec le bois de Brésil, fournit un bleu solide. Le *L. annotinum* L. (*L. junipe- rifolium* Lamk) donne une teinture grise dans les mêmes conditions. En Amérique, le *L. cernuum* L. est usité comme diurétique et s'applique sur les tumeurs de nature goutteuse. Ses spores passent pour carmina- tives. En Russie, le *L. complanatum* L. (*L. Chamæcyparissus* A. Br.) est regardé comme lithontriptique et tinctorial. Au Brésil, le *L. hygro- metricum* Mart. est réputé un puissant aphrodisiaque. Il en est de même dans l'Inde du *L. Phlegmaria* L. (*Corda de San Franzesco, Geissel des heil. Thomas*), considéré comme stomachique et diurétique. A Caracas, on vante comme remède de l'éléphantiasis le *L. rubrum* Cham. (*L. ca- tharticum* Hook.). Aucun d'eux n'a été expérimenté en Europe.

Sélaginelles.

Les Sélaginelles (*Selaginella*), au lieu d'avoir des feuilles disposées tout autour de leurs axes, n'en portent que quatre rangées longitudinales. Sur le côté inférieur ou extérieur des axes, les deux rangées de feuilles sont plus grandes que sur les autres rangées, et la base des feuilles pré- sente en dedans une lamelle saillante, de forme variable, à laquelle on a donné le nom de *Ligule*. Quand la plante doit fructifier, les sommets de ses axes s'atténuent en une sorte de pédoncule qui supporte un épi. Les quatre rangées de feuilles persistent sur ces parties, mais elles deviennent toutes à peu près égales et équidistantes. Les axes possèdent, en outre, des porte-racines sur lesquels naissent des racines bifurquées, comme tous les axes de la plante en général. Il y a des sporanges soli- taires dans l'aisselle des feuilles modifiées ou bractées de l'épi; mais ils sont de deux sortes, soit sur un même pied, soit sur des pieds différents; soit sur une même inflorescence, soit sur des inflorescences différentes. Ou bien ils sont petits et renferment de nombreux corps reproducteurs, comme dans les Lycopodes; et dans ce cas, ce sont des *Microsporanges*, contenant des *Microspores*; ou bien ils sont plus volumineux (*Macros- poranges*), inégalement quadrilobés, et à chaque lobe répond une seule *Macrospore*. Il y a plus rarement deux ou huit macrospores. Tous ces sporanges, d'ailleurs, ont un pied court qui s'attache sur la bractée axil- lante, un peu au-dessous de la ligule. Lorsque les macrospores germent, elles produisent des prothalles qui supportent des oosporanges ; et lorsque les microspores germent, elles donnent des prothalles moins volumineux dans lesquels il ne se forme que des anthéridies. Ces dernières se développent sur un très petit prothalle, formé d'un phytocyste inférieur, ferme, persistant, et d'un phytocyste supérieur, bien plus volumineux, successivement partagé en un certain nombre de petits phytocystes secondaires qui sont des cellules-mères d'anthérozoïdes. A l'époque de leur germination, les macrospores ont un sommet obtus, partagé en trois facettes que séparent autant d'arètes assez vives. Sous ce sommet trigone, le contenu de la macrospore forme une sorte de ménisque parenchymateux dont la substance est bientôt creusée de plusieurs oosporanges, tandis que sous le ménisque s'organise une autre masse parenchymateuse, bien plus volumineuse, à laquelle on a donné le nom d'albumen, parce qu'elle est destinée à nourrir le contenu des oosporanges. Ce contenu est une grosse oosphère, occupant le fond d'un puits dont le col est formé de deux anneaux superposés, chacun de quatre phytocystes. Le canal est rempli d'un mucilage qui, comme dans les Fougères, va faire saillie en dehors de l'orifice du col, et sert de passage aux anthérozoïdes qui se dirigent vers l'oosphère pour la féconder. Ces anthérozoïdes des Lycopodiacées ont une forme arquée et un corps plus ou moins comprimé, avec une longue extrémité antérieure, nettement atténuée et supportant à son sommet deux cils vibratiles dont la longueur dépasse celle de l'anthérozoïde. Quand les oosporanges ont été fécondés, ils grandissent par leur fond bien au-dessous du ménisque et puisent dans l'albumen les aliments nécessaires au développement des plantules incluses dans les oosporanges.

Il y a peu de *Selaginella* utiles. Le plus curieux est le *S. lepidophylla* SPRING, du Mexique, qui se comporte dans ce groupe à peu près comme fait la Rose de Jéricho parmi les Phanérogames et qui donne lieu aux mêmes superstitions. Desséchée et en apparence morte, telle que nous la recevons de son pays natal, où elle a la réputation d'un remède souverain contre le rhumatisme et la goutte, cette Sélaginelle a l'apparence d'une boule qu'entourent étroitement toutes ses feuilles découpées. Mais à mesure que cette herbe est exposée à l'action de l'eau dans laquelle on la plonge, ses feuilles s'écartent, mettant au jour les feuilles plus intérieures qui sont encore complètement vertes. On peut placer les pieds sur la terre humide d'une serre chaude pour leur faire développer des racines adventives et obtenir des sujets vivants de cette curieuse Lycopodiacée reviviscente, laquelle reprend sa fraîcheur et sa vie alors même qu'elle aurait été quelque temps plongée dans l'eau bouillante ; sans doute parce que les frondes les plus extérieures protègent les plus intérieures contre trop d'humidité ou de chaleur.

Le *S. convoluta* SPRING, de l'Inde orientale, passe pour aphrodisiaque. Le *S. selaginoides* LK (*S. spinulosa* A. BR.) a des spores qui, dit-on, peuvent aussi faire partie de la poudre de Lycopode.

EQUISETACÉES

Au premier printemps, la plus grande des Prêles qui croissent chez nous, l'*Equisetum maximum* LAMK (*E. Telmateia* EHRH.), émet à la surface du sol, au milieu même des restes des branches stériles de l'année précédente, desséchées et brisées, des axes fertiles, cylindriques et trapus, blanchâtres ou d'un jaune rougeâtre pâle, qui portent un certain nombre de collerettes superposées d'appendices verticillés, au nombre de vingt à trente, connés à la base, marcescents après la floraison, et, au-dessus d'elles, une inflorescence en forme d'épi cylindrique, oblong, épais, à la base de laquelle se trouve une collerette modifiée, qu'on nomme l'anneau (fig. 43, 44). On distingue dans l'inflorescence un axe creux, et, implantés tout autour de sa surface, un grand nombre de clous à tête aplatie et hexagonale (fig. 45). Leur tête porte en dessous, descendant parallèlement à la tige du clou, un nombre variable de sacs ou sporanges, remplis de spores. La paroi du sporange est extérieurement formée de phytocystes inégaux, dont la membrane s'épaissit très nettement en fils spiralés ou réticulés. Grâce surtout au jeu de ces épaississements pariétaux, sous l'influence d'une perte d'eau, les sporanges mûrs s'ouvrent le long de leur bord interne (fig. 46, 47), et les spores qu'ils contiennent s'échappent sous forme d'une abondante poussière verdâtre. Bientôt elles se livrent à des bonds saccadés qui sont dus à quatre *élatères* en forme de rames, élargies et aplaties au

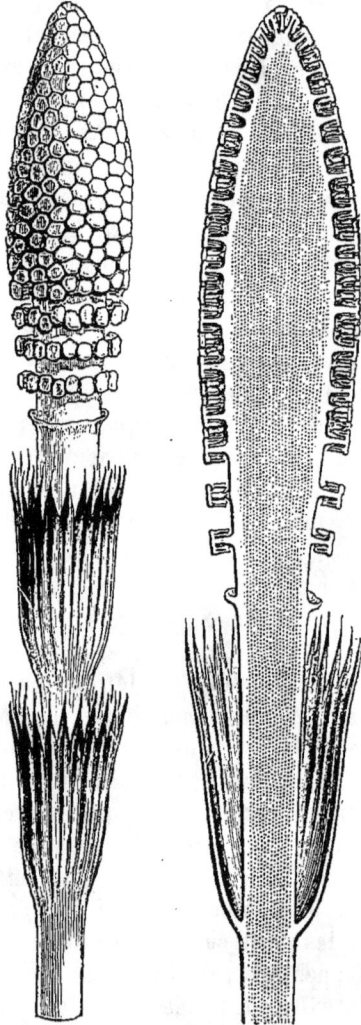

FIG. 43, 44. — *Equisetum maximum*. Branche fertile, entière et coupe longitudinale.

sommet, granuleuses, et insérées en un même pôle de la spore. Ces élatères sont formées par la plus extérieure des trois membranes enveloppantes de la spore, épaissie en une spirale dont les tours se séparent les uns des autres par suite de la résorption de la portion de la mem-

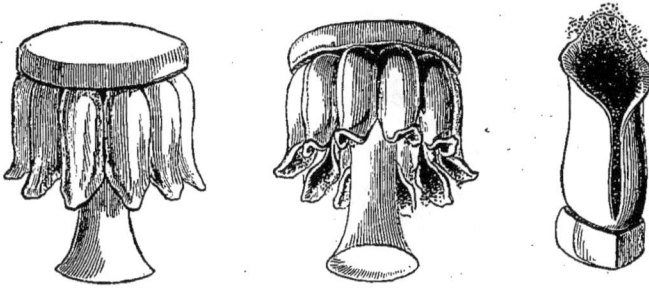

FIG. 45-47. — *Equisetum maximum*. Clou à sporanges encore clos et à sporanges déhiscents. L'un de ces derniers, isolé et renversé.

brane qui leur est interposée. C'est la dessiccation qui détermine la disjonction des élatères, et l'action de l'humidité les ramène enroulées autour de la spore, à peu près dans leur mode de disposition primitif (fig. 48). Lorsque leur déroulement s'est produit (fig. 49), la masse des

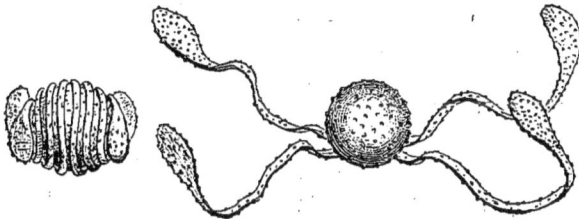

FIG. 48, 49. — *Equisetum maximum*. Spore; les élatères enroulées, et la même, les élatères déroulées.

spores devient blanchâtre et comme toute tomenteuse. Ces spores appartiennent à la génération asexuée des *Equisetum*.

Placées au contact de l'eau ou sur un sol suffisamment humide, les spores germent, en même temps que leurs élatères se détruisent. La sphère qu'elles représentent doit sa teinte verte à de nombreux grains de chlorophylle. Au moment de la germination, la spore produit un prothalle qui est unisexué, tantôt mâle, tantôt femelle, et qui se fixe au sol par des rhizines en forme de phytocystes-tubules. Quand le prothalle est mâle (fig. 50), il a la forme de certains protonéma de Mousses, lâchement

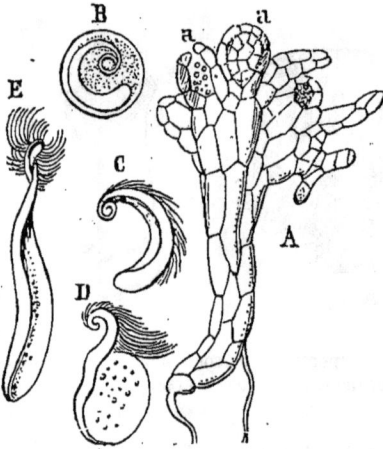

FIG. 50. — *Equisetum*. A, prothalle portant en *a, a* des anthéridies. B, C, D, E, anthérozoïdes à divers états de développement (Schacht).

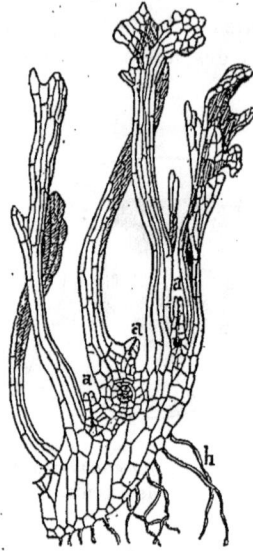

FIG. 51. — *Equisetum*. Prothalle femelle, fixé en *h* par des rhizoïdes. *a, a,* oosporanges, encore marginaux (Hofmeister).

parenchymateux et irrégulièrement lobé. Vers les extrémités de ses lobes

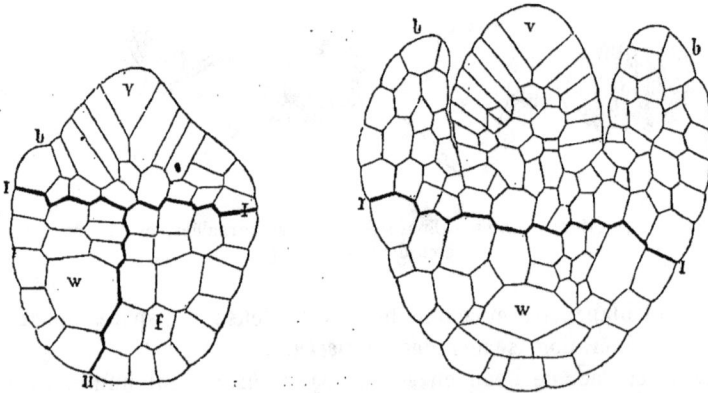

FIG. 52, 53. — *Equisetum*. Embryon à deux âges successifs, coupe longitudinale (Sadebeck). I, première cloison de segmentation; II, deuxième cloison; *b*, phytocystes foliaires; *v*, phytocyste terminal; *w*, phytocyste radical.

les plus grands, se développent les anthéridies qui sont des sacs ovoïdes, à paroi formée d'une seule assise de phytocystes. Ceux-ci se disjoignent au sommet pour laisser sortir les petits phytocystes, très nombreux, que l'on nomme cellules-mères des anthérozoïdes. Ces derniers (fig. 50) sont les plus gros qu'on connaisse parmi les Cryptogames. Ils ont l'apparence d'un large ruban spiralé, concave-convexe dans sa portion dilatée et formant environ deux tours de spire dans sa portion supérieure rétrécie, au niveau de laquelle s'insèrent de très nombreux cils vibratiles.

Le prothalle femelle (fig. 51) est généralement plus petit et à divisions plus allongées, fort irrégulières. Les oosporanges naissent vers la base de ces divisions, sur le bord antérieur de la portion épaissie du prothalle; mais ils sont bientôt, par suite de développements inégaux du parenchyme, reportés vers la face supérieure. Ce sont des puits à quatre assises superposées de quatre phytocystes chacune, avec une oosphère qui en occupe le fond et qui est fécondée par un anthérozoïde qui la pénètre. Elle devient ensuite une oospore qui germe et donne une plante adulte, à génération asexuée, qui portera à son tour les épis à sporanges que nous connaissons.

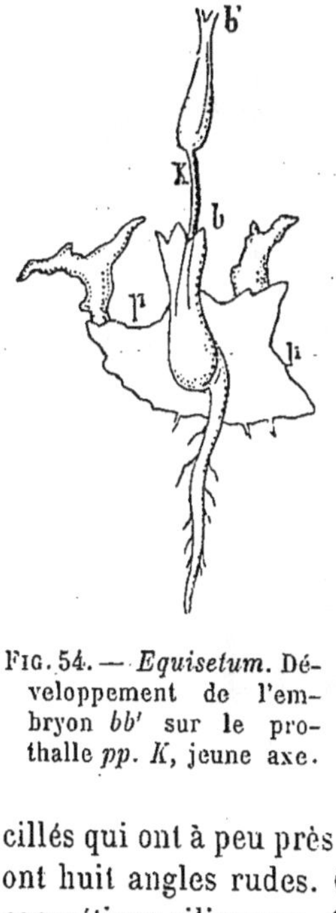

Dans l'*Equisetum maximum*, les organes végétatifs ne se développent tous les ans qu'un peu après les épis à sporanges. Ce sont (fig. 55) des branches aériennes, à tort nommées tiges stériles, qui atteignent un mètre et plus de hauteur, colonnes cylindriques, blanchâtres, articulées et pourvues de nœuds au niveau desquels se trouve une collerette qu'on regarde comme formée de bractées unies entre elles à la base, au nombre de vingt à trente. Chaque entre-nœud est creux et porte des cannelures longitudinales, qui alternent entre elles dans deux entre-nœuds successifs. Les côtes de l'entre-nœud sont surmontées chacune d'une des dents foliaires de la collerette, et les sillons de séparation renferment, ici comme dans les autres espèces du genre, des séries de stomates. A la base de la collerette, et dans l'intervalle des côtes, naissent des rameaux verti-

Fig. 54. — *Equisetum*. Développement de l'embryon *bb'* sur le prothalle *pp*. *K*, jeune axe.

cillés qui ont à peu près la même structure et qui, grêles et très allongés, ont huit angles rudes. Généralement la rudesse des Prêles est due à des concrétions siliceuses, formant un abondant revêtement aux branches et aux rameaux. L'*E. maximum* est commun en Europe dans les localités aquatiques. Cette espèce est usitée, surtout en Autriche, comme diurétique et astringente. On l'a surtout vantée en décoction, mais en proposant de n'employer que les branches sèches, la plante fraîche étant trop active, et pouvant produire de l'hématurie. C'est surtout dans les hydropisies par atonie qu'on a conseillé l'emploi de cette espèce et des autres. On a prescrit leur décoction contre les fièvres pernicieuses, et aussi chez les phtisiques, avec l'espoir de cicatriser leurs cavernes pulmonaires. En Italie, on mange les très jeunes pousses de l'*E. maximum*, dont l'usage produit, dit-on, de la constipation.

L'*E. arvense* L. (*Queue de rat, Queue de renard, Verrine, Jaunetrole, Apprelle, Petite Prêle*), petite espèce qui fructifie aussi chez nous au printemps, appartient à la même section que la précédente, parce qu'elle a aussi des rameaux fertiles et stériles distincts ; mais les collerettes de ses nœuds ne présentent que trois ou quatre dents. On lui accorde les mêmes qualités ; on la recommande contre les néphrites calculeuses et contre l'aménorrhée. D'autres (Cazin) l'ont préconisée contre les métrorrhagies de l'âge critique.

D'autres *Equisetum* de notre pays constituent dans le genre une autre section parce que leurs branches aériennes fertiles et stériles se développent simultanément. Tel est l'*E. sylvaticum* L. (fig. 56), qui au printemps porte en même temps des épis blanchâtres dont l'axe est pourvu de rameaux rudimentaires, et des branches stériles, vertes, munies à chaque

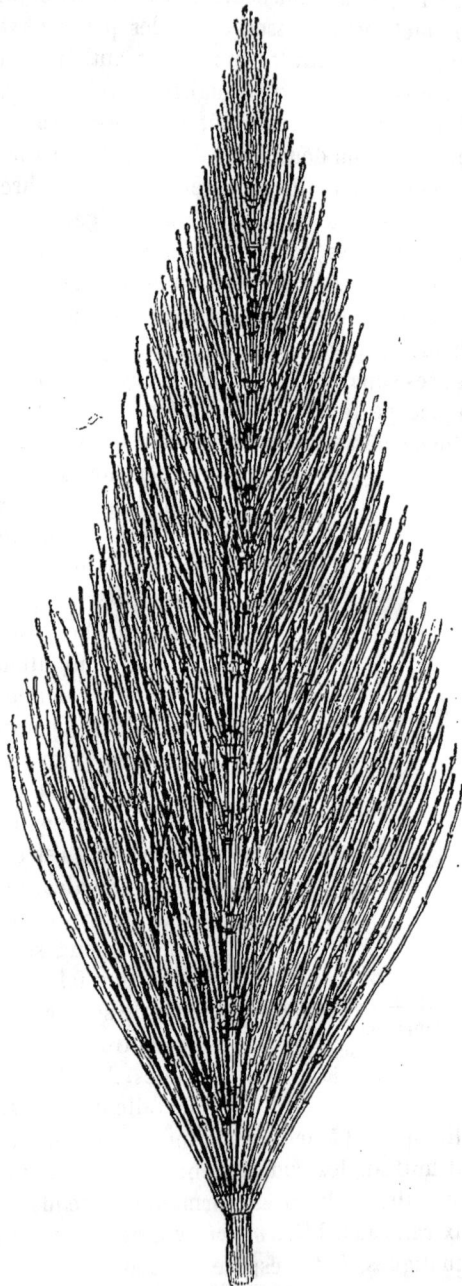

FIG. 55. — *Equisetum maximum*. Branche stérile.

verticille d'une douzaine de rameaux quadrangulaires et arqués. Après l'émission des spores, les épis se dessèchent; mais la branche qui les portait continue de se développer pendant tout l'été, comme les branches stériles. C'est une plante de l'est, surtout de la région des sapins, assez rare aux environs de Paris. Elle a les mêmes propriétés que les précédentes.

On rapporte encore à une autre section les *E. palustre* L. et *limosum* L., communs dans nos localités aquatiques, et qui ont toutes les branches semblables, vertes, les fertiles comme les stériles; les premières terminées par un épi obtus et persistant après l'anthèse, pendant tout l'été.

L'*E. limosum* a généralement une vingtaine de dents aux collerettes foliaires; et l'*E. palustre*, de six à huit. Ce sont aussi des espèces astringentes et diurétiques.

L'*E. hyemale* L. diffère surtout des précédents en ce que ses branches fertiles et stériles persistent et demeurent vertes pendant l'hiver, et en ce que ses épis sont acuminés-mucronés. Ses collerettes ont de six à huit dents. C'est une plante commune dans l'hémisphère boréal des deux mondes. Outre les propriétés des espèces précédentes, celle-ci est encore aujourd'hui préconisée aux États-Unis comme hydragogue; mais ses prétendues vertus sont douteuses, car on lui adjoint d'ordinaire de la digitale et de l'acétate de potasse. Elle est emménagogue; mais il ne faut l'employer qu'avec réserve; elle renferme un acide que Braconnot a nommé équisétique et qui est, dit-on, l'acide pyromalique.

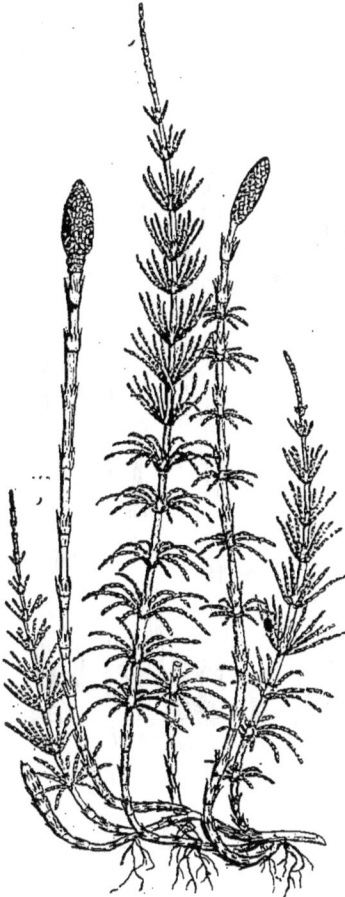

FIG. 56. — *Equisetum sylvaticum.* Port.

En Amérique, on vante l'*E. bogotense* K. comme diurétique, et l'*E. giganteum* L. (*E. ramosissimum* HUMB.) comme astringent. L'*E. fluviatile* L. est l'*Herba Equiseti majoris* de la pharmacopée germanique.

Tous les *Equisetum* de notre pays servent, à cause de leur revêtement siliceux, à polir les bois durs et les métaux, à pulvériser le talc employé comme cosmétique, à nettoyer l'orfèvrerie, à adoucir le blanc qui sert de support aux dorures sur bois, etc.

Les *Marsilea*, de la famille voisine des Rhizocarpées, ont des sporanges à contenu féculent qui peut devenir alimentaire dans les cas de disette. C'est ce que l'on appelle en Australie *Nardoo*, dont on fait un pain grossier et une sorte de brouet. Ce nom s'applique indifféremment, paraît-il, au *M. hirsuta* R. Br., au *M. Drummondii* A. Br. et à trois variétés considérées à tort comme des espèces distinctes, sous les noms de *M. oxaloides*, *Nardoo* et *salvatrix* A. Br. Ce dernier doit son nom aux services rendus par lui à des explorateurs dépourvus de tout autre aliment. Il y a des *Marsilea* en France, où la fécule des sporanges du *M. quadrifolia* (fig. 57) pourrait, à la rigueur, être utilisée. Le groupe y est aussi représenté par une espèce du genre *Pilularia*, le *P. globulifera* L. (fig. 58), qui a des feuilles linéaires, analogues à celles d'un petit Jonc, et non pourvues, comme celles des *Marsilea*, d'un limbe quadrifoliolé. A la base de ces feuilles s'insèrent des conceptacles solitaires, globuleux, portés par un court pédoncule et pourvus d'une paroi coriace, limitant quatre

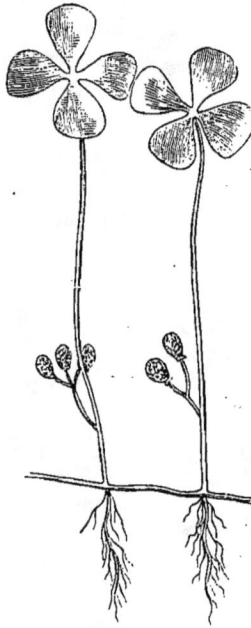

FIG. 57. — *Marsilea quadrifolia.*

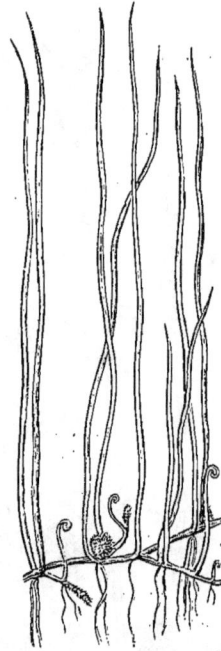

FIG. 58. — *Pilularia globulifera.*

cavités et s'ouvrant finalement au sommet par quatre dents. Au point d'union des valves se trouvent intérieurement des lignes saillantes, et sur celles-ci naissent les sporanges. Les uns, situés plus bas, ne renferment qu'une spore, remarquable par l'étranglement qui se voit vers le milieu de sa hauteur. Les fructifications sont couvertes d'une sorte de duvet brun et feutré. Les feuilles sont dressées, linéaires-subulées, d'un beau vert. Le rhizome, qui rampe dans la vase des mares, très grêle, presque filiforme, émet, au niveau de l'insertion des feuilles, des racines adventives ténues qui s'enfoncent dans la vase.

II

CRYPTOGAMES CELLULAIRES

Les Cryptogames cellulaires sont les Mousses, les Hépatiques, les Lichens, les Champignons et les Algues.

MOUSSES

Si l'on examine à l'âge adulte une de nos Mousses les plus communes, telles que le *Polytrichum vulgare* (fig. 59-64), le *Funaria hygrometrica* (fig. 65-72), etc., on voit que ce sont de petites plantes, qui n'ont que quelques centimètres de haut et qui possèdent des tiges grêles, cylindriques ou anguleuses, non ramifiées, fixées au sol, aux roches ou aux murailles par des rhizoïdes ténus, formés d'une seule rangée de phytocystes-tubules superposés. La tige peut être constituée par un parenchyme homogène; les phytocystes de la surface ayant seulement des parois plus épaisses et une teinte plus foncée. Ailleurs, comme dans les *Hypnum*, les *Bryum*, etc., il y au centre un faisceau axile d'éléments allongés, entouré d'une sorte d'étui de phytocystes à parois épaissies. Plus rarement, comme dans les Polytrics, il y a un cylindre central bien distinct (fig. 64) et, à certains niveaux, une moelle centrale, formée du parenchyme primitif. La tige porte des feuilles, ordinairement délicates, constituées par une ou deux assises de phytocystes très variables de forme, avec ou sans nervure médiane et quelquefois deux nervures marginales. Ces nervures sont formées de phytocystes allongés et étroits. Au sommet de la tige ou sur ses côtés, suivant que les Mousses sont *Acrocarpées* ou *Pleurocarpées*, on voit, à moins que la plante ne soit exclusivement mâle, des *Urnes* supportées par une *Soie* grêle et fermées par un couvercle ou *Opercule* qui lui-même est recouvert d'une *Coiffe* qui tombera tôt ou tard, vers l'époque où l'opercule se soulèvera pour que l'urne puisse laisser échapper son contenu. Ce contenu est un sac sporigère, ou *Sporange*, qui renferme des spores, mais qui ne remplit pas totalement la cavité de l'urne. En effet, celle-ci était primitivement formée d'un parenchyme homogène. Mais à mesure qu'elle grandit, il y a une série verticale de ses phytocystes qui, à égale distance environ de son centre et de sa surface, se modifient de façon à prendre une teinte plus foncée et à présenter dans leur intérieur un phytoblaste finement granuleux. Ces phytocystes se multiplient en se subdivisant jusqu'à trois fois de suite, et ils finissent par former une couche d'une assez grande épaisseur (fig. 63). Alors les phytocystes de la troisième génération, qu'on peut appeler cellules-mères des spores, développent chacun

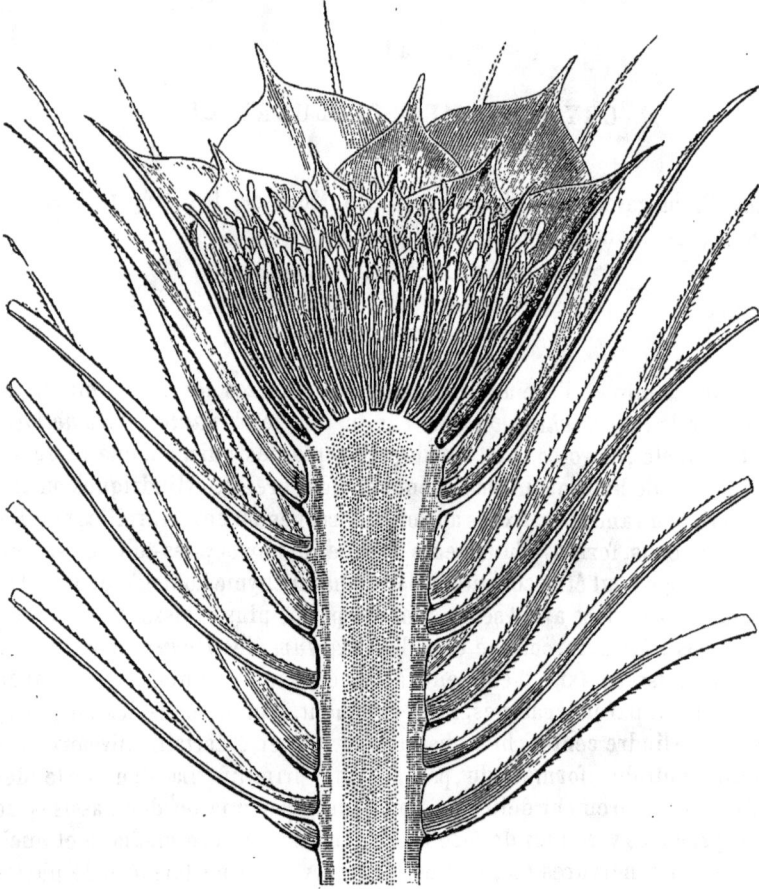

FIG. 59. — *Polytrichum commune*. Pied mâle, coupe longitudinale.

dans son intérieur quatre spores (fig. 72) qui sont bientôt mises en liberté. Quant à la couche de parenchyme qui entoure les phytocystes sporigènes, elle forme un sac clos, le sporange, plus ou moins sinueux et contourné en dedans de l'urne. Mais dans l'axe de l'urne, le parenchyme primitif, entouré par le sporange, a conservé ses caractères primitifs, devenant seulement un peu plus dense et rigide, pour constituer une colonne axile, dite *Columelle*.

L'opercule peut être conique, comme dans les *Polytrichum*, ou bien moins proéminent et même presque plan. Quand il se soulève, on voit des bords de l'orifice de l'urne se relever un certain nombre de dents,

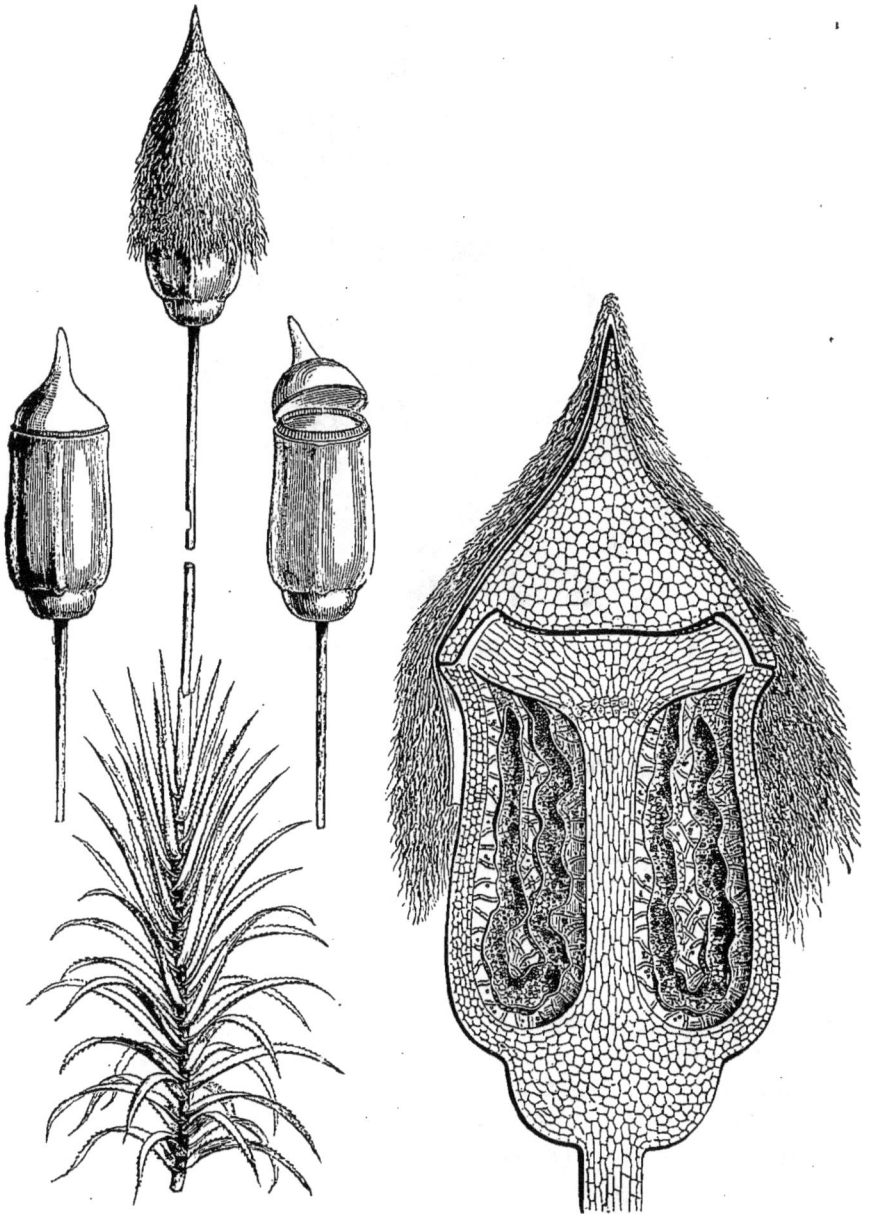

FIG. 60-63. — *Polytrichum commune*. Pied femelle, l'urne recouverte de la coiffe, puis sans la coiffe, et après la séparation de l'opercule. Urne, coupe longitudinale.

disposées sur une ou deux rangées concentriques, et constituant ce qu'on nomme le *Péristome*. Rarement nul dans les Mousses, ce péristome est plus ordinairement simple ou double. Dans le premier cas, il est formé

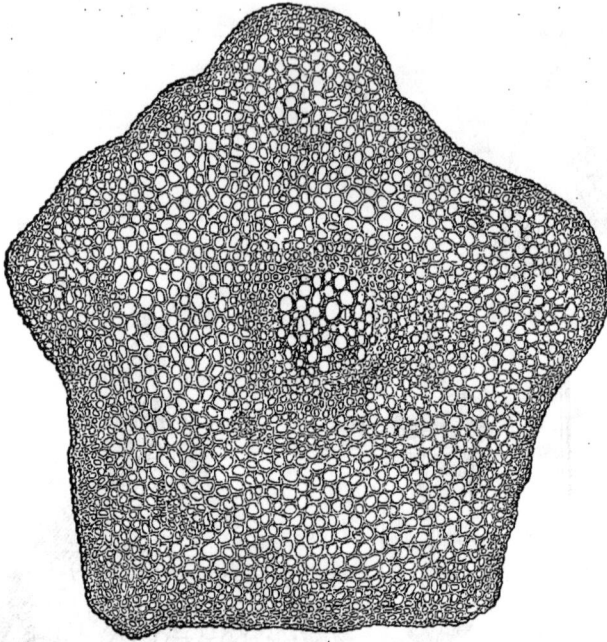

FIG. 64. — *Polytrichum vulgare.* Coupe transversale de la tige.

de quatre dents ou de huit, seize, trente-deux, soixante-quatre dents, c'est-à-dire d'un multiple de quatre. Ces nombres sont constants dans un genre donné. Ainsi l'on compte trente-deux ou soixante-quatre dents dans les Polytrics, seize dans les *Grimmia,* huit dans les *Splachnum* et quatre seulement dans le genre *Tetraphis.* On nomme *Cils* les dents de la rangée interne dans les péristomes doubles. L'urne présente ordinairement une sorte de pied rétréci au-dessous duquel se trouve un renflement, l'*Apophyse;* et quelquefois, comme dans les Polytrics, la base de la soie est entourée d'une petite gaine ou *Vaginule.* Nous allons maintenant voir quelle est l'origine de cette dernière, de la coiffe et des autres parties de l'appareil de la fructification.

Si nous observons le pied femelle d'une Mousse dioïque, au moment de la reproduction, nous y verrons, soit au sommet d'une branche, soit sur ses

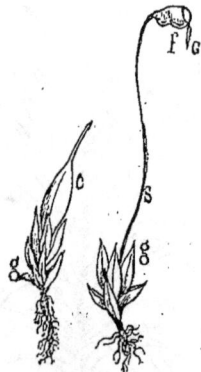

FIG. 65, 66. — *Funaria hygrometrica.* Pied femelle à deux âges différents; *s,*soie; *f,*urne; *c,* coiffe; *g,* feuilles.

côtés, suivant que la plante est acrocarpée ou pleurocarpée, un ou plusieurs *Oosporanges* que l'on a dit avec raison pistilliformes (fig. 68).

Leur renflement inférieur et creux renferme l'*Oosphère* et est surmonté d'un col long et étroit, styliforme, couronné d'un évasement à orifice central. La cavité du col est d'abord occupée par une série de phytocystes superposés, qui se transforment finalement en mucilage, comme dans les Cryptogames vasculaires, et servent à la pénétration des anthéro-

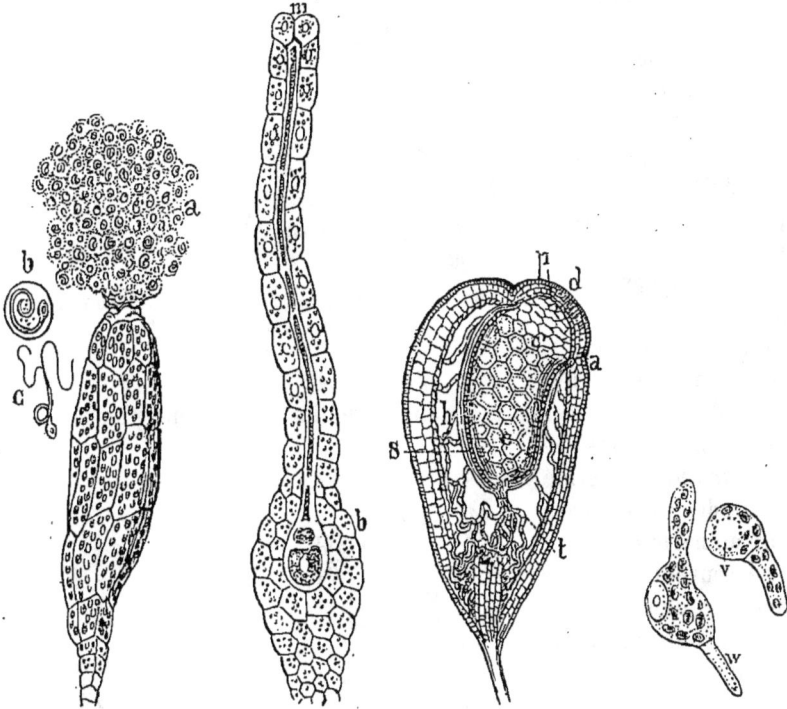

FIG. 67. — *Funaria hy-grometrica*. Anthéridie laissant échapper les anthérozoïdes encore enfermés dans la cellule mère *b*; en *c*, un anthérozoïde libre de *Polytrichum* (Sachs).

FIG. 68. — *Fu-naria hygro-metrica*. Oosporange contenant en *b* la cellule centrale; *m*, orifice du col (Sachs).

FIG. 69. — *Funaria hy-grometrica*. Sporange, coupe longitudinale. *c*, columelle; *d*, opercule; *a*, anneau, *p*, péristome; *h*, lacune aérifère; *s*, cellules-mères des spores (Sachs).

FIG. 70. — *Funaria hygrometrica*. Spore *v*, en voie de germination; *w*, poil radical. En haut, début de la portion aérienne de la plante.

zoïdes jusqu'à l'oosphère. L'ensemble des oosporanges est entouré d'un involucre de feuilles peu modifiées que l'on a comparé au périanthe des Phanérogames et nommé *Périgone*. Quand il entoure ainsi des organes femelles, on le nomme plus particulièrement *Périgyne*.

À l'intérieur d'une périgone analogue, un pied mâle (fig. 59) présente des anthéridies (fig. 67) qui sont des sacs plus ou moins allongés, à parois délicates, formées d'une seule rangée de phytocystes. La cavité est remplie de petits éléments arrondis, à paroi très ténue, qui renferment chacun un anthérozoïde. À l'époque de la fécondation, le sommet de l'anthéridie s'ouvre, laisse échapper les phytocystes à anthérozoïdes; et ceux-ci, rompant leur enveloppe propre, se déroulent et se portent, grâce à un milieu humide, vers l'orifice du col des oosporanges. L'anthérozoïde (fig. 67) a la forme d'un filament mince, enroulé presque deux fois sur lui-même, portant en avant deux cils vibratiles très longs. On a dit que l'anthérozoïde est attiré dans le col de l'oosporange par la saccharose que renferme la substance mucilagineuse qui sort de sa cavité. Outre ses organes de locomotion, cet anthérozoïde possède un appendice vésiculaire plein d'un liquide plasmique qui contient en suspension des grains d'amidon.

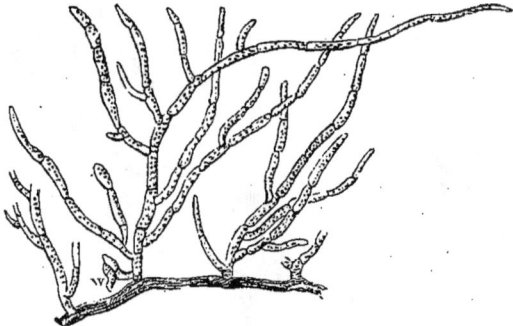

FIG. 71. — *Funaria hygrometrica*. Protonema ramifié et portant des bourgeons (Sachs).

Il y a des Mousses monoïques, dans lesquelles le périgone, plus spécialement appelé dans ce cas *Périgame*, renferme à la fois des oosporanges et des anthéridies. Il s'y trouve souvent aussi, de même que dans les espèces monoïques, un certain nombre d'organes reproducteurs modifiés et transformés en filaments qui aident à la fécondation et sont dé signéssous le nom de *Paraphyses*.

Quand l'oosphère a été fécondée par la pénétration des anthérozoïdes, elle se recouvre d'un phytocyste cellulosique et devientune*Oospore.*Celle-ci

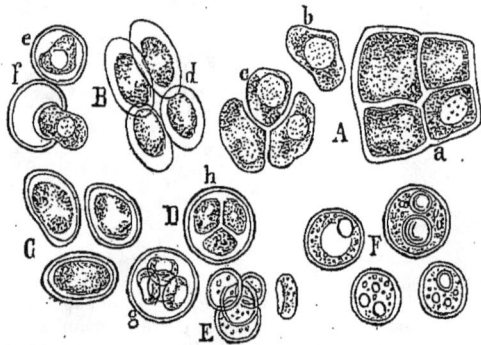

FIG. 72. — *Funaria hygrometrica*. Développement des spores. A, a, phytocystes dits cellules-mères encore réunis; b, c, séparation des cellules-mères; B, cellules-mères séparées et expulsant en f leur contenu protoplasmique; C, cellules-mères sur le point de se diviser; D, cellules-mères divisées; E, spores jeunes; F, spores mûres (Sachs).

se développe beaucoup, si les circonstances sont favorables, et devient une masse parenchymateuse dont la base atténuée et rapidement allongée constitue la *Soie* (fig. 66 *s*). Pressée de dedans en dehors, la paroi de l'oosporange se rompt transversalement, ordinairement vers sa portion inférieure. Sa portion supérieure, soulevée par la jeune urne, constitue la coiffe qui surmonte

l'urne pendant un temps variable, tandis que sa portion inférieure forme autour de la base de la soie la petite gaine que nous avons nommée vaginule.

Une fois la coiffe tombée, l'opercule de l'urne se détache à son tour;
le sporange s'ouvre aussi dans sa portion supérieure. Les spores, parfois
en nombre défini et relativement très grosses, ailleurs très petites et très
nombreuses, s'échappent et tombent sur le sol où elles entrent en germination. Elles ont une double enveloppe (*Exospore* et *Endospore*). Par suite
de l'absorption d'une certaine quantité d'eau, l'exospore, généralement
mince et granuleux à sa surface, se rompt pour laisser sortir l'endospore
sous forme d'un phytocyste-tubule qui se cloisonne et se ramifie. Il en résulte un prothalle filamenteux et plexiforme auquel on a donné le nom
de *Protonema* (fig. 71). Sur celui-ci naissent un ou plusieurs bourgeons
dont la base produit des rhizoïdes, et dont l'axe s'allonge pour devenir une
tige feuillée, semblable à celle que nous avons vue dans une Mousse adulte.

Les Mousses sont d'ailleurs douées d'une force de reproduction considérable et possèdent souvent des bourgeons adventifs qui les multiplient.
Un protonema peut se scinder en divers segments dont chacun peut,
après un temps de repos, donner naissance à un protonema secondaire
duquel sortiront des tiges feuillées. Un simple rhizoïde peut donner nais-
vance à un protonema partiel d'où émanent des tiges feuillées (fig. 73).
Celles-ci peuvent sortir d'une portion de parenchyme foliaire développée
en protonema. Une tige peut, au lieu d'organes mâles ou femelles, produire dans son périgone des bulbilles, des propagules (fig. 74) qui
tombent sur la terre et y développent un protonema. Il y a des bourgeons
qui tombent sur le sol et y forment directement une tige feuillée sans
passer par l'état de protonema; et souvent même les sommets des tiges
se marcottent spontanément par des bourgeons ou *Innovations*, qui se
fixent au sol par des racines adventives, tandis que la base de la tige se
détruit lentement. Il y a plusieurs de nos espèces indigènes dont on ne
voit guère les organes sexuels et qui n'ont d'autre moyen de se propager,
avec cependant une grande puissance d'expansion, que des innovations
des propagules, des bouturages et des marcottages naturels.

Les Mousses utiles ne sont pas très nombreuses, et l'on peut dire qu'au point
de vue médical, aucune d'elles n'a une importance prépondérante. Celles
qu'on emploie à un titre quelconque appartiennent aux genres suivants :

Polytrichum. — Ce genre a une urne anguleuse fermée par une membrane horizontale, un péristome ordinairement 64-denté, des organes
reproducteurs dioïques. Le *P. commune* L. (*Polytric commun, P. doré,
Capillaire doré, Perce-mousse, Brosse de bruyère*) (fig. 59-64) passe pour
pectoral et emménagogue, astringent, diurétique et diaphorétique. On l'a
vanté, probablement à cause de son nom, comme faisant croître les cheveux. On en fait des coussins, des paillassons qui se mouillent difficilement et ne sont pas attaqués par les insectes, et on en prépare des brosses
employées à coucher les poils des draps. Les *P. juniperinum* HEDW.,

formosum HEDW., *gracile* MENZ., *piliferum* SCHREB., *longisetum* Sw. ont les mêmes qualités et se trouvent souvent mêlés à lui dans l'*Herba Polytrichi s. Adianti aurei* de la pharmacopée germanique.

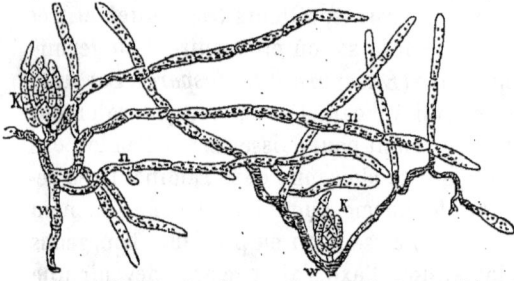

FIG. 73. — *Mnium hordeum*. Poil radical ou rhizoïde transformé en protonema produisant çà et là (K, K) des bourgeons foliaires qui se développent ultérieurement en branches stériles ou fertiles (Sachs).

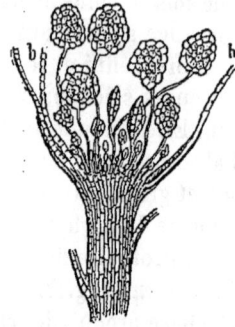

FIG. 74. — *Tetraphis pellucida*. Tige portant des propagules pédicellés *bb* (Sachs).

Hypnum. — Très nombreux en espèces, ce genre a une urne d'ordinaire insymétrique, gibbeuse d'un côté, inclinée ou subhorizontale, non

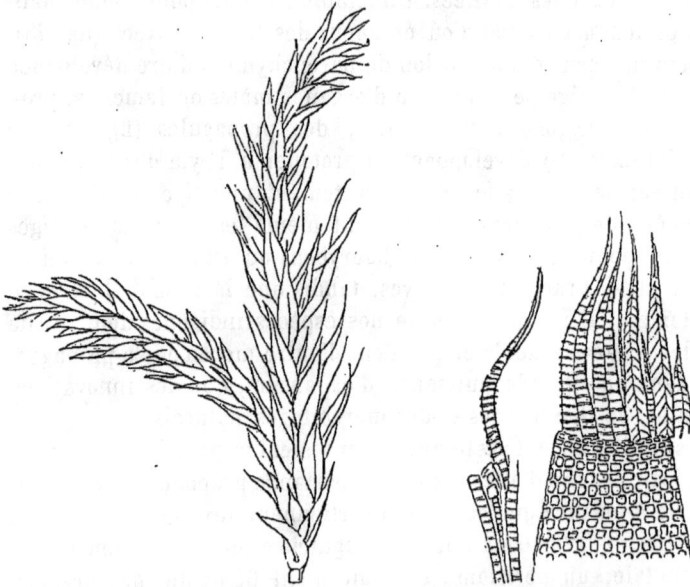

FIG. 75-77. — *Hypnum lutescens*. Port. Portion du péristome.

pendante; un péristome double, à seize dents à chaque rangée, l'intérieure pourvue en outre de cils interposés. L'insertion de l'urne est latérale. L'*H. triquetrum* L. passe pour emménagogue, et de même les *H. loreum* L., *cupressiforme* L., *lutescens* (fig. 75-77) et *squamosum* L. L'*H. crispum* sert à calfater les navires et les maisons de bois.

Funaria. — L'urne est, dans ce genre, longuement stipitée et pyriforme, à col atténué, avec un péristome double formé de seize dents dans les deux rangées. La coiffe se fend latéralement et est d'abord mitriforme. Le *F. hygrometrica* L. (fig. 65-72) est aussi un des *Herba Adianti aurei* de la pharmacopée germanique et passe également, bien gratuitement sans doute, pour faire croître les cheveux.

Leskea. — Ce sont des Mousses à urne dressée, régulière, allongée, à péristome double; la rangée interne continue inférieurement. Les feuilles ont une épaisse nervure qui s'étend jusque vers le milieu de leur hauteur. Le *L. sericea* HEDW., dont la tige est couchée et radicante, pennée, est indiquécomme astringent et styptique.

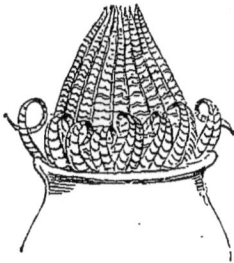

FIG. 78. — *Fontinalis antipyretica.* Péristome.

Fontinalis. — Est le type d'une tribu dans laquelle l'urne est presque sessile, plongée dans l'involucre. Le péristome est double : la rangée intérieure a seize lanières grêles, unies çà et là en travers. Le *F. antipyretica* L. (*Pilotrichum antipyreticum* C. MUELL.) (fig. 78) flotte en touffes d'un vert foncé dans les eaux courantes. Son nom spécifique paraît venir, non de ses qualités fébrifuges, mais de ce qu'on en calfate les boiseries voisines des cheminées pour prévenir les incendies. Cependant en Suède, on l'emploie contre les fièvres, surtout en pédiluves, après l'avoir fait cuire dans de la bière. Il sert aussi au traitement des angines.

FIG. 79, 80. — *Grimmia apocarpa.* Port. Urne, l'opercule se soulevant.

Grimmia. — A donné son nom à une tribu dans laquelle l'urne est recouverte d'une coiffe non plissée, avec un péristome simple ou nul. Le *G. pulvinata* Hook. et Tayl. (*Bryum pulvinatum* L.) a été recommandé comme hémostatique.

Dicranum (fig. 81-84). — Ce genre a une urne symétrique ou un peu gibbeuse, avec un col épaissi. Le péristome est simple, à seize dents. La coiffe a des bords entiers, non frangés. Le *D. condensatum* Hedw. est, dans les régions polaires, employé à l'alimentation des rennes.

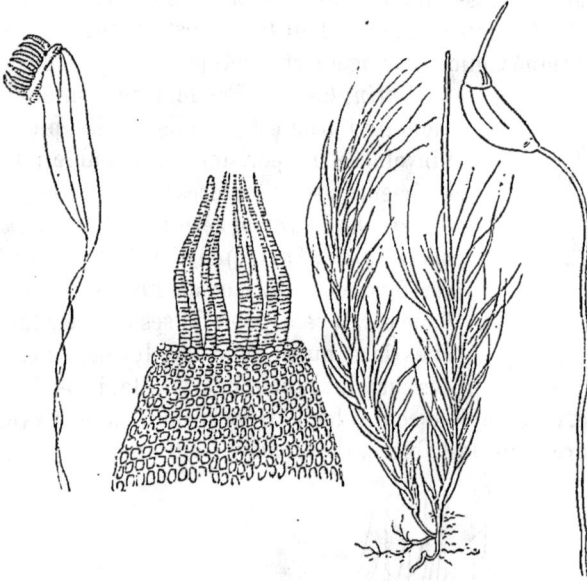

Fig. 81-84. — *Dicranum heteromallum*. Tige feuillée. Urne, avec et sans l'opercule. Portion du péristome (de Lanessan).

Meesia. — L'urne est terminale, insymétrique et pyriforme, avec un opercule légèrement convexe et un péristome double, à seize dents dans chaque rangée. Ce sont des herbes des localités aquatiques. Le *M. uliginosa* Hedw. est officinal en Allemagne, résolutif et fondant.

Phascum. — Ce genre a donné son nom à une tribu remarquablement caractérisée par une urne sans opercule, et qui ne s'ouvre que par déchirure de ses parois. Les *P. subulatum* L., *cuspidatum* Hedw. (fig. 85), *bryoides* Dicks. passent dans certains pays de l'Europe pour astringents et sont cependant à peu près inusités.

Andrœa. — Ce sont aussi des plantes très exceptionnelles par le mode de déhiscence de leur urne qui se fend longitudinalement en quatre ou six valves demeurant adhérentes par leurs deux extrémités. L'*A. petrophila* Ehrh. est indiqué comme dépuratif.

Sphagnum. — Ce genre (fig. 86) est le type d'un groupe particulier
que les uns rangent parmi les Mousses, tandis que les autres l'en séparent totalement. Les Sphagnacées sont représentées par le genre *Sphagnum,* formé de plantes d'un vert pâle, molles, spongieuses, abondantes
dans les marais. Leurs tiges et leurs feuilles sont pourvues de phytocystes
à paroi largement perforée ; ce qui leur permet de s'imbiber facilement
d'eau et de l'élever jusqu'à leur
sommet. Ce sont des plantes monoïques et rarement dioïques. Leur
urne ne sort pas, comme dans les
Mousses proprement dites, de l'intérieur de l'oosporange séparé de
bonne heure en deux portions basilaire et supérieure. La soie qui la
supporte n'est donc pas développée
dans l'oosporange : elle est formée
par l'extrémité allongée de l'axe
qui portait celui-ci. C'est pourquoi
on lui a donné le nom de *Pseudo-
pode.* Cette urne n'a pas de péris-

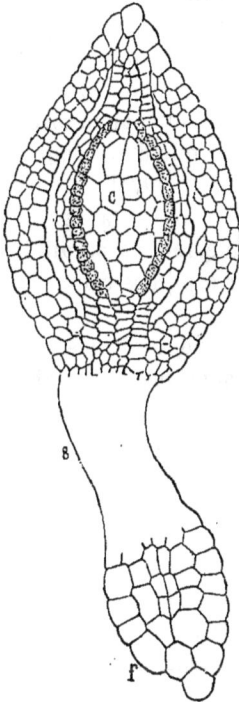

FIG. 85. — *Phascum cuspidatum. fs,* pédicule ; *c,* columelle ; en dehors d'elle la
couche sporogène teintée
en noir (Kienitz-Gesloff).

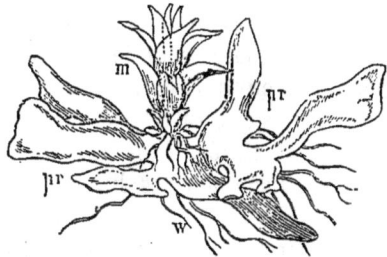

FIG. 86. — *Spagnum acutifolium.* Proembryon lamelliforme *pr,* produisant une
plante feuillée *m* et fixé lui-même à sa
base par un certain nombre de rhizoïdes
grêles et piliformes *w* (Schimper).

tome. Sa columelle est un hémisphère parenchymateux, qui n'atteint pas
le sommet de l'urne et qui est coiffé par un sporange en forme de calotte.
Les *Sphagnum* sont considérés comme formant une grande partie de la
tourbe de nos marais. Ils servent de litière et sont inusités en médecine.
C'est sur eux qu'on cultive aujourd'hui un grand nombre d'Orchidées
épiphytes dans nos serres.

HÉPATIQUES

Le nom de ces plantes indique que certaines d'entre elles ont la réputation de guérir les maladies du foie. Ce sont des Cryptogames voisines des Mousses, placées souvent avec elles dans un même groupe commun et qui ont souvent aussi des analogies avec les Lichens; si bien qu'on les a considérées comme intermédiaires aux Acrogènes et aux Amphigènes. Il y en a qui ressemblent d'autant plus aux Mousses qu'elles ont, comme celles-ci, une tige feuillée, simple ou ramifiée. Ce sont des Hépatiques *foliacées*. Leurs feuilles sont opposées ou alternes, nombreuses, petites, à base large et sessile. Leur lame n'est formée que d'une rangée de phytocystes, sans nervures, sans stomates. Ordinairement, il y a deux séries longitudinales de ces feuilles vers le côté supérieur de la tige ou de la branche, tandis que le côté inférieur porte une rangée parallèle d'appendices plus petits, les *Amphigastres*, que l'on a parfois comparés à des stipules.

Les autres Hépatiques ont un thalle vert, ou fronde herbacée, qui s'applique sur le sol et qui rappelle beaucoup les expansions de certains Lichens. Ce sont les Hépatiques *frondacées*. Leur face inférieure est fixée au sol, aux roches, par des rhizoïdes ténus. Leur pourtour est plus ou moins échancré ou lobé, et leur surface porte des stomates.

Les organes mâles sont des *Anthéridies*; et les organes femelles, des *Oosporanges* ou *Archégones*. Ces plantes sont monoïques ou dioïques. Les anthéridies (fig. 88-89) sont des sacs sphériques, ovoïdes ou oblongs, ordinairement situés, dans les Hépatiques foliacées, à l'aisselle des feuilles ou au sommet des branches, ou encore sur des axes spéciaux; tandis que chez les Hépatiques frondacées, elles occupent la face supérieure de la fronde dans laquelle elles sont enchâssées, à moins qu'elles ne soient supportées par un plateau stipité, émané de la fronde dont elles occupent la face supérieure. Ces anthéridies ont une paroi à une seule rangée de phytocystes. La paroi se rompant, les phytocystes intérieurs sont mis en liberté : ce sont des cellules-mères d'anthérozoïdes, et ceux-ci sont spiralés, à deux cils vibratiles, comme ceux des Mousses.

Les oosporanges (fig. 91, 93) sont ordinairement, dans les Hépatiques foliacées, groupés au sommet de petits axes spéciaux et plus ou moins ramifiés. Dans les Hépatiques frondacées, ils peuvent être enchâssés dans les couches supérieures de la fronde; ou bien, quand il y a des plateaux pour les mâles, attachés au-dessous d'un chapeau analogue, stipité et généralement moins plan que le support des anthéridies.

Il y a ici, comme chez les Mousses, un col plus ou moins étiré à l'oosporange, et un fond renflé contenant une oosphère. Celle-ci devient, après la fécondation, une oospore à phytocyste, et ce phytocyste se partage bientôt, par une cloison transversale, en deux portions dont l'inférieure constituera un pédicule, généralement peu allongé, tandis que la supérieure formera une sorte d'urne ou de capsule qui reste longtemps renfermée dans les parois de l'oosporange. Ces parois se comportent donc à peu près comme dans les *Sphagnum*, et ce n'est que tardivement qu'elles se rompent dans la portion supérieure. C'est alors ce qui reste de ces parois qui constitue une sorte de gaîne ou de vaginule autour du pédicule de la capsule.

En général, cette capsule est dépourvue de columelle. En général aussi, elle renferme, outre les spores, des *Élatères*, longs phytocystes fusiformes, simples ou rameux, à paroi fortement épaissie en une, deux ou trois lignes spirales parallèles. Entre les tours de spire, la paroi se résorbe finalement, et il en résulte des ressorts spiraux, très hygroscopiques, qui sont interposés aux spores et qui, suivant qu'ils perdent ou prennent de l'eau, exécutent des mouvements qui contribuent à la dissémination des spores. Tel est le rôle, d'ailleurs encore incomplètement connu, des élatères.

La déhiscence de la capsule se fait généralement par quatre fentes longitudinales profondes. Les spores peuvent chez les Hépatiques frondacées donner immédiatement naissance à une fronde sexuée. Mais souvent aussi, dit-on, la spore d'une Hépatique foliacée produit une sorte de proembryon à contour circulaire ou linéaire.

Le *Marchantia polymorpha* L. (fig.87-93) est célèbre par les propriétés

FIG. 87. — *Marchantia polymorpha*. Port de la plante mâle, avec les réceptacles stipités, à tête dilatée, plane à sa face supérieure et légèrement sinuée sur ses bords et, plus bas, sur la face supérieure des lobes du thalle, les corbeilles à propagules.

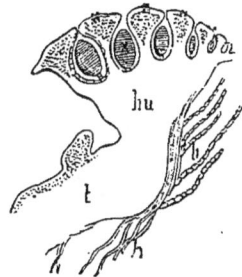

FIG. 88. — *Marchantia polymorpha*. Chapeau mâle, coupe longitudinale. *t*, branche qui porte le chapeau *hu*; *b*, feuilles; *h*, poils radicaux; *x*, anthéridies (Sachs).

nombreuses qu'on lui a attribuées, et par les travaux dont il a été l'objet de la part du plus grand anatomiste français de notre siècle, B.-Mirbel. C'est une plante à fronde fixée au sol par des rhizines; très commune dans les endroits humides, entre autres sur le pavé d'une cour sombre de la Sorbonne. Ses frondes ont l'aspect de plaques vertes, membraneuses, pouvant atteindre jusque près d'un décimètre de diamètre. Ses bords sont découpés de lobes arrondis, et sa surface est marquée d'un fin réseau de losanges dont chaque maille présente à son centre un stomate. La fronde n'a qu'une couche de phytocystes; mais sa surface supérieure seule porte deux rangées de petites lames verticales, sans nervures, et qu'on a dit représenter les feuilles de la plante.

Les organes de la reproduction, situés à la surface supérieure, siègent sur des chapeaux stipités, hauts de 1-3 centimètres. Les uns (fig. 87) sont

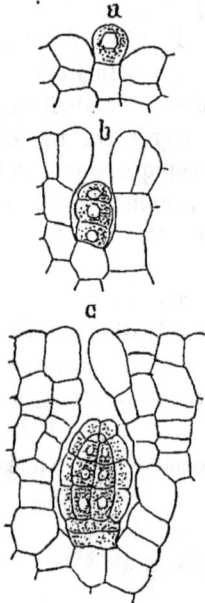

FIG. 89. — *Marchantia polymorpha*. Développement de l'anthéridie. États successifs, *a*, *b*, *c*. (Strasburger).

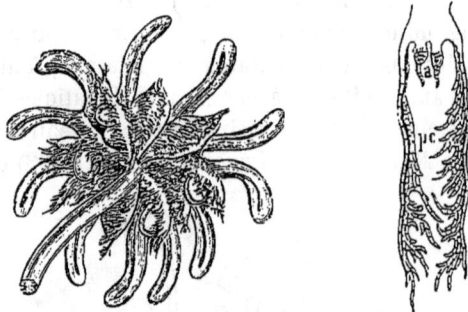

FIG. 90-91. — *Marchantia polymorpha*. Chapeau femelle vu par dessous. — Coupe du périanthe secondaire; *pc*, feuilles du périchèze; *a*, deux oosporanges proéminant au fond de la cavité que limite le périchèze (Sachs).

mâles, c'est-à-dire portent les anthéridies; ils sont plans, puis légèrement concaves et découpés sur les bords de lobes obtus qui se relèvent. Les autres (fig. 92) sont femelles, portent les oosporanges et ont la forme d'un petit champignon à surface supérieure convexe et à bords profondément découpés en un nombre variable de lobes étroits, avec les oosporanges à la face inférieure. Ils répondent à l'intervalle des lobes et sont enveloppés d'un repli saillant, finement découpé, nommé *Perichèze* ou *Périanthe commun*. Il y a, en outre, pour chaque oosporange, un petit périanthe propre qui se produit autour de sa base, sous forme d'un bourrelet circulaire et qui, finalement, s'élève et enveloppe complètement l'organe femelle. Les anthéridies occupent l'épaisseur du chapeau mâle et s'ouvrent en dessus par un étroit orifice. Ce sont des sacs ellipsoïdes, à pied court, dont la cavité est remplie des cellules-mères des anthérozoïdes, cellules qui sortent du sac pour mettre en liberté l'anthérozoïde à deux cils qu'elles renferment. C'est, ainsi que nous l'avons indiqué tout à l'heure, dans l'oosporange fécondé que se développe l'urne qui renferme les spores, produites par quatre dans chacune de leurs cellules-mères auxquelles sont interposées des élatères dont nous connaissons aussi le rôle dans la dissémination. Les spores produisent, au contact du sol humide, un protonema sur lequel

FIG. 92. — *Marchantia polymorpha*. Pied femelle, avec les réceptacles stipités et les corbeilles à propagules.

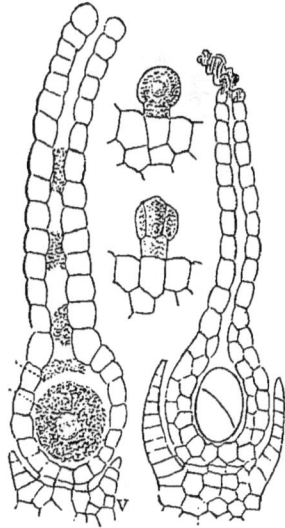

FIG. 93. — *Marchantia polymorpha*. Oosporange et son développement (Strasburger).

doit se développer ultérieurement la fronde dont nous connaissons les caractères.

Il y a aussi, à la surface de la fronde du *Marchantia polymorpha*, des organes de reproduction asexués. Ce sont, en assez grand nombre, de petites corbeilles ou conceptacles dans le fond desquels s'insèrent beaucoup de petits corps lenticulaires ou elliptiques, verts, parenchymateux, plus ou moins échancrés sur les bords. Ce sont des *Propagules* qui, se détachant et tombant sur le sol, se développent en une ou plusieurs frondes semblables à celles que nous connaissons.

Le *M. polymorpha* (*Hépatique terrestre*, *H. des fontaines*), est la plus commune de nos Hépatiques, et c'est lui surtout qui a été vanté dans le traitement des affections du foie. Lieutaud le croyait efficace contre les affections cutanées chroniques et même contre la phtisie. Short l'a recommandé comme un puissant diurétique, et Cazin s'en est plusieurs fois servi avec avantage contre l'anasarque.

Le *M. chenopodea* L., macéré dans des liquides gras, s'emploie comme cosmétique aux Antilles et passe pour effacer les taches de rousseur.

FIG. 94. — *Junger-mannia albicans.* Port.

FIG. 95. — *Jungerman-nia undulata.* Port.

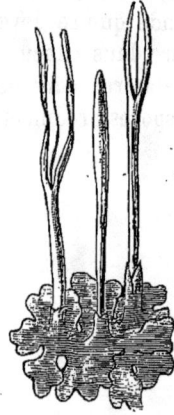

FIG. 96. — *Anthoce-ros lævis.* Port.

Le *M. conica* L. appartient au genre voisin *Fegatella.* C'est l'*Hepatica stellata* et le *Lichen stellatum* de la pharmacopée allemande. Sa dé-coction concentrée a été employée avec succès (Levrat-Perrotton) contre la gravelle. C'est aussi, assure-t-on, un diurétique assez efficace; mais il est de moins en moins usité.

Les Jungermannes (fig. 94-95) sont les plus connues des Hépa-tiques foliacées. On dit que les *Jungermannia pinguis* L. et *alba*

FIG. 97.
Riccia natans.

FIG. 98.
Riccia fluitans.

L. sont dépuratifs et antisyphilitiques, et cela, ajoute-t-on, à cause de l'iode que contiennent leurs organes de végétation.

Parmi les Hépatiques exceptionnelles, mais d'ailleurs dépourvues d'in-térêt au point de vue médical, on peut citer les *Riccia* (fig. 97-98), plantes aquatiques, communes dans nos marais et nos rivières, dont les spores ne sont pas accompagnées d'élatères, et les *Anthoceros* (fig. 96), dont la cap-sule est dépourvue de columelle.

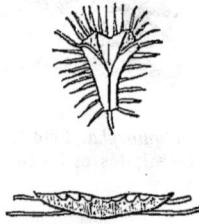

LICHENS

Les Lichens sont des Cryptogames cellulaires, pourvues d'un *thalle* de configuration très variable. Tantôt, dans les Lichens dits *fruticuleux*, c'est une petite arborescence dressée, simple ou ramifiée. Tantôt, c'est une lame à bords ondulés ou lobés, étendue sur un *substratum* auquel la fixent primitivement des rhizines plus ou moins espacées. Le Lichen est alors dit *foliacé*. Il y a d'autres Lichens qui sont dits *crustacés*, et dans lesquels le thalle représente une croûte peu épaisse, qui est fixée de toutes parts au *substratum* ou même s'enfonce dans ses cavités où elle peut disparaître totalement ou à peu près. Il y a aussi des Lichens qui sont *gélatineux*, et dont la substance, rappelant celle des *Nostoc*, ressemble en effet à une masse de gélatine (*Collema*).

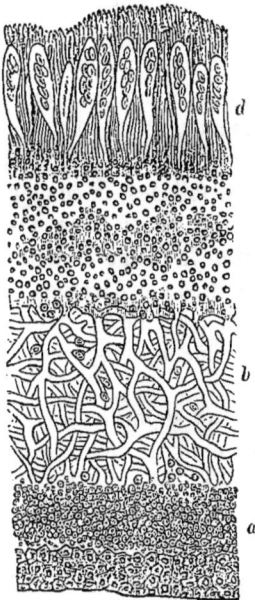

FIG. 99. — *Cetraria islandica.* Coupe transversale du thalle au niveau d'une apothécie (Berg). *a*, hypothalle; *b*, hyphes; *c*, couche gonidiale; *d*, apothécie, avec les asques et les paraphyses.

La coloration de ces thalles est variable; elle est souvent terne et grisâtre. Ailleurs elle est plus ou moins verte, quelquefois blanchâtre, jaunâtre ou orangée, brune, noirâtre.

Leur structure peut-être examinée d'abord dans les espèces à thalle foliacé, encore dit hétéromère. Celui-ci se compose de plusieurs couches superposées (fig. 99), qui sont, à partir de la surface du sol, d'une roche, d'un arbre, sur lesquels s'applique le thalle : la couche hypothalline, la couche médullaire, la couche gonidiale, la couche corticale et la couche épithalline.

1. La couche hypothalline ou *Hypothalle* est la première qui se forme lors de la germination des spores. Elle représente une sorte de mycélium sur lequel se développe ensuite le thalle. Elle développe souvent en dessous des rhizines qui servent, quelque temps au moins, à fixer le thalle sur son substratum. Mais elle est fugace, devient fréquemment brune ou noirâtre et se détruit en général de bonne heure.

2. La couche médullaire est formée d'*Hyphes*, c'est-à-dire d'un parenchyme lâche, à phytocystes filamenteux, incolores et assez régulièrement cylindriques, qui sont irrégulièrement ramifiées, à paroi épaisse et à cloi-

sons distantes. Ces filaments se distinguent des éléments analogues qu'on observe dans le réceptacle de certains Champignons, par leur plus grande fermeté, leur élasticité plus prononcée et leur résistance à l'action de la potasse qui dissout les hyphes des Champignons. Le feutrage des hyphes est généralement lâche dans cette couche, et le diamètre de leurs branches est presque toujours relativement grand.

3. La couche gonidiale tire son nom de la présence des *Gonidies* qui se trouvent situées dans les mailles du réseau de ces hyphes. On nomme gonidies des phytoblastes ou des phytocystes plus ou moins globuleux et renfermant de la chlorophylle, parfois mélangée de matières colorantes bleues ou brunes qui font varier la teinte des gonidies. Il y en a aussi de jaunes ou orangées. Leur diamètre ne dépasse guère 35 μ (millièmes de millimètres) et elles sont ordinairement beaucoup plus petites. Quand elles sont dépourvues d'enveloppe cellulosique, elles reçoivent plutôt le nom de *Gonimies*. Dans cette couche, les hyphes, entremêlées de gonidies on de gonimies, se continuent avec celles de la couche médullaire. Elles peuvent renfermer des gonidies d'une façon continue, en lame ininterrompue; mais souvent aussi les gonidies manquent en certains points et forment ailleurs des amas plus ou moins irréguliers.

4. La couche corticale surmonte, dans les thalles foliacés, la couche gonidiale dont les hyphes se continuent dans son épaisseur, avec des modifications diverses de leur consistance et souvent de la forme de leurs mailles; le tout constituant un faux-parenchyme à mailles polyédriques, à parois transparentes. Ce sont en réalité les extrémités supérieures, déformées et rapprochées entre elles, des hyphes de la couche sous-jacente, tandis que les gonidies ont disparu.

5. La couche épithalline ou épidermique, la plus superficielle de toutes, en contact avec l'atmosphère, est une sorte de cuticule amorphe et diversement colorée.

Quand les Lichens ont un thalle fructiculeux, celui-ci est aussi entouré de cette sorte de cuticule. Au dessous d'elle se trouvent une zône gonidiale, puis, plus intérieurement, la couche médullaire qui est lâche ou plus souvent formée d'hyphes à filaments longitudinaux, pressés les uns contre les autres; c'est la portion la plus solide des ramifications de ces plantes.

Un Lichen crustacé présente les mêmes couches, avec des hyphes serrées en tissu compact. Leurs intervalles sont occupés par des grains ou des cristaux d'oxalate de chaux, lesquels s'observent aussi dans certains Champignons. La couche gonidiale est reportée plus au dehors, vers la zône corticale, souvent assez solide, qui est tout à fait en haut sous la couche épithalline. Quand aux hyphes de la couche médullaire, elles pénètrent plus ou moins profondément dans les anfractuosités des roches et des écorces qui supportent la plante.

Dans les Lichens gélatineux, les couches précédentes ne sont plus distinctement stratifiées, et le thalle est plus homogène. Les hyphes et les gonidies y sont entremêlées sans ordre apparent, comme il arrive dans les *Collema.* Il y a souvent cependant une sorte de couche corticale, enveloppant la masse gélatineuse intérieure. Fréquemment aussi les gonidies sont rapprochées en groupes de deux, quatre ou davantage. Ailleurs elles sont rangées en chapelets; ce qui rappelle assez bien de loin l'organisation intime des *Nostoc.*

A la surface des thalles ainsi constitués se trouvent des organes reproducteurs de différentes sortes. Les plus ordinaires sont des *Apothécies,* superficielles ou profondes et enfoncées dans le thalle, suivant que les Lichens sont *gymnocarpés* ou *angiocarpés.*

Généralement les apothécies tranchent par leur coloration sur celle du thalle, et elles peuvent être brunes, noires, rosées, rouges ou orangées, ou bien d'une teinte pâle sur un fond de couleur foncée. Elles ont la forme de disques, de cupules, ou de plaques lobées ou rameuses, sessiles ou plus ou moins longuement stipitées. Si elles sont plongées dans la substance du thalle, elles ne communiquent avec l'extérieur que par un orifice relativement étroit. Elles ont souvent un rebord, d'origine variable, et représentant d'ordinaire une cupule plus ou moins profonde, dont la surface est recouverte de sacs, les *Thèques* ou *Asques,* entremêlés de *Paraphyses* (qui ne sont que des asques stériles), et renfermant des spores.

Les cupules sont des conceptacles, formés d'un tissu qui représente la continuation des hyphes modifiées. Il y a fréquemment aussi des gonidies qui entrent dans la constitution des apothécies; d'où souvent la difficulté de séparer nettement tous les asques de ces apothécies des gonidies qui en sont si voisines et que l'on a appelées *hyméniales.*

Dans une apothécie donnée, les asques et les paraphyses interposées sont souvent pénétrés d'une *Gélatine hyméniale,* substance amyloïde incolore, qui peut bleuir par l'action de la teinture d'iode ou qui demeure indifférente à ce réactif. On croit qu'imprégnée d'eau, la gélatine hyméniale se gonfle, exerce une pression sur les asques et vient en aide à l'expulsion des spores.

Le nombre des spores varie peu dans les thèques d'une espèce donnée. Il y en a le plus souvent 8, parfois 1, 2, plus rarement de 3 à 6, ou même une centaine et plus. Leur forme est des plus variables : ovoïde, ellipsoïde, oblongue, cylindrique ou fusiforme. Elles sont simples ou plus ou moins septées. Leur paroi est double, formée d'une *épispore* et d'une *endospore* beaucoup plus mince.

Les *Spermogonies* (fig. 100) sont d'autres organes reproducteurs des Lichens. Ils ressemblent à des apothécies angiocarpées, souvent situés vers les bords du thalle. Ce sont des poches ovoïdes ou lagéniformes, qui renferment des *Stérigmates* portant des *Spermaties.* Les stérigmates sont constitués par des phytocystes simples ou plus ou moins composés, ramifiés et comme articulés, qui portent les spermaties. Ces organes sont identiques de taille et de forme dans une espèce donnée et varient d'une espèce à l'autre; si bien qu'il y en a d'aciculaires et de fusiformes, droites ou courbes, cylindriques ou ellipsoides. Les stérigmates produisent les spermaties de la façon suivante. Leurs phytocystes s'atténuant au sommet, il s'y produit une légère protubérance qui finit par se détacher du stérigmate et, devenue libre, peut sortir par l'orifice terminal des spermogonies. Les frères Tulasne, qui ont découvert les spermaties, les considéraient comme des organes mâles. Plus tard, on en a fait des spores particulières, susceptibles de germer; mais le plus expérimenté de nos

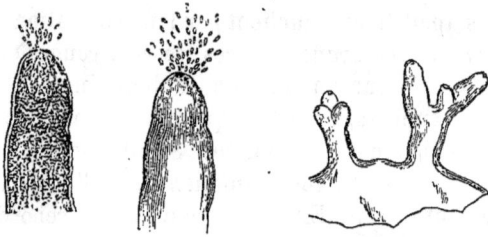

Fig. 100. — *Cetraria islandica.* Spermogonies (Berg).

lichénographes, le Dr W. Nylander, admet « que ces observations n'ont pas été vérifiées et les regarde comme absolument erronées ».

Les *Pycnides* sont aussi des organes reproducteurs des Lichens, extérieurement analogues aux spermogonies. Elles renferment des *Stylospores*, plus gros et moins nombreux que les spermaties, variables de taille et de forme, à contenu plus ou moins huileux, et susceptibles de germer.

Les *Sorédies* sont des amas pulvérulents qui sont formés de petits corps gonidiens, souvent entourés de filaments incolores, provenant du thalle. Ces corps sont, comme ceux que contiennent les corbeilles des *Marchantia*, aptes à germer, en multipliant leurs éléments, et à reproduire autant de jeunes thalles. Dans la plupart des Lichens, ces grains sont disposés à la surface du thalle en bourrelets épais, en masses arrondies ou irrégulières. Dans les Collémacées, ils naissent dans l'épaisseur de la couche gonidiale et doivent ensuite déchirer la portion superficielle de la plante pour être mis en liberté.

Maintenant que nous avons indiqué les principaux organes reproducteurs des Lichens et énuméré les diverses couches dont est formé leur thalle, nous pouvons dire quelques mots de la nature de ces plantes. Tout le monde avait remarqué leurs analogies avec les Champignons-Thécasporés dont on les distinguait surtout par la présence des gonidies dans l'épaisseur de leur thalle. Mais beaucoup d'auteurs ont adopté depuis quelques années une théorie dite algo-lichénique, et qui porte aussi le nom de

M. Schwendener, son principal promoteur, théorie qui considère les Lichens comme formés d'un Champignon, représenté par les hyphes, et d'Algues qui sont les gonidies, nourrices des hyphes et appartenant aux groupes des Protococcées, Nostochinées, Palmellacées, Rivulariées, etc. « D'après le résultat de mes recherches, dit M. Schwendener, toutes ces productions (les Lichens) ne sont pas des plantes simples; ce ne sont pas des individus dans le sens ordinaire du mot; ce sont plutôt des colonies, consistant en centaines et milliers d'individus, dont cependant un seul agit en maître, tandis que les autres, livrés à une perpétuelle captivité, pourvoient et à leur alimentation et à celle de leur maître. Celui-ci est un Champignon du groupe des Ascomycètes, un parasite qui a coutume de vivre du labeur des autres. Les esclaves sont des Algues vertes, par lui cherchées à sa portée, ou que plutôt il a saisies, les forçant à le servir. Il les enveloppe, comme une araignée entoure sa proie, d'un réseau délié de mailles étroites qui constituent bientôt une toile infranchissable. Tandis que l'araignée suce sa proie et ne l'abandonne que quand elle est morte, le Champignon imprime une activité plus grande aux Algues qu'il a prises dans ses rets et leur communique une plus grande vigueur d'accroissement. »

Ardemment soutenue par les uns et combattue par les autres, la théorie algo-lichénique a été, il est vrai, couronnée, il y a quelques années, par une commission officielle. C'est d'abord ce qui nous l'a rendue suspecte; car les juges qui l'ont approuvée étaient Ad. Brongniart, qui avouait lui-même n'avoir jamais étudié la question; Decaisne, à qui l'on pouvait, en le flattant suffisamment, faire avaler les bourdes les plus indigestes (c'est lui qui a adopté avec enthousiasme et exalté, dans son enseignement et ailleurs, la théorie des sexes distincts et de la fécondation des Champignons supérieurs, dont il sera question plus loin,) et M. Duchartre qui, n'ayant jamais observé par lui-même, accepte volontiers au hasard ce qu'il trouve imprimé dans quelques auteurs le plus souvent étrangers qu'il ne paraît pas toujours bien comprendre. M. Nylander, l'homme d'Europe qui connaît et observe le mieux les Lichens, n'admet point la théorie et s'est exprimé à son sujet en ces termes : Decaisne *gonidia Lichenum sicut Algas admittens, ex sensu Schwendeneriano, declaravit* : « Le parasitisme des Lichens paraît un fait parfaitement démontré... » Dʳ *Nylander hypothesin illam Schwendeneri esse absonissimam indicavit demonstravitque gonidia manifeste in cellulis thalli Lichenum oriri nullumque adesse parasitismum. Decaisne igitur etiam hic in summo errore versatur et de rebus loquitur sibi minime familiaribus; ignorantia parum juvat. Præparationes microscopicæ optimæ, indubie confirmantes originem intrathallinam gonidiarum et gonimiorum haberi possunt... Tales præparationes præstant figuris quas plus minusve schematicas facile faciunt auctores, arte sæpius magis occupati quam simplici veritate.* » M. Nylander nous a fait voir

sur ces préparations les gonidies naissant sur place dans l'intérieur même
du parenchyme thallin des Collémées; si bien que nous ne saurions, sans
nier l'évidence, contester l'exactitude de ce qui précède. On a pu voir des
Algues analogues aux gonidies se rapprocher des hyphes et se coller plus
ou moins intimement avec eux ; on a pu voir des Cryptogames de familles
très diverses, vivant à côté les unes des autres et comme en société sur un
substratum commun et se mélanger entre elles, avec des contacts passa-
gers plus ou moins absolus (fig. 101-102); on a pu voir des gonidies véritables
sorties des thalles de Lichens, vivre un temps variable en dehors de leur
milieu normal; on a pu constater, sur des fragments isolés et artistiquement

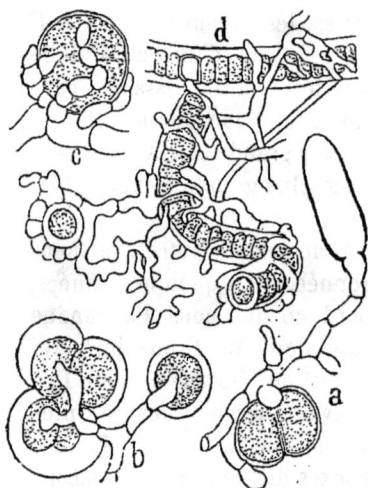

FIG. 101. — a, spores de *Physcia parietina*, germées sur des cellules de *Protococcus viridis*; b, hyphas de *Synalisma*
sur des cellules de *Glœocapsa; c,* filaments de *Protococcus*; d, hyphes de
Stereocolon annulatum sur des chapelets de cellules de *Scytonema* (Bornet).

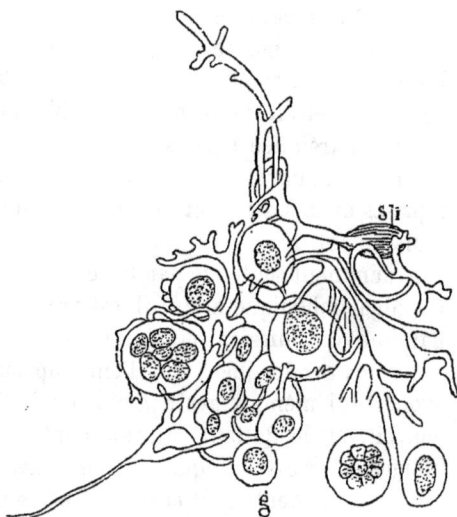

EIG. 102. — Spores *sp* de *Lecandra sulfurea*,
germant dans une colonie de *Cystopus humi-
cola, g.* Il s'établit entre les unes et les autres
des adhérences plus ou moins intimes qui font
admettre le parasitisme. Les filaments du Lichen s'appliquent sur des corps qui leur fournissent une certaine quantité d'humidité (Treub).

groupés, des unions plus ou moins intimes de filaments thallins et de
gonidies issues d'hyphes résorbés. Mais nous avons vu aussi, sur des
échantillons communiqués par M. J. Richard, des Lichens germant sur
des cailloux polis, sans aucune trace de *Protococcus* ou d'autres Algues;
et l'on sait que M. Nylander a fait germer des spores de Lichen sur des
lames de verre et a pu suivre leur évolution jusqu'au thalle parfait et
même jusqu'au développement des apothécies, sans qu'on pût découvrir
sur ces plaques aucun vestige de *Pleurococcus*, ou *Protococcus*, ni
d'aucun autre thalle étranger ; de sorte que la preuve de la réalité de la

théorie algo-lichénique nous semble encore à faire pour que nous puissions l'admettre. « L'absurdité d'une telle hypothèse, dit encore M. Nylander, est évidente par la considération qu'un organe (gonidie) devrait être en même temps un parasite du corps dont il accomplit des fonctions vitales; çar on pourrait aussi bien prétendre que le foie ou la rate constitue un parasite des Mammifères. Un être parasite est autonome et vit sur un corps étranger, dont les lois de la nature ne lui permettent pas d'être en même temps un organe. C'est là un axiome élémentaire de physiologie générale. Mais l'observation directe enseigne que la matière verte se développe originairement dans la cellule primitive qui porte la chlorophylle ou le phycochrome, et par conséquent ne s'introduit pas d'une partie extérieure, ne vient pas d'un parasitisme, quel qu'il soit. On observe que la cellule est d'abord vide; puis, par sécrétion, la matière verte se produit dans la cavité et prend une forme définie. On peut donc démontrer avec facilité et avec évidence que l'origine de la matière verte dans les Lichens est absolument la même que dans les autres plantes. »

Une autre question a été l'objet de nombreuses controverses : celle de *substratum* des Lichens. Quoiqu'on ait distingué des espèces calcicoles, calcivores, silicicoles, etc., les Lichens sont en général assez indifférents, au point de vue chimique, à la nature de leur substratum; et celui-ci exerce surtout une influence physique, leur fournissant un point d'appui d'étendue et de consistance variables. Cependant une plante donnée revêt souvent un aspect différent ou une teinte différente quand elle végète sur un sol de nature chimique spéciale. Les roches ferrugineuses peuvent donner aux Lichens des colorations plus ou moins jaunâtres. Dans un même terrain mélangé de calcaire et de silice, certaines espèces se voient plus particulièrement sur les cailloux siliceux, d'autres sur les pierres calcaires du sol hétérogène, etc. Les Lichens fuient le séjour des villes et disparaissent dans les jardins et les parcs couverts d'habitations; on a dit qu'ils constituent, par suite, une sorte d'hygromètre qui donne, dans un endroit donné, la mesure de la pureté relative de l'air. On a remarqué aussi que sur les arbres et les roches, il y a plus de Lichens du côté du couchant que selon les autres orientations. On sait encore que, se détruisant graduellement à la surface des roches qu'ils habitent, les Lichens y déterminent la formation d'une première couche de terre végétale sur laquelle vont bientôt pouvoir s'établir des plantes plus élevées en organisation.

Parmi les substances qui entrent dans la composition du tissu des Lichens, il faut citer en première ligne la *Lichénine*, sorte de colloïde dont les propriétés sont analogues à celles de l'amidon, et qui se retrouve dans la gelée qu'on peut obtenir en faisant bouillir dans l'eau un assez grand nombre d'espèces. La teinture d'iode jaunit la lichénine; mais elle bleuit une autre matière isomérique, difficilement séparable de la lichénine et qui se trouve également dans la décoction aqueuse. D'après Payen, la lichénine pourrait se transformer en dextrine, puis en sucre, par l'action de la diastase; mais le fait est contesté par Berg. Insoluble dans l'eau froide qui la gonfle, la lichénine se dissout dans l'eau chaude. L'alcool et l'éther ne la dissolvent pas. La solution aqueuse se prend en gelée par le refroidissement et devient par la dessication dure, cassante, blanche. Sa saveur est nulle, et son odeur est celle des Lichens en général. On l'a comparée à l'amylène de la fécule. Il y en a de 20 à 45 p. 100 dans les principaux Lichens usités. Ils renferment souvent aussi de l'inuline et probablement de la cellulose proprement dite.

La plupart des espèces contiennent en outre un principe amer, le *Cétrarin* ou acide cétrarique, très sapide, cristallisant en belles aiguilles blanches, soluble dans l'alcool absolu, presque insoluble dans l'eau. En faisant macérer les Lichens dans des solutions légèrement alcalines, on neutralise l'acide cétrarique, et toute amertume disparaît, Il y a encore dans certaines espèces, telles que le L. d'Islande, de l'acide lichénique, un acide gras, nommé lichénistéarique, et des acides lécanorique, orcellique, érythrique, etc. L'acide orcellique peut se dédoubler en acide carbonique et en orcine que l'ammoniaque transforme en orcéine, substance d'un beau rouge, qui colore l'eau en rouge vineux, les acides en rouge pelure d'oignon, les alcalis en violet.

M. Nylander a tiré grand parti pour l'étude et la distinction des Lichens des réactions colorées qu'ils produisent au contact du chlorure de chaux, de la potasse caustique, de la teinture d'iode iodurée, etc. Ces substances colorent diversement les acides incolores qui existent dans ces plantes et qui, sous l'influence des alcalis et de l'oxygène, sont susceptibles de donner naissance à diverses matières colorées. De deux espèces très voisines et souvent difficiles à distinguer, l'une rougit, par exemple, dans sa portion centrale, avec le chlorure de chaux, et l'autre demeure incolore; c'est ce qui s'observe, par exemple, respectivement chez le *Parmelia fuliginosa* et le *P. prolixa*. On sait, pour chaque espèce vulgaire, quelle coloration elle prendra sous l'influence de l'iode ioduré, de la potasse, etc.

Sans nous occuper en détail de la classification des Lichens, nous pouvons dire que M. Nylander les divise en trois familles : des *Collémacées*, des *Éphébacées* et des *Lichénacées*. Tous les genres à espèces utiles, que nous allons maintenant passer rapidement en revue, appartiennent à cette dernière diviston. Ce sont des *Parmelia, Evernia, Lobaria, Umbilicaria, Gyrophora, Pertusaria, Cladonia, Cladina, Cetraria, Usnea, Roccella, Ramalina, Peltigera, Physcia* et *Lecanora.*

Parmelia.

Ce genre a donné son nom a un groupe de Lichens fruticuleux ou frondacés. Le thalle est lobé ou partagé en expansions découpées, de couleur jaune ou brune. Les apothécies sont généralement épaisses, à disque lisse ou luisant. Les asques contiennent huit spores ou rarement davantage, sphériques ou ellipsoïdes, petites. Les thèques et la gélatine hyméniale bleuissent par l'iode. Les spermogonies, de couleur brune ou noire, sont épaisses, superficielles, à stérigmates articulés, avec des spermaties fusiformes et aciculaires. Le genre est surtout abondant dans les régions tempérées de l'Europe et de l'Amérique, sur les rochers, les murs, les troncs d'arbres, commun en général au voisinage des habitations.

Le *P. saxatilis* Achar. (*Lichen saxatilis* L. — *Lobaria saxatilis* Hoffm. — *Imbricaria saxatilis* Körb.) a un thalle membraneux, à lobes arrondis et laciniés, d'un gris cendré en dessus et d'un roux foncé en dessous. Ses apothécies sont d'un brun roux, avec des spores ovales, simples. On a jadis vanté cette espèce comme antidiarrhéique, antiépileptique, fébrifuge. A l'état de *Muscus cranii humani*, c'est-à-dire lorsqu'elle s'était développée sur de vieilles boîtes craniennes exposées à l'humidité, elle se vendait des prix fous et guérissait, soit-disant, les affections cérébrales, même la folie, l'apoplexie. C'est une plante tinctoriale, qui, en Suède, sert à colorer les toiles en brun. On la récolte aussi pour cet usage en Écosse. Elle renferme de l'acide chrysophanique. On teint aussi les tissus en brun avec les *P. omphalodes* Achar., *Acetabulum* Durb., *centrifuga* Achar., *conspersa* Achar., *olivacea* Achar., *physodes* Achar., *stygia* Achar. Mérat dit que chez les Kirghiz, le *P. physodes* s'emploie topiquement au traitement des plaies.

Evernia

Voisins des *Parmelia*, ces Lichens ont un thalle fruticuleux, étalé, pendant ou dressé, plan, d'un blanc cendré ou verdâtre, cortiqué de toutes parts et profondément divisé. Les divisions foliacées, groupées de façons diverses, ne forment pas une couche continue. Les apothécies sont latérales, discoïdes, à bord entier, avec des spores simples, hyalines, petites. Les spermogonies sont noires en dehors et hyalines en dedans, à spermaties droites et aciculaires. Ce sont des plantes de toutes les latitudes; mais surtout des régions boréales, vivant sur les arbres, plus rarement sur les roches.

L'*E. Prunastri* Achar. (*Lichen Prunastri* L. — *Physcia Prunastri* DC. — *Lobaria Prunastri* Hoffm.) (fig. 103) tire son nom de ce qu'il croît souvent sur le *Prunus spinosa*. Son thalle, d'un brun cendré ou verdâtre, est dichotome, bosselé et ridé, avec des apothécies d'un roux foncé. On l'a récolté en Grèce, d'où jadis on le transportait en Égypte, sous le nom de *Chamir* (Forskhœl). Là on en aromatisait la bière, le pain, et surtout, quand il était aigri, le pain azyme auquel il communiquait une saveur acerbe, fort appréciée des Turcs (Delile). Pour la même raison, il a été prescrit comme médicament astringent. Dans les localités où il abonde et où l'on n'en tire aucun parti, il pourrait constituer un bon fourrage, de même que l'*E. furfuracea*. La plupart de nos *Evernia* (*E. fastigiata, farinosa*, etc.), riches en lichénine, pourraient également servir à l'alimentation de l'homme et des animaux.

L'*E. jubata* Fr. est devenu le type du genre *Alectoria* Nyl. Dans les

Fig. 103. — *Evernia Prunastri* (de Lanessan).

régions boréales, les rennes s'en nourrissent, à défaut du *Cladina rangiferina*, quand la neige est très abondante. L'*E. vulpina* Achar. est devenu le type du genre *Chlorœa* Nyl. Il faisait partie d'une composition destinée en Norwège à empoisonner les loups.

Lobaria.

Ce genre, du groupe des *Stictés*, est caractérisé par un thalle foliacé, membraneux, frondiforme, de couleur verte, grisâtre, glauque ou brune, souvent chargé de sorédies, fixé çà et là au substratum, sans adhérence continue. Ce thalle porte beaucoup de petites fossettes glabres, nommées *Cyphelles*. Les apothécies sont éparses, souvent marginales, à bord thallin entier. Les asques contiennent huit spores oblongues-fusiformes, hyalines, cloisonnées, et sont accompagnés de paraphyses l bres. Les spermogonies,

éparses ou marginales, sont enfoncées dans le thalle, à spermaties courtes
et légèrement renflées aux extrémités. Ce genre est représenté en Europe
par plusieurs espèces; il est rare dans le nord, plus commun dans les
régions tempérées. Il croît souvent dans les lieux humides et y répand

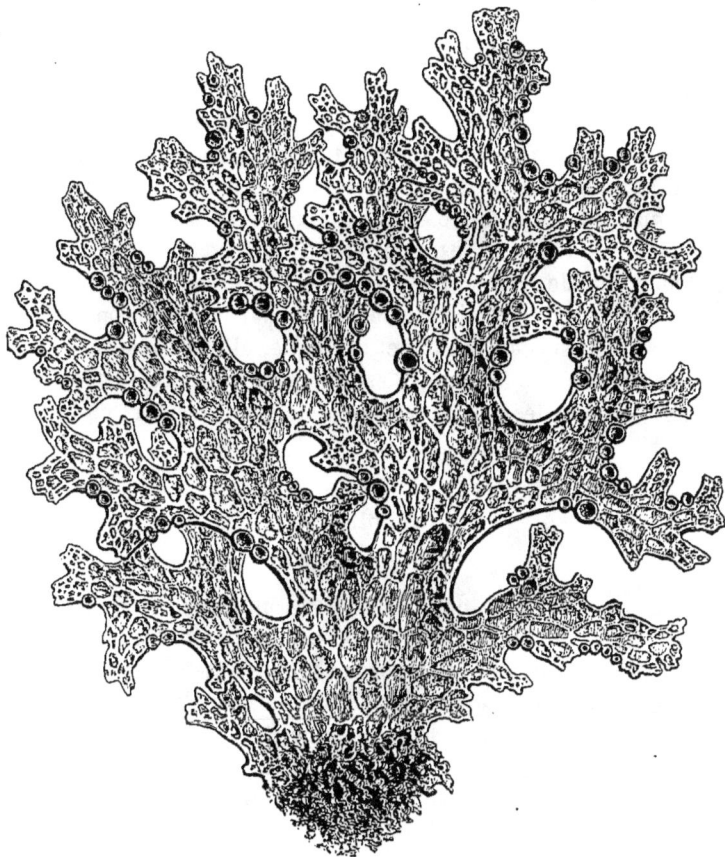

FIG. 104. — *Lobaria pulmonacea.* Port.

une odeur désagréable, souvent comparée à celle du chanvre, odeur qui
disparaît par la dessiccation et reparaît quand on humecte la plante.
   On emploie beaucoup encore le *L. pulmonacea* HOFFM. (*Lichen pulmo-
narius* L. — *Sticta pulmonacea* ACHAR. — *Pulmonaria reticulata*
HOFFM.). C'est une espèce à grand thalle (20-40 cent.), profondément découpé, d'un beau vert quand il est frais, mais prenant en se desséchant
une teinte glauque ou fauve. Sa surface (fig. 104) est couverte d'aréoles
bosselées qui l'ont fait comparer pour l'aspect au poumon; et c'est peut-
être cela qui a donné l'idée de l'employer au traitement des maladies de

cet organe. Entre ses découpures, ce thalle est lisse et porte des sorédies, parfois nombreuses, d'un gris cendré. Un duvet grisâtre recouvre sa face inférieure, avec çà et là des bosselures blanchâtres. Sur les bords sont les apothécies, de couleur brune ou rougeâtre, larges au plus de près d'un demi-centimètre. Si l'on coupe le thalle en travers, on voit sur la section une couche corticale mince, formée de phytocystes irréguliers. Les hyphes de la couche médullaire sont irrégulièrement enchevêtrés. Dans la couche gonidienne, il y a de nombreuses gonidies, ovoïdes, d'un bleu verdâtre, cohérentes entre elles et groupées par trois, quatre ou cinq dans de petites cavités. On trouve cette espèce en Europe, en Amérique, dans l'Afrique australe et en Algérie, aux Canaries. Elle a une saveur légèrement âcre et amère. On dit cette amertume due à l'acide stictinique. Elle contient aussi de la lichénine et une matière mucilagineuse qui se développe au contact de l'eau. Ses propriétés sont, à peu de chose près, celles du Lichen d'Islande. Elle a passé pour béchique, dépurative. Elle servait aussi en médecine vétérinaire. Elle faisait partie du Sirop de mou de veau. Dans la Russie européenne et asiatique, elle remplaçait le houblon dans la préparation de la bière. C'est une plante légèrement astringente et qui sert à tanner les peaux; on l'emploie aussi à teindre en brun.

Umbilicaria.

Ces Lichens, du groupe des *Gyrophorés*, ont un thalle foliacé, monophylle et plan, fixé uniquement par son centre au substratum qui est souvent une roche granitique. Les bords sont incisés-lobés, à surface très pustuleuse. Les apothécies sont discoïdes, concaves d'abord, puis planes et souvent finalement convexes, de couleur noirâtre. Les asques renferment de nombreuses spores allongées, pluriseptées, hyalines d'abord, puis d'un jaune brun. Les spermogonies sont globuleuses et noires, à spermaties cylindriques et courtes. L'*U. pustulata* DC. (*Lichen pustulatus* L. — *Gyrophora pustulata* ACHAR.) a servi à Lyon pour la teinture des soies en brun plus ou moins rouge. Il renferme un acide particulier, qu'on a nommé *Acide gyrophorique*.

Les *Gyrophora* sont très voisins de ce genre. Au Canada, en temps de disette, les Indiens se nourrissent des *G. cylindica* et *proboscidea* ou *erosa* ACHAR., que les colons européens nomment *Tripe de roche*.

Pertusaria.

Ce sont des Lichens à thalle crustacé, verruqueux et aréolé, à surface souvent lépreuse. Ce sont en général des *Variolaria* des anciens auteurs. Dans les verrucosités de leur thalle se trouvent les apothécies qui sont gymnocarpes. Les thèques sont relativement volumineuses, à 1-8 spores incolores, simples et elliptiques. L'iode colore en bleu vif les thèques et les paraphyses. Les spermogonies sont noirâtres, à spermaties aciculaires et droites. Les espèces sont souvent corticoles. Le *P. dealbata* Nyl. (*Variolaria dealbata* Achar.) constitue, dit-on, l'Orseille des Pyrénées. Le *P. faginea* (*P. communis* DC. — *Variolaria amara* Pers.) était le *Lichen fagineus* L., ou Lichen des Hêtres, qui croît aussi sur les écorces des Châtaigniers, Charmes, etc., sur lesquelles il forme des croûtes cartilagineuses et blanchâtres. Son amertume est très prononcée, et on en a retiré une matière cristallisée, non azotée, très amère, nommée par Alme *Picrolichénine*. On a beaucoup vanté ce Lichen comme tonique et comme antipériodique; mais il faut dire que dans la plupart des cas où il a réussi contre les fièvres intermittentes, son usage avait été précédé de celui du quinquina ou du sulfate de quinine. Ce n'est probablement, comme il arrive souvent en pareil cas, qu'un assez bon stomachique.

Cladonia.

Dans ce genre, type d'une série des *Cladoniés*, le thalle se partage en

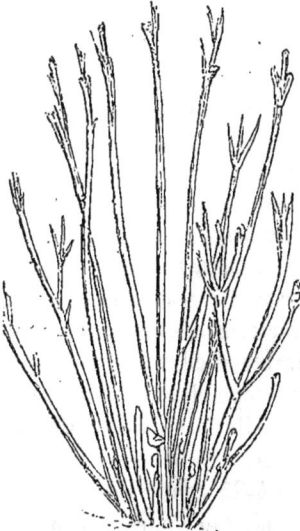

FIG. 105. — *Cladonia gracilis*.   FIG. 106. — *Cladonia bacillaris*.

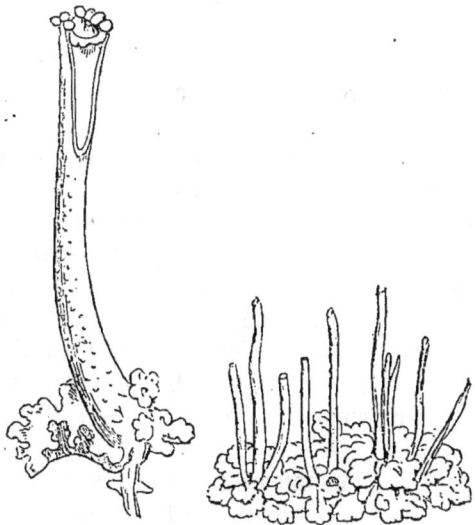

deux portions : l'une foliacée, horizontale, et l'autre dressée et fruticuleuse, à divisions souvent nommées *Podéties* et ordinairement creuses, dilatées en coupe. Les apothécies sont en forme de coupe évasée, situées au bord ou au sommet des rameaux, avec des thèques à huit spores simples et oblongues. L'iode colore à peine la gélatine hyméniale. Les spermogonies, situées au sommet des rameaux, renferment des stérigmates non articulés, qui portent des spermaties courbes ou droites, cylindriques. Ce sont des Lichens saxicoles ou vivant sur le sol, parmi les Mousses. Ils habitent toutes les régions du monde, mais surtout les zones tempérées et froides.

Le *C. pyxidata* Fr. (*C. neglecta* Flk. — *Lichen pyxidatus* L. — *Scyphophorus pyxidatus* DC. — *Cenomyce pyxidata* Achar. — *Bæomyces neglectus* Wh.) est notre *Lichen à godet* ou *pyxidé*, bien connu par ses podéties en forme d'entonnoir ou de verre à pied (fig. 107), verruqueuses et granulées, avec des apothécies rousses ou d'un brun pâle, espèce polymorphe, commune dans nos bois, au bord des fossés et sur les murailles, croissant le plus souvent sur le sol, et dont les podéties ont le bord entier, crénelé ou prolongé en lobes très divers, parfois stipités et comme capités. Ses usages sont les mêmes que ceux du Lichen d'Islande; mais il est plus pauvre en lichénine, et d'une saveur moins agréable. On l'a vanté contre les

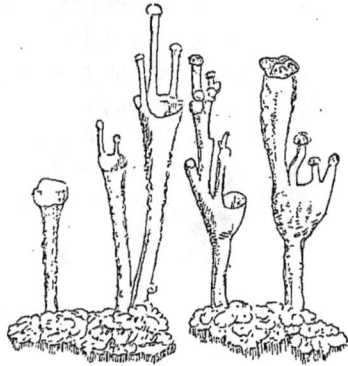

FIG. 107. — *Cladonia pyxidata.*

fièvres d'accès, les bronchites, les toux convulsives des enfants, etc.

Le *C. coccifera* Achar., remarquable par ses apothécies d'un beau rouge, assez souvent confluentes, servait aux mêmes usages que l'espèce précédente.

Le *C. sanguinea* Flk., espéce brésilienne, se prescrit dans son pays natal contre les stomatites aphtheuses des enfants.

Le *C. rangiferina* Hoffm. (*Lichen rangiferinus* L. — *Cenomyce rangiferina* Achar. — *Bæomyces rangiferinus* Achar.) a été distingué du genre précédent, sous le nom de *Cladina rangiferina* Nyl. C'est le Lichen des Rennes. Le genre *Cladina* est caractérisé par des podéties nues, sans squamules et sans godet terminal. L'espèce type est aussi développée que possible en Laponie. Elle existe cependant dans la plupart des régions arides, montueuses de l'Europe. Elle forme des buissons en miniature, à branches rectilignes, pressées, très rameuses, molles, blanchâtres, tomenteuses, fistuleuses (hautes de 4-25 cent.) Les principales branches ont leur aisselle perforée ou fendue. Leur paroi est presque cartilagineuse, formée de deux couches concentriques; l'extérieure irrégulièrement feutrée et formée de fibres rameuses et divariquées, mélangées de masses gonidiales irrégulièrement disséminées et qui donnent à la plante une teinte verte très pâle. La potasse colore cette espèce en jaune; le chlorure de chaux ne la colore pas. Les apothécies sont petites et d'un roux pâle. Cette plante est la nourriture des rennes pendant l'hiver. On la conserve pour l'employer comme fourrage dans les temps de disette. L'homme s'en nourrit aussi quelquefois, notamment en Finlande, où on mélange sa farine, macérée et privée de son amertume, à celle du seigle. En médecine, elle peut se substituer au Lichen d'Islande, car elle forme avec le lait une gelée alimentaire

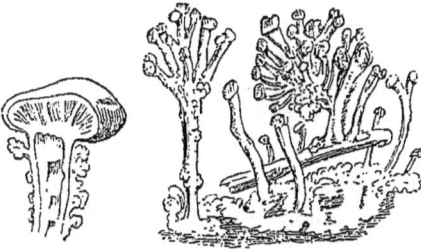

FIG. 108. — *Cladonia digitata.*

agréable et analeptique. Elle entre comme cosmétique dans la fabrication de la Poudre de Chypre. C'est encore une source abondante d'alcool, comme le *Cetraria islandica*. Traitée par l'acide sulfurique ou chlorhydrique, elle produit du glucose, résultat de la transformation de la lichénine, et le glucose lui-même peut donner un alcool dont la Suède produit actuellement environ deux millions de litres par an.

Cetraria.

Les Lichens de ce genre, qui a donné son nom aux *Cétrariés*, sont caractérisés par un thalle fruticuleux, ascendant ou dressé, généralement rigide, de couleur châtain plus ou moins clair, membraneux ou légèrement resserré vers l'extrémité des divisions, séparées en laciniures de largeur variable. Les apothécies sont brunes et marginales. Les spermogonies sont renfermées dans le sommet des divisions du thalle, et elles contiennent des stérigmates simples, qui portent des spermaties courtes et cylindriques. On n'admet actuellement dans ce genre que quatre espèces, dont trois sont européennes. La plus utile est le Lichen d'Islande (*Cetraria islandica* ACHAR. —

FIG. 109. — *Cetraria islandica* (Berg).

Lichen islandicus L. — *Physcia islandica* MICHX. — *Lobaria islandica* HOFFM.) (fig. 109). Son thalle, dressé et haut d'un décimètre et plus, est foliacé, enroulé à sa base en gouttière ou en tube. Supérieurement il se dilate et s'étale en tubes ciliés, irrégulièrement déchiquetés. Sa couleur est d'un gris roussâtre, avec quelques portions d'un brun olivâtre ou ver- dâtre. Sa surface est lisse, avec la face inférieure plus pâle, parsemée de légères dépressions inégales. Assez souvent la base du thalle se teinte en rouge plus ou moins vif. Peu nombreuses, les apothécies sont subter- minales, sessiles, orbiculaires, planes ou légèrement convexes, de la cou- leur du thalle ou d'un rouge brun. Il y a dans chaque asque de six à huit spores simples, elliptiques et incolores. Les spermogonies ont la forme de cônes obtus et renferment de nombreuses et courtes spermaties. Quand le thalle est desséché, il pâlit au feu et conserve une certaine élasticité et une certaine rudesse. Humecté avec de l'eau, il en prend environ un tiers de son poids, et devient mou, subcartilagineux. Il est un peu amer et in- colore ou légèrement aromatique. Coupé en travers, il présente une zone médullaire à hyphes lâchement entremêlés, avec de nombreux espaces remplis d'air. Des gonidies, vertes et sphériques, occupent les limites supé- rieure et inférieure de la couche médullaire. Plus extérieurement les hyphes deviennent serrés, feutrés, sans méats, et les deux faces du thalle sont limitées par une zone corticale mince et dense, à phytocystes très serrés. Par l'action de la teinture d'iode, le tissu central se colore en bleu, et la couche corticale en jaune.

Cette espèce habite une grande portion de l'Europe, dans les régions arctiques, froides et alpines, depuis le Spitzberg et l'Islande jusqu'à la Méditerranée. Elle croît aussi dans les montagnes élevées de l'Asie, notamment dans l'Himalaya. En Amérique, elle s'étend du Groënland et de l'île Melville jusqu'au nord de la Virginie et de la Caroline; et elle reparaît au cap Horn, à une altitude de cinq à six cents mètres. Il n'est pas probable que cette plante se rencontre réellement autour de Paris; mais elle croît dans les Vosges, les Alpes, l'Auvergne et les Pyrénées. Elle varie un peu d'un pays à l'autre. Dans les Alpes et la Suisse, on trouve surtout les variétés nommées *C. crispa* ACHAR. et *C. erinacea* SCHÆR.; en Laponie, celles qui ont reçu les noms de *C. tubulosa* SCHÆR. et *C. Delissei* SCHÆR. Le *C. platyna* ACHAR., qui en est aussi une variété, se rencontre par toute l'Europe.

C'est une espèce riche en lichénine (70 p. 100); et par le refroidisse- ment, sa décoction se prend facilement en masse. Elle abonde aussi en acide cétrarique qui lui donne, dit-on, son amertume, en acide lichénis- téarique (env. 1 p. 100), en oxalate de chaux, en potasse et en silice. La lichénine lui donne un pouvoir nutritif notable; et l'on a dit (Thénard) qu'à dose égale, la farine de ce Lichen est de moitié aussi nutritive que la farine de blé. Aussi les Islandais vont-ils chaque année, à l'époque de l'entier développement du *Fjallagris* (herbe de montagne), en recueillir

deux variétés, l'une à lobes des thalles larges, l'autre à divisions plus
étroites, d'un brun clair, dans les landes d'Arnarvaton et d'Holtarvarde où il
est abondant. On récolte les pieds de la troisième année, pendant les temps
humides ou les nuits fraîches, et on les broie avec des meules, après les
avoir bien lavés, puis séchés. Le lavage n'enlève qu'une partie du principe
amer; aussi trempe-t-on encore le Lichen dans l'eau pendant vingt-quatre
heures avant de le faire bouillir dans du lait frais ou aigre. Cette sorte de
potage est suffisamment alimentaire et a sauvé la vie de beaucoup d'explorateurs et d'habitants dans les périodes de disette. C'est un mets qu'on dit
très sain, et ceux qui s'en nourrissent évitent, assure-t-on, bien des affections parasitaires, entre autres l'éléphantiasis. En Carniole, les bestiaux
sont nourris avec cette même plante. Comme médicament, le *Cetraria
islandica* a été employé dès 1671 par Olaus Borrich, médecin de Copen-
hague, qui le nomma *Muscus catharticus*, le considérant comme purgatif quand il était récolté au printemps. Quelques années plus tard, Hjärn
le préconisa contre les hémoptysies des phthisiques. Linné et Scopoli l'ad-
ministrèrent méthodiquement, et il fut depuis lors considéré à la fois
comme tonique, analeptique et émollient. Son principe amer a passé pour
vermifuge, et son amertume l'a fait indiquer comme succédané du quinquina. Mais il paraît que son action antipériodique est en réalité peu prononcée. Il est assez souvent, dans le commerce, mélangé d'autres
Lichens, de Mousses et même de feuilles de Pins.

Usnea.

Type de la série des *Usnés*, ce genre est pourvu d'un thalle fruticuleux
et cortiqué, arrondi ou plus ou moins comprimé, et qui, d'abord dressé,
prend ensuite en se divisant beaucoup, ordinairement une teinte glauque.
Les divisions ont souvent leur surface chargée d'aspérités ou de courtes
fibrilles horizontales. Les apothécies sont latérales ou presque terminales,
orbiculaires, cupuliformes, à bords ciliés, peu distinctes du thalle par la
couleur. Les asques, claviformes et peu volumineux, contiennent huit
spores globuleuses-elliptiques, simples, hyalines. Les spermogonies sont
peu nombreuses, latérales, à spermaties rectilignes et aciculaires. Les
espèces, généralement cosmopolites, habitent les écorces et les rochers.
Quelques-unes, comme l'*U. longissima*, atteignent, dit-on, une longueur
d'une dizaine de mètres; ce sont donc les plus grands Lichens connus.

L'*U. barbata* ACHAR. (*U. coralloides* WALLR. — *Lichen barbatus* L.)
est commun, polymorphe. Les anciens l'employaient beaucoup en médecine, et c'est lui que les plus vieux auteurs désignent sous le nom d'*Algue
des arbres, Mousse des arbres*. On appliquait cette espèce, aujourd'hui
inusitée, à une foule d'usages médicaux. Sa variabilité est très grande, sur-

tout quant à la teinte du thalle, à la présence où à l'absence des soridies, des fibrilles, etc. Aussi les *U. articulata, ceratina, cornuta, dasypoga, florida, hirta* et *plicata*, souvent distingués comme espèces, n'en sont-ils en réalité que des variétés.

L'*U. plicata* L. sert aux Lapons à arrêter les hémorrhagies, à panser les plaies, surtout celles des pieds déchirés. C'est un remède contre la coqueluche, la diarrhée (Willemet), et c'est aussi une plante tinctoriale.

Roccella.

Ce genre, type du groupe des *Roccellés*, est caractérisé par un thalle fruticuleux, arrondi ou plus ou moins comprimé ou aplati, simple ou plus ordinairement rameux, dont les divisions s'atténuent au sommet. Sa surface, nue ou farineuse et soridifère, est de couleur blanchâtre, grise ou livide. Les apothécies sont sessiles, latérales, avec un hypothécium noir. Les thèques renferment huit spores oblongues ou fusiformes, le plus souvent triseptées. L'iode colore légèrement la gélatine hyméniale. Les spermogonies sont latérales et répondent à de très petits points noirs qui occupent les angles des divisions du thalle. Les stérigmates, simples ou peu rameux, ne sont pas articulés, et portent des spermaties aciculaires, droites ou arquées. Il y a des *Roccella* dans tous les pays chauds, sur les bords de la mer; ils sont fixés aux falaises, formant des touffes d'un seul ou d'un certain nombre d'individus.

Ce sont des plantes tinctoriales, qui fournissent à l'industrie une grande quantité d'Orseilles. L'espèce la plus connue est le *R. tinctoria* DC. (*Lichen Roccella* L. — *L. græcus* T. — *Parmelia Roccella* ACHAR.) (fig. 110). Son thalle est arrondi, blanchâtre ou légèrement livide, farineux, à divisions étroites et vermiculaires, avec des apothécies orbiculaires, planes, noires ou pruineuses comme le thalle. C'est une espèce à aire de végétation très étendue, qui se trouve sur les côtes de France et d'Angleterre, mais avec de faibles dimensions, et surtout aux Canaries, au Sénégal, au Cap, dans les Indes, dans l'Amérique du nord-ouest et du sud, principalement au Chili. C'est elle qui constitue les meilleures Orseilles de l'Afrique occidentale, de Madagascar, de Californie, produits dont la valeur commerciale est très inégale. Au Cap-Vert et au Canaries, leur récolte est très difficile, car il faut se suspendre, à l'aide de cordes, pour arracher aux falaises les pieds qui sont attachés à une grande élévation sur leur paroi verticale.

Le *R. fuciformis* ACHAR., a un thalle rubané, non bosselé, rameux, d'un blanc cendré et pruineux, atteignant souvent 10-20 centimètres de haut; il porte des apothécies noires, épaisses, situées sur le bord de ses divisions. On le trouve dans les mêmes régions que le précédent, surtout au Cap-Vert et à Madère.

Le *R. Montagnei* BÉL. est très voisin du précédent. Seulement son thalle est moins épais, plus lâche, de teinte glauque. Il habite les côtes de l'Inde, de Java. Dans les îles orientales de la côte africaine, notam-

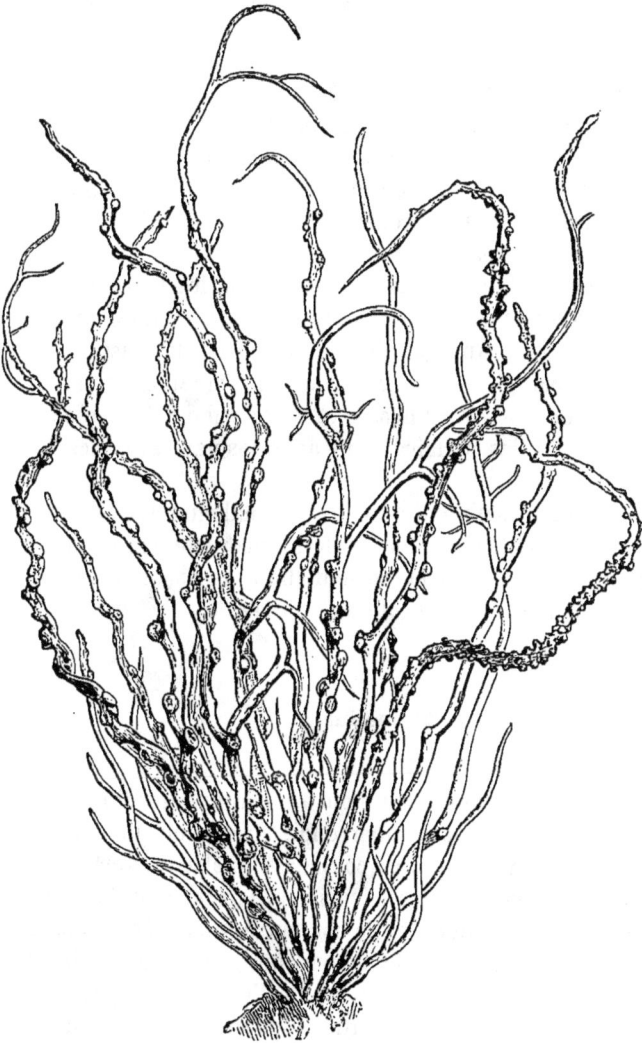

FIG. 110. — *Roccella tinctoria*. Port.

ment à Madagascar, il croît sur les roches du bord de la mer et même sur le tronc des arbres voisins du littoral.

Ces plantes constituent les meilleures Orseilles du commerce, c'est-à-dire des espèces tinctoriales, à couleurs ordinairement pourprées, violacées ou jaunâtres. Les anciens connaissaient ces teintures, et l'on a même soutenu que la pourpre de Tyr était due à des *Roccella*. C'est dans le Levant que le chef de la famille florentine des *Oricellarii* ou *Rucellarii* retrouva les plantes de ce genre qui peuvent servir en teinture (1300). On en tira ensuite beaucoup des Canaries et des îles voisines de la côte africaine occidentale. Aujourd'hui, la pratique distingue surtout des Orseilles de mer (O. des îles, O. d'herbe) et des O. de terre.

Les premières sont dites du Cap-Vert, des Canaries, de Madère, du Sénégal, d'Angola, de Madagascar et de Mozambique, suivant leur provenance. Elles sont surtout produites par les *R. tinctoria* et *fuciformis*. Il y en a aussi du Pérou, du Chili et de la Californie.

Les O. de terre viennent de Suède et de Norwège, des Pyrénées, d'Auvergne. Ce sont les moins recherchées, produites par des *Variolaria*, *Pertusaria*, *Lecanora*, *Umbilicaria*, etc.

Avec toutes, pour obtenir la teinture, on broie les Lichens qu'on fait macérer dans l'urine; puis on y ajoute de la chaux éteinte, de l'alun et un peu d'acide arsénieux. Au bout d'un mois environ, la masse fermentée a pris sa coloration complète; il s'est formé de l'orcéine, principe colorant des Orseilles. Le *Cudbear* d'Écosse et le *Persio* d'Allemagne sont des teintures analogues. Elles se fabriquent dans ces pays avec des Lichens indigènes.

Le tournesol en pains s'obtient d'une façon analogue avec des Lichens d'Europe. Outre les agents cités, on emploie encore le carbonate de potasse, et l'on pousse plus loin la fermentation, de façon à transformer l'Orcéine en Azolitmine, matière colorante bleue.

Ramalina.

Dans ce genre, qui a donné son nom à un groupe des *Ramalinés*, le thalle est fruticuleux, plan ou subarrondi, dressé ou pendant, divisé profondément et irrégulièrement, de couleur blanche ou vert pâle, jaunissant souvent avec l'âge. Les apothécies sont latérales ou terminales, à bords entiers ou presque entiers, de la couleur à peu près du thalle. Les thèques renferment des spores oblongues, un peu arquées, incolores. La gélatine hyméniale bleuit par l'action de l'iode. Les spermogonies, éparses, souvent enchâssées dans le thalle, apparaissent comme des ponctuations hyalines ou noirâtres. Les spermaties sont oblongues ou cylindriques, rectilignes. Ce genre s'observe sur les pierres et les écorces d'arbres; il abonde surtout dans les régions tempérées.

Le *R. fraxinea* ACHAR. (*R. calicaris* FR. — *Lichen fraxineus* L. — *Lobaria fraxinea* HOFFM.) est la plus commune des espèces de ce genre, riche, comme ses congénères, en lichénine et en une substance visqueuse qui lui donne des qualités organoleptiques particulières. Son thalle est

d'un blanc cendré ou glauque, polymorphe, mais généralement à divisions dichotomiques irrégulières. La façon dont se divise le thalle distingue les unes des autres les variétés qu'on a nommées *farinacea,
fraxinea* et *fastigiata*. Cette espèce s'emploie comme succédané du
Lichen d'Islande; elle en a toutes les propriétés. C'est aussi une plante
tinctoriale, de même que les *R. polymorpha* et *scopulorum* ACHAR.

Peltigera.

Ces Lichens ont donné leur nom à la tribu des *Peltigérés* et se distin-
gent par leur thalle membraneux et foliacé, de couleur verdâtre ou plom-
bée, opaque, un peu brillant, blanc ou noirâtre en dessous, avec des
nervures saillantes. Par l'âge et la sécheresse, il se fendille fréquemment.
Les apothécies sont marginales, ou oblongues, ou arrondies à la surface
supérieure des thalles, colorées en rouge brun. Chaque thèque renferme
six ou huit spores, hyalines et pluriloculaires. On ne connaît de spermogonies que dans un petit nombre d'espèces. Elles sont terrestres ou mus-
cicoles et habitent surtout l'Europe et l'Asie, dans les bois, et l'Amérique du Nord.

Le *P. canina* HOFFM. (*Lichen caninus* L. — *Peltidea canina* ACHAR.)
est le *Lichen des chiens* ou *Mousse de chien, Pulmonette canine* (fig. 111).

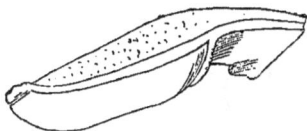

FIG. 111. — *Peltigera canina.*
Apothécie, coupe (de Lanessan).

Son thalle est large, profondément divisé, recouvert d'une pellicule blanchâtre plus ou moins fugace, et, au dedans d'elle, d'un vert pâle. Il a la face
intérieure blanchâtre, réticulée, et ses
apothécies sont d'un brun roux. La couche corticale n'a qu'une assise de phytocystes globuleux ou polyédriques,
vides, colorés en brun. Les gonimies sont groupées en couche épaisse et
d'un vert bleuâtre. Sous le thalle se voit un riche réseau de nervures
anastomosées, proéminentes, dont partent de nombreuses rhizines. Le
nom spécifique de l'espèce vient de la réputation qu'elle avait de guérir
la rage, et c'est à ce titre que Dampier l'avait préconisée dès 1697.
Pulvérisée avec du poivre, elle constituait la *Poudre antilysie*. C'est une
plante commune au bord des fossés des bois sablonneux.

Le *Peltidea aphthora* (*Lichen aphtorus* L.) appartient à un genre très
voisin du précédent. Mais son thalle renferme des gonidies; il est verruqueux en dessous. C'est une plante qu'on a jadis beaucoup vantée
comme médicament dans les campagnes, et qui était réputée vomitive,
béchique et même anthelminthique.

Physcia.

Ce genre a donné son nom au groupe des *Physciés*. Séparé des *Parmelia* avec lesquels on le confondait jadis, il est distingué par son thalle généralement orbiculaire, ascendant, fruticuleux, cylindracé, lacinié ou lobé, jaunâtre, cendré ou rarement brun. Les apothécies sont jaunes, orangées, brunes ou noires. Les spores sont incolores ou brunes, à deux ou quatre loges. Les espèces sont généralement saxicoles.

Le *P. parietina* (*Lichen parietinus* L. — *Parmelia parietina* ACHAR. — *Lobaria parietina* HOFFM. — *Imbricaria parietina* DC.) (fig. 112, 113) est l'espèce la plus commune du genre, abondante sur les murailles, les roches, les troncs d'arbres, etc. Il a un thalle d'un jaune doré, cour-

FIG. 112, 113. — *Physcia parietina* (de Lanessan).

tement stipité, à pied d'une teinte un peu plus sombre que celle du thalle. C'est une espèce depuis longtemps vantée comme fébrifuge, et dont on a dit qu'elle valait au moins le quinquina. C'est une erreur manifeste; mais la plante mouillée dégage une légère odeur de quinquina. Elle est simplement tonique, amère et astringente; on l'a aussi recommandée comme antidiarrhéique. Assez riche en acide chrysophanique, elle sert à teindre la laine en jaune dans les régions boréoles de l'Europe. Le *P. parietina* récolté sur le crâne humain se vendait jadis aussi très cher ; il passait pour guérir l'épilepsie et bien d'autres névroses.

Le *P. ciliaris* faisait partie du célèbre médicament nommé *Poudre de Chypre*.

Le *P. pulverulenta* sert encore à teindre en jaune ou en violet.

Le *P. candelaria* Nyl. est employé en Norwège à colorer en jaune safran la cire et les chandelles.

Lecanora.

Ce sont des Lichens à thalle crustacé, diffus ou bien déterminé, avec des apothécies sessiles, noires, brunes ou jaunâtres. Les thèques renferment 4-8 spores ou même davantage. Les spermogonies sont saillantes, tuberculiformes, noirâtres, ou enfoncées dans le thalle, avec des spermaties aciculaires, droites ou arquées.

Le *L. Parella* Achar., répandu dans toute l'Europe, fait partie de la Parelle d'Auvergne, qui servait en teinture et se récoltait sur les roches dans ce pays. C'est une des plus communes de ces Orseilles dites de terre, qu'on emploie encore en teinture comme produits de qualité tout à fait secondaire. Le *L. tartarea* Achar., qui se trouve aussi en Auvergne, dans les Pyrénées, dans les Vosges, a servi également en teinture. Il en est de même des *L. tumidula* Achar., *pallescens* Achar., etc. et du *L. tinctoria* Fèe, qui vient du Brésil et qui passe pour très-recherché dans son pays natal, vu qu'il donne, à ce qu'on assure, une superbe laque violette.

Le *L. esculenta* Eversm. (*Lichen esculentus* Pall. — *Parmelia esculenta* Spreng.) est l'espèce la plus célèbre du genre, depuis que Pallas l'a décrite comme l'ayant observée dans les steppes de la Russie méridionale, sous forme de petites masses globuleuses, grosses comme une noisette, à surface mamelonnée, grisâtre ou brunâtre. On croit ces masses arrachées aux rochers, puis emportées par le vent et formant des couches épaisses, dues, à ce qu'on avait pensé, à des pluies de manne. Ce devait donc être là, suivant toute apparence, la manne des Hébreux, dont Parrot a vu, en 1828, plusieurs localités de la Perse couvertes d'une couche d'un pied d'épaisseur. Des faits analogues ont été observés en Algérie. Les hommes et les bestiaux peuvent à la rigueur se nourrir de ce Lichen qui est très riche en oxalate de chaux et renferme près d'un quart de son poids de lichénine ; il contient aussi une substance sucrée et un peu de matière azotée.

CHAMPIGNONS

Les Champignons sont des Cryptogames cellulaires qui se distinguent surtout dans cet immense embranchement par leurs tissus dépourvus de chlorophylle. Aussi se comportent-ils comme les végétaux qui ne contiennent pas cette matière verte, c'est-à-dire qu'ils ne sont point réducteurs de l'acide carbonique de l'atmosphère, et que, soit à la lumière, soit à l'obscurité, ils fixent de l'oxygène sur les matériaux hydro-carbonés qu'ils renferment et dégagent de l'acide carbonique et de l'eau, en produisant de la chaleur. Il en résulte qu'à ce point de vue, les Champignons se comportent de la même façon que les animaux, c'est-à-dire que rien, dans leurs phytocystes, ne vient contrarier ou contrebalancer le mode d'action vraiment animal des phytoblastes. Il faut donc que ces êtres empruntent à d'autres êtres des produits élaborés, et c'est pour cette raison qu'il vivent souvent en *parasites* sur des végétaux ou des animaux vivants, ou bien qu'ils prennent des produits de décomposition aux animaux ou aux végétaux en voie de destruction ; auquel cas ils sont dits *saprophytes*. On peut, avant toute étude de détail, partager d'une façon sommaire les Champignons en inférieurs et en supérieurs, suivant le degré de complication de leur structure ; car il y en a de très simples et qui, réduits à un seul phytocyste, se rapprochent par là des Algues les plus rudimentaires ; et il y en a, d'autre part, qui, surtout dans leur appareil reproducteur, présentent une complication très grande. C'est par ces derniers que nous aborderons l'étude du groupe, en commençant par ceux que l'on a nommés Hyménosporés, notamment par les Agarics qui font partie de cette vaste division.

Agarics.

Tout le monde connaît le *Champignon de couche* ou *Agaricus campestris* L. (*Pratella campestris* F. — *Psalliota campestris* Quél.) (fig. 114), et tout le monde sait qu'il se reproduit facilement par le *Blanc de champignon* qui est son *Mycelium*, c'est-à-dire son système végétatif. C'est une toile filamenteuse, lâche et irrégulière, qui vit en terre ou à la surface du sol, et qui est formée de tubes blancs, délicats, ramifiés et entrecroisés dans tous les sens, constitués par des phytocystes-tubules à paroi mince, assez analogues aux hyphes des Lichens, cloisonnés de distance en distance. La substance de cette paroi est une sorte de cellulose, qui a été nommée *Cellulose fongique* ou *Fongine*, et qui se distingue surtout de la cellulose-type par son insolubilité dans la liqueur cupro-ammoniacale de Schweizer.

Placé dans des conditions favorables, le mycélium produit des réceptables fructifères. Ce sont d'abord de très petits renflements, sphériques ou ovoïdes, qui grandissent en prenant la forme d'une tête ou *Chapeau*, surmontant une sorte de tige cylindrique, le *Pied* ou le *Stipe* ; et c'est l'en-

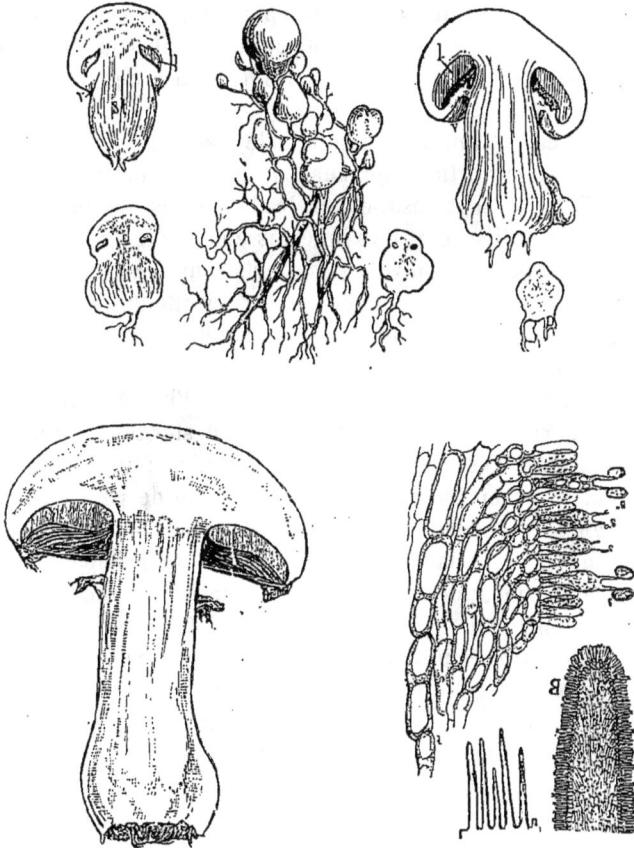

Fig. 114. — *Agaricus (Psalliota) campestris*. — Mycélium et états successifs des organes reproducteurs, montrant le mode de formation des lames hyméniales et le voile *v* dont les restes sont portés en haut du pied lors de l'état parfait. *l*, lames hyméniales portant les spores soutenues par des basides B ; *s*, spores ; *st*, pied ou stipe (Sachs).

semble du stipe et du chapeau que l'on désigne généralement sous le nom de champignon, sans tenir compte d'ordinaire de la portion végétative, beaucoup moins visible, que constitue le mycélium.

Quand le chapeau de l'*Agaricus campestris* est à peu près complètement développé, on lui distingue une face supérieure, plus ou moins convexe, ordinairement blanche, et une face inférieure, concave, d'un rouge terne, formée de très nombreuses lames verticales et rayonnantes, dont le bord inférieur est seul libre, et qui s'étendent du pied au bord circulaire du chapeau. Ce sont les *Lames hyméniales.*

Ces lames ne s'aperçoivent pas au début, parce qu'il y a une toile horizontale de parenchyme mou et spongieux, étendue du bord du chapeau à la partie supérieure du stipe. Bientôt cette lame, nommée *Voile (Velum)*, tiraillée dans un accroissement rapide des parties, se déchire le long des bords du chapeau et ne forme plus qu'une collerette plus ou moins déchiquetée sur le pied. Sa face supérieure porte des traces des lames rayonnantes contre lesquelles elle était d'abord appliquée.

Les lames sont en continuité de tissu avec le pied et le chapeau. Ce sont les *Hyphes* qui montent verticalement dans le premier, qui rayonnent dans le chapeau et s'infléchissent ensuite dans les lames. Ils descendent parallèlement dans leur milieu, puis ils s'infléchissent vers leurs bords, se terminant chacun par quelques phytocystes courts dont l'ensemble constitue la *Couche sous-hyméniale*. Chacun d'eux porte ensuite un phytocyste claviforme, à grosse extrémité libre, et l'ensemble de ces phytocystes constitue l'*Hymenium.*

Il y a finalement deux sortes d'éléments dans l'hyménium. Les uns, d'ordinaire moins renflés et moins allongés, sont stériles et prennent le nom de *Paraphyses*. Les autres deviennent fertiles : ils s'atténuent à leur sommet en deux ou quatre sortes de cornes ou de pédicelles qu'on nomme *Stérigmates*, et chaque stérigmate supporte une spore ovoïde et nue ; d'où le nom pour de pareils Champignons de *Basidiosporés*.

Les spores se détachent de leur baside à la maturité et tombent sur le sol où elles germent. Leur tégument est double, et c'est leur *Endospore* qui s'accroît, après être sortie de l'*Exospore* pour former un tube qui est le premier rudiment du mycélium, lequel se ramifie ensuite jusqu'à l'époque où il reproduira de nouveaux appareils de fructification.

L'*A. campestris* est le type d'une section *Psalliota*, élevée par beaucoup d'auteurs au rang de genre. C'est une des rares espèces qu'on cultive pour l'alimentation, sur des couches de fumier qui, d'ordinaire, se préparent dans des caves, dans les carrières abandonnées ou les catacombes. Ses variétés sont nombreuses.

L'ancien genre Agaric de Linné est considérable. Il est formé de Champignons Hyménomycètes et Basidiosporés, qui ont un mycélium souvent aranéeux, radiciforme, feutré ou pulvérulent, parfois même dur (*Sclérote*), de couleur blanche, grise, jaune ou orangée. Son réceptacle a la forme d'un chapeau plan, convexe ou concave en dessus, charnu, fibreux, subéreux, de couleur très variable. Le stipe, parfois nul ou très court, cylindrique ou globuleux, plein ou creux, s'attache au centre du chapeau, ou plus rarement excentriquement, ou même au bord du chapeau. Outre le voile dont nous avons parlé et de la collerette qui représente ses restes sur la portion supérieure des stipes, il y a des espèces qui

6

possèdent aussi une *Volve* (*Volva*). On donne ce nom à une enveloppe, en forme de sac, qui d'abord contenait la totalité du pied et du chapeau, et qui, par les progrès de l'âge, se brise, le plus souvent en travers, formant par sa moitié inférieure une gaine, de configuration très variable, qui persiste plus ou moins autour de la base du stipe, et assez souvent par sa moitié supérieure une coiffe plus ou moins complète au chapeau. Si des bords de ce dernier pend circulairement un débris de la volve, on nomme cette sorte de frange une *Cortine;* et il est encore possible que celle-ci dépende du voile étendu du bord du chapeau au sommet du pied, alors que ce voile s'est détruit à la partie centrale et persiste dans sa portion périphérique.

Les lames de l'hyménium se comportent, dans les Agarics, d'une façon très variable. Tantôt elles s'étendent d'une seule venue du centre à la circonférence. Tantôt, au contraire, partant de la périphérie, elles s'arrêtent à des distances variables du centre. Assez souvent elles s'anastomosent entre elles et paraissent ramifiées. Avec l'écartement des lamelles, leur épaisseur et leur largeur, la forme de leur bord libre, les rapports qu'elles affectent entre elles et avec le stipe, on obtient des caractères combinés, qui ont servi à décomposer ce grand genre Agaric. Les spores sont très variables de forme : ovoïdes, presque sphériques, fusiformes, parfois polyédriques, rugueuses ou lisses. Leur couleur est aussi extrêmement variable : rose, jaune, violacée, olivâtre, brune ou noire. Leur contenu est un phytoblaste épais, souvent teinté, renfermant des amas plus ou moins volumineux de matière grasse.

La reproduction des Champignons supérieurs par des spores représente un mode asexué de reproduction. Mais la plupart des botanistes se demandaient quel pouvait être le mode sexué de reproduction de ces plantes (Œrsted, Karsten), et quelques-uns avaient cru pouvoir y distinguer des organes mâles et femelles, quand tout d'un coup, en 1874, le bruit se répandit que la découverte venait d'être faite du mode de fécondation et de reproduction sexuée des Agarics. Ne voulant pas nous faire juge de ce qui se produisit alors, nous en empruntons simplement le récit à un auteur contemporain (de Lanessan) :

« Vers la fin de 1874, M. Reess (d'Erlangen) a signalé des faits qui, quoique l'ayant conduit à des conclusions erronées, n'en sont pas moins très dignes d'intérêt. Il constata que des spores de *Coprinus stercorarius,* cultivées par lui, donnèrent naissance à un mycélium dont certaines branches, courtes et dressées, produisirent à leur extrémité de petites cellules en forme de courtes baguettes cylindriques, qu'il nomma *Spermaties,* et considéra comme des organes mâles. D'autres spores du même Champignon donnaient, pendant ce temps, naissance à un mycélium dont certains rameaux se terminaient par une sorte d'ampoule. Des spermaties se montrèrent, dans certains cas, fixées sur les ampoules, et ces dernières lui offrirent une segmentation répétée qui lui parut être consécutive au contact des spermaties. Il en conclut que les ampoules étaient des organes femelles, et que ces organes, après avoir été fécondés par les spermaties, se divisaient pour donner une sorte de fruit. M. Reess crut donc avoir découvert la fécondation des Hyménomycètes; et comparant les phénomènes sexués de ces Champignons à ceux des Floridées, il donna au fruit le nom de *Carpogone*. Un peu plus tard, M. Van Tieghem communiqua à l'Académie des sciences de Paris des faits analogues, observés dans la même espèce. Il affirma, dans son désir de se faire attribuer la plus grande part dans la découverte de la prétendue fécondation sexuée des Hyménomycètes, il affirma, dis-je, qu'il avait « pu obtenir une fécondation croisée en saupoudrant les ampoules du *Coprinus ephemeroides* avec les bâtonnets du *C. radiatus*», et revendiqua l'honneur d'avoir pleinement démontré « la fécondation » des Hyménomycètes. Il ne

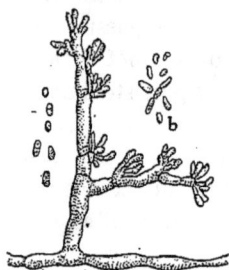

FIG. 115. — *Coprinus stercorarius.* Branche de mycélium portant des spermaties (Reess).

l'eût, dans tous les cas, fait qu'après M. Reess, qui avait non seulement décrit, mais figuré (fig. 115) le phénomène. Quelques mois plus tard, cependant, M. Van Tieghem vint lui-même renverser ses premières affirmations en disant qu'il avait vu germer les spermaties et leur avait vu produire directement un mycélium : il niait donc que les spermaties fussent des organes mâles. Que devenait « la fécondation croisée » qu'il prétendait avoir pu obtenir? Personne ne l'a jamais su; M. Van Tieghem l'avait sans doute oublié. »

Les prétendues spermaties seraient donc les analogues des *Conidies*. On donne ici ce nom à des corps reproducteurs, moins rares dans beaucoup de Champignons que chez les Agarics. Au début, on considérait ces corps comme nés par voie agame sur le mycélium d'un Champignon pourvu ultérieurement de spores portées par le réceptacle. Sinon, il n'y a point de caractère absolument distinctif d'une spore et d'une conidie. On admet qu'il y a dans les Champignons des conidies libres, portées au bout d'un filament, et d'autres qui naissent à l'intérieur de phytocystes mycéliens, d'où elles peuvent ensuite sortir à la façon des zoospores.

Nous avons vu qu'on peut tirer parti pour la classification des variations que présentent les lames de l'hyménium dans les divers Agarics. La façon dont les phytocystes se comportent et s'agencent dans le tissu du réceptacle entraîne aussi dans la cassure de celui-ci des caractères qui peuvent servir à distinguer les espèces. D'autres se reconnaissent à la présence dans leur tissu de réservoirs à latex. Ces réservoirs sont des phytocystes allongés, rarement cloisonnés, abondants surtout dans les points où la trame du réceptacle présente le plus d'activité vitale. Le latex est blanc ou plus rarement coloré en jaune, orangé ou rougeâtre, parfois aussi aqueux et translucide. C'est par erreur que dans certaines localités, on rejette comme vénéneux tous les Agarics qui sont ainsi pourvus d'un latex : quelques-uns des meilleurs, comme le Lactaire délicieux, en renferment une très grande quantité.

Les principales substances chimiques qu'on a observées dans le tissu des Agarics, sont, outre la Fungine ou Cellulose fungique, la Viscosine qui est un mucilage de cellulose, la Mycétide et la Bassorine qui sont des matières gommeuses ; des sucres, des corps gras, des albuminoïdes qui en font des êtres richement dotés en azote, et, dans bien des cas, des principes toxiques, tels que l'Amanitine et la Bulbosine. La coloration du réceptacle est très variable. Le contact de l'air lui donne souvent une teinte jaune, rouge, bleue, brune ou noirâtre. Son odeur, dite fungique, peu facile à définir, est connue de tout le monde. Sa saveur est à peu près nulle ou assez agréable, ou piquante, âcre, nauséeuse. Il y a des réceptacles à surface humide ou gluante : les brins d'herbe et de mousse s'y fixent avec une grande facilité. Quelques espèces, comme les *A. olearius* et *Gardneri*, ont les lamelles phosphorescentes. Le phénomène est corrélatif d'une fixation d'oxygène sur les matériaux carbonés du Champignon et d'un dégagement d'acide carbonique ; et l'on croit que c'est à l'intensité de ces combustions, qui d'ailleurs ne développent pas beaucoup de chaleur, que sont dues et l'activité vitale de ces plantes et leur croissance en général extrêmement rapide. Pour que cet accroissement présente toute son énergie, il faut que l'Agaric vive sur des matières en décomposition : le bois et les feuilles mortes, les détritus végétaux, le fumier ; et cela sans parasitisme proprement dit. Il y a, nous le verrons, des Agarics qui se cultivent, mais en très petit nombre ; avant tous le Champignon de couche, puis les *Agaricus attenuatus, Palometz*, etc.

Il y a bien des façons de classer les Agarics. On peut n'admettre, pour tout l'ensemble, qu'un seul genre ; ou bien l'on peut considérer comme autant de genres distincts une cinquantaine de groupes dont l'énumération va suivre, et qui, dans la première alternative, seraient des sous-genres du grand genre Agaric ; dans la dernière, des genres de la famille des Agaricinés.

Suivant que les spores sont blanches ou colorées, on distingue des Agarics *leucosporés* et des *A. chromosporés* (De Seynes).

A. Leucosporés. On les partage en :

1° *Lenzités*, à réceptacle dur, ligneux, et pérenne (genres *Lenzites, Schizophyllum, Hymenogramme*) ;

2° *Xérotés*, coriaces, charnus et reviviscents (genres *Xerotus, Lentinus, Trogia, Panus, Pterophyllus, Marasmius*) ;

3° *Armillariés*, à stipe et chapeau charnus (genres *Armillaria, Pleurotus, Tricholoma, Clytocibe*) ;

4° *Collybiés*, à chapeau et stipe charnus, ce dernier coriace (genres *Collybia, Mycena, Omphalia*) ;

5° *Russulées*, à lamelles connées avec le corps du chapeau et ne s'en séparant pas (genres *Russula*, *Lactarius*, *Hygrophorus*, *Nyctalis*, *Cantharellus*);

6° *Amanitées*, à lamelles et stipe non connés avec le corps du chapeau (genres *Amanita*, *Lepiota*).

B. CHROMOSPORÉS. Ils sont divisés en :

7° *Hyporhodiés* (*Volvariés*), à spores roses ou saumonées (genres *Volvaria*, *Entoloma*, *Eccilia*, *Nolanea*, *Pluteus*, *Lestonia*);

8° *Derminés* (*Pholiotés*), à spores ochracées, ferrugineuses ou olivâtres (genres *Pholiota*, *Naucoria*, *Galera*, *Hebeloma*, *Flammula*, *Bolbitius*, *Crepidotus*, *Gomphidius*, *Paxillus*, *Cortinarius*);

9° *Pratellés*, à spores d'un pourpre devenant noirâtre (genres *Psalliota*, *Pratella*, *Psathyra*, *Hyphotoma*, *Stropharia*, *Psilocybe*);

10° *Mélanosporés* (*Coprinés*), à spores noires (genres *Coprinus*, *Psathyrella*, *Panæolus*, *Montagnites*).

Ce groupement une fois établi, ne nous attachant, dans un ouvrage de cette nature, qu'au côté pratique, nous diviserons artificiellement les Agarics de notre pays en trois catégories qui sont :

A. Celle des espèces vénéneuses;

B. Celle des espèces douteuses, constituant un aliment suspect, peu agréable ou malsain, et dont il convient, faute de mieux, de s'abstenir;

C. Celle des espèces comestibles.

Le nombre des espèces de la troisième catégorie est assez considérable; plus encore celui de la deuxième. Mais, d'après un mycologue extrêmement expert, M. Boudier, auquel nous devons les excellents dessins d'Agarics qui figurent dans cet ouvrage, le nombre des espèces de la première catégorie étant en réalité très restreint, il nous paraît préférable de décrire d'une façon quelque peu détaillée chacune de ces espèces, à la connaissance desquelles on arrivera facilement avec un peu de pratique, et qu'on écartera avec soin, de même que, autant que possible et pour plus de sécurité, celles de la deuxième catégorie.

Agarics vénéneux.

Il n'est pas, en effet, possible, et l'expérience de chaque jour le démontre, de donner des caractères généraux et absolus pour reconnaître qu'une espèce est vénéneuse ou ne l'est pas. Nous ne sommes plus au temps où l'on considérait les Bolets comme comestibles, tandis qu'on repoussait les Agarics en général, en ne faisant guère d'exception que pour le Champignon de couche et quelques autres espèces; non plus qu'à l'époque où l'on s'abstenait avec soin de tout Champignon dont s'échappait un suc lactescent. Nous avons vu que l'*Agaricus deliciosus* est précisément dans ce cas. Il est bon, sans doute, de s'abstenir des espèces qui ont une odeur nauséeuse, une saveur âcre et qui, au contact de l'air, perdent leur teinte blanche pour se colorer rapidement, par oxydation, en jaune, en brun, en rouge, ou en bleu. Mais le même *A. deliciosus*, dont il vient d'être question, verdit au moindre froissement. D'ailleurs la cuisson fait disparaître l'odeur désagréable de la plupart des espèces, qui n'en sont pas toujours moins vénéneuses alors qu'elles l'étaient crues; et une espèce telle que l'Agaric poivré qui, sous le nom de Prévat, est, sans être délicieux, recherché comme aliment dans plusieurs de nos provinces de l'est et du midi, a, quand il est cru, une saveur tellement terrible et une action si caustique sur la muqueuse buccale, qu'on se croit aisé-ment empoisonné quand on en a mâché quelques fragments crus. On a conseillé de s'abstenir des espèces qui tachent les lames de fer et sur-tout l'argent; d'où la recommandation de faire cuire avec une cuiller ou une monnaie d'argent les Champignons suspects. Cependant nous voyons que, dans un assez grand nombre de cas d'empoisonnements, les pièces d'argent n'avaient point noirci. Gérard avait préconisé l'usage de l'eau vinaigrée pour rendre tous les Champignons, quels qu'ils fussent, innocents. Peut-être connaissait-il ce qui se fait depuis très longtemps en Russie. Les espèces destinées à la consommation sont macérées dans le vinaigre ou dans la saumure. On les conserve ainsi pendant long-temps. Au moment de s'en servir, on rejette tout le liquide dans lequel les Champignons avaient été conservés et on les fait ensuite bouillir pen-dant quelque temps. Gérard laissait macérer les champignons pendant plusieurs heures dans l'eau vinaigrée; puis il les faisait bouillir un quart-d'heure dans l'eau, les essuyait et se flattait de consommer de la sorte sans danger les espèces les plus vénéneuses. Une commission officielle constata les bons effets du procédé; et cependant nous ne conseillerions à personne de manger des Champignons dangereux traités de cette façon; car il suffi-rait peut-être du moindre écart dans l'observance du procédé pour pro-duire, avec certaines espèces du moins, les accidents qu'on se proposait d'éviter. Il ne faut pas non plus se figurer qu'un Champignon est bon parce qu'il est rongé par les limaces ou les insectes; ces animaux attaquent souvent les espèces les plus dangereuses.

Le mieux est donc d'apprendre à connaître individuellement, pour les proscrire, les Agarics vénéneux dont les descriptions sommaires vont suivre. La plupart des accidents seront conjurés, et des populations entières ces-seront de perdre une quantité énorme de substances alimentaires, le jour où, dans les grandes villes, les conseils et commissions d'hygiène auront des notions suffisantes sur les caractères des Champignons comestibles ou vénéneux; le jour où, dans les campagnes, des figures exactes, coloriées, des espèces à rechercher ou à rejeter, seront exposées dans les écoles, les mairies ou dans tout autre lieu public.

La *Fausse-Oronge* (fig. 116) appartient aux *Amanita*, caractérisés par un stipe central, avec un volva complet et, sous le chapeau, un voile qui devient à la maturité une collerette. C'est l'*A. muscaria* Pers. (*Agaricus*

Fig. 116. — *Amanita muscaria.*

muscarius L. — *A. aurantiacus* Bull.), encore nommé *Tue-mouches,* *Faux Jaseran, Royal Picotat, Crapaudin roux.* C'est une très belle espèce, qui atteint environ deux décimètres de hauteur et plus d'un décimètre de diamètre, et dont le stipe épais est cylindrique, plein, puis creux, blanc, renflé à sa base où l'entourent les restes peu développés de la volve, formant plusieurs cercles concentriques, peu nets, blanchâtres. Le chapeau, d'abord à peu près sphérique, puis ouvert et étalé, a la chair blanche et est recouvert en-dessus d'une pellicule d'un rouge vermillon, ou un peu orangé, parsemée çà et là de particules blanches généralement nombreuses, inégales, qui sont aussi des restes de la volve. Les lamelles sont nombreuses, serrées, libres, blanches. Les spores sont sphériques, apiculées, blanches. L'odeur de cette espèce est nulle quand elle est fraîche; sa saveur est légèrement douceâtre, sans âcreté ni amertume. Elle est commune dans les bois découverts pendant tout l'automne, plus rare dans le midi que dans le nord. C'est elle qui a vraisemblablement produit le plus d'accidents d'empoisonnements, et il faut s'en abstenir. Elle se trouve cependant quelquefois sur les marchés; et dans plusieurs localités du midi, du sud-est, en Allemagne, etc., on la mange parfois en prenant certaines précautions pour la préparer, en la faisant longtemps bouillir, en jetant l'eau d'ébullition et en laissant ensuite macérer le Champignon dans une eau qu'on renouvelle au moins tous les jours. Il renferme (Boudier) de la Bulbosine, de la Viscosine, de la Mycétine, du glucose, du tannin, des acides, des sels et une matière d'un rouge safrané, âcre, acide, peu amère, voisine de l'Amanitine, ayant l'odeur du tabac et formant avec les acides des sels qui cristallisent. C'est à cette substance et à la Bulbosine que paraissent dues les propriétés toxiques de la plante.

Ce qui rend celle-ci dangereuse est la facilité avec laquelle on la prend pour l'*Oronge vraie* (*Amanita cæsarea* PERS. — *Agaricus cæsareus* SCOP. — *A. aureus* BATSCH), l'une des plus recherchées des espèces comestibles. Cette confusion n'est pas à craindre dans le nord de la France, car l'O. vraie est une espèce méridionale qui ne dépasse guère l'Orléanais et qui est bien rare autour de Paris. Dans le midi même, elle habite les zônes plus basses et plus chaudes que celles où croît la Fausse Oronge. D'ailleurs, à très peu d'exceptions près, les parties qui sont blanches dans la Fausse Oronge, pied, collerette et lames, sont d'un beau jaune d'or dans la vraie. Elle n'a de blanc que la volve, et celle-ci enveloppe assez longtemps tout le réceptacle, de façon que le Champignon apparaît en ce moment comme un œuf planté sur sa petite extrémité. Plus tard, la volve forme un sac épais, tubuleux, très développé, autour de la base du stipe, et la surface convexe du chapeau n'en porte aucune trace, ou seulement deux ou trois larges lambeaux irréguliers. Cette espèce a une saveur agréable, et son odeur est peu prononcée. Elle croît surtout dans les bois de pins, de chataîgniers, après les pluies de la fin de l'été.

L'*Oronge citrine* ou *Oronge Ciguë jaunâtre* (fig. 117) est l'*Amanita Mappa* (*A. citrina* PERS. ? — *Agaricus Mappa* BATSCH. — *A. bulbosus*

Bull. — ? *A. citrinus* Schæff.) et est, suivant plusieurs auteurs, plus redoutable encore que l'espèce précédente. Elle a un stipe cylindrique,

Fig. 117. — *Amanita Mappa.*

élevé, plein d'abord, puis creux, blanc, à base renflée, bulbiforme, molle, entourée d'une base de volve persistante, à bord coupé droit, à portion inférieure située sous le sol et de couleur brunâtre. Le chapeau, d'abord convexe, devient finalement presque plan, à bord circulaire lisse, d'une couleur citrine ou jaune pâle, parsemée de débris de la volve, représentés par des particules tomenteuses, blanchâtres, puis légèrement ochracées, parfois entraînées par les pluies. Au dessous de la portion supérieure du stipe se voit un reste de voile blanc, retombant en forme de manchette persistante. Les lames du chapeau sont libres, blanches. Les spores sont presque orbiculaires et brièvement apiculées. Cette espèce, haute d'environ deux décimètres, est d'abord inodore; puis elle acquiert une odeur vireuse après la maturité. Sa saveur est faible au début, plus tard d'une certaine âcreté. Elle se trouve dans les bois en été et en automne. Elle est, nous le répétons, très vénéneuse.

L'Oronge bulbeuse a été souvent confondue comme simple variété avec la précédente dont elle a tous les caractères essentiels, avec une teinte blanche uniforme. C'est l'*Amanita bulbosa* PERS. (*Agaricus bulbosus* SCHÆFF.). Elle se distingue surtout par sa coloration. Son chapeau, d'abord convexe, est d'une belle couleur blanche, roussissant légèrement après la maturité; mamelonné et non visqueux, plus ou moins recouvert de particules tomenteuses provenant de la volve, souvent nulles. Le pied est cylindrique, plein ou ne devenant creux qu'à un âge avancé, dilaté à sa base en un renflement bulbiforme, recouvert d'un reste de volve persistant, souvent d'un brun pâle et enfoncé en terre. Le voile est blanc, persiste et se redresse fréquemment. L'odeur est nulle; la saveur douceâtre, puis âcre. C'est une plante très dangereuse, à effets vénéneux tardifs et persistants. Sa couleur blanche est la cause de nombreuses erreurs, et l'espèce est souvent confondue avec la Boule de neige et d'autres Agarics blancs et comestibles.

L'*Oronge verte* (fig. 118) est l'*Amanita phalloides* QUÉL. (*A. viridis* PERS. — *Agaricus phalloides* BULL.). C'est une espèce de la taille à peu près des précédentes, à stipe blanc, plein, puis creux, persistant. Le chapeau est globuleux, puis hémisphérique ou obtusément campanulé; le bord lisse; la surface d'un jaune verdâtre qui va parfois en s'accentuant davantage vers le sommet où s'observent souvent des striés linéaires, ténues. Le bord est lisse, et l'ensemble est fréquemment visqueux par les temps humides. Il n'est pas rare de trouver à la surface un ou deux fragments irréguliers, blancs, de la volve. Les lames sont nombreuses, serrées, libres, blanches. Les spores sont presque sphériques, avec un court apicule. Le voile persiste autour du pied sous forme d'une manchette descendante, blanche. Ce Champignon a une odeur et une saveur très faiblement vireuses. On le trouve dans les bois, en été et en automne. C'est une espèce des plus vénéneuses, produisant des accidents cholériformes, d'ordinaire tardifs, souvent mortels. Il n'y a d'ailleurs guère de Champignon comestible avec lequel on puisse confondre celui-ci.

L'Oronge panthère (fig. 119) est l'*Amanita pantherina* QUÉL. (*Agaricus pantherinus* Fries). C'est encore la *Fausse Coulmelle* ou *Faux Missié* et le *Crapaudin gris* du Midi. De la taille à peu près des précédentes, cette espèce a un pied plein, puis creux, à peu près glabre, blanc, renflé

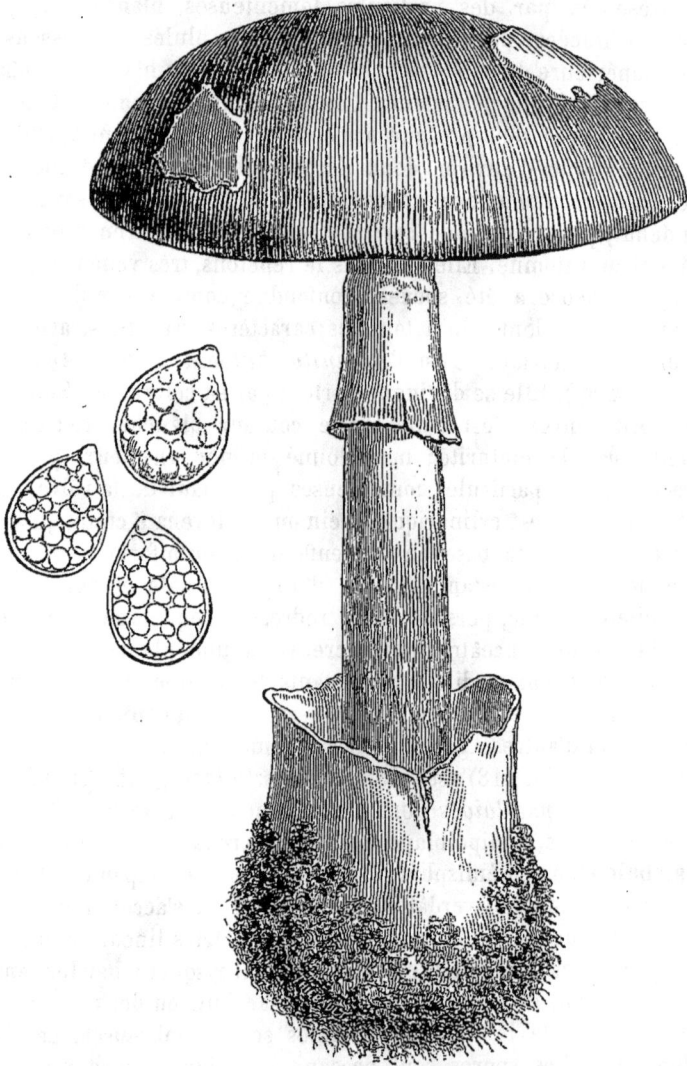

FIG. 118. — *Amanita phalloides.*

à sa base où il porte un reste de volva, à bord ordinairement double ou triple, sinueux et peu nettement découpé. Le voile est oblique, retombant, un peu inégalement découpé, blanchâtre, assez rarement persistant. Le chapeau, ferme, ouvert, à bords finement striés, à chair blanche, est recouvert d'une pellicule visqueuse, d'un brun un peu rougeâtre, parsemée de fragments verruqueux et blanchâtres, provenant de la volve. Les lames sont blanches et libres ou à peu près. Les spores sont blanches, presque sphériques, et apiculées. Cette espèce a une odeur faible, une saveur douceâtre d'abord, puis vireuse. Elle croît dans les clairières des forêts, les bois découverts et montueux. Elle est très vénéneuse et se rapproche beaucoup par ses propriétés de la Fausse-Oronge. Ce qui la rend surtout dangereuse, c'est sa ressemblance avec l'Oronge vineuse (*Amanita rubescens* PERS.— *Agaricus rubens* SCOP. — *A. pustulatus* SCHÆFF. — *Hypophyllum maculatum* PAUL.). Celle-ci, souvent nommée *Missié, Golmelle franche* et *Golmotte franche*, est bonne à manger, quoique souvent un peu amère. Elle est néanmoins recherchée en Lorraine et dans quelques autres provinces. Elle se distingue par un pied qui, jusqu'au voile et à la face inférieure du voile lui-même, est de même teinte ou à peu

FIG. 119. — *Amanita pantherina* (½).

près que la sur face supérieure du chapeau, tandis qu'il est blanc au-dessus du voile, c'est-à-dire de même couleur que les lames. Le chapeau, arrondi, puis ouvert, à bord non strié, est recouvert d'une pellicule roussâtre, saupoudrée des particules verruqueuses, farineuses, rapprochées, rougeâtres ou vineuses de la volve. La chair rougit plus ou moins à l'air. La plante se trouve, en été et en automne, dans les taillis et les clairières des bois.

L'Oronge printanière (*Amanita verna* PERS. — ? *Hypophyllum virosum* PAUL.) (fig. 120) est aussi une espèce vénéneuse, aussi dangereuse que l'O. verte dont on l'a considérée comme une variété. Sa taille est la même. Elle a un pied blanc, plein, puis creux, qui s'amincit de la base au sommet. Le renflement bulbaire de sa base est entouré de la base du volva, dont la partie supérieure est déchirée et soulevée par le chapeau. Le voile est blanc, retombant, persistant. Le chapeau est con-

vexe, plus ou moins mamelonné, blanc, lisse sur les bords. Les lames
sont assez larges, lisses, blanches; les spores sphériques, apiculées,
blanches. L'odeur de cette espèce est nulle; sa saveur, faible d'abord et
plus tard âcre. Cette plante est plus commune dans le midi que dans le

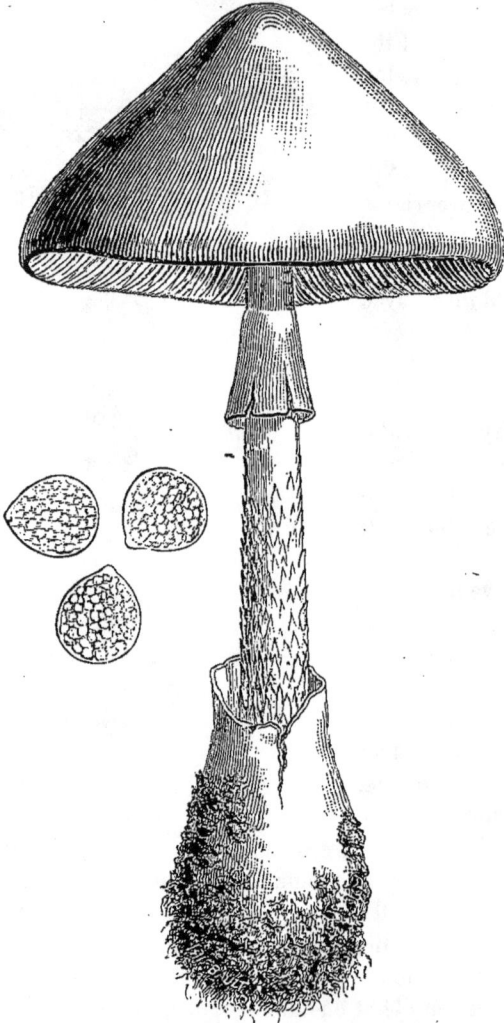

FIG. 120. — *Amanita verna.*

nord; elle s'observe en été et en automne. Ses effets sont lents à se produire, mais souvent terribles. C'est une espèce qu'il faut absolument
rejeter, aussi dangereuse que l'A. bulbeuse.

L'Oronge élevée (fig. 121) est l'*Amanita excelsa (Agaricus excel-*

sus Fʀ.). Cette espèce atteint au moins 2 décimètres de haut, sur 15 centimètres de diamètre. Son pied est cylindrique, légèrement bulbeux
à sa base et écailleux au-dessus de son collet blanc, rabattu, finement
strié. La volve, généralement fugace, est presque toujours cachée sous
le sol, d'un blanc terreux. Le chapeau est d'abord sphérique, puis légèrement convexe ou même plan, charnu, fragile, de couleur gris souris

Fɪɢ. 121. — *Amanita excelsa* ($\frac{1}{2}$).

ou gris fauve, un peu plus foncé au centre; il est parsemé de squames
verruqueuses, larges, enflées, disparaissant bientôt, qui sont des restes
de la volve. Les bords sont lisses ou parfois un peu striés dans un âge
avancé. Les lames sont libres, inégales, ventrues, arrondies en arrière
étroites, épaisses, à bords très finement crénelés, et ne laissant pas de
stries sur le stipe. Cette espèce est assez rare dans les bois; elle a une
chair ferme, blanche et appétissante, et son odeur n'a rien de désa-

gréable. Sa saveur rappelle d'abord celle du Champignon de couche. C'est cependant une plante très vénéneuse.

Les *Volvaria* n'ont ni voile ni collerette, mais ils ont un volva complet. Le *V. specioa* GILL. (*Agaricus speciosus* FRIES) est la Volvaire blanche (fig. 122). C'est un grand Champignon (environ 2 décim.), qui a un long pied blanc, graduellement aminci en haut, dilaté vers sa base où l'en-

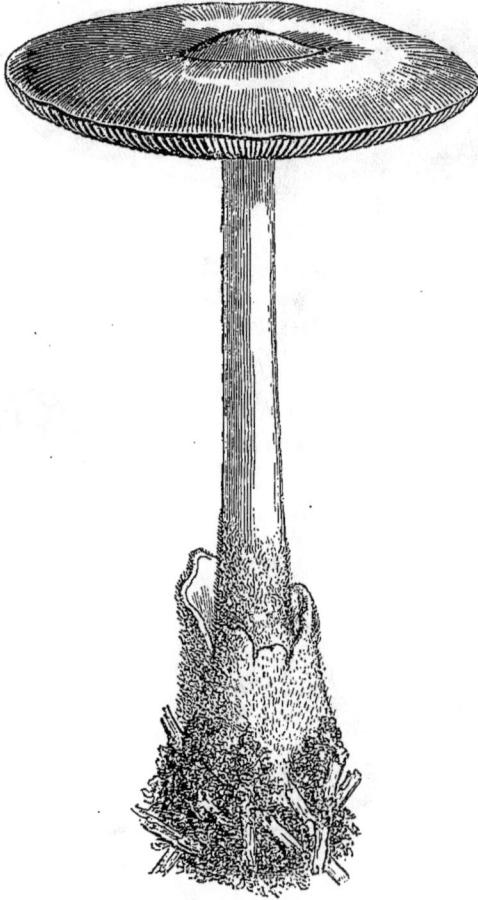

FIG. 122. — *Volvaria speciosa*.

toure une volve engaînante, enfoncée dans le sol, plus ou moins velue, et un chapeau d'abord largement campanulé, puis étalé, plus ou moins mamelonné, blanchâtre, très visqueux en dessus par les temps humides, à bords lisses. Les lames se rapprochent autour du pied en une sorte de collier, peu prononcé ; elles sont nombreuses, pressées, de couleur rosée. Les spores, de même teinte, sont ovoïdes, courtement apiculées. Cette

espèce a une odeur et une saveur désagréables, vireuses. Elle se rencontre en automne, dans les champs, au bord des labours. Elle est
extrêmement vénéneuse et très redoutable, parce qu'elle a pu être confondue avec le Champignon de couche et les Boules de neige, à cause de
sa blancheur et de la couleur rosée de ses lamelles.

Il y a dans le Midi une Volvaire grise (*Volvaria gloiocephala* QUÉL. —
Agaricus gloiocephalus DC.) qui n'est pas moins vénéneuse et qui a en
effet la surface supérieure du chapeau d'un gris fuligineux et visqueux
par les temps humides, avec un pied grisâtre et fibrilleux-villeux. On
pourrait aussi, à cause de la couleur rosée de ses lames, confondre cette
plante avec certaines formes de *Psalliota* qui possèdent une collerette.

FIG. 123. — *Russula emetica.*

Les *Russula* doivent leur nom à ce que la couleur de leur chapeau est
souvent roussâtre en dessus. Ce sont des Champignons à chapeau charnu,
d'abord convexe, puis plan ou même déprimé. Leur stipe est fort, non
cortiqué, lisse, spongieux à l'intérieur et se confondant avec le chapeau.
Les lames sont rigides, fragiles, égales entre elles, souvent bifurquées
ou anastomosées, dépourvues de suc laiteux. Les spores sont sphériques,
blanches ou jaunâtres, à surface verruqueuse. Il n'y a ni voile, ni volva.
Ce sont des plantes généralement sylvicoles.

Le *R. emetica* FR. (fig. 123) est la plus célèbre des Russules comme
dangereuse et toxique. Dans l'est, on le nomme *Faux-Fayssé*. Son chapeau est lisse, à bord mince et strié. Sa pellicule est d'un rouge plus ou

moins foncé : elle se sépare facilement, sur les bords, du tissu même du chapeau; et ce tissu est blanc, mais ordinairement plus ou moins teinté en rougeâtre sous la pellicule de la face supérieure. Le pied est blanc ou légèrement tacheté en rougeâtre, ferme, puis cassant, spongieux à l'intérieur. Les lames sont égales, libres et blanches. Les spores sont sphériques-apiculées, verruqueuses, blanches. Cette espèce est très commune dans les bois ombragés, en été et en automne. Elle n'a pas d'odeur; mais sa saveur est âcre. Elle passe en général pour très vénéneuse; et Krapf, de Vienne, a observé que son principe toxique n'est détruit ni par l'ébullition, ni par la dessiccation.

Les Lactaires sont charnus, à trame vésiculeuse, mais ferme. Ils ont

FIG. 124. — *Lactarius pyrogalus.*

un chapeau déprimé ou ombiliqué, avec des lames simples, inégales, adhérentes au pied, lactescentes, sans volve ni voile. Les spores sont sphériques, verruqueuses, blanches ou jaunâtres. Le suc propre est laiteux, blanc, jaune ou rouge.

Le *Lactarius pyrogalus* Fr. (fig. 124), ou *Lactaire brûlant*, est l'*Agaricus pyrogalus* Pers. C'est une espèce à stipe cylindrique, aminci tout d'un coup à sa base, rectiligne ou assez souvent courbé, dilaté en haut en un chapeau d'abord plan-convexe, puis déprimé au centre, glabre, d'un cendré livide, à zones concentriques plus ou moins marquées, un peu plus foncées. Les lames sont adnées-décurrentes, minces, distantes, d'un gris souvent jaunâtre. Les spores sont sphériques, à papilles échi-

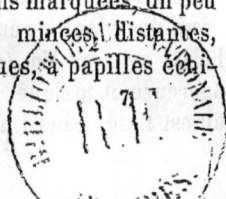

nulées, de couleur blanche. Un lait blanc, à saveur très âcre, découle des lames en quantité variable. L'odeur de cette espèce est à peu près nulle; elle croît en été et en automne, dans les bois ombragés. On s'accorde à la regarder comme très vénéneuse, et on l'a même déclarée le plus âcre de tous les Agaricinés.

Le *Lactaire roux* (fig. 125) a la même réputation. C'est le *Lactarius rufus* Fr. (*Agaricus rufus* Scop.), le *Calalos* ou *Raffoult*. Son pied est plein, puis légèrement creux, ferme et cassant, d'un brun rougeâtre, comme le chapeau qui est plan-convexe, puis déprimé autour du mamelon central, ou parfois même en entonnoir, glabre, brillant, non

Fig. 125. — *Lactarius rufus*.

visqueux. Les lames sont décurrentes-adnées, rapprochées, d'un brun plus pâle que le reste de la plante. Les spores sont blanches et verru-queuses-échinulées. L'odeur de ce Champignon est nulle; il est gorgé d'un latex blanc, insipide d'abord, puis d'une saveur âcre et très brûlante. L'espèce est assez commune, l'été et l'automne, dans les bois de pins. Suivant bien des auteurs, c'est le plus dangereux des Lactaires. Le contact de son latex avec la langue détermine après quelques instants une sensation brûlante des plus pénibles et des plus tenaces. On a mal-heureusement plusieurs fois confondu l'espèce avec le *L. Volemus* Fries, la *Vachette* ou *Vio, Rougeole à lait doux*, qui a la même forme, mais qui est d'un jaune fauve et rougeâtre, plus pâle, et dont le latex a une saveur douce; de-sorte qu'on peut le manger cru et qu'il est partout très estimé. On dit même que son latex constitue une boisson agréable.

Un grand nombre d'Agarics, sans être aussi incontestablement vénéneux que les espèces précédentes, sont cependant absolument suspects ou indigestes. Ce sont principalement les *Agaricus villaticus, obturatus, Coronilla, duriusculus, xanthodermus, tenuipes, peronatus, flavescens, rubellus, sylvaticus, comatus, squamosus, clypeolarius, cristatus, fastigiatus, rimosus, fastibilis, Badhami, viscidus, glutinosus, durus, elæodes, sublateritius, fascicularis, crustuliniformis, amaricans, rutilans, ustalis, platyphyllus, saponaceus, acerbus, sulfureus, bufonius, nebularis, clavipes, inversus, æruginosus, albo-cyaneus, purus, pelianthinus, serrulatus, euchrous, lividus, cervinus, prunuloides, torminosus, theiogalus, insulsus, vellereus, controversus, albus, eburneus, Cossus, furcatus, Queletii, pectinatus, adustus, consobrinus, nigricans, fragilis, sardonius, ruber, integer, ochraceus, geogenius, olearius, stypticus, atrotomentosus, urens, dryophilus,* etc., pour l'étude détaillée desquels nous ne pouvons que renvoyer aux traités spéciaux.

Bolets

Les Bolets (*Boletus*) sont des Champignons-Basidiosporés dont l'hyménium tapisse des tubes placés sous le réceptacle et accolés les uns aux autres. Leur mycélium, filamenteux, blanc ou jaunâtre, est apparent, ce qui les distingue surtout des Polypores. Le réceptacle se compose d'un stipe qui supporte un chapeau charnu. Il n'y a point à la base du stipe des débris de volve, comme dans les Agarics; mais il y a souvent un voile partiel, quoiqu'il soit très rare de voir celui-ci persister sous forme d'anneau vers la partie supérieure du pied. Les tubes hyméniaux couvrent la face inférieure du chapeau, et leurs pores sont de forme variable : arrondie, polygonale ou irrégulière. Sous l'influence d'une traction, les tubes se séparent facilement des autres et aussi du réceptacle. L'ensemble des bords inférieurs des tubes forme une surface d'abord concave, souvent ensuite plane ou convexe. Ces tubes sont souvent colorés d'une façon très intense, et tranchent par là sur la teinte blanche ou plus pâle du réceptacle. Il y a beaucoup de Bolets qui, déchirés, ou coupés, prennent vite, au contact de l'air, des teintes grises, bleues, vertes, rouges, brunes ou noirâtres. On les considère en général comme nuisibles, et il y a probablement là une exagération qui fait à tort rejeter des espèces comestibles. Portées par des basides insérées sur la surface interne des tubes hyméniaux, les spores sont en général allongées, fusiformes, blanches, jaunes, rosées, brunes ou grisâtres. Aussi Fries avait-il distingué les Bolets en

Dermini, Ochrospori, Hyporrhodii et *Leucospori*, suivant que leurs spores étaient brunes, ochracées, rosées ou blanches, hyalines.

Comme pour les Agarics, nous décrirons d'abord avec quelques détails les espèces de Bolets qui sont franchement vénéneuses.

Le *Cèpe du diable* (fig. 126) est le *Boletus Satanas* LENZ. Son chapeau est convexe, glabre, d'un brun jaunâtre pâle, à peine visqueux par les temps humides. Son pied est épais et bulbiforme, atténué au sommet, renflé à la base, et d'une teinte jaunâtre sur laquelle se dessine un *tulle* pourpré plus ou moins prononcé. L'hyménium, presque libre, est formé de tubes jaunes, à pores petits et arrondis, d'un rouge pourpre. Les spores sont oblongues, apiculées, jaunâtres. La chair est blanchâtre ; au contact de l'air, elle devient rouge ou violacée ; elle est inodore, et sa saveur

FIG. 126. — *Boletus Satanas* ($\frac{1}{2}$).

est douceâtre, non amère. C'est une espèce très vénéneuse, qui croît dans les bois en été et en automne.

Le *Cèpe luridé* ou *perfide* (fig. 127) est le *Boletus luridus* SCHÆFF (*B. tuberosus* BULL. — *B. rubeolarius* BULL. — *Tubiporus Cepa* PAUL. — *T. livido-rubricosus* PAUL. — *Ceriomyces crassus* BATT.). On le nomme encore *Faux Cèpe, Oignon de loup, Ceps fol, Pissacan rouge, Ferrier, Bruguet fol, Cul de Saoumo, Massaparen*, dans le Midi. Son chapeau est plan-convexe, tomenteux, d'un brun olivàtre, puis pàle, puis plus foncé. Son stipe est allongé-claviforme, d'un brun jaunâtre, marqué, surtout en haut, d'un fin tulle purpurin. L'hyménium, presque libre, est formé de tubes jaunes, puis d'un jaune verdâtre en vieillissant, à pores petits, arrondis, d'un rouge pourpré. Les spores sont oblongues, apiculées, rostrées, jaunâtres. Sa chair, d'abord ferme, à peu près inodore, à saveur douceâtre, bleuit fortement dès qu'elle est exposée à l'air. L'espèce, commune dans les bois, sur les gazons ombragés, en été et en automne, est très vénéneuse; elle tue les animaux, et l'homme doit s'en abstenir. Il y a néanmoins des pays où on la mange, ce dont on a cité de nombreux exemples, qui se rapportent à la Sibérie, à la Prusse (Ascherson) et même à certaines localités françaises. Mais il est possible que la façon de la préparer atténue beaucoup le poison.

Le grand danger que présentent ces espèces, c'est qu'on peut les confondre et qu'on les confond souvent avec le véritable *Cèpe*, ou *C. franc, C. d'automne, C. de Bordeaux*, etc. (fig. 128), qui est le *Boletus edulis* Bull., la meilleure espèce du genre et celle qui se mange le plus. Celle-

Fig. 127. — *Boletus luridus* (½).

ci est caractérisée par un chapeau arrondi, puis presque aplati, glabre, et d'un brun fauve, assez souvent humide. Son pied est cylindrique dans le type de l'espèce, presque régulier, recouvert dans sa portion supérieure d'un *tulle* ou réseau à mailles fines, composé au jeune âge de fils blancs. L'hyménium est formé de tubes étroits, allongés, presque libres, s'ouvrant inférieurement par des pores étroits, blanchâtres, puis jaunes, et finalement d'un jaune verdâtre. Les spores sont fusiformes, obtuses, olivacées. Cette espèce a la chair blanche, à odeur (de champignon) douce et assez agréable. L'espèce se trouve dans les bois clairs, sur les pelouses des avenues d'arbres peu ombragées, pendant l'été et l'automne, ordinairement à deux reprises distinctes : juillet d'une part, septembre de l'autre, avec des variations suivant les années. C'est un des champignons que

préféraient les Romains. On le mange frais et conservé de diverses
manières, principalement desséché. Il a une variété à gros pied (*pachy-pus*), dont le stipe a la base renflée en forme de poire, et qui est très
recherchée. Il ne faut pas la confondre avec le *B. pachypus* Fries, espèce

Fig. 128. — *Boletus edulis.*

très vénéneuse, dont le chapeau est d'un blanc jaunâtre pâle, et dont la
chair blanchâtre bleuit au contact de l'air au niveau du chapeau, tandis
qu'elle devient brune dans la portion inférieure du stipe. On peut considérer aussi comme de simples variétés du *B. edulis*, le *Cèpe bronzé*
ou *Tête de nègre* (*B. æneus* Bull.), qui a un chapeau dur, d'un brun

presque noir, généralement bordé d'un bourrelet blanc, et un stipe bul-biforme, jaunâtre ou brun clair, réticulé, et le *B. reticulatus* Boud. (*Cèpe d'été*), qui a un chapeau d'un brun pâle, comme marbré, et un stipe de même teinte, réticulé jusqu'à sa base, et qu'on observe de mai à juillet, dans les bois aérés, surtout ceux de Chênes et de Châtaigniers.

Le *Cèpe gris* ou *Bolet rude* (*Boletus scaber* Pers.) et le *Cèpe orangé* ou *Roussin* (*B. versipellis* Fr. —? *B. aurantiacus* Pers.), qui sont peut-être deux variétés d'une seule et même espèce, sont très voisins des Bolets précédents et s'en distinguent principalement par leur stipe bien plus allongé, plus ou moins chargé de papilles squameuses et brunâtres. Ce sont des plantes comestibles, moins bonnes que la précédente en ce sens que leur pied, surtout à un âge avancé, est coriace et doit être rejeté. Le chapeau, plus petit et souvent plus convexe, est visqueux dans les temps humides, d'une couleur grisâtre dans le *B. scaber*, d'une teinte orangée plus ou moins brune dans le *B. versipellis*. C'est à tort que ces Bolets ont été indiqués comme suspects ou nuisibles. Ils sont comestibles, sans être recherchés; ils abondent dans les bois en été et en automne.

Comme il ne nous est pas possible de donner une description détaillée de tous les Champignons comestibles de notre pays, nous nous bornerons à reproduire la liste donnée récemment par deux auteurs très experts, MM. Richon et Rose, des espèces qui peuvent être mangées et que ces auteurs divisent ainsi qu'il suit, en trois catégories :

1° *Espèces très recommandables.* — L'Oronge vraie, le Champignon de couche, la Boule de neige des champs, le Champignon sanguinolent, la Grande Coulemelle, le Grand Coprin (très jeune), le Mousseron, le Lactaire sanguin, la Vachette (surtout crue), l'Oreille du Peuplier, l'O. de Chardon, la Souchette, la Corne d'abondance du chêne, la Girole ou Chanterelle, la Chanterelle pourpre, la Trompette des morts et le Faux Mousseron, ces deux espèces comme condiments; la Nonnette voilée ou Cèpe jaune, la Nonnette ou Cèpe pleureur, le Cèpe d'été et le C. d'automne, le C. bronzé, la Croquette des Sapinières, le Hérisson, les Morilles, la Morillette blanche et la M. brune, les Truffes noires.

2° *Espèces recommandables à divers titres.* — L'Oronge vineuse, la Volvaire livide ou Grisette, la Boule de neige des bois, la B. des prés, la B. bâtarde, la Coulemelle bâtarde, la Petite Coulemelle, la C. chauve, la Caussetta de Nice, le Champignon du Peuplier, les Pivoulades, la Peuplière, le Précoce, la Colombette, le Gros et le Petit Pied bleu, le Mousseron d'automne, la Langue de carpe, le Mousseron des haies, le Prévat, le Palomet, le Charbonnier, le Rougillon, le Cèpe orangé, etc.

3° *Espèces peu recommandables.* — L'Oronge blanche, la Volvaire orangée, la Grande Souchette, l'Améthyste, le Lactaire poivré blanc, la Russule pourpre, le Virginal, la Langue de bœuf ou Fistuline, les Coralloïdes jaune et pourpre, les Lycoperdons, la Morille bâtarde, les Pezizes, etc.

Nous nous bornerons à donner quelques détails descriptifs sur quelques-unes de ces espèces, mais seulement, pour le moment, parmi celles qui appartiennent aux Basidiosporés.

Les Boules de neige doivent leur nom à la couleur extérieure et à la forme primitive de leur chapeau. La B. de neige des champs est le *Psalliota arvensis* Quél., très voisin du Champignon de couche. Elle est comestible, de même que la B. de neige des bois (*P. Vaillantii*), la B. de neige des vignes (*P. cretacea*), la B. de neige des forêts (*P. sylvicola*), la B. de neige des prés (*P. pratensis*), la B. de neige niçoise (*P. bitorquis*) et la B. de neige bâtarde (*Lepiota holosericea* Gill.); tandis que la Fausse B. de neige (*Psalliota xanthoderma*), dont le chapeau est blanc d'abord, puis chargé de fibrilles jaunâtres, est une espèce éminemment suspecte. Le Champignon sanguinolent (*Psalliota hæmorrhoidaria* Kalchbr.), qu'on a cru parasite sur les racines des Chênes, est une très bonne espèce comestible.

La Grande Columelle, Colmelle ou Coulemelle, est le *Lepiota procera* Quél. (*Agaricus procerus* Scop. — *A. colubrinus* Bull. — *Hypophyllum Columella* Paul.). C'est le plus élevé de nos Champignons, car il peut atteindre plus de 40 centimètres. Il a un chapeau ovoïde d'abord, puis campanulé, à surface lacérée en squames épaisses, brunâtres ou même noirâtres, à bords frangés-tomenteux. Le voile est replié sur le stipe, avec un épaississement inférieur cartilagineux et brunâtre. Assez commun dans les bois de Chênes et de Châtaigniers, ce Champignon est bon, fort estimé dans certaines provinces; mais il convient de rejeter son pied qui est un peu coriace et indigeste.

Les Mousserons sont de bons Champignons. Le véritable Mousseron est le *Tricholoma Georgii* Quél. (*T. albellum* Quél. — *Agaricus Georgii* Fr. — *A. albellus* Fr. — *Hypophyllum aromaticum* Paul.). C'est le *Blanquet*, *Maggin* et *Braquet* du Midi, à chapeau arrondi, puis plan-convexe, souvent crevassé, blanchâtre ou grisâtre, à contours crevassés. Il a une variété jaune (*Tricholoma gambassum* Gill.), abondante surtout dans le sud de l'Europe. Le M. des haies est l'*Entoloma sepium*, espèce du nord-ouest de la France, croissant sous les haies d'Aubépine et de Prunellier, au moins aussi estimé que le précédent, surtout à Poitiers. Le M. d'automne (*Clytopilus Prunulus* Quél.), un peu moins bon, se trouve dans nos bois sablonneux. Le Faux Mousseron (*Marasmius Oreades* Quél. — *Agaricus Oreades* Bolt. — *A. tortilis* DC.), le *Macaron des prés*, *Sécadou* ou *Godaille*, est une bonne espèce, quoique bien petite, commune en été et en automne sur les gazons des bois, du bord des champs, etc. Son chapeau est plan-convexe, d'un fauve brunâtre; et ses lamelles, distantes les unes des autres, s'anastomosent irrégulièrement autour du stipe dont elles sont d'ailleurs éloignées.

La Vachette (*Lactaria Volemus* Fr.) est assez semblable aux Lactaires délicieux. On la nomme encore *Viau*, *Vélo* et *Rougeole à lait doux* (p. 98).

Son chapeau plan-convexe, puis déprimé au centre, est d'un fauve rougeâtre. Son pied est pruineux, de même couleur que le chapeau, avec des lames découvertes et des spores blanches. Son lait est abondant, à saveur douce; aussi peut-on manger, même crue, nous l'avons dit, cette espèce qui croît en été et en automne dans les bois frais et ombragés.

La Girole ou Chanterelle (*Cantharellus cibarius* Fr. — *Agaricus Cantharellus* L. — *Merulius Cantharellus* Scop. — *Hyponevris Cantharellus* Paul.) est une des espèces comestibles les plus communes. Son chapeau est de bonne heure très déprimé en entonnoir, d'un beau jaune ou chamois pâle, se continuant avec un pied court, de même couleur, souvent arqué, avec des lamelles écartées, anastomosées, portant des spores blanches. Crue, cette espèce a une saveur douceâtre, puis presque aussitôt piquante, poivrée. Son odeur est agréable. Elle est commune en été et en automne, dans les bois, parmi les mousses et les bruyères. Il faut se garder de la confondre avec la Chanterelle orangée (*Cantharellus aurantiacus* Fr. — *Merulius aurantiacus* Pers.), qui abonde souvent dans les bois de Pins et Sapins, et qui a la même forme, avec un stipe flexueux, un chapeau à bord recourbé, légèrement tomenteux, une teinte orangée pâle, devenant blanchâtre ; car c'est une plante des plus suspectes.

La Fistuline ou Langue de bœuf (*Fistulina hepatica* Fr. — *Boletus hepaticus* Huds. — *B. Buglossum* Retz. — *Dendrosarcos hepaticus* Paul.) (fig. 129) est un gros Champignon, à chapeau latéral, fixé d'un côté sur le tronc des arbres, principalement sur les Chênes et les Châtaigniers, qui ressemble à un foie d'animal, de couleur rouge sanguin plus

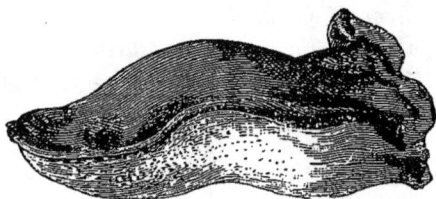

Fig. 129. — *Fistulina hepatica* ($\frac{1}{4}$).

ou moins intense, visqueux, avec ou sans pied unilatéral. L'hyménium est d'abord blanchâtre puis il présente des petits tubes cylindriques, nombreux, libres, clos d'abord, ensuite déhiscents par un orifice en rosette. Les spores sont d'un blanc jaunâtre, apiculées. Il y a souvent aussi de nombreuses conidies à la surface du réceptacle, arrêtant le développement du chapeau ou de l'hyménium (J. de Seynes). La chair est rouge, à zones fibreuses, à saveur acidulée. Cette espèce est assez bonne à manger. Elle fournit aussi une glu, dite *Glu de Chêne*.

Polypores

Ce sont des Champignons-Basidiosporés qui sont caractérisés par un
réceptacle charnu, coriace, subéreux ou ligneux, dont le tissu descend
entre les tubes hyméniaux et forme avec eux une trame distincte, mais
telle que les tubes ne se séparent facilement ni des réceptacles, ni les uns
des autres. Ils s'ouvrent inférieurement par des pores d'abord à peine
visibles, puis arrondis ou anguleux, souvent stratifiés. Les basides sont

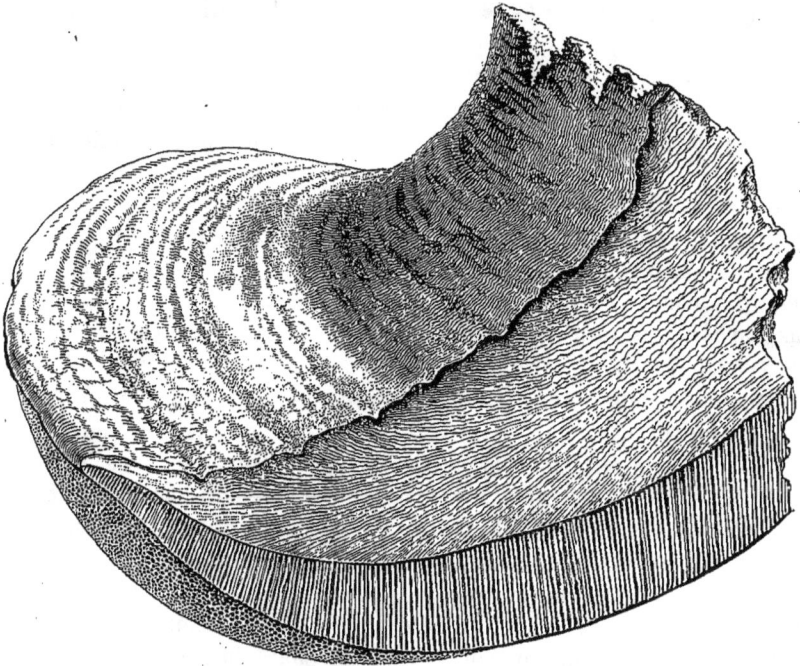

Fig. 130. — *Polyporus fomentarius*. Coupe longitudinale.

portées par la surface interne des tubes. Il y a des Polypores dans presque
toutes les régions du globe. Ils sont parfois terrestres ; mais la plupart sont
fixés, souvent latéralement, sur les troncs des arbres. Leur hyménophore est
coriace, charnu, tubéreux ou ligneux. Les uns ont un pied central (*Meso-
pus*) et un chapeau entier, avec la base du pied de même couleur que le
chapeau. D'autres ont un pied latéral et noirâtre à la base (*Pleuropus*).
D'autres encore (*Merisma*) ne sont pas simples, mais présentent un pied
commun d'où partent des chapeaux multiples. Les *Alpus* ont un ou plusieurs chapeaux, mais manquent de pied. C'est à ce groupe qu'appartiennent

nos espèces médicinales. Dans les *Trametes*, l'hyménophore forme avec les tubes une trame homogène. Ce sont des espèces lignicoles, dimidiées ou résupinées.

Le *Polypore amadouvier* ou *Agaric amadouvier* (*Polyporius fomentarius* Fr. — *Boletus arjulatus* Bull. — *Fomes fomentarius* Fr.) (fig. 130) appartient à la section *Apus*, formée de Champignons simples ou qui ont plusieurs chapeaux partant d'une base commune, rarement droits, plus souvent horizontaux, et caractérisés, comme le nom l'indique, par l'absence de pied. Ce Champignon est donc sessile, latéralement attaché, au début un peu mou intérieurement, plus tard coriace ou ligneux, semi-orbiculaire ou subtriangulaire, assez souvent en forme de sabot de cheval, atteignant jusqu'à un demi-mètre de largeur. Sa surface supérieure est de couleur cendrée grisâtre ou ferrugineuse, avec des sillons radiants et assez souvent des zones brunes et parallèles aux bords. Sous son épiderme se trouve une sorte de zone corticale, résistante et d'un noir luisant. En dessous se voient les tubes hyméniaux, réguliers, très étroits, d'abord glauques, plus tard bruns ou ferrugineux, de même que la chair du réceptacle.

Cette espèce croît dans presque toute l'Europe, sur le tronc des vieux arbres, principalement des Quercinées, surtout les Chênes et les Hêtres. Il vit d'assez longues années, et de façon qu'à chaque belle saison s'ajoute une nouvelle couche de tubes hyméniaux aux anciennes. Il y a donc des sillons courbes, plus ou moins accentués, qui séparent extérieurement ces diverses couches les unes des autres.

On emploie surtout cette espèce à la préparation de l'Amadou et de l'Agaric des chirurgiens. Pour cela, on enlève dessus et dessous la couche superficielle, la plus résistante, et on fait tremper le reste dans l'eau, puis on bat fortement afin de rompre les parties dures. Quand le tout est bien séché, on bat de nouveau jnsqu'à ce que la masse soit souple et moelleuse au toucher. En cet état, on recherche ce Polypore comme hémostatique, principalement pour arrêter le sang qui s'écoule des piqûres de sangsues ou des plaies de peu d'étendue. Il a été aussi proposé comme dilatant des trajets fistuleux. Quand on veut l'employer pour obtenir du feu avec le briquet, on le trempe dans une solution d'azotate de potasse, afin de le rendre plus combustible. Il est probable que de grandes plaques d'Amadou, appliquées sur les parties douloureuses du corps, seraient excellentes dans les cas d'affections rhumatismales et comme moyen préventif des douleurs.

Le *P. soloniensis* Fr., qui produit, dit-on, en Sologne un très bon amadou, n'est vraisemblablement qu'une variété peu connue et assez rare du *P. fomentarius*.

Le *P. igniarius* Fr. (*Boletus obtusus* DC. — *Fomes igniarius* Fr.) est l'*Agaric du Chêne, Boula, Esca, Sinsa* des Languedociens, le *Camparol d'amadou* des Toulousains. C'est aussi une espèce molle au pre-

mier âge, qui durcit avec l'âge, recouverte d'une mince couche floccu-
lente, finalement blanchâtre. Sa surface est dure, inégale, de couleur
cendrée, rouillée ou d'un fauve noirâtre. Les tubes hyménophores
(fig. 131) sont courts, réguliers, blanchâtres, puis d'un jaune brun. La
chair est d'abord de la consistance du liège, puis elle devient dure
comme du bois. Les couches superposées qui forment la plante se voient
bien sur une couche verticale et indiquent plus ou moins exactement son
âge. L'espèce croît communément sur
les Peupliers, Saules, Chênes, Pru-
niers, etc. Son mycélium et ses spores
sont toujours beaucoup plus blanchâtres que ceux du *P. fomentarius*.
L'Amadou qu'on en prépare est généralement trop rigide pour servir
d'hémostatique. On ne l'emploie d'ordinaire que pour allumer et conserver
le feu. On s'en est aussi servi pour
teindre en brun, de même que du
P. hispidus FR. L'espèce est pour
ainsi dire cosmopolite.

On a fait aussi de l'Amadou très
combustible avec le *Racodium cellare*
PERS., trempé dans une solution d'a-
zotate de potasse (Lenz). On pourrait
employer de même le *Boletus luridus*
(Palisot-de-Beauvois), le *Polyporus
betulinus* FR., usité de la sorte en
Sibérie, le *Bovista plumbea* et le
Lycoperdon cœlatum (Bulliard). Les

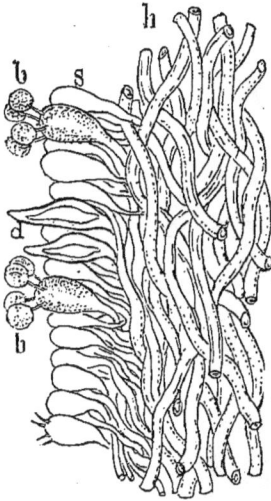

FIG. 131. — *Polyporus igniarius.*
Coupe longitudinale de la région hyméniale; *b*, basides avec spores; *d*,
cystides; *h*, hypha; *s*, hyménium.

gros Polypores servent à faire des sièges, des coussins, des nids artifi-
ciels, des vases à fleurs et même, en Angleterre, de bons cuirs à rasoirs.

Le *Polyporus officinalis* FR. est l'*Agaric blanc, A. des pharmaciens,
A. du Mélèze, A. purgatif* (fig. 132). C'est un Polypore sessile, latéralement
attaché sur le tronc des Mélèzes, vivants ou morts, à chair molle ou plus ou
moins coriace, devenant assez friable quand elle est desséchée, demeurant
toujours blanche. Son chapeau très épais a à peu près la forme d'un sabot
de cheval, large de 30-40 centimètres de diamètre, très épais, avec la face
supérieure lisse, blanche, marquée de quelques zones jaunâtres ou
brunes, peu prononcées, se gerçant avec l'âge vers la base; la face inférieure toute couverte de tubes nombreux, rapprochés, courts, jaunâtres, à
orifice peu visible. Toute la plante a une odeur de farine, qui disparaît
plus ou moins complètement par la dessiccation, et une saveur assez amère.

C'est surtout dans les Alpes, le Dauphiné, qu'on récolte cette espèce.
Elle a été très usitée en médecine comme évacuant, provoquant des vomis-

sements et des purgations. C'est aussi un vermifuge énergique. Dans les
montagnes, on l'emploie beaucoup contre les maladies du bétail, surtout
des moutons. C'est un succédané de la Noix de galle pour la fabrication de
l'encre et la teinture de la soie en noir. Il n'y a pas longtemps qu'on
vantait beaucoup ce Champignon contre les sueurs colliquatives des
phtisiques. Braconnot et Bouillon-Lagrange attribuaient toutes ces propriétés à une résine âcre qu'il contient en abondance. Cette espèce est
préférable comme drastique, d'après Tromsdorf, au Jalap et aux Convol-
vulacées analogues. D'après V. de Bomare, sa poudre guérit les furoncles
et les pustules du bétail. En Piémont, d'après Haller, on avalait un mor-

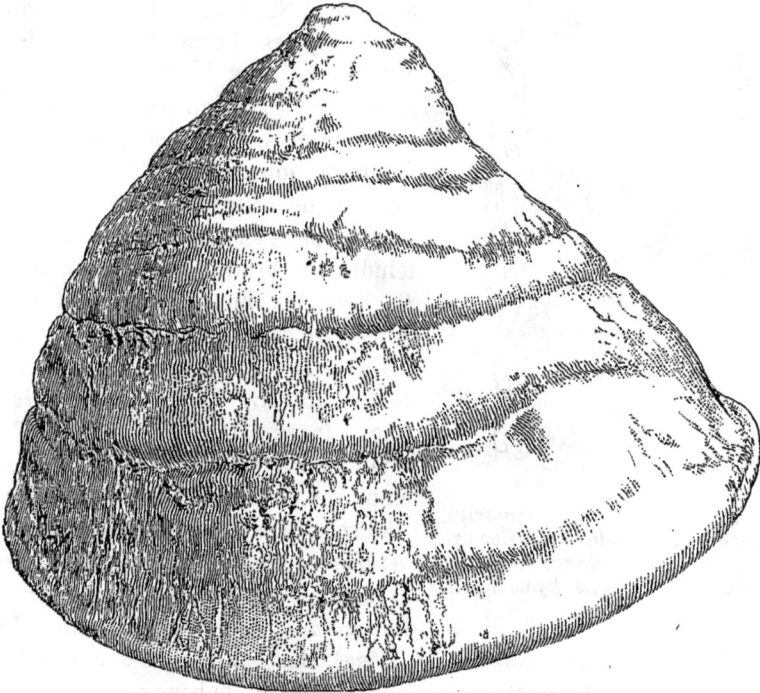

FIG. 132. — *Polyporus officinalis.*

ceau de ce Champignon avec du poivre, pour tuer les petites sangsues qui
avaient pénétré dans l'estomac avec l'eau des mares et des ruisseaux.
    Les Craterelles appartiennent à l'Ordre des Auricularinés. Ce sont des
Basidiosporés dont le chapeau est en général horizontal et lisse, parfois
veiné, avec un hyménium intérieur, continu avec l'hyménophore. Le *Craterella cornucopioides* PERS. (*Peziza cornucopioides* L.) est connu sous
le nom vulgaire de *Trompette des morts* (fig. 133, 134). Il a, en effet, la
forme d'une trompette ou d'un entonnoir allongé. Son chapeau, d'un noir
fuligineux, légèrement écailleux ou pelucheux, a des bords sinueux et réfléchis; il est pourvu en dehors de veines peu saillantes, anastomosées. Son

pied est creux jusqu'à la base, de couleur noirâtre. Par les temps pluvieux, on trouve cette espèce en groupes, sur la terre, dans les bois, en été et en automne. On la recherche peu, probablement à cause de sa couleur désagréable ; elle est cependant assez bonne à manger.

Les Basidiosporés que l'on a nommés *Aculéifères* sont principalement les Hydnes (*Hydnum*) et les *Dryodon*. Les premiers ont un chapeau stipité, et les derniers sont dépourvus de stipe ou ramifiés.

Le *Hérisson, Rignoche, Barbe de vache, Ursin* ou *Mouton*, est l'*Hydnum repandum* L. (*Hyppothela repanda* Paul.). C'est un Champignon à chapeau charnu, fragile, plan ou plus ou moins déprimé ; dont le contour est irrégulier, et dont la face supérieure est blanchâtre ou jaunâtre. Sa face intérieure ou hyméniale est plus pâle, toute chargée de saillies pendantes, inégales, répondant à des plis irréguliers et sinueux

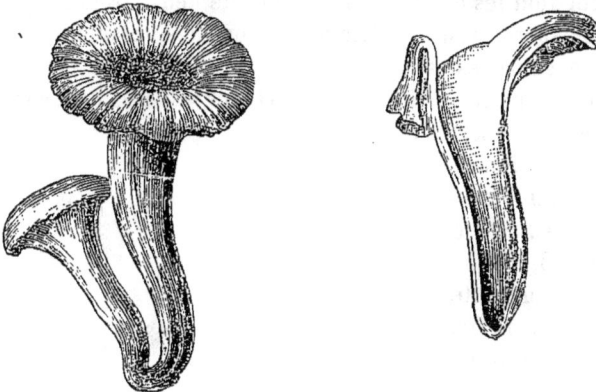

Fig. 133, 134. — *Craterella Cornucopia*, entier et coupe longitudinale.

de l'hyménium qui porte des basides à spores blanches, pyriformes et apiculées. On mange cette espèce qui a une saveur plus ou moins poivrée et une consistance coriace. On mange aussi les *H. rufescens* Pers. et *imbricatum* Fr., qui sont moins bons, mais non vénéneux.

Les *Dryodon* ont été détachés du genre *Hydnum* par M. Quélet. Le *D. coralloides* Quél., ou *Corne de cerf, Chevelure blanche des arbres, Coralloïde des arbres*, est fixé latéralement aux écorces et formé de ramifications flexueuses et enchevêtrées d'où pendent de nombreux aiguillons acuminés, formant une belle masse blanche, puis jaunâtre, couverte de basides à spores blanches. On le récolte en automne sur les tiges pourries des Noyers, Hêtres, Sapins, etc., pour le manger, car il constitue un mets délicat. Le *D. erinaceus* Quél. (*Hydnum erinaceum* Fr. — *Hericium erinaceum* Pers.) est la *Houppe des arbres* ou *Penchinilia*. On l'a comparé à une épaulette blanche, puis jaunâtre, attachée latéralement au tronc des Noyers, des Chênes et des Hêtres, là surtout où leur écorce est entamée. Il est fade, mais constitue un aliment agréable quand il est bien assaisonné.

L'H. gelatinosum Scop. est devenu le type d'un genre *Tremellodon*, à cause surtout de sa consistance gélatineuse. Il croît sur les troncs de Sapins dans les régions de montagne. Sa couleur est glauque, translucide ou un peu brunâtre. Son stipe est très court, latéral, et ses aiguillons sont peu nombreux. C'est une des espèces qui se mangent crues et sont alors rafraîchissantes, assaisonnées au sucre ou avec quelque sirop de fruits. On l'a indiqué aussi comme aphrodisiaque.

Les Clavaires (*Clavaria*) sont des Hyménomycètes dont le réceptacle, simple ou plus ordinairement ramifié, arborescent ou coralloïde, charnu, est de couleurs très diverses, blanc, jaune, gris, rose, violacé, brun ou noir. Le tissu réceptaculaire est formé de phytocystes allongés, à peu près parallèles. Certains d'entre eux s'étirent beaucoup, ne sont pas cloisonnés, et renferment du latex. Le réceptacle est régulièrement recouvert de l'hyménium dont les basides sont munies de deux, trois ou quatre stérigmates. Les spores sont sphériques ou ovoïdes, blanches, jaunes ou rougeâtres. Ce genre est abondamment représenté chez nous, dans les près et surtout dans les bois. La plupart des espèces sont comestibles quoique souvent coriaces et indigestes.

Le *C. Botrytis* Pers. (*Fungoides coralliforme* Dill.) est connu sous les noms de *Mainotte* et de *Coralloïde pourpre* (fig. 135). Son tronc épais, fragile, supporte des branches touffues, à rameaux courts, rapprochés, irrégulièrement dichotomes, de couleur rose pâle, avec les extrémités bifides teintées de rouge pourpre ou carminées. L'hyménium qui recouvre la surface des rameaux, est constitué par des basides à quatre spores oblongues. Cette espèce, qui croît assez communément dans les bois frais en automne, a une odeur et une saveur agréables; elle est comestible.

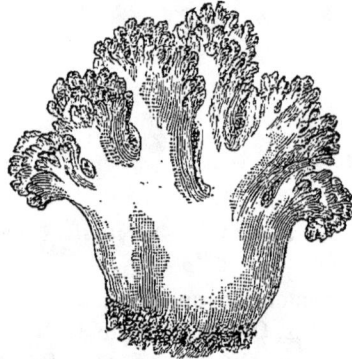

Fig. 135. — *Clavaria Botrytis.*

On mange de même le *C. flava* Schott (*Coralloides flava* T.), ou *Coralloïde jaune, Pied de coq, Balai*, assez commun en automne dans les bois ombragés; tandis que le *C. formosa* Pers., la *Coralloïde incarnate*, d'un beau jaune orangé, teinté de rose, est tenu pour suspect, de même que le *C. aurea* Fr., la *Coralloïde ochracée*, qui se trouve d'ordinaire en automne dans les bois de Conifères.

Il y a peu de Champignons-Basidiomycètes cultivés en dehors du C. de couche. Cependant on a aussi cultivé le C. du peuplier (*Pholiota Agerita*

FRIES) dans le sud et le sud-ouest de la France. Il suffit, paraît-il (Desvaux), de frotter avec un individu bien mûr de cette espèce une large rondelle de Peuplier, épaisse de quelques centimètres, et qu'on enfouit dans un lieu frais et découvert, jusqu'à fleur de terre. En opérant ainsi au printemps, on est assuré, dit-on, d'avoir une abondante récolte en automne. En Italie, on désigne sous le nom de Pierre à champignons (*Pietra fungaja*) une masse de terre et de pierres, dans laquelle est englobé le mycélium du *Polyporus tuberosus* FRIES. C'est peut-être une simple forme de *P. Pes Capræ* PERS. (Hanne), qui est alimentaire dans les Vosges. On recherche beaucoup l'espèce aux environs de Naples ; on place dans des endroits chauds et humides, les blocs, souvent volumineux, de ce *Pietra fungaja;* on les arrose d'eau de temps à autre, et ils produisent tous les deux ou trois mois une abondante récolte d'excellents Champignons. Transportés dans le nord, ces blocs cessent bientôt de produire. On a souvent cité cette phrase de Bruyerin, médecin de François Ier: « Qui ne verrait pas avec admiration des champignons sortir d'un fragment de roche, et qui, détachés de la pierre, sont toute l'année remplacés par d'autres; car il semble qu'une partie de leur pédicule se pétrifie pour grossir la pierre qui en est ensemencée, phénomène qui nous découvre une vie d'un nouveau genre? » En Italie, on cultive encore, sur le marc de café torréfié, l'*Agaricus neapolitanus* PERS., qu'on recherche comme aliment. On s'est vanté d'avoir cultivé méthodiquement bien des espèces dont la reproduction n'était probablement due qu'au hasard.

Exidies

Les *Exidia* sont représentés par des expansions gélatineuses ou tremblantes, en forme de coupe, d'oreille, de lame corruguée, marginée. La surface supérieure est plus ou moins sinueuse et ridée, recouverte de l'hyménium, avec des interstices lisses et non papilleux. La surface inférieure est veloutée. Par la dessiccation, ces Champignons prennent une consistance cornée.

L'espèce la plus célèbre comme médicament était l'*Oreille de Judas* (*E. Auricula Judæ* FR. — *Tremella Auricula Judæ* L. — *Hirneola Auricula Judæ* BERK. — *Auricularia Sambuci* PERS.). C'est une plante ferme et élastique, formée de deux lames appliquées l'une contre l'autre, sessile, très irrégulière, avec, le plus souvent, une grande échancrure qui compléterait sa ressemblance avec le pavillon de l'oreille humaine. Sa largeur est de 5-9 centimètres. Sa surface supérieure, concave, glabre, mais veinée ou plissée, est d'un brun rougeâtre. Sa surface inférieure est plus pâle, subtomenteuse et pulvérulente, parsemée de veines divergentes et proéminentes. On trouve cette espèce sur les vieux troncs d'arbres, notamment sur celui du Sureau noir. C'était un médicament purgatif peu usité et qui se trouve encore dans les pharmacies de plusieurs pays de l'Europe. Ses propriétés laxatives ont été mises en doute, parce que la plante est comestible. Rabelais en parle comme d'un aliment, un plat d'entrée qu'on assaisonnait en salade, « une sorte de *Funges*, issaux des vieux Suzeaulx ».

L'*E. glandulosa* Fr. est tinctorial; il donne une belle couleur brune et brillante.

Ces végétaux étaient jadis confondus dans le genre *Tremella*. Celui-ci n'est plus formé aujourd'hui que de plantes aplaties, étalées et ondulées, ordinairement pois-seuses, ou en masses plissées, hyalines ou colorées, couvertes à un moment donné d'une pous-sière blanche que forment les spores. Le *T. mesenterica* Retz (fig. 136) est une espèce de cou-

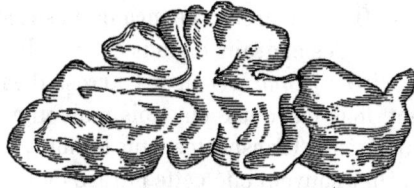

Fig. 136. — *Tremella mesenterica.*

leur jaune orangé, ondulée-plissée, variable de forme et de taille, plus ou moins lobée, un peu coriace. On la trouve en hiver et au printemps, appliquée sur des branches d'arbres divers, exposées à l'humidité. Elle est comestible, et donne une sorte de couleur rouge bistrée qu'on a proposé d'employer en peinture.

Phallus

On donne ce nom, et en français celui de *Satyres*, à des Champignons qui présentent, au sommet d'un stipe creux, un chapeau perforé à son sommet, pourvu d'un bord libre, et marqué à sa surface d'un réseau d'en-foncements polygonaux, excrétant une liqueur visqueuse qui englue les spores. Nous ne connaissons guère que le *P. impudicus* L. (fig. 137,138) ou *Enfant du diable, Impudique*, dont le pied atteint jusqu'à 15 centi-mètres de hauteur, et est percé à jour d'un grand nombre de pertuis irré-guliers. Un large péridium, qui d'abord enveloppait tout le Champignon, persiste à sa base sous forme de gaine ovoïde, irrégulièrement rompue. Les enfoncements dont est creusée la surface du chapeau sont tapissés d'une glu verdâtre et d'une fétidité extrême, finalement résolue en liquide glai-reux. L'espèce croît à la fin de l'été et en automne, dans les bois où son odeur atroce révèle de très loin sa présence. Elle attire les insectes qui se nourrissent de la glu des alvéoles. Son odeur dégoûtante empêche qu'on ne la mange, car il n'est pas certain qu'elle soit nuisible. Les bêtes fauves s'en nourrissent quand elle est jeune; les chats en sont, dit-on, friands. Mais on la considère dans les campagnes comme emménagogue et antihystérique. On la fait sécher pour l'administrer en poudre aux bestiaux en qualité d'aphrodisiaque. On l'a jadis vantée contre la goutte et les rhumatismes. On dit qu'on peut la cultiver en semant ses spores dans des endroits herbeux. Le *P. caninus* Huds. est devenu le type d'un genre *Cynophallus*, parce que son chapeau non perforé est inférieurement adné et adhérent au stipe. Il croît parmi les feuilles mortes.

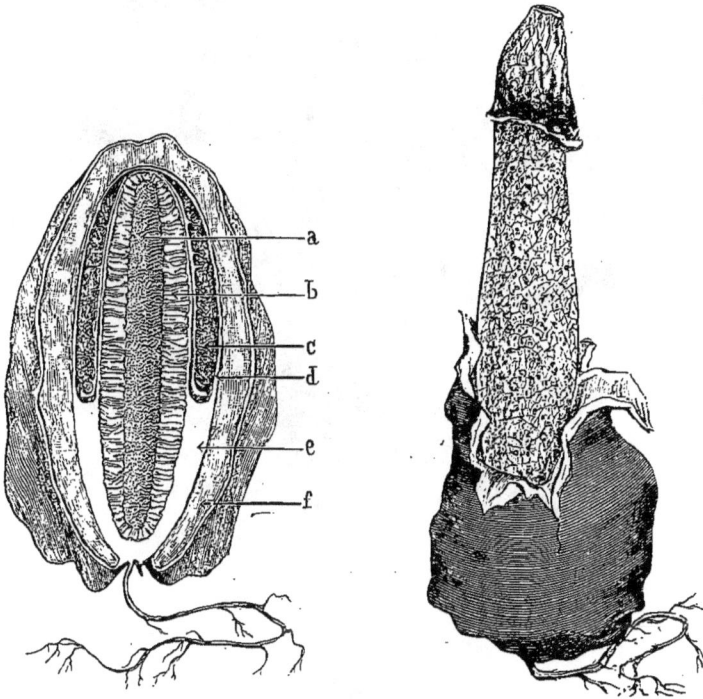

Fig. 137, 138. — *Phallus impudicus.* Plante avant et après la rupture du péridium, dont f est l'enveloppe externe, et d la membrane] interne. a, cavité du pied; b, sa paroi; c, l'appareil sporifère.

Le *Clathrus cancellatus* L. (fig. 139) est une plante méridionale, que nous avons vue se développer une fois près de Paris sur des Cannes de Provence récemment apportées du Midi, et qui est remarquable par sa tunique extérieure formée de rameaux charnus et anastomosés en treillage, d'une couleur rouge très vif, avec des mailles irrégulièrement losangiques. Leur surface sécrète de toutes parts un liquide d'odeur infecte qui tombe en déliquescence et entraîne avec lui les spores. Sa base est entourée d'une volve blanche qui d'abord enveloppait la plante entière. C'est un poison narcotique, et l'on croit encore, dans les campagnes des Landes, que son contact donne des cancers. Son odeur de charogne attire les mouches en foule. On pense qu'il est dangereux de demeurer quelque temps dans une chambre où séjourne ce Champignon (Badham). Ayman rapporte qu'une femme qui en avait mangé un fragment, éprouva une tension hypogastrique

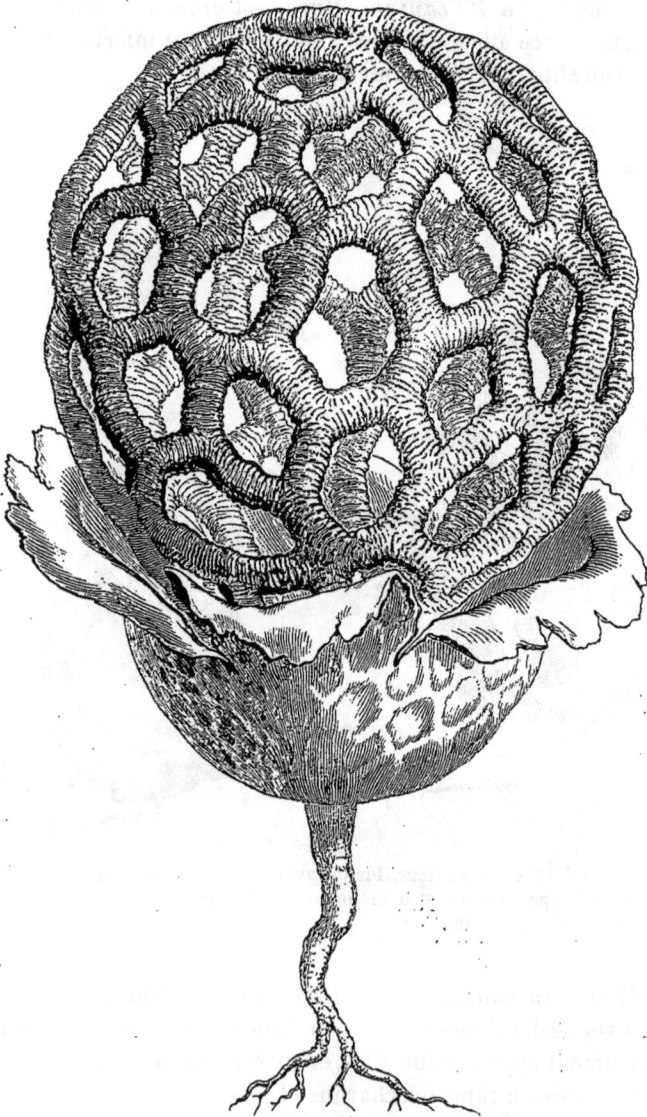

FIG. 139. — *Clathrus cancellatus.*

douloureuse et fut prise de violentes convulsions, puis qu'elle perdit la parole et demeura assoupie pendant plus de cinquante-deux heures. Elle ne guérit qu'au bout de quelques mois. Les paysans cachent ce Champignon sous des tas de feuilles mortes, afin que personne ne le touche et ne s'expose ainsi à contracter « la gale ». Il y a sans doute beaucoup d'exagération dans tous ces récits, et l'odeur repoussante de cette espèce fait que personne n'est tenté de l'essayer comme aliment.

Les Phalloïdés renferment encore un sucre qu'on a proposé d'utiliser.

Lycoperdon

Ces Champignons, souvent nommés en France *Vesseloups,* sont des Gastéromycètes à péridium double, de forme globuleuse, membraneux, chargés de petites verrues. Leur chair intérieure, blanche et ferme quand elle est jeune, devient finalement une poussière verdâtre ou jaunâtre qui est entremêlée de filaments. Quand le péridium est mûr, il s'ouvre généralement au sommet et laisse échapper par cette ouverture la poussière qu'il contient et qui est en majeure partie formée de spores.

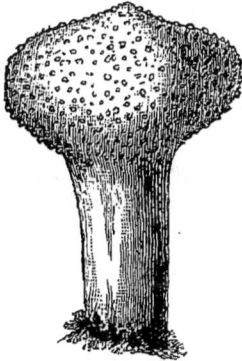

FIG. 140. — *Lycoperdon gemmatum.*

Le *L. gemmatum* BATSCH (fig. 140) est une des espèces les plus communes de notre pays. Elle représente une sphère de 4-6 cent. de diamètre, blanche, puis jaunâtre ou brune, qui se prolonge inférieurement en un pied plus ou moins long et qui est recouverte de verrues ou papilles fragiles, plus ou moins proéminentes, parfois très saillantes ou même divisées à leur sommet. Cette plante est commune dans les bois et les friches en été. Son odeur est assez agréable ; et quand elle est jeune, on l'emploie comme aliment dans bien des campagnes. Mais quand sa chair s'est transformée en poussière brunâtre, elle passe, à tort ou à raison, pour dangereuse. Elle n'est d'ailleurs pas comestible en cet état. Mais on a vu des ophtalmies graves produites par cette poussière projetée dans les yeux, et l'on assure qu'elle provoque des éternuments violents et même des hémorragies nasales.

Le *L. giganteum* BATSCH, ou *Vesseloup des bouviers, Boulet d'Agnel* des Languedociens, a été l'objet d'un grand nombre de fables relatives à ses dimensions énormes et à la rapidité de sa croissance. Le fait est que cette espèce se développe en quelques jours, mais non en quelques instants, et que son diamètre peut atteindre 3 ou 4 décimètres, mais rarement davantage. Son péridium est blanc d'abord, fragile, lisse, plus souvent plucheux où floconneux. Il devient ultérieurement jaunâtre, puis cendré. Sa chair, alors qu'il est comestible, est blanche et ferme. Plus tard elle devient pulvérulente, jaunâtre, verdâtre et ultérieurement

grisâtre, puis brune, alors que le péridium se crevasse et s'ouvre en haut
en aréoles irrégulières. Il ne reste finalement que la base spongieuse de
la plante. Celle-ci peut servir à préparer une sorte d'amadou. En Finlande, on récolte sa poussière pour la faire prendre dans du lait aux
jeunes bestiaux atteints de diarrhée. Elle est aussi employée en teinture.
C'est un hémostatique populaire; elle sert encore aujourd'hui, en Angleterre et ailleurs, contre les coupures et les épistaxis. Du temps de
Valmont de Bomare, les barbiers allemands avaient toujours de cette
poudre dans leur boutique pour arrêter les hémorragies produites par
leurs rasoirs. On aurait même, d'après Lafosse, conjuré une hémorragie produite chez le cheval par une plaie de l'artère crurale qu'on
aurait comprimée avec un morceau de *Lycoperdon* chargé de sa poussière intérieure. Il n'y a peut-être eu là qu'une action mécanique.
Ascherson a donc proposé ce même remède chez l'homme contre les cas
d'hémorragies gangréneuses. On a encore affirmé que les *Lycoperdon*
brûlés produisent une fumée anesthésiante qui stupéfie les abeilles dont
on veut récolter le miel sans les tuer. Berkeley aurait vu cette fumée
substituée avec succès au chloroforme, et Richardson aurait anesthésié
des chiens pour plusieurs heures en les soumettant à l'influence de cet
agent. Cordier n'a produit sur lui-même, à l'aide de ce procédé, qu'une
céphalalgie peu persistante. Le *L. cœlatum* BULL. passe pour avoir toutes
les propriétés du *L. giganteum*. A Java, la poussière de *L. Kakava* LÉV.
sert au traitement des coliques flatulentes. Beaucoup d'autres *Lycoperdon*
sont considérés comme comestibles dans leur jeune âge.

Le *L. carcinomale*, espèce de l'Afrique australe, est devenu pour Fries
le type du genre *Podaxon*. Au Cap, d'après Badham, on l'applique
topiquement sur les ulcères cancéreux.

Les *Scleroderma* diffèrent avant tout des genres précédents par leur
péridium simple. Il se déchire irrégulièrement et laisse voir sur toute sa
surface intérieure des flocons adhérents, formant des veines distinctes
dans la masse intérieure. Les spores sont grosses et granulées. On trouve
communément en automne, principalement à la lisière des bois, le *S.
vulgare* FR. (*S. aurantium* PERS. — *S. citrinum* PERS. — *Lycoperdon
aurantium* BULL.), dont la surface est tuberculeuse ou simplement
aréolée, de couleur jaune citron ou jaune brunâtre. A sa base est une
houppe radiculaire, et sa paroi se perce de trous par lesquels sortent des
spores brunes. Sa chair intérieure est blanche et peut alors se manger;
mais plus tard elle devient de couleur ardoisée, puis brune, et passe alors
pour vénéneuse. Le *S. verrucosum* PERS. (*Lycoperdon verrucosum*
BULL.), large de 4-9 centimètres, légèrement stipité, fauve ou jaunâtre,
parsemé de verrues brunes, est aussi blanc à l'intérieur dans le jeune
âge; puis il devient pulvérulent et d'un brun pourpre. Il passe alors pour
vénéneux, mortel même, d'après Vaillant. Sa poussière intérieure, lancée
dans les yeux, produit, dit-on, de violentes ophtalmies.

Tous les Champignons qui viennent d'être étudiés jusqu'ici ont été rapportés à la grande division des *Basidiomycètes* dont nous pouvons maintenant, d'une façon synthétique, examiner les caractères d'ensemble. Tous ont un réceptacle fructifère relativement grand ; tous croissent presque exclusivement sur le sol ou sur des matériaux végétaux plus ou moins décomposés. Ils ont un mycélium filamenteux, filandreux, affectant la forme de fils plus ou moins fibreux, de phytocystes-tubules, ou bien membraneux, s'étalant en lames variables. Les tubules du mycélium sont cloisonnés en travers, et généralement ils s'étendent en se ramifiant dans tous les sens et dans des limites relativement larges. Presque toujours ce mycélium, partant d'un centre primitif, là où la spore a commencé de germer, se développe dans l'ordre centrifuge ; très souvent vivace, passant plusieurs années l'hiver pendant lequel il est plus ou moins au repos, et émettant une ou plusieurs générations de réceptacles fructifères dans le cours d'une saison chaude. Rien n'est plus variable que la forme des réceptacles fructifères. Nés ordinairement dans le substratum et en très grand nombre, ils peuvent s'élever plus tard au-dessus de lui. Ces réceptacles ont, comme nous l'avons dit à propos des Agarics, un certain nombre de phytocystes qui supportent les spores et qui sont les basides ; et celles-ci sont réunies dans une couche spéciale, l'hyménium. Une baside termine, en réalité, une branche, un rameau des hyphes du réceptacle contigus à l'hyménium ; et nous savons que la baside porte le plus souvent quatre spores, formées d'un seul phytocyste dont la forme, la coloration, l'état des surfaces, etc., présentent les plus grandes variations.

L'ensemble des Basidiomycètes se partage en Hyménomycètes et en Gastéromycètes.

Chez les Hyménomycètes, l'hyménium recouvre la face extérieure de réceptacles qui affectent les formes les plus diverses, mais qui manquent très rarement en totalité.

Chez les Gastéromycètes, au contraire, l'hyménium occupe l'intérieur d'un réceptacle fructifère fermé ou qui du moins l'est au début, présentant une forme à peu près sphérique et ne laissant alors rien voir de l'hyménium.

On a comparé les réceptacles fructifères des Hyménomycètes à une foule d'objets divers : chapeaux, ombrelles, écuelles, calices, disques, coussins, croûtes, sabots, massues, buissons, etc. Certains de ces réceptacles sont sessiles ou acaules, et d'autres ont un pied, parfois très long. L'hyménium peut les revêtir sur toute leur surface libre, ou bien seulement sur des portions déterminées, et il constitue une couche membraneuse, caractérisée par la présence des basides dont le grand axe est perpendiculaire ou à peu près à la surface qui les porte. Souvent aux basides sont interposés d'autres phytocystes non sporifères, ordinairement plus grêles que les basides ; ce sont les paraphyses. Mais souvent on y voit aussi des cystides, grands phytocystes vésiculeux, également stériles (fig. 131).

Parmi les Hyménomycètes, nous trouvons comme groupes secondaires intéressant la médecine : les Agariciné, Polyporés, Hydnacés, Clavariés et Trémellés.

Quant aux Gastéromycètes, ce sont des Basidiomycètes. Leurs réceptacles fructifères fermés sont plus ou moins globuleux, principalement au début, et ils représentent une sorte d'écorce, très épaisse le plus souvent, qui a reçu le nom de *Peridium*. On distingue ordinairement un péridium externe et un péridium interne, c'est-à-dire deux couches de structure différente, formant ainsi enveloppe à une masse intérieure, qui est la *Gléba*. Celle-ci est partagée en un grand nombre de compartiments irréguliers que tapisse intérieurement l'hyménium. Les cloisons de séparation de ces compartiments sont constituées par des fibres longitudinales centrales qui donnent naissance à de nombreuses branches, généralement courtes, sinon plus ou moins repliées sur elles-mêmes. Ces branches se portent vers la surface de la cloison et s'y terminent en basides. Ailleurs elles dépassent les cloisons, pénètrent dans les compartiments de la gléba, s'y allongent et s'y ramifient et portent là les basides au sommet de leurs rameaux. La forme des basides est variable, mais elle n'est pas généralement la même que celle des basides des Hyménomycètes. Chaque baside porte généralement de deux à dix spores; on a dit qu'en moyenne le nombre était de huit. Il y a donc là une sorte de transition entre le mode de disposition des spores dans les Basidiomycètes et dans les Ascomycètes où nous allons voir les spores renfermées dans des sacs analogues à ceux des Lichens.

ASCOMYCÈTES

Sous ce nom, ou sous celui de *Thécasporés*, on désigne des Champignons dont les spores sont renfermées, au nombre le plus souvent de quatre à huit, dans de grands sacs claviformes ou sphériques, nommés *Asques* ou *Thèques*. Outre les véritables réceptacles fructifères, ce groupe possède très souvent des *Conidiphores*, des *Pycnides* et des *Spermogonies*.

Les Ascomycètes ont un mycélium dont les tubules sont cloisonnés en travers. Leur réceptacle fructifère, dont la forme est extrêmement variable, vit sur le sol, dans le sol, sur des débris végétaux ou dans des plantes vivantes; et le Champignon n'atteint dans ce dernier cas son complet développement que dans la plante attaquée ou dans la partie de la plante attaquée et morte. Dans les asques, les spores naissent par formation libre de phytocystes à l'intérieur. Le plus souvent les asques sont réunis en un hyménium. Celui-ci peut occuper l'intérieur des réceptacles fructifères; c'est le cas des *Pyrénomycètes*. Ou bien il en occupe la surface extérieure;

ce qui arrive dans les *Discomycètes*. Les spores sont des phytocystes à une cavité, ou pourvus de deux, trois, ou d'un nombre supérieur de cavités séparées les unes des autres par des cloisons. La coloration des spores est variable, de même que leur forme, sphérique, ellipsoïde, en baguettes ou en filaments, etc.

Il y a des Ascomycètes relativement très simples, dans lesquels le mycélium se ramifiant, ce sont ses branches qui portent les asques; et ceux-ci ne sont pas, dans ce cas, bien entendu, produits dans un réceptacle fructifère.

On connaît des Ascomycètes, tels que certains *Peziza*, *Penicillium*, *Eurotium*, *Erysiphe,* chez lesquels les réceptacles ne se développent qu'après une fécondation effectuée sur le mycélium. Les organes qui participent à cette fécondation sont ordinairement un *Ascogone*, organe femelle, en forme de branche plus grande et plus épaisse, parfois enroulée en spirale, et un *Pollénode*, organe mâle, en forme de rameau plus petit et plus ténu. Quand il y a eu contact de ces deux sortes de rameaux, la fécondation étant effectuée, il se produit un tissu provenant des portions contiguës du mycélium, tissu qui enveloppe les organes des deux sexes et constitue le réceptacle fructifère. C'est à l'intérieur de celui-ci que l'ascogone se transforme en un corps qui contient les asques.

Les conidiophores, ordinairement développés avant les réceptacles fructifères, peuvent être des rameaux du mycélium qui s'élèvent perpendiculairement à la surface du substratum et qui se divisent ou non en ramules. Ou bien ce sont des stromas, épais ou minces, gélatiniformes, ou durs, cornés même, de couleur variable, souvent foncée, portant des *Conidies*.

Les spermogonies sont des réceptacles clos dans l'intérieur desquels se voient des petites baguettes en grand nombre, desquelles se détachent de petits phytocystes, comparables à des spores et qu'on nomme *Spermaties*. Leur forme est souvent allongée, droite ou arquée, en bâtonnet ou en faucille. Il y a souvent une petite ouverture au sommet de chaque spermogonie. Par là sortent les très nombreuses spermaties, entourées d'une goutte ou d'une longue traînée de mucilage. Ailleurs les spermaties sortent de la spermogonie par des déchirures irrégulières et voisines de son sommet.

Les pycnides ont été souvent comparées aux spermogonies. Elles s'en distinguent principalement en ce que leur contenu est formé de phytocystes sporiformes plus grands, d'ordinaire ellipsoïdes ou claviformes, presque toujours teintés de brun, uni- ou pluriseptés. Ce sont les *Stylospores*. Il est très difficile de distinguer nettement les pycnides des spermogonies : il y en a d'ailleurs qui contiennent à la fois des spermaties et des stylospores.

Morilles

Les Morilles (*Morchella*) sont des Ascomycètes à pied creux, suppor-tant un chapeau également creux, ovoïde, conique ou globuleux, à sommet imperforé, à surface semée de dépressions séparées par des nervures anastomosées et relevées. Les dépressions constituent de larges

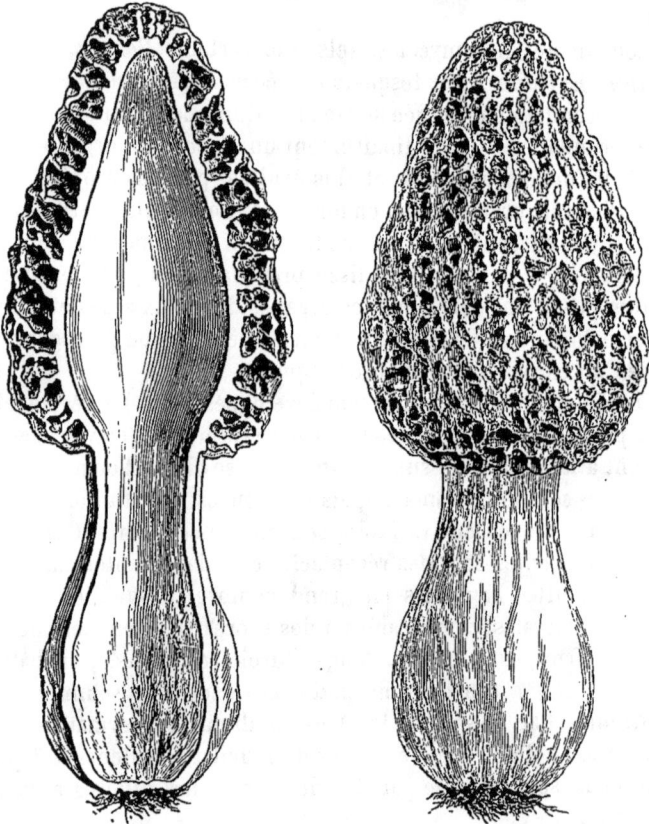

FIG. 141, 142. — *Morchella esculenta*, entier et coupe longitudinale.

alvéoles que revêt l'hyménium. Celui-ci est formé d'asques contenant le plus souvent huit spores et s'ouvrant au sommet par une petite calotte, entremêlées de paraphyses à divers degrés de développement.

La *M. comestible* (*Morchella esculenta* PERS.), ou *Mourchelon, Mou-rillon, Ambourige, Mérigole* (fig. 141-143) est la plus connue et la plus usitée des espèces de ce genre. Elle a un pied ordinairement cylindrique, assez épais, lisse, d'un blanc pâle, et un chapeau ovoïde, conique ou

presque globuleux, assez souvent déformé, à bords adhérents au stipe, et
creusé d'alvéoles irrégulièrement polygonales, inégales. Les alvéoles,
d'abord d'un blanc grisâtre, deviennent plus tard jaunâtres, puis d'un
brun foncé ou noirâtre, selon les variétés. Aux paraphyses sont quelquefois mêlés des corps ramifiés dont certaines branches portent des
renflements conidiens. La plante croît au printemps dans les gazons, les

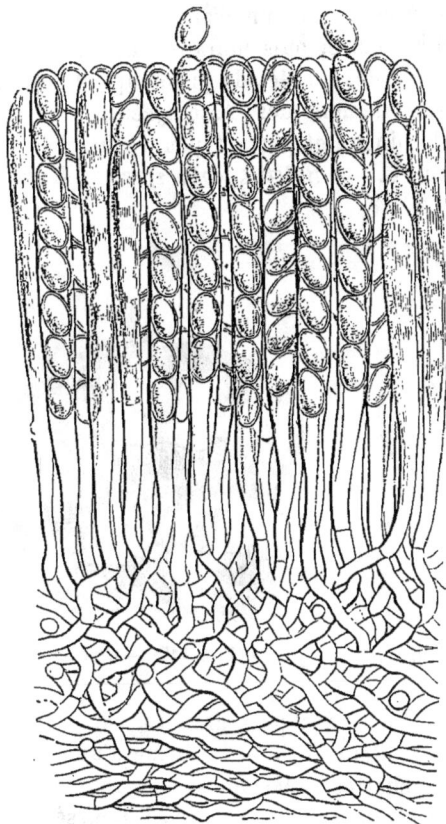

Fig. 143. — *Morchella esculenta*. Thèques et paraphyses.

bois. C'est un aliment recherché, vanté comme analeptique et même
comme aphrodisiaque. Son odeur est légère, mais assez agréable.

Les *M. deliciosa* Fries et *conica* Pers. ont les mêmes qualités. On
mange aussi le *M. semi-libera* DC., dont on a fait le type d'un genre
Mitrophora, distingué par un chapeau conique à base libre, avec une
membrane spéciale qui relie le stipe au chapeau. C'est le *Morillon*, souvent plus commun, mais moins estimé que les Morilles proprement
dites.

Les Helvelles sont voisines des Morilles et comestibles comme elles.
Ainsi, l'on mange l'*Helvella crispa* Fr., ou *Morillette blanche*, qui a un

chapeau membraneux, découpé de cinq ou six lobes alternativement dressés et réfléchis, à surface supérieure blanchâtre et veinée-ondulée, à surface inférieure brune ou fauve. L'hyménium recouvre la face supérieure et est formé d'asques cylindriques et de paraphyses filiformes. On emploie également l'*H. lacunosa* FR., ou *Morillette brune*, qui a un chapeau en forme de mitre, à deux ou quatre lobes, et l'*H. Monachella* FR., ou *Capuchon de moine*, qui se trouve au printemps dans les prairies et les forêts sablonneuses, et qui a un chapeau crispé et ondulé, à trois ou quatre lobes réfléchis, fauve, puis noirâtre. Les deux autres espèces ci-dessus indiquées sont des plantes du printemps et de l'été.

Les Pezizes sont également des Ascomycètes, très souvent comestibles, mais peu volumineux et partant peu recherchés. La *P. Ciboire* (*Peziza Acetabulum* L. — *Boletus calyciformis* BATT. — *Acetabula*

FIG. 144. — *Peziza Aurantia.*   FIG. 145. — *Peziza œnotica.*

vulgaris FÜCK.) est l'une des plus grandes, car elle peut atteindre huit centimètres de hauteur. Elle a la forme d'une coupe brune, parsemée de veines blanchâtres, anastomosées et réunies à la base en un pied court, assez dur. Toute sa face concave est tapissée par l'hyménium. Le *P. cochleata* L. doit son nom à ce que ses bords sont contournés en hélice ; il est de couleur livide et bistrée. Le *P. Aurantia* PERS. (fig. 144) doit son nom à la belle couleur orangée de sa concavité. Ses spores sont de la même couleur. On pourrait manger cette espèce automnale, qui est généralement négligée. C'est, à ce qu'on rapporte, la vue de la P. orangée qui, frappant d'admiration Persoon, le plus célèbre mycologue de notre pays, le décida à entreprendre l'étude des Champignons. Le *P. badia* PERS. est comestible, de même que les *P. leporina* BATSCH, *macropus* PERS., *œnotica* PERS. (fig. 145), *vesiculosa* BULL., etc.

La *Pezize noire* de nos campagnes est le *Bulgaria inquinans* FR., qui a une consistance gélatineuse, épaisse, élastique, une couleur noirâtre, et qui croît sur les arbres morts, principalement sur les Chênes abattus au printemps et surtout en automne. Son hyménium est lisse et persistant, avec des spores noires. Sa saveur est peu agréable. On rapporte cependant qu'en 1816, les troupes russes campées en Lorraine en faisaient une grande consommation. Elle n'est pas dangereuse, en tout cas ; mais elle tache en noir les mains et les linges, et on a proposé pour cette raison de l'employer à préparer un substitutif de la sépia.

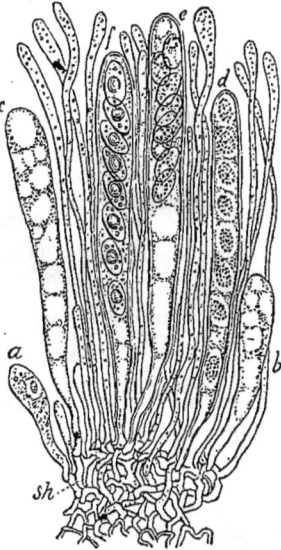

FIG. 146. — *Peziza convexula. sh*, couche sous-hyméniale ; *a, b, c, d, e, f,* asques entremêlées de paraphyses. Quelques-unes d'entre elles sont stériles et intermédiaires comme développement aux asques fertiles et aux paraphyses (Sachs).

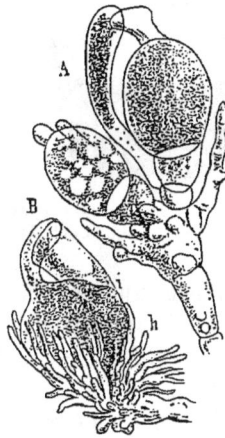

FIG. 147. — *Peziza confluens.* Appareil copulateur : A, au moment de la fécondation ; B, après la fécondation ; en *h* se forment les filaments qui constitueront le réceptacle fructifère (Tulasne).

Nous citons ici, à cause seulement de leur apparence extérieure, car ils appartiennent aux *Gastéromycètes*, des Champignons dont le péridium est fermé de toutes parts, au moins dans son jeune âge. A cette classe appartiennent entre autres les *Bovista*, les *Geaster*, les *Lycoperdon*, les *Scleroderma*, les *Elaphomyces*, les *Tuber*, les *Terfezia*, etc.

Les *Bovista* sont globuleux, avec un péridium double, chartacé et persistant. Il présente une sorte d'écorce qui se desquame finalement en écailles aplaties. L'intérieur du péridium est tapissé uniformément d'un *Capillitium*, et les spores sont pédiculées. Le *B. plumbea* PERS. (*Lycoperdon plumbeum* VITTAD. — *L. ardosiacum* BULL.) représente une sphère de 3-4 centimètres de diamètre, qu'on trouve en automne dans les pâturages et qui a un péridium double : l'extérieur blanc, se détruisant bientôt totalement ou en partie ; l'intérieur papyracé et lisse, devenant à la maturité de couleur de plomb. La chair intérieure est de couleur citriné, puis d'un brun fauve, aussi bien que les spores. Ce Champignon est comestible quand il est encore jeune et ferme. Peut-être n'est-il qu'une variété du *B. nigrescens* PERS. (*Lycoperdon globosum* BOLT.), qui a aussi une couche externe du péridium blanchâtre et se détachant par lambeaux, tandis que l'intérieur devient noire, avec une chair d'un pourpre brun. Cette plante habite les prés en automne. Elle se mange quand elle est jeune. En Angleterre, sa poudre est employée comme hémostatique.

Les *Geaster* ont aussi un double péridium ; mais l'extérieur se scinde à la maturité en lobes qui s'étalent à la façon des branches d'une étoile, tandis que l'intérieur s'ouvre irrégulièrement dans sa portion apicale et

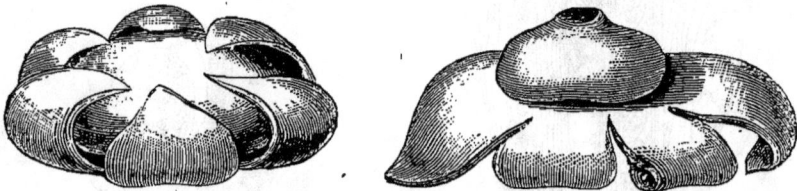

FIG. 148, 149. — *Geaster hygrometricus.* Plante avant et après l'épanouissement de l'enveloppe extérieure du péridium.

laisse échapper une poussière abondante, formée des organes reproducteurs. Le *G. hygrometricus* PERS. (*Lycoperdon stellatum* BULL.) a été comparé à une lanterne (fig. 148, 149). Son péridium externe s'étale ou se referme suivant que le temps est sec ou humide ; de sorte que la plante peut servir d'hygromètre. Les lobes sont épais, coriaces, d'un brun marron, au nombre de six ou sept. Le péridium interne est sessile, de couleur marron plus ou moins clair ou grise, et subréticulé. On trouve assez communément cette espèce en automne dans les bois sablonneux. La poussière contenue dans son péridium interne est fine, très inflammable et peut se substituer, dit-on, à celle des Lycopodes. On peut encore employer aux mêmes usages les *G. limbatus* FR., *duplicatus* CHEV., *fimbriatus* FR. et *rufescens* FR.

Truffes

Ces plantes ont donné leur nom à l'ordre des *Tubéracés.* Elles ont un péridium verruqueux ou tuberculeux, plus rarement lisse, ferme et indihiscent, en dedans duquel se trouve une trame charnue et marquée de veines sinueuses. Les asques intérieurs renferment des spores elliptiques et réticulées.

L'une des Truffes les plus connues est le *Tuber cibarium* SIBTH., ou

T. noire, T. d'hiver, Rabassa des Provençaux (fig. 150-158). Elle consiste en masses souterraines, fongeuses, irrégulièrement arrondies, noi-

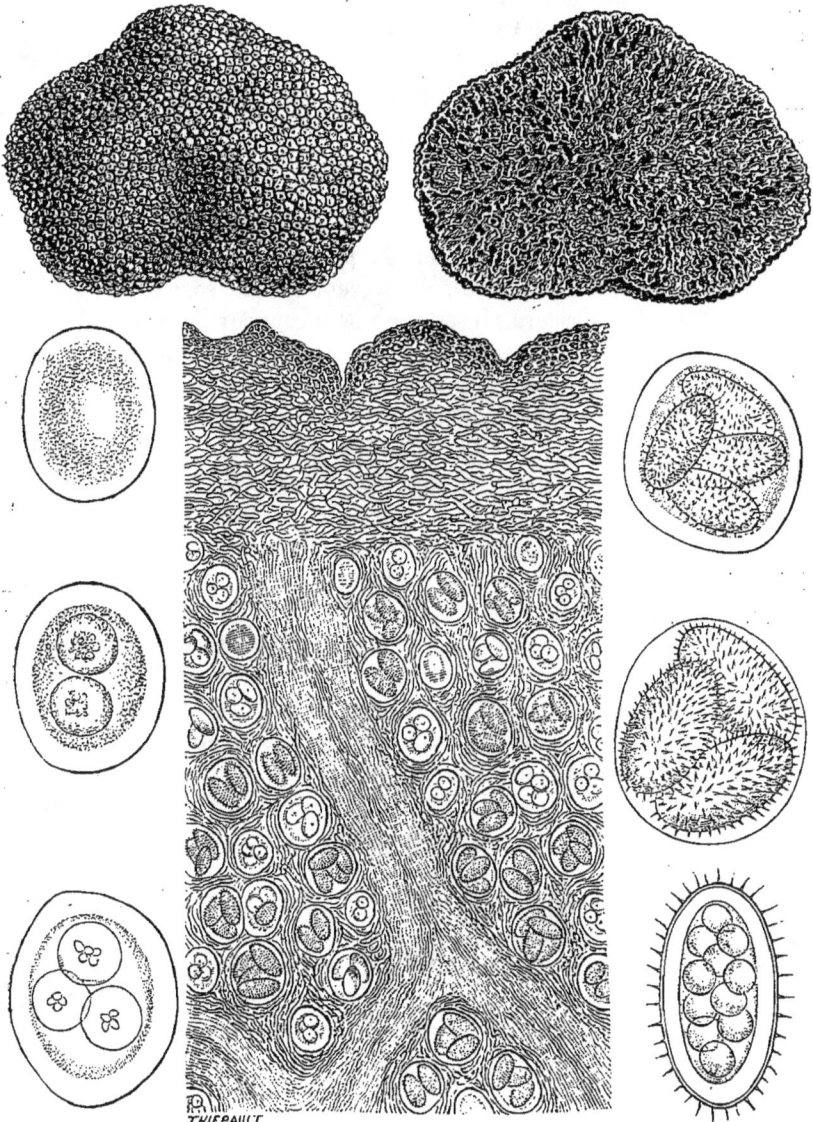

FIG. 150-158. — *Tuber cibarium*. Plante entière et coupe longitudinale. Coupe d'une
portion du tissu. États successifs des asques et des spores qu'ils contiennent.

râtres, et à surface chargée de rugosités ou d'éminences polyédriques,
plus ou moins crevassée. Ses dimensions varient généralement de la
grosseur d'un œuf de poule à celle d'une noix. Il y en a qui, exception-

nellement, atteignent le poids d'un demi à un kilogramme. Extérieurement, la teinte de ces masses varient du noir violacé ou du brun violacé au brun cendré. Intérieurement, la chair est d'abord blanchâtre; mais avec l'âge, elle devient d'un gris noirâtre, avec des veines d'un blanc plus ou moins roussâtre, ramifiées et anastomosées. Les spores, au nombre de deux à quatre, sont elliptiques ou presque sphériques. L'espèce se trouve surtout en Périgord, dans le Quercy et l'Argoumois, dans les terrains légers, sablonneux, principalement dans les bois de Chênes, Châtaigniers et Hêtres. On les livre à ce qu'on pourrait appeler une demi-culture, c'est-à-dire qu'on favorise leur multiplication en plantant où elles existent déjà, les arbres ci-dessus cités dont elles affectionnent les racines et desquels leur mycélium est peut-être parasite.

Le *T. melanosporum* VITTAD. est souvent désigné sous le nom de T. violette ou T. du Périgord. Il est d'un noir roussâtre, couvert d'aspérités ou de veines polygonales marquées de taches d'une couleur de rouille. Sa chair bien mûre est d'un noir souvent violacé ou un peu rougeâtre, parcourue de veines blanches qu'accompagne de chaque côté une bandelette translucide qui devient finalement rougeâtre. Plongés dans la masse charnue, les sporanges renferment de quatre à six spores elliptiques-oblongues, opaques et hérissées. Cette espèce, la plus recherchée de toutes, douée d'un parfum et d'une saveur agréables, est assez abondante dans le Midi, principalement en Périgord. On favorise son développement dans les truffières naturelles, de la même façon que pour l'espèce précédente. On la distingue d'une espèce très voisine, le *T. brumale*, par la teinte plus noire-violacée de sa chair, ses veines blanches, plus nombreuses et plus ténues; car le *T. brumale*, moins délicat, a une chair d'un brun bistré ou grisâtre, à veines moins abondantes, nettes et d'un blanc bien mat.

Le *T. æstivum* VITTAD. est la Truffe d'été ou T. de la Saint-Jean. Presque globuleuse, et de la grosseur d'une noix, cette espèce est d'un brun noir, toute recouverte de grosses verrues pyramidales et striées en travers. Sa chair est d'abord blanchâtre, puis d'une couleur bistrée, parcourue de nombreuses stries blanchâtres, entremêlées d'arborisations. Ses sporanges renferment de quatre à six spores elliptiques, réticulées, alvéolées, de couleur brune. Cette truffe, moins bonne que les *T. cibarium* et *brumale*, se trouve sous terre en été et en automne, dans le centre et le midi de la France, dans les bois. Son odeur est agréable, assez aromatique.

La Truffe de Bourgogne a reçu le nom de *T. uncinatum* CHAT., à cause de la forme de croc qu'affectent les proéminences brunes dont sont chargées ses spores et que relie une membrane mince.

Le *T. magnatum* PICO est une espèce italienne, désignée chez nous sous les noms de Truffe grise et T. blanche des Piémontais. On l'a cependant rencontrée près de Tarascon et d'Avignon. Son tubercule, de forme irrégulièrement arrondie, atteint jusqu'à un décimètre de diamètre. Il est parfois aplati, irrégulièrement lobé, d'un jaune terreux, d'un gris sale ou d'un blond pâle. Sa surface est à peine papilleuse ou même lisse. Sa chair est tendre, d'un blanc jaunâtre, plus tard d'un roux rosé ou ferrugineux; elle est parcourue de veines ténues, réticulées, blanches. On recherche beaucoup cette espèce qui a un peu l'odeur de l'Ail et qui croît à l'ombre des Chênes, des Peupliers et des Saules.

Le *T. mesentericum* VITTAD. se nomme chez nous *Truffe Grosse fouine* et *T. Petite fouine*. C'est dans le Midi la *T. Samarquo*. On la trouve, en automne et en hiver, dans les environs de Paris, ou bien plus communément dans le midi de la France. Elle ressemble au *T. æstivum*. Sa taille est moyenne; sa forme globuleuse; sa surface raboteuse, noire, avec des verrues en forme de lignes obscures, noirâtres, sinueuses, fortement contournées (d'où le nom spécifique). Les sporanges renferment de quatre à six spores elliptiques, brunes, alvéolées-réticulées. La saveur et l'odeur sont fortes.

Les Truffes sont alimentaires, passent pour aphrodisiaques, mais aussi pour échauffantes, indigestes; on a dit qu'elles renferment du fer et même de l'acide cyanhydrique (Sage).

On vend en Angleterre, sous le nom de *Truffe noire*, la *Melanogaster variegatus* TUL., qui est comestible, mais peu délicat. Il se trouve chez nous dans le Midi, et même parfois aux environs de Paris.

La Truffe des lions est le *Terfezia nivea* (*T. Leonis* TUL. — *Tuber niveum* DESF.). Son péridium est lisse et blanc, sans veines. Il est rare en France, mais commun dans les sables de l'Algérie, après les pluies. On ne le recherche guère chez nous; les Arabes en font une grande consommation, sous les noms de *Terfez* et *Terfas*. Ils le font cuire dans l'eau ou le lait. Sa grosseur varie de celle d'une noix à celle d'une orange.

. Les *Elaphomyces* ou *Truffes de cerf* sont hypogés. Ils ont un péridium exactement clos, qui naît d'un mycélium radiciforme et byssoïde. A l'intérieur, ils possèdent une trame charnue, toute parsemée de veines sinueuses et plus ou moins entrelacées. Dans cette trame se voient des thèques ou asques qui contiennent de deux à huit spores. L'*E. granulatus* FR. (*Scleroderma cervinum* PERS.), ovoïde ou globuleux, de la grosseur d'une noix ou d'une cerise, a une enveloppe rousse ou d'un brun terne, couverte de petites verrues. Sa poussière intérieure est d'un brun pourpré, entremêlée de filaments blanchâtres. Il est assez commun au printemps et en automne, dans les bois sablonneux et montueux. On assure que les bêtes fauves le déterrent et s'en nourrissent. On ne le mange pas et on le considère, peut-être à tort, comme dangereux. Cru, il a une saveur désagréable et une odeur vireuse. Il a été vanté comme un puissant aphrodisiaque, et vendu comme tel par des charlatans. Il appartient, comme les genres précédents, au groupe des Tubéracés.

Ergot des céréales.

L'Ergot de seigle (Blé cornu, Clou de seigle, Seigle à éperon, S. noir, S. ergoté, S. ergotisé, *Secalis mater, Clavus seliginis, Secale cornutum*, en allemand *Mutterkorn*) se présente (fig. 159) sous forme de corps allongés, arqués, à coupe transversale cylindrico-trigone, longs de 25 à 30 ou même de 30 à 60 milimètres, avec une largeur de 2 à 6 millimètres. Son extrémité inférieure, celle par laquelle il adhérait à l'épi, est conique, tandis que la supérieure, qui est libre, est plus obtuse et parfois comme tronquée. A l'état frais, elle était surmontée d'une masse irrégulièrement globuleuse, plus molle que l'ergot, grisâtre ou jaunâtre. C'est la *Sphacélie*, ordinairement disparue dans le médicament tel qu'il se trouve dans les officines. L'ergot est dur. On peut augmenter sa courbure en le pliant; mais il se casse bientôt en travers. La cassure est blanche, compacte, avec teinte plus ou moins vineuse ou violacée près de la périphérie. La saveur est désagréable, et l'odeur analogue à celle du poisson pourri, surtout quand l'ergot est ancien et n'a pas été conservé dans un milieu parfaitement sec. Cette odeur est due à la fermentation d'un peu de Triméthylamine.

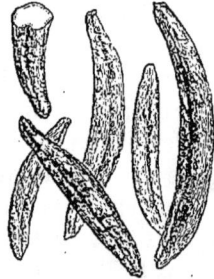

FIG. 159. — Ergot de Seigle.

En grossissant la coupe d'un Ergot, on la voit homogène et formée d'un grand nombre de phytocystes ténus, irrégulièrement enchevêtrés, à paroi épaisse, à cavité contenant beaucoup d'huile. Si l'on dissout celle-ci par l'éther, le tissu apparaît beaucoup plus nettement. Sur la coupe transversale, les phytocystes sont arrondis ou obtusément polygonaux. Sur une coupe longitudinale, ils sont plus allongés suivant l'axe, irrégulièrement sinueux. Leurs parois sont incolores dans le centre de la coupe, teintées en brun ou en noir vers la périphérie, et un peu plus épaisses à ce niveau. On a donné de la composition chimique de l'Ergot des analyses nombreuses et très diverses. Les deux suivantes, empruntées l'une à Wiggers (1832), et l'autre à Bonjean (1841), donneront une idée suffisante de ces anciennes divergences :

WIGGERS.

Ergotine ou Sécaline....................................	1,25
Huile grasse non saponifiable................................	35,00
Matière grasse cristallisable...............................	1,05
Cérine...	0,70
Osmazome..	7,78
Sucre cristallisable particulier............................	1,55
Matière gommeuse, extractive et colorante..................	2,23

9

Fungine	46,10
Albumine	1,46
Chaux	0,29
Phosphate de potasse	4,42
Silice	0,14
	102,20

BONJEAN.

Ergotine	13,25
Huile fixe	37,50
Résine brune	2,25
Poudre rougeâtre, non soluble dans l'alcool	0,63
Gomme	1,62
Gluten	0,12
Albumine végétale	1,80
Fungine	5,25
Matière colorante violette	0,40
Chlorure de sodium	1,12
Phosphate de potasse et magnésie	0,75
Sous-phosphate acide de chaux	3,43
Oxyde de fer	0,31
Cuivre	traces
Silice	0,87
Fibres ligneuses	24,35
Eau	9,25
Perte	2,60
	100,00

Il y a loin de ces travaux à ceux de M. Tanret qui a extrait de l'Ergot un alcaloïde bien caractérisé, l'*Ergotinine*. Il est cristallisé et blanc quand on le soustrait au contact de l'air. L'alcool, l'éther et le chloroforme le dissolvent; mais il est insoluble dans l'eau. Des solutions, même légères, sont remarquablement fluorescentes. Elles présentent les réactions générales des alcaloïdes et en particulier une belle coloration violette, puis bleue, sous l'influence de l'acide sulfurique et d'un peu d'éther sulfurique. Il y a environ un millième d'alcaloïde dans une quantité donnée d'Ergot bien frais.

Quelle est maintenant l'origine de l'Ergot? Au moment où le Seigle est en fleurs et où les glumelles enveloppent encore l'ovaire, celui-ci est envahi par de minces filaments blancs qui appartiennent à un mycélium de Champignon. Les filaments forment à la surface un lacis très dense, et de plus ils pénètrent dans l'épaisseur de la paroi ovarienne, se substituant pour ainsi dire à sa substance; si bien que la forme de l'ovaire est le plus ordinairement bien conservée. Il n'y a d'exception que pour le sommet, répondant à ce qu'on a nommé la Sphacélie. Bientôt sur le mycélium naissent en grand nombre des conidies qui se montrent principalement dans les sillons sinueux tracés par le mycélium sur la paroi ovarienne. Du mycélium naissent à ce niveau de minces filaments rayonnants dont les sommets, alternativement resserrés et dilatés, portent les conidies. C'est ce qu'on a nommé l'état de *Spermogonie* du Champignon envahisseur (fig. 162). Si l'on place une de ces conidies dans un milieu humide, on la voit produire un filament grêle, analogue au début du mycélium qui sort des spores en germination (fig. 163). Dans la nature, l'eau est remplacée par un suc légèrement jaunâtre, visqueux, riche en huile et en mucilage, qui exsude du sommet de l'ovaire attaqué par le mycélium et vient suinter entre les glumelles de la fleur, entraînant avec lui une multitude de conidies et souvent de grains de fécule. Les filaments s'allongent vite quand les conditions atmosphériques sont favorables, et ils produisent eux-mêmes de nouvelles conidies qui peuvent être portées sur

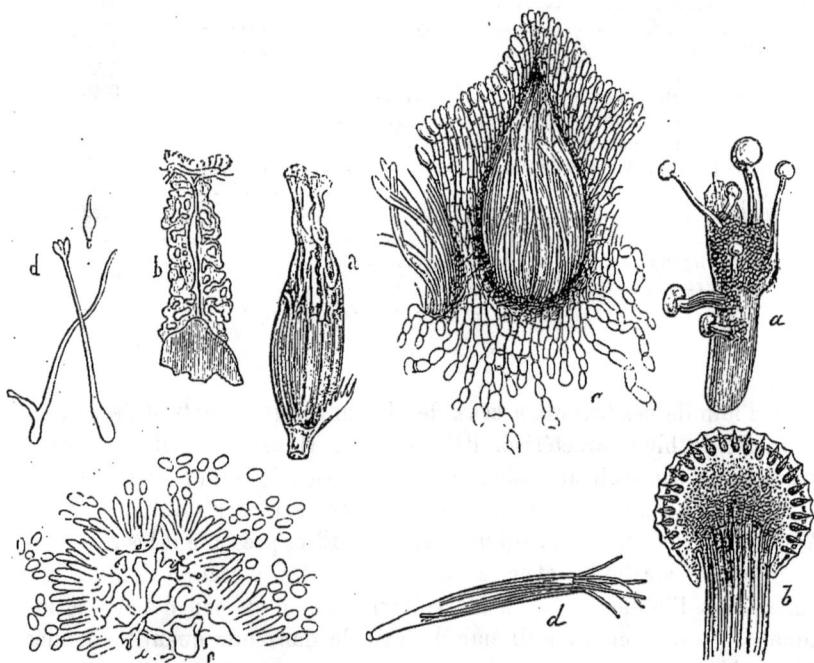

FIG. 160-167. — *Claviceps purpurea*. *a, b* (à gauche), sommet de l'ovaire attaqué. *c*, coupe transversale d'une portion occupée par la Sphacélie. *d*, conidies germant. Développement du *Claviceps* sur l'Ergot (à droite). *b*, tête du *Claviceps*, coupe longitudinale. *c*, coupe longitudinale d'un périthèce. *d*, spores sortant du sporange.

des fleurs voisines du Seigle et former aussi un réseau mycélien à la surface de leur ovaire.

Pendant ce temps, la base du réseau formé par le mycélium primitif devient de plus en plus dense et constitue un feutrage serré et enchevêtré qui durcit de jour en jour. C'est ainsi que le mycélium prend cet état de *Sclérote* qui est si fréquent chez les organes de végétation d'une foule d'autres Champignons. Ce sclérote, c'est l'Ergot lui-même, d'abord partout de couleur blanche, et qui devient ensuite violacé dans la portion inférieure répondant à la base de l'ovaire. Bientôt le sclérote grandit, s'allonge, soulève les parties qui l'entourent, les déchire et apparaît au dehors sous forme d'une corne violacée qui fait saillie a la surface de l'épi. En un mois environ, et d'autant plus rapidement qu'il fait plus chaud et moins sec, la formation de l'Ergot est complète. Quand il est bien dur et bien sec, il demeure ainsi sur l'épi (fig. 168), ou tombe à terre et ne présente pendant plusieurs mois aucun phénomène extérieur appréciable. Mais après un certain repos et au contact d'une certaine humidité, la surface de l'Ergot peut être soulevée çà et là. La couche superficielle éclate au niveau des points soulevés et laisse sortir des proéminences arrondies, denses et violacées, qui sécrètent souvent des goutte-lettes claires. Chaque proéminence grandit en prenant la forme d'un pied cylindrique, surmonté d'une tête sphé-rique (fig. 164-166), le tout de couleur pourprée. C'est à ces petits réceptacles stipités, formant des bouquets dans lesquels ils sont parfois nombreux, qu'on a donné les noms de *Sphœria, Cordiceps, Cordyliceps, Kentro-sporium.* Tulasne l'a nommé *Claviceps purpurea.*

Si l'on coupe suivant son axe le petit réceptacle, on voit que la couche superficielle de sa tête renflée con-tient de nombreux sacs ou *Périthèces,* en forme de gourde à court goulot dirigé vers la surface du récep-tacle où s'ouvre le goulot par un étroit pertuis (fig. 166). Chaque périthèce, dont la paroi est formée de nombreux phytocystes lâchement unis en séries, renferme un nombre variable d'asques ou thèques, insérées sur la paroi, étroites, allongées, renfermant chacune huit spores qui sont allongées, minces, rectilignes (fig. 167). Les spores sortent de l'asque par une ouverture apicale, et de là abandonnent le périthèce lui-même pour tomber sur le sol.

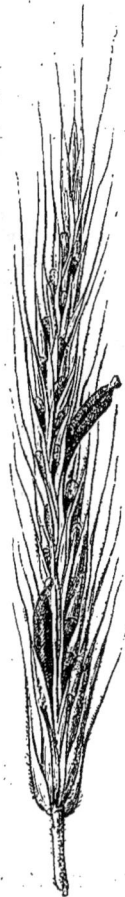

Fig. 168. — Épi de Seigle ergoté.

Comme c'est au printemps ou en été que les périthèces et les asques se développent, les spores peuvent, au mo-ment de leur dissémination, tomber sur une fleur de Seigle qui va s'épanouir. Arrivées sur son ovaire, elles y germent et y produisent, comme une conidie, le mycélium mou et bientôt conidifère dont nous avons parlé au commencement de l'évolution du Champignon. Celui-ci appartient au groupe des Pyrénomycètes-Ascosporés. Il peut à la rigueur conserver le nom de *Claviceps purpurea.*

Tous les phénomènes que nous venons d'énumérer peuvent être produits par la main de l'homme. On n'a qu'à prendre l'Ergot des pharmacies, suffisamment frais, et à le semer au printemps dans du sable humide ou même sur une légère couche d'eau, pour le voir développer ses récepacles stipités (Guibourt [1849]). En secouant ceux-ci sur des fleurs de eigle au moment où les spores sont émises au dehors, on détermine la formation d'un mycélium conidifère. En reportant les conidies sur des fleurs saines, on peut aussi déterminer le développement sur leur ovaire d'un mycélium conidifère, et provoquer la formation ultime de l'Ergot tel que nous l'employons en médecine. Ce sont peut-être des insectes qui portent sur le Seigle sain le suc conidiophore des ovaires infectés, suc mielleux et dont les fourmis surtout sont avides. On a aussi invoqué la projection par les vents et les pluies.

L'Ergot de Seigle est surtout commun en France dans les années humides. On le trouve au nord de l'Europe jusqu'à une latitude de 60° environ. Il est principalement fréquent en Galice, en Russie, etc.

Il se produit beaucoup plus rarement sur le Blé que sur le Seigle et y est plus gros (20-25 mill. de tour), plus court (10-15 mill. de long), parcouru par un sillon profond ou même divisé en deux lobes, plus rarement en trois. On a employé l'Ergot de Froment en médecine, et on le dit relativement pauvre en matières grasses et résineuses.

En Algérie, il se développe aussi sur le *Diss* (*Ampelodesmos tenax* LINK. — *Arundo tenax* VAHL. — *A. Ampelodesmos* CYR.), graminée de la région méditerranéenne. Là, il affecte une forme variable, allongé, étroit, plus ou moins arqué (long de 30-90 mill., sur 20-25 de large), à coupe transversale un peu quadrangulaire, à surface d'un marron cendré ou noirâtre. Il est presque inodore, passe pour être plus actif que celui du Seigle et conserve plus longtemps que lui ses propriétés.

Sur l'Orge, l'Ergot est semblable à celui du Seigle, plus adhérent cependant aux glumes.

Sur l'Avoine, il est étroit et allongé, rectiligne, plus petit que sur le Seigle (15-30 mill.), et presque lisse ou à stries très peu prononcées.

Sur le Maïs, Roulin croit l'avoir observé en Colombie où il produirait une sorte de Pelade (d'où le nom de *Peladero*) et tuerait un certain nombre d'animaux; mais il s'agit là probablement d'un tout autre Champignon que celui de nos pays.

L'Ergot est un poison et un médicament puissant. Il a surtout été employé pour provoquer les contractions de l'utérus et d'autres organes à muscles formés de fibres lisses, par suite contre diverses hémorragies, et aussi contre l'aphasie, etc. On a nommé *Ergotisme* un état morbide, souvent épidémique, considéré, à tort ou à raison, comme produit par l'usage des céréales que l'Ergot a altérées.

Carie, Charbon et Rouille des céréales.

La Carie des céréales est déterminée par un Champignon entophyte au-

quel ou a donné le nom de *Tilletia Caries* Tul. (*Uredo Caries* DC.)(fig. 169).
Dans un grain dit carié, de Blé par exemple, en totalité ou en partie vide
de sa graine, on trouve une poussière noire-olivâtre, d'odeur fétide. Elle
est formée de spores sphériques (18-20 μ de diam.), brunes, d'odeur désagréable. Chaque spore se compose de deux membranes : l'extérieure marquée d'un réseau peu proéminent. Les pédicules de ces spores sont en
partie ou en totalité détruits. Lorsqu'on sème les spores dans le sol avec
les grains de Blé, elles germent à peu près en même temps qu'eux ; et leur

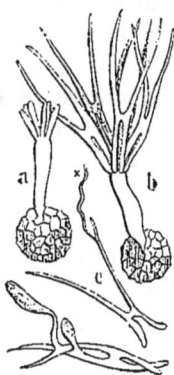

Fig. 169. — *Tilletia Caries.* Spores germant et formation du faisceau de sporidies.
Sporidies géminées.

endospore, faisant hernie au travers d'une solution
de continuité de l'exospore, forme un tube cylindrique assez long, ou stérile et cloisonné, ou
bientôt couronné d'un faisceau de 8-10 *Sporidies*
en forme de baguettes linéaires et longuement
coniques. Elles sont d'ordinaire géminées et réunies
par une commissure rigide et transversale ; de sorte
que l'ensemble de deux sporidies figure un H ma-
juscule ou un X. Dans l'air, ces couples de sporidies
germent, produisent d'autres sporidies secondaires,
oblongues et plus ou moins arquées, stipitées.
Celles-ci peuvent reproduire des sporidies semblables
à elles-mêmes, ou bien germer en émettant des
filaments d'une grande ténuité. Les filaments péné-
trent dans la portion inférieure de la tige du Blé.
Ils s'allongent avec elle, sous forme d'un mycélium
qui arrive de proche en proche jusqu'à l'ovaire, en
même temps que sa portion inférieure se détruit.
Dans l'ovaire, ils portent des pédicules grêles au
sommet desquels se développent les spores telles que nous les connaissons. Il faut que le péricarpe se fende pour que les spores puissent être
semées. Souvent mélangée à la farine, cette poussière lui donne une
mauvaise odeur et communique au pain une saveur désagréable. Beaucoup de personnes redoutent cet aliment, quoiqu'on ne connaisse point
d'observation précise d'accidents produits par son ingestion. Quelques
médecins en ont pris une assez forte dose sans inconvénient (Cordier).
Cependant on a tué des canards et des oies en leur faisant avaler ces
spores (Gerlach). Il y a sur divers *Triticum* un Charbon brun foncé,
produit par le *Tilletia lævis* Kuhn (*Ustilago fœtens* Berkel.). Ses spores
sont globuleuses ou ovoïdes, allongées, parfois réniformes (14-28 μ),
lisses, d'une odeur fétide. Sur les Orges, on a constaté la présence du
T. Hordei Kœdn. (*Ustilago Carbo* Rabenh.), qui a des spores globuleuses ou ovoïdes (19-20 μ), à épispore épaissement réticulé et d'un
brun foncé. Sur le Seigle, le *Tilletia Secalis* Kuhn (*Uredo Secalis* Cord.
— *Ustilago Secalis* Rabenh.) produit une carie d'un noir-brun, fétide, à
spores d'un jaune-brun clair, avec des aréoles réticulées, étroites, plus

proéminentes que celles du *T. Caries* (20-26 μ). On ne sait pas si ces divers *Tilletia* sont nuisibles.

C'est à tort qu'on a confondu la Carie des céréales avec leur *Nielle*. Dans celle-ci, le grain est déformé; son contenu pulvérulent est blanc et formé d'anguillules desséchées. Cette maladie du grain n'a donc point de rapport avec les végétaux cryptogames. Mais on a assez souvent constaté la coexistence de la Carie et la Nielle.

Le *Charbon* des céréales ne doit pas non plus être confondu avec les affections précédentes. Les fruits du Blé, des Orges et surtout de l'Avoine, qui sont atteints de cette maladie, sont aussi remplis d'une abondante poussière noire; mais celle-ci ne demeure pas à l'intérieur du péricarpe et elle se montre au dehors, rendant les inflorescences entièrement noires et comme couvertes de suie. Cette poussière est formée des spores de l'*Ustilago Carbo* Tul., spores beaucoup plus petites que celles de la Carie, et lisses. On recommande de s'abstenir autant que possible de pain contenant des spores du Charbon; mais celui-ci est tellement commun dans notre pays que nous devons souvent ingérer les spores sans même le savoir.

Il y aussi un Charbon du Maïs (*Ustilago Maydis*) qui peut bien se produire dans le gynécée, comme le précédent; auquel cas les six folioles qui se trouvent autour du grain s'épaississent plus ou moins, tandis que l'ovaire, reconnaissable au style allongé qui le surmonte, ou prend peu de développement, ou devient également turgescent et dépasse parfois le volume d'une noix. L'ovule est souvent visible au fond de la cavité ovarienne qu'occupent les spores de l'*Ustilago*. Les grandes bractées de l'inflorescence peuvent être aussi attaquées. Mais les tumeurs spongieuses, verdâtres d'abord, puis d'un blanc sale qui passe au gris plombé et peut être lavé de pourpre, et qui atteignent jusqu'au volume du poing, occupant divers niveaux de la plante, ont surtout été remarquées des cultivateurs qui, dans le sud-ouest, leur donnent le nom de *Milliette* et *Millargou*. Elles occupent les aisselles des feuilles, ou la base de l'inflorescence femelle, ou même une portion de l'inflorescence mâle. La tumeur est plus ou moins cloisonnée, et ses cavités sont d'abord remplies d'un liquide muqueux, plus tard d'une multitude de spores. On peut donner la maladie au Maïs en semant celles-ci avec ses fruits, et l'on suppose que le Champignon se comporte comme celui du Blé. On a accusé le Charbon de Maïs de produire des maladies très diverses. Il y a longtemps (1784) que F.-J. Imhoff, prenant à l'intérieur un drachme de spores pendant quatorze jours et s'appliquant celles-ci sur une plaie, n'en éprouva pas le moindre malaise. Aujourd'hui, on extrait, aux États-Unis, l'Ustilagine pour l'usage médical.

On a aussi indiqué le *Blé rouillé* comme pouvant causer des accidents. C'est pourquoi nous devons dire quelques mots de la *Rouille*, maladie qui s'observe chez un grand nombre de végétaux très divers et qui doit son nom aux taches jaunâtres qu'elle produit sur les feuilles. Sur le Blé et autres Graminées, le Champignon qui la produit a reçu le nom de *Puccinia Graminis* (fig. 170). Cette Puccinie, le Blé la tient de l'Épine-vinette (*Berberis vulgaris* L.), et c'est pour cela qu'on prescrit avec raison de ne point cultiver le *Berberis* au voisinage des céréales. Au printemps, les feuilles de ce *Berberis* portent souvent des taches jaunes qui se voient sur leurs deux faces. A la face supérieure, la tache porte des spermogonies, c'est-à-dire des conceptacles qui renferment de nombreuses spermaties ; et à la face inférieure, il se forme un appareil qu'on appelait jadis un *Ecidium*. Celui-ci est une coupe saillante dont le fond est tapissé d'un hyménium à basides portant un chapelet de spores orangées. Ce sont ces spores qui tombent sur les Graminées. Germant à la surface de leurs chaumes et de leurs feuilles, elles insinuent leur mycélium par les stomates sous l'épiderme : il s'y ramifie, et finit par produire de grosses spores ovoïdes qui proéminent au-dessus de l'épiderme déchiré. C'est à cette phase de la vie des Puccinies qu'on avait donné jadis le nom d'*Uredo*, et ce nom avait alors une valeur générique ; d'où le nom d'*Urédospore* qui a été appliqué à cette forme estivale du *Puccinia Graminis*. Ce n'est pas tout : en automne, le même *Uredo* produit, non plus des spores, mais des *Téleutospores*, c'est-à-dire des corps allongés et séparés en deux compartiments par une cloison. Les téleutospores constituent ce qu'on appelle la *Rouille noire;* elles ont une paroi résistante, passent l'hiver sur ce qui reste des Graminées, et au printemps se développent en courts filaments qui portent eux-mêmes des *Sporidies*. Ce sont ces sporidies

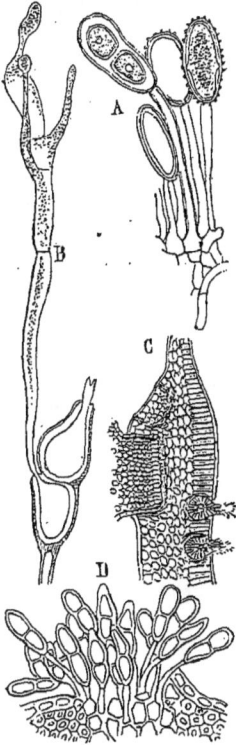

FIG. 170. — *Puccinia Graminis.* A et D, mycélium d'*Uredo* produisant des urédospores unicellulaires et des téleutospores bicellulaires ; B , téléteuspores germées ; C, fragment de feuille de *Berberis*, portant un *Ecidium* et des spermogonies (de Bary).

qui, transportées sur les jeunes feuilles de l'Épine-vinette, y germent et envoient leurs tubes mycéliens au travers des stomates dans l'épaisseur du parenchyme ; ce qui complète le cycle si compliqué de l'évolution du végétal. Il y a d'ailleurs d'autres Puccinies sur les autres Graminées qui se cultivent en Europe.

Il y a très longtemps qu'on a remarqué que beaucoup d'animaux ne touchent pas aux pailles rouillées. Quand les chevaux les mangent, elles exercent sur eux une action délétère (Delafond). On a dit que les années où la rouille abonde, sont aussi des années à épizooties. Chez l'homme, Salisbury a attribué aux spores du *Puccinia Graminis* la maladie mal connue dite *Rougeole des armées*. Sur le Roseau commun (*Phragmites vulgaris*), il y a une sorte de Rouille noire dont les spores causent des céphalalgies et d'autres accidents chez les ouvriers qui préparent si fréquemment ce roseau pour la construction des toits de chaume. La Canne de Provence (*Arundo Donax* L.) porte aussi une Rouille analogue et qui produit de terribles accidents : des éruptions cutanées, une enflure considérable de la face, etc. (Michel).

SCHIZOPHYTES

Nous désignons sous ce nom un certain nombre de Cryptogames microscopiques, les plus petits en général des végétaux connus. On les nommait
souvent *Schizomycètes* alors qu'on se croyait assuré qu'ils appartenaient
au groupe des Champignons. Le mot de *Schizophycées* indique, au contraire, qu'on les croit plus proches parents des Algues. Ils tiennent en
effet des uns et des autres, souvent, mais non constamment, dépourvus
de matière colorante verte, comme les premiers. Leur nom indique que
leur caractère le plus frappant est leur mode de multiplication par scissiparité, dédoublement. Cependant nous verrons que ce mode de division
s'accompagne souvent de gemmation et de sporulation. Ces êtres font
aussi partie de ce qu'on a nommé en France des *Microbes* ; mais nous ne
pouvons adopter cette dénomination vague, s'appliquant aussi bien à des
animaux qu'à des végétaux, et qui ne peut être maintenue que par des
auteurs étrangers à toute connaissance botanique et par lesquels les
ferments et les Schizophytes ont été longtemps ou sont même encore confondus avec des infusoires ou d'autres animaux inférieurs.

Micrococcus [1].

Les plus simples et en même temps les moins volumineux des Schizophytes sont les Microcoques (*Micrococcus* COHN). Ce sont (fig. 171-175)
des petits corps arrondis, presque punctiformes, qui d'ordinaire n'ont au
plus qu'un millième de millimètre (μ) de diamètre. Ils sont formés d'un
phytoblaste, enveloppé d'un phytocyste mince qui résiste à l'action de
la potasse et d'autres bases et acides concentrés[2]. Le plus souvent, le
phytoblaste est hyalin, souvent finement granuleux. Il se colore parfois de
teintes vives, jaunes, bleues, vertes, rouges. Ainsi, le *M. prodigiosus*

---

1. Il est bien entendu, nous verrons plus loin pourquoi, que ce que nous nommons
ici un genre ou une espèce, n'a pour le moment qu'une valeur de convention et ne mérite
peut-être pas ce nom.
2. La teinture d'iode sépare en général dans les Schizophytes le phytocyste du phytoblaste, en contractant ce dernier. Le premier paraît être flexible et élastique. Il
représente en général la couche profonde d'une enveloppe gélatineuse qui prend beaucoup d'épaisseur dans le cas de zooglée et qui est l'analogue de la substance gélifiée
qu'on avait, dans les Algues, nommée Matière intercellulaire. M. Nencki croit le phytocyste constitué par une substance protéique, la *Mycoprotéine*. On a même accordé
(Neisser) à quelques Bactéries, notamment à celle du xerosis épithélial, une nature
grasse. Dans les *Cladothrix* et *Crenotrix*, le phytocyste est souvent coloré en jaune
ou en brun plus ou moins noirâtre par des composés ferrugineux.

Cohn, qui colore souvent en rouge le pain, le riz cuit, l'empois d'amidon,
et qui, cultivé sur la gélatine, l'agar-agar, les tranches de pomme de
terre, etc., leur donne une teinte d'un rouge très vif, est probablement la
plante qui a produit sur des hosties humides de prétendues taches de
sang. On l'a trouvé aussi dans le lait rouge. Le pus bleu doit sa couleur
au *M. pyocyaneus* Gess., d'un vert bleuâtre. Les sueurs rouges doivent
leur coloration au *M. hœmatodes* Zopf. Les tranches de pommes de terre
abandonnées à l'air se teintent souvent en jaune orangé, verdâtre, violet ;
ce qu'elles doivent respectivement au dépôt d'une certaine couche de
M. luteus Schlot., *aurantiacus* Schlot., *chlorinus* Cohn, *violaceus*
Cohn, espèces dont la structure est d'ailleurs imparfaitement connue.
C'est à ces *Micrococcus* qu'on a donné le nom de *Chromogènes*.

Vivant dans un liquide, les *Micrococcus* sont souvent indépendants les
uns des autres. Mais souvent aussi, comme il arrive pour les phytocystes
des Algues, les couches extérieures de leur enveloppe se gélifient et
forment une masse gélatineuse, qui s'observe dans un très grand nombre
d'autres Schizophytes et qu'on nomme *Zooglée* (*Zooglœa*). Les *Micrococcus* y sont comme englobés ; et l'on a à tort, à une certaine époque,
considéré les *Zooglœa* comme constituant un genre distinct. Ces Zooglées
forment souvent, à la surface des liquides altérés, des pellicules nuageuses
ou visqueuses auxquelles on a donné le nom de *fleur*. La plupart des
réactifs colorants avec lesquels on teinte souvent les Schizophytes pour
les mieux observer, et que les *Micrococcus* absorbent en général facilement, ont peu d'action sur leur portion zoogléique. Elle est cependant
colorée par quelques réactifs. Une goutte de teinture d'iode, ajoutée à une
zooglée, rend très distincts les *Micrococcus* qui y sont englobés.

La vitalité des *Micrococcus* est moins considérable que celle de la
plupart des autres Schizophytes. La plupart d'entre eux sont tués à la
température ordinaire, après une année au plus de contact de l'atmosphère ; et c'est ce qui arrive d'ordinaire pour les types à spores inconnues.

Fig. 171. — *Micrococcus*. Fig. 172. — *Diplococcus*. Fig. 173. — *Tetragenus* (Dubief).

Les *Micrococcus* se reproduisent par scissiparité. Il n'est pas rare de les
voir présenter un étranglement médian qui les partage en deux moitiés
sensiblement égales et leur donne la forme d'un 8 (fig. 172). C'est ce
qu'on a nommé *Diplococcus*.

On a donné le nom de *Streptococcus* à des *Micrococcus* groupés bout à bout (fig. 179, 180) en chaînette, et celui de *Tetragenus* (fig. 173) à des *Micrococcus* rapprochés quatre par quatre en carré, comme on en observe dans une affection septicémique des Souris, souvent reproduite de nos jours dans les laboratoires.

Toutes ces variations dans le mode de groupement des *Micrococcus* doivent déjà faire naître dans notre esprit cette idée qu'un même Schizophyte peut se présenter sous des formes variables, suivant les circonstances et les milieux, sans que chaque forme constitue forcément un genre ou une espèce. Nous verrons ultérieurement un grand nombre d'exemples de transformations analogues, qui devront nous mettre en garde contre une trop grande facilité à admettre les nombreuses distinctions génériques et spécifiques qui ont été proposées dans ces derniers temps.

Le premier des *Micrococcus* qui ait été bien étudié est celui du Vaccin (*M. vaccinæ* COHN). On l'obtient en plaçant sur une plaque de verre ou mieux dans une chambre humide, une goutte de liquide vaccinal (fig. 174). A un grossissement de 1000 diamètres, on voit dans le liquide un grand nombre de *Micrococcus* à peu près sphériques, paraissant alors avoir un millimètre environ de diamètre, et de teinte sombre, qui sont ou isolés, ou çà et là réunis deux à deux (*Diplococcus*). Dans une étuve à 35°, on voit, au bout de quelques heures, des *Micrococcus* groupés en chapelets

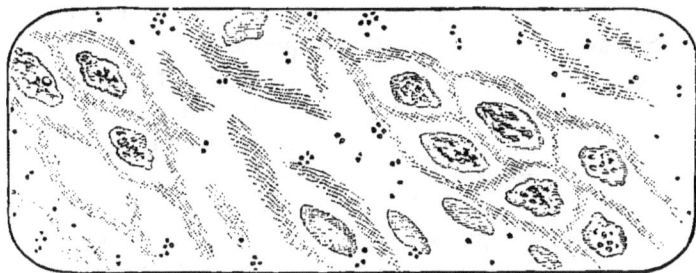

FIG. 174. — *Micrococcus vaccinæ.*

et d'autres en amas globuleux. Ces derniers forment de légers flocons opaques dans les tubes capillaires ou entre les plaques de verre où l'on conserve d'ordinaire le vaccin. Inoculés à l'homme, ces *Micrococcus* se multiplient, produisent les pustules vaccinales et garantissent pendant un certain nombre d'années de la variole, ou plutôt la transforment en une affection relativement très bénigne, sans qu'on sache bien au fond la véritable cause d'une semblable immunité. Toujours est-il qu'on trouve les *M. vaccinæ* dans le réseau muqueux de Malpighi, les ganglions lymphatiques, le foie, la rate, les reins, etc., des varioleux (Cohn, Hallier, Weigert, etc.). Ils sont de ces Schizophytes qu'on a nommés *Pathogènes*.

Le *M. ureæ* COHN (fig. 175) est aussi l'un des plus connus. C'est lui qui

passe pour déterminer l'Ammoniurie (urine ammoniacale), suivant la
formule de M. Pasteur : « Il n'y a jamais transformation spontanée de
l'urée en carbonate d'ammoniaque sans la présence et le développement
de la petite Torulacée en chapelets qui constitue un ferment organisé. »
Nous verrons plus loin ce qu'il y a d'inexact dans une affirmation aussi
absolue. Pour le moment, bornons-nous à établir les caractères du
M. ureœ, qui n'a rien de commun avec « une Torulacée ». La plante est
représentée par des phytocystes sphériques ou légèrement ovoïdes, de 1.5 à
2 μ de diamètre, isolés ou rapprochés par 2-8, ou même plus, en ligne
droite, courbe, brisée, ou même en croix. Ces corps sont ordinairement
doués de mouvements browniens plus ou moins vifs. Ils sont souvent un
peu inégaux, les extrêmes d'une série étant les moins volumineux. Avec
l'âge, ils se déposent au fond du liquide. Ils se multiplient par bourgeonnement et scissiparité. On a aussi admis
qu'ils peuvent se reproduire par spores ; ce qui
n'est pas démontré. Desséchés, après filtration,
ils rappellent les apparences de la Levure de
bière ; ils deviennent comme cornés et se fen-
dillent irrégulièrement. On avait supposé que
cette plante produisait un ferment soluble, une
diastase, qui serait l'agent de la transformation
de l'urée en carbonate d'ammoniaque. L'existence de cette diastase est aujourd'hui démontrée

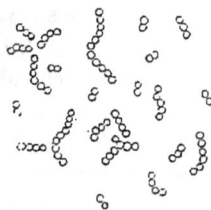

FIG.175.—*Micrococcus ureœ.*

(Musculus). Comme l'urine abandonnée à l'air devient souvent ammoniacale en quelques jours, on a dû admettre que c'est de l'atmosphère qu'elle
reçoit le *Micrococcus ureœ* ou ses germes. Mais il faut croire que la présence de ces germes ou de la plante dans l'air n'est pas aussi fréquente
qu'on l'a pu penser, si l'on réfléchit aux faits suivants que nous avons à
diverses reprises constatés.

Ceux qui ont recherché le *M. ureœ* ne se sont guère occupé que de
l'examen des urines qui bleuissent le papier rougi de tournesol.
Cependant, si l'on abandonne à l'air une urine normale pendant les plus
fortes chaleurs de l'été, non pas dans un récipient hermétiquement bouché,
mais dans un flacon simplement recouvert de papier, afin d'éviter l'accès
des plus grosses poussières de l'air, on voit assez souvent que, pendant des
semaines et même des mois, elle peut demeurer acide. En même temps,
cependant, elle perd sa transparence, et des végétaux se développent en
abondance dans la masse liquide. Le tort des botanistes qui ont superficiellement traité ces questions, paraît être de ne pas avoir étudié à fond les
urines avant qu'elles ne présentassent une réaction alcaline. Seul, à notre
connaissance, M. A. Billet a pris le soin d'examiner tous les stades de la
végétation dans une urine normale, et il y a rencontré un grand nombre
de formes successives d'un seul et même être. En observant des urines
longtemps conservées sans avoir subi la fermentation ammoniacale, nous

y avons aussi trouvé de longs filaments qui ne peuvent être attribués qu'à ce qu'on a nommé, comme nous le verrons, des *Leptothrix*. Mais bientôt ces fils se segmentaient vers leur extrémité libre et devenaient de plus en plus moniliformes. Plus tard, en rendant cette urine rapidement ammoniacale par l'addition d'une petite quantité du dépôt que nous avions recueilli au fond d'un vase contenant une urine alcaline, nous avons vu les grains de ces chapelets se détacher les uns des autres, et nous n'avons pu trouver aucune différence entre ces grains et ceux qui constituent le *Micrococcus ureæ*. D'ailleurs de la coexistence des formes *Micrococcus*, *Diplococcus*, *Streptococcus*, *Bacterium*, *Diplobacterium*, *Streptobacterium*, *Leptothrix* et *Vibrio* dans une urine où se produit le *M. ureæ*, on a conclu (A. Billet) que la plante « doit s'appeler dorénavant *Bacterium ureæ* ».

Il y a dans les eaux d'égout un *Bacillus*, le *B. ureæ* MIQ. (fig. 176), qui possède aussi la propriété de transformer l'urée en carbonate d'ammoniaque. Il est formé de filaments grêles, distincts ou réunis au nombre de trois, quatre ou cinq, longs chacun de 5, 6 μ, larges de 0 μ 7 à 0 μ 8; et à la fin de la vie du Bacille, ces filaments se résolvent en spores brillantes et légèrement elliptiques, résistant pendant plusieurs heures à une température humide de 95° à 96° (Miquel).

En clinique, d'après M. Bouchard, on ne trouverait guère le *M. ureæ* que 2 fois sur 100 comme agent de l'ammoniurie. Au contraire, 98 fois sur 100, cet agent serait un Schizophyte en forme de petits bâtonnets, longs de 2, 3 μ sur 1 μ de largeur, analogues par l'aspect à ceux du *Bacterium Termo*, isolés ou placés bout à bout, mobiles en ce cas les uns sur les autres, tandis que l'ensemble est doué d'un mouvement de translation totale. Leur activité n'est pas très grande, comparativement à celle du *M. ureæ*.

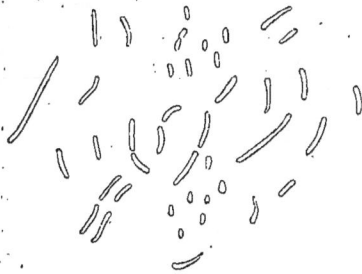

FIG. 176. — *Bacillus ureæ* (Miquel).

De plus, la clinique est arrivée à cette conclusion que « la cystite joue le rôle exclusivement réservé par la théorie nouvelle au petit ferment ammoniacal de l'urée » (Guyon); l'injection de ferments dans la vessie, en l'absence de cystite, est incapable de produire une ammoniurie durable, et le cathétérisme avec une sonde imprégnée de ferments, qui n'amène pas l'état ammoniacal lorsque la vessie est saine, détermine une ammoniurie rapide quand on a préalablement provoqué de la cystite. D'autre part, on guérit l'ammoniurie alors que, sans se préoccuper des ferments, on dirige le traitement contre l'élément inflammatoire (Guiard). En fait, le *M. ureæ* ne peut pas se comporter dans la vessie comme dans les récipients des chimistes, parce que dans ceux-ci l'urine est en contact avec de l'air, et que le *M. ureæ* a besoin d'oxygène pour vivre. Quand on l'introduit dans la vessie avec une sonde, il peut bien, grâce à une petite quantité d'air introduite en même temps que lui, fonctionner normalement pendant quelque temps; mais le phénomène ne peut durer.

On a attribué (Van Tieghem) le dédoublement par hydratation de l'acide hippurique en acide benzoïque et en glycocolle, qui s'observe dans l'urée des herbivores, à une fermentation analogue à celle qui dédouble l'urée. « Le ferment serait identique au *Micrococcus ureæ*; mais ce n'est là qu'une hypothèse qui demande vérification. » (Dubief.)

C'est aussi à un *Micrococcus* que se rapporterait un microphyte observé dans les cas de rage, dans la substance cérébrale, constitué par de petites granulations [1] très réfringentes, immobiles là où elles sont emprisonnées dans la substance incomplètement diluée, mais éclaircie par l'eau, et très mobiles dans les points où le liquide prédomine. La plus grande partie de ces microcoques sont à peu près d'égal volume (de 3 à 5 dixièmes de μ); d'autres sont un peu plus volumineux ou plus petits. Sur un nombre plus ou moins considérable de ces microphytes, on peut saisir leur système de pullulation : une granulation plus petite de beaucoup se voit accolée et semble bourgeonner sur une granulation plus volumineuse, à la manière de la Levure de bière; c'es cette disposition qui, sous un grossissement insuffisant, donne au microphyte l'aspect d'une cellule ciliée ou en tête de clou. Un grand nombre de ces microbes sont oviformes ou allongés comme les cellules de la Levure de bière; quelques-uns s'allongent sous forme de courts bâtonnets, mais c'est le petit nombre (Gibier). Ces microcoques n'ont pas été cultivés; ils ne se colorent pas facilement, à l'instar de leurs

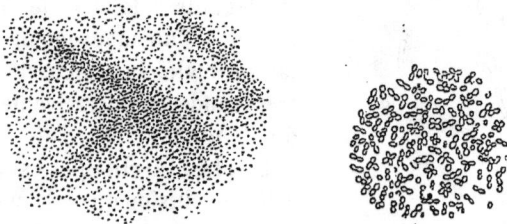

FIG. 177, 178. *Micrococcus gallinarum*. Choléra des poules (Pasteur).

congénères. L'opinion qu'ils sont caractéristiques de la rage n'a pas été adoptée. Jusqu'ici la rage passe pour une affection « sans microbe ». De là un défaut absolu de logique scientifique quand on se propose de modifier son virus de la même façon qu'on atténue celui des virus dits à microbe.

Le *Choléra des poules*, maladie connue dès 1789 et étudiée clinique-

1. Ce seraient (Peter) les corps granuleux de Glüge, corpuscules moléculaires dus à la régression graisseuse des tissus et qui s'observent dans toute myélite dès la première période.

ment, il y a quarante ans à Alfort, par Renault et Delafond, est caractérisé par un microphyte qui a toutes les apparences d'un *Micrococcus* (*M. gallinarum*) (fig. 177, 178). Ce sont des corpuscules larges de 2, 3 μ, unis deux à deux en *Diplococcus*. M. Pasteur les a cultivés, inoculés et fait avaler aux poules; leur communiquant ainsi la maladie. Il en a atténué le virus et l'a inoculé à des poules qui deviennent par là réfractaires à la maladie pendant quelque temps. C'est ce virus que M. Pasteur a proposé dans ces derniers temps d'inoculer aux lapins d'Australie pour les détruire; mais, il paraît que les lapins n'en meurent pas toujours.

Citons encore :

Le *M. Crepusculum* Cohn (*Monas Crepusculum* Ehr.), formé de hytocystes globuleux et incolores, qui se développe dans presque toutes les infusions de matières animales et végétales en décomposition.

Fig. 179. — Schizophytes du vin tourné.

Le *Microcoque du vin filant*, qui est formé de globules en chapelet, ou isolés, ou groupés de diverses façons (fig. 179), de 2 μ de diamètre, et qu'on a dit (Pasteur) être peut-être identique au *M. ureæ* Cohn.

Fig. 180.—Schizophytes de la Graisse des vins.

Le *M. diphtheriticus* Cohn, composé d'éléments granuleux et ovoïdes, longs de 0.35 à 11 μ, isolés ou groupés plus ordinairement par 2-6, en chapelet, se multipliant quelquefois, dit-on (Œrstel), en colonies et se répandant dans les tissus malades qu'ils décomposeraient et détruiraient.

Le *M. septicus* Cohn (*Microsporon septicus* Klebs), formé de phytocystes arrondis, immobiles, groupés en amas ou en chapelets, ayant individuellement 5 μ de diamètre et observés (Klebs) dans les liquides sécrétés par les plaies des septicémiques. Waldeyer les signale en zooglées dans les callosités ulcéreuses, et groupés 2 par 2 ou en chapelets dans le sérum de la fièvre puerpérale épidémique; dans tous les tissus, vaisseaux, etc., chez les septicémiques et les pyohémiques. On a décrit aussi (Hallier) des Microcoques de la rougeole, de la scarlatine, de la variole des animaux, de la diarrhée épidémique, du typhus intestinal, de la morve, de la syphilis; mais M. Cohn (*Beitr.*, II, 148) déclare que « la doctrine de Hallier sur les *Micrococcus* est tellement parsemée d'assertions inexactes et d'hypothèses peu probables, qu'il est impossible de rien conclure des faits qu'il a observés. »

Le *M. Bombycis* Cohn, observé dans l'intestin des Vers à soie atteints de la maladie dite *Flacherie*, a d'abord été indiqué comme formé d'éléments de 1 μ de diamètre, ordinairement réunis par 2-5 ou plus, en chapelets. Plus tard, M. Cohn (*Beitr.* [1875], 201) les décrit comme de forme ovale, larges au plus de 5 μ. M. Béchamp donne au microphyte de la flacherie le nom de *Microzyma Bombycis*. Dans sa théorie, les *Microzyma* sont des granulations élémentaires dont l'assemblage forme toutes les cellules organiques. Ces *Microzyma* sont agrégés entre eux au moyen d'une substance sécrétée par eux, une *Zymase*. Quand la sécrétion des zymases est viciée, les *Microzyma* s'agrègent pathologiquement, en microcoques, bactéries, bacilles, etc. Lors de la mort de l'être qui les porte, les *Microzyma* survivraient et deviendraient les agents de la fermentation putride.

Signalons ici les grandes analogies extérieures avec les *Micrococcus*, de plantes telles que le *Mycoderma Aceti*, dont il sera question plus loin.

Nous ne pouvons pas, comme nous l'avons fait pressentir, ne pas étudier au présent chapitre les microphytes qu'on a désignés sous le nom de *Streptococcus*, car ce sont simplement des *Micrococcus* unis en chapelet, tels que nous venons d'en indiquer un certain nombre. Dans le pus blanc des abcès et phlegmons, on observe le plus souvent le *S. pyogenes* Ogst. que nous nommerons *Micrococcus pyogenes*. Il est formé d'éléments sphériques, inégaux dans une même chaînette où leur diamètre varie de 0μ1 à 0μ7. Implanté sur de la gélatine, il ne la liquéfie pas, comme font tant

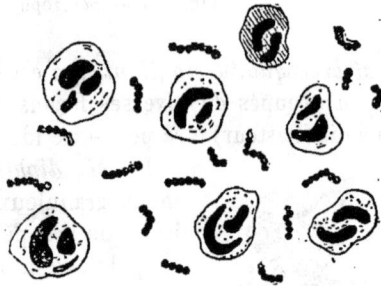

Fig. 181. — *Micrococcus (Staphylococcus) pyogenes* (Dubief).

d'autres Schizophytes, mais il forme une pellicule arrondie et blanchâtre; tandis que sur l'agar-agar, il produit une couche plus saillante, à rebord taillé en talus. Le plateau atteint souvent 2, 3 millimètres en moins d'un mois (fig. 181).

Dans l'érysipèle, on observe un autre *Micrococcus* (*M. erysipelatus*), ordinairement nommé *Streptococcus erysipelatus* (fig. 182, 183), et qui, inoculé à l'homme, non sans péril, reproduit la maladie (Felheisen). Il est aussi disposé en chaînettes, mais à éléments plus égaux, plus réguliers que

10

ceux du précédent (le plus souvent $0_\mu 3$). Il abonde souvent dans le derme, surtout dans l'intervalle des faisceaux fibreux, dans les voies lymphatiques. Il y constitue souvent aussi des amas irréguliers. Il peut s'introduire dans le tissu cellulo-adipeux sous-cutané, et là prendre la place de la cellule adipeuse plus ou moins désorganisée. Pénétrant dans le sang et dans les lymphatiques, il arrive aux vaisseaux du foie, du rein, etc., et s'y groupe en masses. Quand l'affection siège au cuir chevelu, ces masses peuvent se trouver à la périphérie des pellicules des cheveux, et l'on explique de la sorte la chute des cheveux, qui se produit souvent en pareil cas [1]. Cultivé sur gélatine et agar-agar, il y forme des plaques plus blanches et moins épaisses que celles du M. pyogenes, parfois découpées comme une feuill

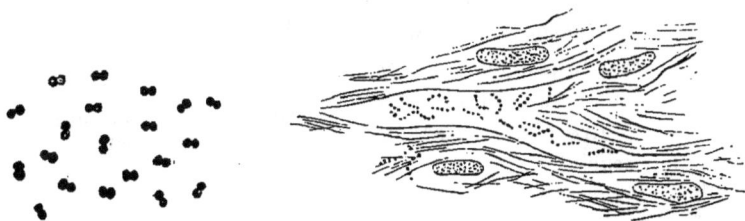

Fig. 182, 183. — *Micrococcus erysipelatus*, libre et dans les tissus (Dubief.)

de fougère. Mais il semble qu'il y ait des transitions entre le *M. pyogenes* et le *M. erysipelatus*. Ce dernier conserve d'ailleurs pendant longtemps son inoculabilité.

Le *Streptococcus plicatilis* LEMTRE, observé dans la maladie dite *Perlêche*, est aussi un *Micrococcus*.

Les *Staphylococcus* ne sont pas non plus génériquement distincts des *Micrococcus*, car ils en représentent un état zoogléique. Ainsi le *S. pyogenes aureus* (*Microbe doré*) et les autres variétés à coloration distincte (blanchâtre, verdâtre, etc.), rencontrées dans tant d'affections purulentes, doivent pour le moment prendre le nom de *Micrococcus pyogenes* (fig. 181).

Nous rapporterons au même genre les *Gonococcus*, caractéristiques, a-t-on dit, de l'écoulement blennorragique. Ce sera pour nous le *Micrococcus blennorrhœus* (fig. 184). Il est formé de nombreuses petites ponctuations arrondies, réfringentes, souvent très mobiles, disposées en petits amas et non en chaînettes. Leur diamètre varie de $0_\mu 2$ à $0_\mu 6$. Elles sont libres ou siègent dans les cellules du pus ou dans les cellules épithéliales de la muqueuse. Elles sont très ordinairement

---

1. Dans l'infection puerpérale, outre des Bactéries qui ont été, à tort ou à raison, rapportées aux B. septiques, on trouve (Doléris) des *Micrococcus* analogues, isolés, en couples et en chapelets.

accompagnées, notamment dans la blennorragie et la blennorrée des femmes, de nombreux autres micro-phytes. Les cultures et les inocula-tions de ce microphyte ont rarement donné des résultats positifs ; les obser-vations diverses concordent peu entre elles. Les principaux médicaments an-tiseptiques retardent le développement du microphyte, principalement le su-blimé, le nitrate d'argent et la ré-sorcine (Munnich). Comme la plupart des *Micrococcus* précédents, celui de la blennorragie se présente souvent sous forme de *Diplococcus*, et même (Pouey) de *Tetragenus* et de *Merismo-pædia*, c'est-à-dire de groupes formés au moins de quatre éléments séparés par un sillon crucial.

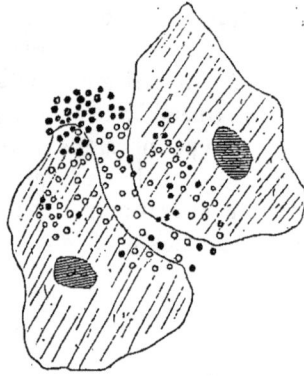

FIG. 184. — *Micrococcus blen-norrhœus* (Dubief).

Bactéries

Le genre Bactérie (*Bacterium*) a été créé par F. Dujardin, l'un des plus grands observateurs de notre pays, méconnu et martyrisé, bien entendu, par ses contemporains. On a eu tort d'étendre le nom de Bactéries à l'ensemble des Schizophytes ou Schizomycètes, et de donner en bloc à ceux-ci le nom de famille des Bactériacées. Le groupe des Bactériées, quelque degré de valeur qu'on lui attribue, a pour type le genre *Bacte-rium*, plus limité qu'il n'était au temps de Dujardin et formé de Schizo-phytes plus longs que larges, courts néanmoins (très ordinairement à peine deux fois aussi longs que larges), isolés ou réunis en zooglées, parfois groupés deux à deux, pendant leur sectionnement, mais non généralement en chaînettes, doués d'ordinaire de mouvements spontanés, oscillatoires, parfois très vifs, en présence de l'oxygène et dans les milieux riches en substances alimentaires.

Pour se faire une idée des caractères de ce genre, il est bon d'en étudier d'abord deux espèces communes, qui se rencontrent dans un grand nombre d'infusions de matières animales et végétales, même dans l'eau de la mer, les *Bacterium Lineola* et *Termo*.

Le *B. Lineola* COHN (*B. triloculare* EHRB. — *Vibrio Lineola* EHRB. — *V. tremulans* EHRB.). (fig. 187) est formé de phytocystes cylin-droïdes, presque tronqués aux deux extrémités ou plus ou moins atténués aux deux bouts, longs de $3\,\mu\,8$ à $5\,\mu\,25$, larges de $1\,\mu\,5$, isolés ou placés bout à bout par 2-4, droits, rarement un peu tordus, pourvus d'une paroi distincte et d'un contenu finement granuleux; les granulations foncées, douées de mouvements vifs. Il se rencontre sous forme de zooglées et même, dit-on, de chaînettes formées de 8 à 10 articles. C'est ce qui fait dire à M. Warming qu'on ne trouvera pas extraordinaire cette phrase de M. Ray Lankester : « Il paraît probable que chacune de ces espèces (les *B. Lineola* et *Termo*) a une forme ou une phase sphérique, en biscuit, bacillaire, serpentine (*Vibrio*) et peut être spiralée (*Spirillum*). » Nous pouvons en rapprocher le *B. fusiforme* WARM., observé aussi à l'état libre ou en zooglées, et dans lequel les articles, plus atténués aux extrémités et dépourvus de ponctuations, ont de 2 à 5 μ de long, sur 0 μ 5 à 0 μ 8 de large.

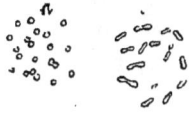

FIG. 185, 186.—*Bacterium punctum* et *B. Termo*.

Le *B. Termo* EHRB [1] (*Monas Termo* MUELL. — *Vibrio Lineola* EHRB. part.) (fig. 186) est plus encore que le précédent l'agent de la putréfaction; il est donc surtout *zymogène* ou *saprogène*. Il se montre, et généralement le premier, au bout de peu de temps, dans les infusions. Ultérieurement, il sert à l'alimentation d'autres végétaux auxquels il cède la place. Ses éléments, isolés ou réunis sans ordre, ou disposés en série, sont longs de 1 μ 5 à 4-7 μ, sur 1 μ 2 à 2 μ 5 de large, ellipsoïdes ou plus ou moins cylindriques, parfois un peu renflés au milieu, plus arrondis et plus gros dans la forme *griseum* (WARM.), plus ellipsoïdes ou allongés, moins brusquement tronqués dans la forme *littoreum* (WARM.). On l'a vu aussi primitivement à l'état de zooglées, dans l'eau, puis à l'état de chaînettes (et c'est peut-être là le *B. Catenula* DUJ.). Il peut être cultivé et donne aux cultures une odeur caséeuse. Ses mouvements oscillatoires sont souvent très prononcés, moins cependant que ceux de l'espèce précédente. Lors de sa division par scissiparité, ses articles s'étranglent sur une large surface. Il a d'ailleurs été confondu avec un grand nombre de Schizophytes pathogènes.

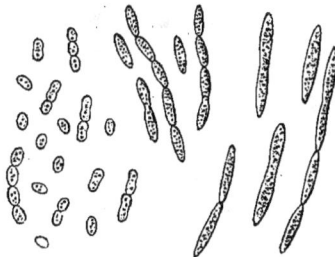

FIG. 187. — *Bacterium Lineola*.

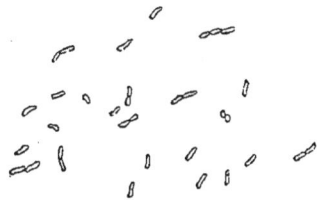

FIG. 188. — *Bacterium lacticum*.

On a attribué les mouvements de cette espèce à des cils vibratiles, dont

---

1. Comme le fait remarquer De Bary, il y a plusieurs microphytes distincts auxquels on a donné ce nom; et il n'est pas certain que l'espèce d'Ehrenberg soit celle de M. Cohn, espèce qui, pour ce dernier, est le ferment spécial de la putréfaction.

MM. Dallinger et Drysdale croyaient avoir démontré l'existence. Comme c'est la première fois que nous rencontrons ces organes dans un Schizophyte, indiquons ce qui divise les botanistes à leur sujet. Les uns croient que ce sont des dépendances du phytoblaste, en un mot de véritables cils de nature protoplasmique[1]; les autres admettent que ce sont de simples tractus de la matière visqueuse extérieure au phytocyste, produits lors de la scission des articles. On peut s'étonner, avec cette dernière interprétation, qu'ils soient souvent si égaux et si régulièrement disposés à la surface des Schizophytes.

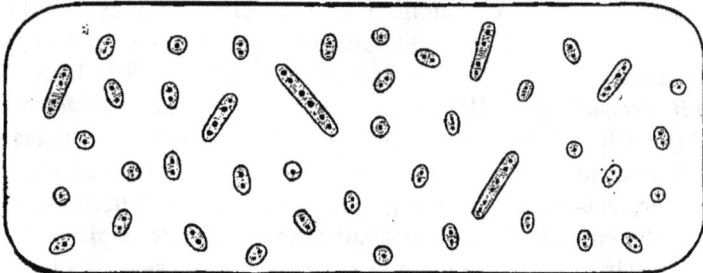

FIG. 189. — Bacilles observés dans la pneumonie (d'après M. Fol).

C'est, pour le moment, au genre *Bacterium*, sous le nom de *B. lacticum* (fig. 188), que nous rapportons le Vibrion lactique ou Ferment lactique (*Vibrio lacticus. — Bacillus lacticus*), dont il sera question à l'article des fermentations. Nous nommerons alors aussi *B. caucasicum* le *Dispora çaucasica* KERN, qui préside à la fermentation du Kéfir, et qui a d'abord été décrit comme arqué, avec deux spores apicales; ce qui n'est qu'une apparence, les prétendues spores représentant les extrémités arrondies du Schizophyte.

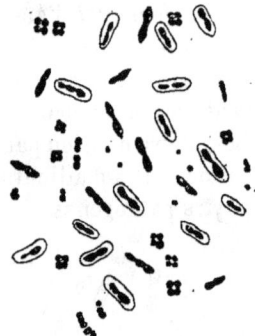

FIG. 190. Microphytes d'un crachat pneumonique (Dubief).

Le *Bacterium Aceti* des auteurs paraît être la forme bactérienne du *Mycoderma Aceti* que nous avons dit (p. 145) être un *Micrococcus*.

Le *Nosema Bombycis*, observé dans la maladie des vers à soie, dite Pébrine, et encore nommé *Micrococcus ovatus*, nous semble aussi, à cause de sa forme elliptico-ovoïde, deux fois plus longue que large, devoir être rapporté aux *Bacterium*.

Le *Bactérie tuberculeuse* des auteurs appartient au genre *Bacillus*, de même que la *B. butyrique* des chimistes.

1. Indépendamment des cils, il y a souvent dans les Schizophytes des mouvements très manifestes qui sont dus à une sorte de contraction du phytoblaste, et qui se produisent, bien entendu, dans des espèces totalement dépourvues de cils.

Il y a dans l'atmosphère un grand nombre de *Bacterium* qui ont été figurés par M. Miquel et dont nous aurons l'occasion de parler (p. 216).

Il faut bien se garder, pour éviter les confusions, de considérer comme appartenant aux Bactéries ce que beaucoup d'auteurs disent des « Bactériens »; et des « Bactéries » en général, puisque, ainsi que nous l'avons indiqué (p. 147), ils désignent sous ce nom l'ensemble des Schizomycètes et même des Ferments.

Ce que les médecins nomment *Microbe de Fraenkel*, et que plusieurs

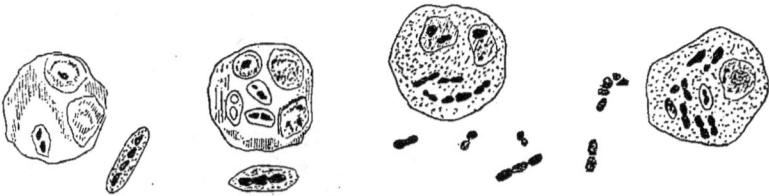

FIG. 191 — *Pneumoccocus* (Friedlander).   FIG. 192. — *Pneumoccocus* (Cornil).

d'entre eux considèrent comme caractéristique de la pneumonie, pourrait bien, du moins dans un de ses états, être rapporté à un *Bacterium*[1].

Bacilles.

Il faut réserver le nom de Bacille (*Bacillus* Cohn) aux Schizophytes représentés par des filaments minces, allongés, rigides ou flexibles, doués ou non de mouvements. Ils sont en réalité formés d'articles et très souvent présentent des étranglements, mais seulement lors de la division, au niveau des points d'union de ces articles (fig. 195, 196); mais ces points ne sont pas toujours facilement visibles. Il y a aussi des *Bacillus* qui, à un moment donné, peuvent se résoudre en *Micrococcus*. Ce sont d'ailleurs des Schizophytes *endosporés*, c'est-à-dire pouvant se reproduire à un moment donné par des spores intérieures.

1. Les pathologistes sont loin d'être d'accord sur les microorganismes caractéristiques des pneumonies. Pour les uns, c'est le bacille de Friedlander, qui est encapsulé (*Pneumococcus*), se développe à la température ordinaire et tue les cobayes, mais non les lapins. Pour les autres, le vrai Pneumocoque de la pneumonie est le M. de Fraenkel, encapsulé aussi, que Sternberg a nommé *Micrococcus Pasteuri* et que M. Pasteur a, dit-on, découvert dans la salive. Celui-ci se développe à une température voisine de celle du corps humain, tue les lapins et les souris et perd de bonne heure sa virulence. On dit même l'avoir trouvé dans le poumon sain. On l'a souvent décrit comme ayant « une forme de lancette ». M. Weichselbaum a trouvé, en 1886, quatre microphytes différents dans la pneumonie. Plusieurs d'entre eux auraient été observés dans des cas de rhinite, de méningite cérébro-spinale et dans plusieurs organes de l'homme sain. Un quart des individus bien portants aurait le microbe de Fraenkel dans la salive, les bronches. On peut dire que la question s'obscurcit de jour en jour.

Pour se faire une idée générale des caractères de ce genre, étudions d'abord quelques espèces communes ou remarquables par leurs grandes dimensions et la netteté de leur évolution. Tels sont les *B. subtilis* et *Megaterium*.

Le *B. subtilis* Cohn (*Vibrio subtilis* Ehrb.) (fig. 193), quelquefois appelé *Bactérie du foin*, est une des espèces que les botanistes ont le plus observée dans les infusions végétales et dont ils ont le plus recommandé l'étude aux débutants. Pour l'obtenir pur, il faut avoir recours à la méthode de Roberts et Buchner, que M. Strasburger[1] a recommandée en ces termes. « On arrose du foin sec avec la quantité d'eau exactement nécessaire pour le mouiller, et on laisse l'infusion pendant quatre heures dans une étuve portée à une température constante de 36° centigrades. On retire l'extrait sans le filtrer, et on l'étend, au cas où il serait trop concentré, jusqu'à l'amener au poids spécifique de 1,004. Ensuite, on transvase le liquide dans un ballon d'environ 500 centimètres cubes. On bouche le ballon au moyen d'un tampon d'ouate et l'on fait bouillir le liquide pendant une heure, tout en ayant soin que le dégagement de vapeur ne soit pas trop fort; on laisse redescendre la température que l'on arrête à 36° centigrades. Après un jour ou un jour et demi, il s'est formé a la surface du liquide une pellicule grise, mince, la *fleur*, qui se compose de zooglées du *B. subti.is.* On utilise donc, pour obtenir une culture pure de cette

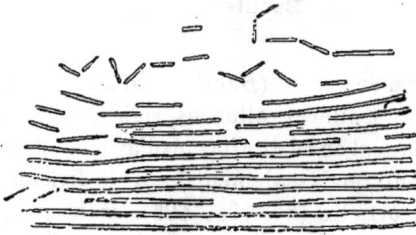

Fig. 193. — *Bacillus subtilis*, formé à la surface d'une infusion de foin bouillie après vingt-quatre à quarante-huit heures (650 diam.) (Cohn.)

espèce, la propriété qu'ont ses spores de résister longtemps à une haute température. Les Bactéries se distinguent par leur résistance aux températures élevées ; mais celle-ci tient le premier rang sous ce rapport. Pour l'examen, on porte une petite parcelle de la fleur, avec une quantité convenable du liquide producteur, sur le porte-objet, et on étudie aux plus forts grossissements dont on dispose. On trouve que la pellicule est formée par des filaments longs, articulés, ondulés et parallèles les uns aux autres. Les filaments demeurent réunis pour la plupart en une seule courbe par une substance gélatineuse invisible; ils sont composés de

1. *Manuel technique d'Histologie végétale*, trad. Godfrin (1886), 246.

bâtonnets cylindriques de différentes longueurs, mais en général deux ou trois fois plus longs que larges. La substance des bâtonnets paraît homogène, incolore et assez réfringente; même aux plus forts grossissements, on n'y peut reconnaître aucune structure. Le chlorure de zinc iodé colore toute la masse du bâtonnet en jaune brun et le rend plus visible. Les images sont plus belles qu'avec d'autres solutions iodées. Après ce traitement, les articles des filaments paraissent plus courts qu'à l'état frais, parce que leurs limites s'aperçoivent maintenant. Pour mieux faire apparaître les bâtonnets, on les colore... avec la fuchsine, le violet de méthyle, le violet de gentiane ou la vésuvine, et on peut les conserver alors en préparations persistantes dans le baume de Canada ou la résine-dammar. La picronégrosine est aussi employée avec avantage pour fixer et colorer ces préparations. En grossissant environ mille fois un petit fragment de la fleur, on peut voir directement la division des bâtonnets

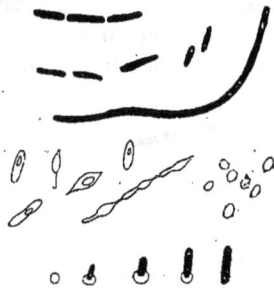

Fig. 194. — *Bacillus subtilis* (Dubief).

(Brefeld)... Si les substances nutritives sont encore en quantité suffisante dans le liquide d'observation, les divisions des bâtonnets se répètent à une heure ou une heure et demie d'intervalle. Les divisions sont d'autant plus fréquentes et plus rapides que la température de la pièce est plus élevée. Les bâtonnets augmentent en longueur sans s'amincir pour cela; lorsqu'ils ont atteint une dimension déterminée, il se forme à leur partie moyenne une cloison de séparation d'aspect plus foncé. Ce mode de division explique l'arrangement des bâtonnets en filaments; il rend compte aussi des courbures de ces derniers. En effet, de nouvelles divisions venant s'intercaler dans le filament, il faut nécessairement, dans le cas où ses extrémités ne peuvent s'éloigner, qu'il se déplace latéralement pour gagner en longueur. C'est pour cette raison que la fleur ne tarde pas à se plisser elle-même et à présenter des rides visibles à l'œil nu. Si on veut observer cette Bactérie dans toutes ses phases et voir la formation des spores, il faut porter un mince fragment de la pellicule dans une goutte d'eau suspendue à la paroi supérieure d'une petite chambre humide... On dépose au centre d'un couvre-objet une petite goutte du liquide de culture dans laquelle on place la Bactérie à examiner. Puis, par un mouvement rapide, on retourne le couvre-objet..., la goutte liquide en dessous... Les substances nutritives de la goutte une fois épuisées, la partition végétative cesse, et bientôt commence la formation des spores. Au bout de six à huit heures, il existe déjà dans les filaments des spores ellipsoïdes, très fortement réfringentes. Les filaments paraissent alors vides; les spores ne sont plus reliées que par une enveloppe incolore. A certaines places de la préparation, on trouvera sûrement encore des spores en voie de formation; elles se présentent comme des amas d'une substance très réfringente, situés le plus souvent vers le centre de chaque bâtonnet. Ce petit globule grossit pendant que le bâtonnet se vide, et finalement la spore est complètement terminée. Si on continue la culture pendant quelques heures, les enveloppes des bâtonnets disparaissent, et au bout d'un jour, les spores devenues libres tombent à la partie inférieure de la goutte liquide. Contrairement aux bâtonnets, les spores ne se colorent pas dans le violet de gentiane ni dans les autres colorants... excepté toutefois la fuchsine à l'acide phénique... Les spores germent très facilement dans une solution fraîche de substance nutritive. A la température de la pièce, la germination est assez lente; elle devient beaucoup plus rapide à 30° centigrades. Le mieux est de les faire bouillir environ cinq minutes et de les laisser se refroidir lentement. Le début de la germination peut déjà se manifester après deux ou trois heures (Brefeld). La membrane de la spore s'ouvre; le petit germe commence à faire saillie, puis s'allonge progressivement en bâtonnet, tandis que son extrémité postérieure demeure renfermée dans la membrane de la spore. Il faut ensuite environ douze heures pour que la bactérie nouvelle se divise pour la première

FIG. 195. — Bactérie se multipliant par bipartition.

FIG. 196. — Multiplication d'une Bactérie par cloisons transversales (Dubief).

fois. Les préparations examinées pendant ce temps montreront donc tous les stades de la germination et de la bipartition. Le plus souvent les bâtonnets jeunes entrent bientôt en mouvement, portant encore à une de leurs extrémités la membrane de la spore. Le nombre des bâtonnets mobiles augmente rapidement par suite de leurs divisions continuelles; ils remplissent finalement, avant la formation de la fleur, tout le liquide. Ils se rassemblent ensuite à la surface du liquide, se mettent au repos et produisent la fleur. Les bâtonnets mobiles ont des longueurs inégales, car ils se composent d'un nombre variable d'articles. Leur mouvement est serpentiforme. Pour obtenir une préparation persistante de ces organismes, on dessèche sur le couvre-objet le liquide qui les contient, et on les colore... Les bactéries mobiles possèdent à chacune de leurs extrémités un cil qu'il est très difficile d'apercevoir (Brefeld). Pour compléter cette description que nous avons reproduite presque intégralement, parce qu'elle est un modèle d'exactitude et de précision, et que nous ne saurions trop la recommander aux observateurs qui débutent dans l'étude des Schizophytes, nous ajouterons que chaque bâtonnet a environ 5-6 µ de longueur, sur environ 1 µ d'épaisseur. Il y a d'ailleurs bien des variétés du *B. subtilis*. Bucher en a observé et décrit cinq différentes, en faisant varier la composition chimique du liquide, en le sucrant, en lui ajoutant de l'asparagine qui fait disparaître les cils. Le *B. subtilis* digère l'albumine coagulée ; il la transforme, dit-on, en peptone [1].

Nous ne savons si l'on doit distinguer s écifiquement du *B. subtilis* deux grands Bacilles de mêmes dimensions qui se trouvent, entre autres, dans les fèces de l'homme, mais qui sont immobiles et ne se comportent pas de même dans les cultures à l'agar-agar. On admet que, dans le gros intestin, divers Bacilles travaillent simultanément à décomposer les nombreux matériaux de la digestion, notamment les substances albuminoïdes et hydro-carburées.

La deuxième espèce que nous examinerons est le *B. Megaterium* DE BY (fig. 198), qui a été communiqué par le laboratoire de l'Université de Strasbourg à plusieurs savants, et que nous avons vu en Belgique. Il se développe sur la gélatine, dans les solutions sucrées, les infusions, et est remarquable par ses grandes dimensions (4-6µ de long, sur 2µ 15 de large). Les bâtonnets sont cylindriques, rectilignes, arqués ou sinueux, comme ceux des Vibrions,

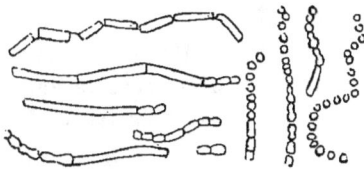

FIG. 197. — *Bacilli* en voie de segmentation (de Lanessan).

parfois mobiles. En ce cas, ils se placent souvent bout à bout. Sinon, plus épais, ils deviennent intérieurement granuleux et cessent de se mouvoir. En cet état ils ont souvent de 4 à 6 articles. Alors, ils se gonflent à une extrémité, et il s'y produit une spore. Celle-ci devient libre, grossit encore ; puis sa paroi se rompt ; la germination commence, et le contenu de la spore se développe en bâtonnet.

Le *B. Ulna* COHN (*Vibrio Bacillus* EHRB.) est encore une espèce commune, observée dans diverses infusions et aussi dans l'eau de mer. Il est formé de filaments épais et rigides, comme articulés et brisés, avec des articles longs de 4-12 µ sur 1µ 5-2µ 2. L'ensemble atteint assez souvent 50 µ. L'intérieur est finement granuleux. On a cru voir (Warming) des cils dans cette espèce. Son phytoblaste peut développer de gros globules intérieurs (Cohn) qui sont peut-être des spores endogènes. On

1. C'est surtout dans les Bacilles qu'il est facile d'étudier le mode de partition représenté théoriquement dans les fig. 195, 196, et qui a fait donner à ces plantes le nom de Schizophytes. On voit dans la première de ces figures comment un Bacille donné se partage graduellement en deux, par bipartition, et dans l'autre, comment, pendant la division, il se cloisonne en travers. Dans la figure 197, on voit un Bacille se segmentant en microcoques.

lui attribue certaines couches sèches et filamenteuses qui s'observent sur le blanc d'œuf exposé à l'air.

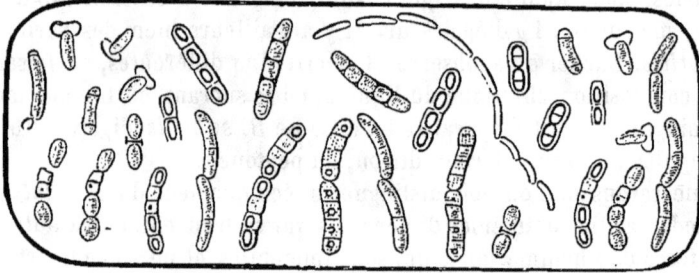

Fig. 198. — *Bacillus Megaterium* (de Bary).

M. Pasteur a considéré comme un animalcule une autre espèce de ce genre, son *Ferment butyrique,* que M. Trécul a observé dans l'eau de flacons bien bouchés qui contenait des fragments et du latex de certains végétaux. Il lui a donné les noms d'*Amylobacter, Urocephalum* et *Clostridium.* De là le nom de *B. Amylobacter* V. Tiegh. (*Clostridium butyricum* Prasm.). Il se rencontre dans la présure, la choucroute, le malt, sur divers légumes qu'il altère. Il se présente (fig. 199, 200) sous forme de bâtonnets, longs de 3-10 μ sur 0μ 6-0μ 8. Il a été observé en chaînettes et en zooglées, e il est mobile. Dans certaines circonstances, ses bâtonnets se renflent, soit dans le milieu de leur longueur, de façon qu'ils deviennent fusiformes, soit à l'une ou à l'autre de leurs extrémités. Parfois aussi ils s'arquent légèrement. C'est surtout quand le milieu ambiant devient acide que se produisent ces renflements ; ce qui arrive surtout quand il se développe dans le fromage ou la choucroute une certaine quantité d'acide lactique. Au niveau de ces renflements se produisent les spores [1]. Mais

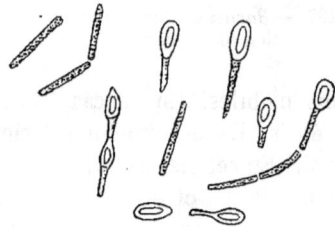

Fig. 199. — *Bacillus Amylobacter* (Dubief).

une trop grande quantité d'acide, comme il arrive dans la fermentation butyrique, arrête totalement le développement du Bacille. D'après M. Fitz, ce Bacille, maintenu à une température de 80°-90° pendant plusieurs heures, peut bien encore se reproduire, mais il ne détermine plus de fermentation. Il y a une ou deux spores par article. Les spores

1. L'apparition de la spore est précédée de celle de la granulose amylacée. Au milieu de la masse qui bleuit par l'iode, apparaît une tache qui demeure colorée en jaune, et c'est là que se forme la spore. Il y a cependant (Prazmowski) des Schizophytes amyligères chez lesquels la granulose ne précède pas toujours la spore.

ont de 2μ à $2\mu.5$ de long, sur 1μ environ de large. Elles se détruisent vers 100°. Quand elles germent, c'est un de leurs pôles qui s'allonge en cylindre pour reproduire un nouveau bâtonnet.

Cette espèce a fourni un des plus beaux exemples connus de l'inanité de la théorie dite de la *Spécificité des ferments*. M. Pasteur a d'abord établi

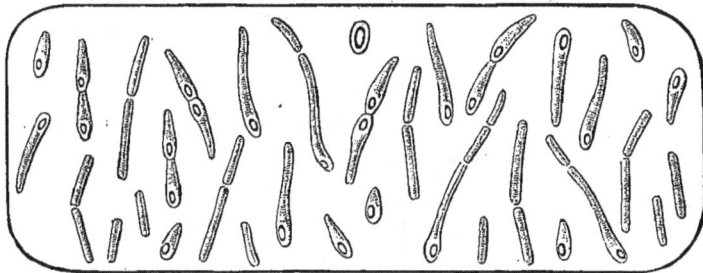

Fig. 200 — *Bacillus Amylobacter* (de Bary).

qu'elle est l'agent de la fermentation butyrique, c'est-à-dire qu'elle présiderait à la transformation en acide butyrique des sucres, de l'acide lactique, des acides citrique, tartrique et malique, des matières amylacées,

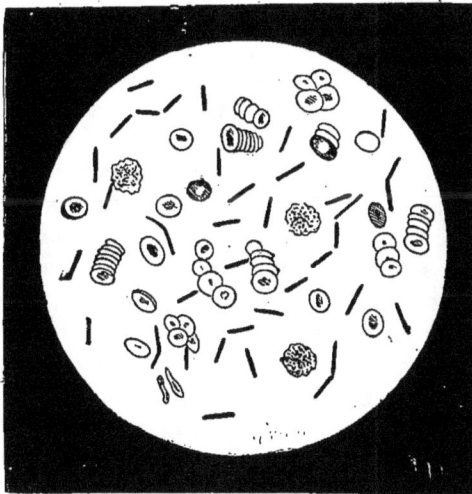

Fig. 201. — *Bacillus Anthracis*, dans le sang frais d'un cobaye.

albuminoïdes. Plus tard, elle a été considérée comme l'agent de la **destruction de la cellulose** ; et l'on admet que cette action est due à une diastase sécrétée par le Bacille et qui transforme la cellulose en dextrine, puis en glucose. Mais il est avéré qu'il y a beaucoup de phytocystes qu'on considère comme formés de cellulose et sur lesquels cette diastase n'a aucune action. On a dit que c'est cette diastase qui dissocie les tissus des plantes textiles dans l'opération du rouissage. M. Van Tieghem pense encore que c'est cette plante qui, dans l'estomac des ruminants, rend soluble et assimilable la cellulose. Il admet même que lors de la formation de la houille, le *B. Amylobacter* agissait pour détruire la cellulose des végétaux. Toutes ces assertions demandent vérification. Ce qui est positif et facile à constater, c'est que le *B. Amylobacter* renferme de l'amidon [1] et bleuit au contact de la teinture d'iode; et toutes les théories ci-dessus relatées tiennent à cette hypothèse que le Bacille prendrait de la fécule produite par lui aux dépens de la cellulose végétale et qu'il aurait ensuite absorbée, sans lui faire subir quelque transformation ultérieure. Il joue cependant un grand rôle dans la putréfaction des matières organiques [2].

Il y a aussi beaucoup de Bacilles pathogènes. Le mieux connu et celui dont

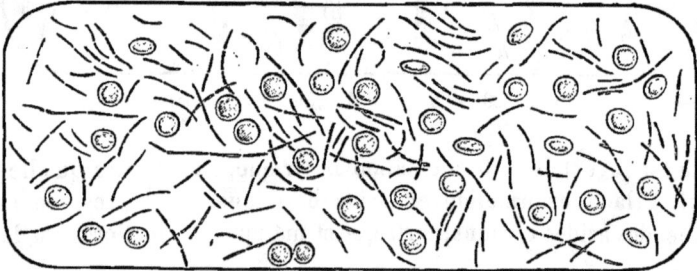

FIG. 202. — *Bacillus Anthracis*. Schizophytes du Sang de rate, avec globules de sang.

l'étude se recommande le plus aux commençants, est le *B. Anthracis* COHN (fig. 201-220). Il fut découvert en 1850 et nommé *Bactéridie charbonneuse* par un médecin français, Davaine, aussi grand observateur que Dujardin et qui eut la même destinée que lui, repoussé comme lui par l'Académie des sciences. Davaine avait constaté avec Rayer que, dans les cas de charbon, de sang de rate, qui s'observent sur les bestiaux ou plus rarement sur l'homme, non seulement, comme on le savait depuis longtemps, la rate est ramollie, et le sang prend une teinte sombre, une consistance poisseuse, avec agglutination des globules rouges, mais qu'il y a, « en outre, dans le sang, de petits corps filiformes, ayant environ le double en longueur du globule sanguin. Ces petits corps n'offraient pas de mouvement spontané ». Plus tard, Davaine a reproduit le charbon chez un grand nombre d'animaux en leur inoculant le sang qui contenait le Bacille; et

1. Il y a plusieurs autres Schizophytes qui présentent les réactions de l'amidon : le *Micrococcus Pasteurianus*, le *Spirillum amyliferum*, et, en partie, le *Leptothrix buccalis* (De Bary).

2. Les *Tyrothrix* DUCL., trouvés dans les fromages et décrits avec trop peu de précision pour être rapprochés de tel ou tel type de Schizophytes, se comportent comme le *B. Amylobacter*, coagulent puis liquéfient le lait, et produisent, dit-on, finalement de la tyrosine, de la leucine, du valérianate d'ammoniaque et du carbonate d'ammoniaque.

c'est en 1877 seulement que M. Pasteur a fait des cultures de ce Bacille.

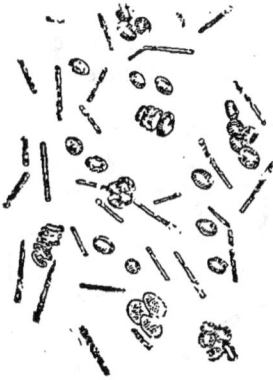

FIG. 203. — *Bacillus Anthracis*, trouvé
dans le sang d'un cochon d'Inde,
après inoculation (Cohn).

FIG. 204. — *Bacillus Anthracis*,
dans le sang d'un bœuf mort
de Sang de rate (Cohn).

Observé dans le sang des animaux charbonneux ou dans des pustules

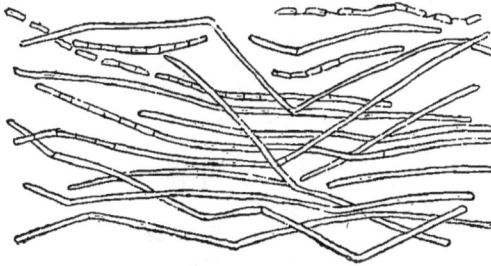

FIG. 205. — *Bacilli* développés en longs filaments (Lewis).

malignes récentes, le *B. Anthracis* est le plus grand de nos Bacilles pathogènes, car ses bâtonnets ont jusqu'à près de 2 μ d'épaisseur, sur une longueur de 5-20 μ ou plus. Ils s'unissent les uns aux autres par des extrémités aplaties et parfois un peu dilatées, de façon à rappeler un peu les nœuds des chaumes. Au niveau des jointures se voit souvent une ligne claire transversale. On les a aussi représentés arqués et en crosse ; nous n'avons pu voir normalement cette dernière forme. Ils sont immobiles et rigides ; ils se laissent facilement pénétrer par les couleurs extraites de l'aniline, la fuchsine, le bleu de méthylène, le violet de méthyle, etc.

M. Koch a cultivé méthodiquement ce Bacille dans la chambre humide. En plaçant une gouttelette de sang charbonneux ou une parcelle de rate char- bonneuse sur une lamelle à recouvrir, on ajoute une goutte de sérum frais ou d'humeur aqueuse ; on retourne rapidement et on fixe la lamelle sur la chambre humide qui est portée à l'étuve à 35° centigrades. Après une heure ou un peu plus, on voit la croissance se produire (fig. 207), et en la suivant méthodiquement, on peut, au bout d'une douzaine d'heures, observer l'apparition des spores. Les points auxquels elles correspondent deviennent réfringents. Leur évolution est plus active vers les bords de la

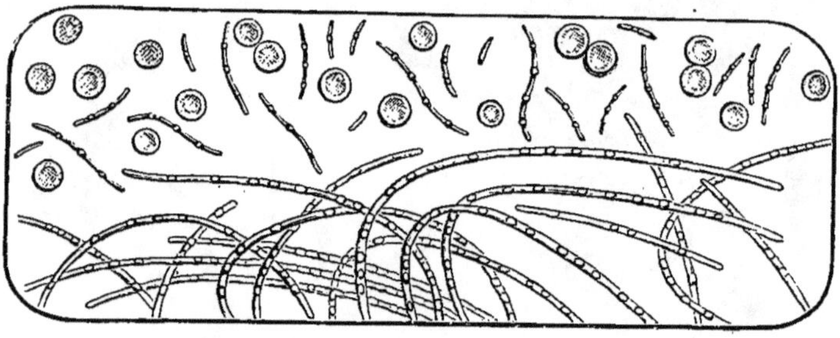

FIG. 206. — *Bacillus Anthracis*, du Sang de rate. En haut, la forme végétante avec des globules sanguins; en bas, la forme de sporulation.

goutte, là où l'accès de l'oxygène est plus actif. Finalement, l'oxygène et la substance nutritive étant épuisés, les spores tombent au fond de la goutte. Ces spores sont tuées par l'action de la lumière solaire (Arloing).

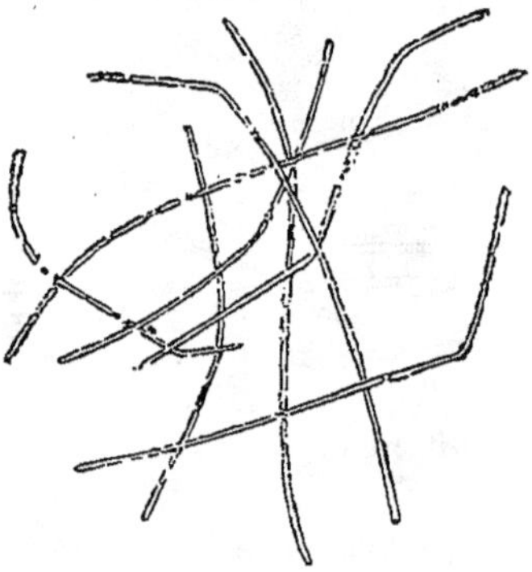

FIG. 207. — *Bacillus Anthracis*. Culture dans une goutte d'humeur aqueuse (Koch).

C'est M. Koch qui les a le premier observées et décrites en 1876. Ce sont des petits grains réfringents, ovoïdes, un peu plus étroits que le diamètre du bâtonnet. On cultive aussi le Bacille dans des liquides nourriciers. Là, son apparence se modifie considérablement : il forme des flocons filamenteux et se présente sous formes de très-longues baguettes, simples, mais enchevêtrées entre elles, avec des articles peu ou points distincts. Dans les cultures sur gélatine, les colonies ont souvent l'apparence d'un chevelu ondulé-sinueux (fig. 214). Il faut au Bacille de l'oxygène pour vivre; il l'emprunte au sang ou aux autres milieux dans

lesquels il se trouve, en les désoxydant, et il produit de l'acide carbonique.
Quand le milieu nutritif s'altère, les Bacilles de la putréfaction font dis-

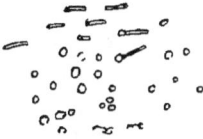

FIG. 208. — *Bacillus Anthracis*. Germination des spores dans un milieu
de culture (d'après Koch).

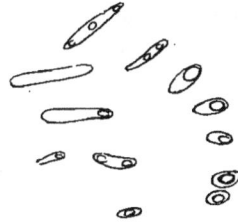

FIG. 209. — *Bacillus Anthracis*.
Germination des spores (d'après
Cohn).

paraître celui du charbon. Un froid de — 45 peut agir pendant plusieurs

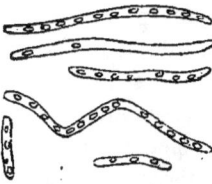

FIG. 210. — *Bacillus Anthracis*.
Formation des spores dans les
filaments.

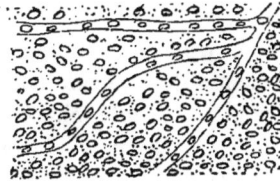

FIG. 211. — *Bacillus Anthracis*. Filaments dont les membranes sont
en grande partie détruites.

heures sur ce dernier sans le tuer, et une température de — 110° ne détruit

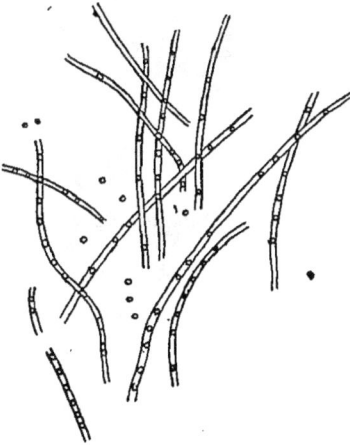

FIG. 212. — *Bacillus Anthracis* sporifère.
Tubes et spores (Dubief).

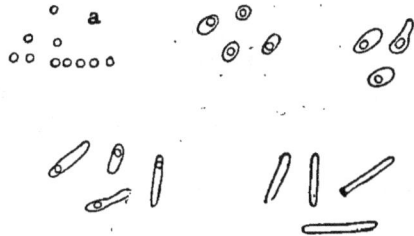

FIG. 213. — *Bacillus Anthracis*.
Évolution des spores (Dubief).

pas la virulence du sang charbonneux (Frisch). La température la plus

favorable à son évolution paraît être celle des mammifères. Il se développe
bien aussi chez plusieurs oiseaux. La poule doit, dit-on (Pasteur), être
refroidie pour que le charbon se développe dans son sang. Inversement,
les reptiles et les poissons contractent la maladie si on élève à 35° l'eau
qu'ils habitent (Gibier). Le Bacille peut être desséché sans perdre ses
propriétés. Il est tué par une température de + 50° à 55°. Mais les spores
sont plus résistantes (Pasteur et Grubert). Elles ne cèdent pas à l'action
de l'eau bouillante et peuvent, desséchées, supporter des températures de
+ 120° à 130°; l'alcool absolu ne les tue pas, tandis qu'il fait périr le Bacille. Les spores fraîchement ensemencées résisteraient moins à la lumière
solaire que le Bacille adulte [1].

Les avis sont partagés sur le mode d'inoculation du Bacille charbonneux
aux animaux. Chez l'homme, la pustule maligne, manifestation externe
de l'affection charbonneuse, se produit directement par une inoculation
quelconque, le plus souvent cutanée. La peau peut présenter quelque solution de continuité par laquelle pénètre, au contact, une petite quantité
de liquide charbonneux; ou bien la solution de continuité se produit au
moment même de l'inoculation par une foule de procédés divers. On a
accusé les mouches dites charbonneuses, de pouvoir, lorsqu'elles piquent
l'homme ou les animaux, déposer dans la plaie une petite quantité de
virus; mais rien n'est jusqu'ici moins démontré. MM. Pasteur, Chamberland et Roux ayant arrosé des lu-
zernes avec des cultures de Bacille
et des spores, ont remarqué que les
moutons nourris de ces luzernes
n'étaient qu'en petit nombre atteints
de charbon, mais que la mortalité
s'accroissait de beaucoup si des portions piquantes de végétaux étaient
ajoutées à l'aliment et déterminaient
des solutions de continuité dans la
bouche ou le pharynx. M. Koch admet, au contraire, l'inoculation par
les parois de l'intestin; il fait avaler

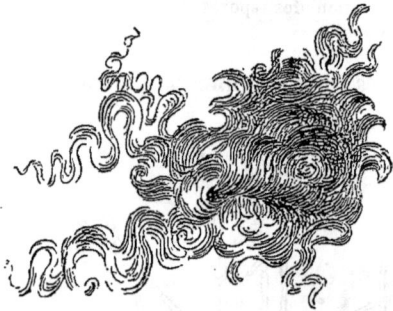

Fig. 214. — *Bacillus Anthracis*. Culture.

aux bestiaux, sans contact avec la bouche, des pommes de terre contenant,
non des Bacilles qui seraient détruits par l'action du suc gastrique, mais
des spores qui résistent aux sucs de l'estomac, et les animaux meurent du
charbon, sans lésions des premières voies. MM. Pasteur et Joubert
pensent que les troupeaux ingèrent dans les champs où ont été enfouis des

1. Cette espèce a été confondue avec le *B. subtilis*, et plusieurs auteurs les déclarent
identiques. Cependant le *B. subtilis* est mobile; il ne germe pas de la même façon que
le *B. Anthracis;* et, sans parler des propriétés pathogènes de ce dernier, les flocons
qu'il forme demeurent en général au fond des liquides de culture, tandis que ceux du
B. subtilis en occupent la surface.

animaux charbonneux, des spores du Bacille ramenées à la surface du sol par les excréments des Lombrics. M. Koch croit, au contraire, que ce

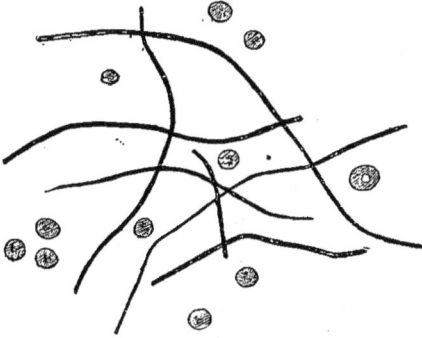

Fig. 215. — *Bacillus Anthracis,* avec globules sanguins.

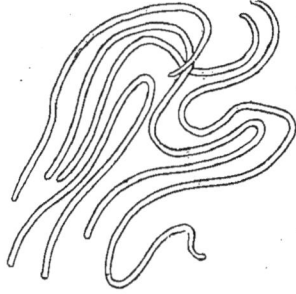

Fig. 216. — *Bacillus Anthracis,* cultivé (Dubief).

sont les inondations qui amènent les spores à la surface des prairies où les bestiaux les avalent [1].

Le *Bacillus Anthracis* se transmet de la mère au fœtus à travers le placenta, au moins chez certains animaux, comme les cobayes (Chamberland et Straus). Le bœuf s'inocule facilement par le tube digestif, peu facilement par la peau. Le lapin et le cobaye s'inoculent aisément par la peau, difficilement par le tube digestif. Le chien et le porc contractent très rarement le charbon. Le mouton est très facilement inoculable; et cependant, il est très remarquable que le sang des moutons charbon-

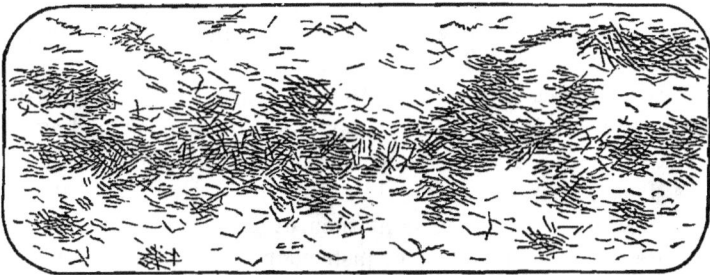

Fig. 217. — *Bacillus Anthracis.* Schizophytes du Charbon (Fol).

neux de France s'inocule impunément aux moutons d'Algérie (Chauveau).

Comment se comporte le *Bacillus Anthracis* dans l'économie des animaux non réfractaires? Il se répand par tout le système vasculaire, notamment dans le poumon (fig. 219), le tube digestif (fig. 220), le rein,

1. Les spores ne se forment pas dans le corps des animaux vivants.

le foie, la rate qui est épaissie, diffluente, noirâtre (d'où le nom de *Sang de rate*). De la Pustule maligne et de son pourtour, il passe jusque dans les capillaires sanguins de tous les organes. Toussaint admettait que dans les capillaires, il obstrue la circulation. M. Pasteur pense qu'il y agit en dépouillant les globules du sang de leur oxygène et en produisant par suite l'asphyxie[1]. On a dit encore, comme nous verrons, que la maladie produite était due à la sécrétion d'une substance toxique par le Bacille ; sans parler de l'opinion qui veut que le Bacille ne se développe dans le sang

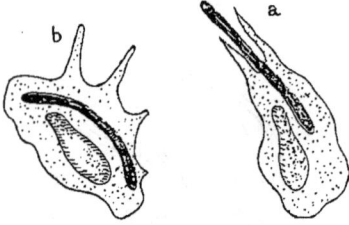

FIG. 218. — *Bacillus Anthracis*, absorbé par les globules blancs du sang de la grenouille (Metschnikoff).

que parce que celui-ci est préventivement altéré.

Il est naturel qu'on ait songé aux moyens de détruire le Bacille quand il existe dans l'économie. On sait qu'il est expulsé par les microphytes de la septicémie ; que la présence des Bacilles de l'anthrax dans le sang arrête son développement, etc.; mais ces faits ne sont pas jusqu'ici applicables à la pratique. On n'a guère pu non plus prescrire à l'homme ou aux animaux atteints de charbon des médicaments qui tueraient le Bacille sans nuire au malade. On en proposera certainement beaucoup. Davaine avait préconisé la teinture d'iode, mais seulement dans le cas de Pustule maligne. Mais on a eu l'idée d'atténuer par des procédés divers le virus charbonneux, et cette idée appartient à un vétérinaire français, Toussaint, quoique bien des auteurs l'attribuent à M. Pasteur. Nous étant imposé la loi de ne jamais, dans cet ouvrage, juger cette personnalité célèbre, nous nous bornons à reproduire, sur cette question, le jugement du professeur H. Fol. « C'est Toussaint, dit-il, qui le premier a su atténuer le virus charbonneux par la culture à de hautes températures, et en a fait un bon vaccin pour le mouton. Il l'a prouvé par des expériences convaincantes. M. Pasteur a attaqué bien à tort la théorie de l'atténuation de Toussaint ; il emprunta ses procédés, mais prétendit les expliquer par l'action de l'oxygène sur les virus. Il passa aux yeux du public pour avoir découvert l'atténuation du virus charbonneux, et Toussaint mourut dans le désespoir et l'oubli. La postérité sera certainement plus juste pour lui que ne l'ont été ses contemporains. Chauveau a raconté récemment que l'oxygène, contrairement

1. De Bary a établi pourquoi on doit « repousser cette opinion, souvent soutenue, que le Bacille a une action purement mécanique, qu'il enlève au sang vivant... tout l'oxygène que ce sang contient. Il est plus naturel de dire que l'action du Bacille est une action toxique... due à un virus... Cela étant posé, il faut admettre encore que ce virus est sécrété ou éliminé par le Bacille, sans quoi il n'agirait pas. C'est ce que semble prouver l'observation de M. Metschnikoff sur l'assimilation rapide du Bacille par le globule blanc (fig. 218), lorsque le premier n'a pas une grande virulence ». D'après M. Chauveau, les Bactéries atténuées disparaissent dans le poumon et le foie.

aux assertions de M. Pasteur, n'est pour rien dans l'atténuation par la chaleur. Au contraire, l'affaiblissement se produit plus facilement à une température élevée lorsque l'oxygène est absent. C'est à la température ordinaire que l'action atténuante se fait le mieux sentir, mais elle exige un temps assez long. » Chez les bestiaux, l'inoculation du virus atténué,

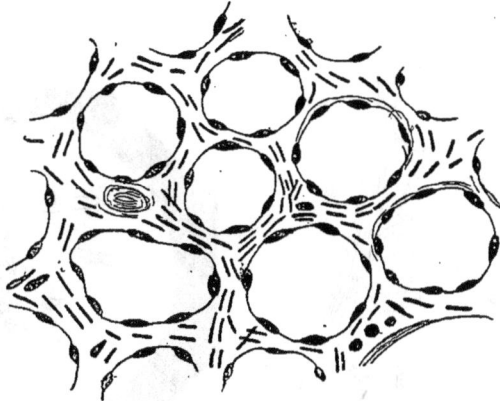

Fig. 219. — *Bacillus Anthracis*, dans le poumon d'un cobaye.

quelquefois mortelle, confère l'immunité ; mais « elle ne paraît pas excéder la durée d'une année [1] ».

Nous nommerons *Bacillus Chauvæi* le microphyte qui a été observé dans la maladie appelée par Chabert (1782) *Charbon essentiel*, et qu'on a nommée depuis *Charbon symptomatique*, *Charbon emphysémateux*, *Mal de montagne*. MM. Arloing, Cornevin et Thomas ont donné à la plante le nom de *Bacterium Chauvæi;* mais dans son état le plus parfait, elle se présente sous forme de bâtonnets au moins quatre ou cinq fois aussi longs que larges, et souvent bien davantage (fig. 221). Ces bâtonnets sont, en effet, longs de 5 à 10 μ sur 1 μ environ d'épaisseur. Ils sont très mobiles. Les plus grands ont des mouvements oscillatoires et présentent à une ou aux deux extrémités un renflement qui répond à une spore. Dans le cas d'une seule spore, le bâtonnet est donc claviforme (fig. 222). La teinture d'iode le colore en violet, et il résiste à l'action des acides et des alcalis. Dans l'alcool,

1. M. Koch avait « déclaré, il y a quelques années, que la vaccination charbonneuse préconisée par Pasteur, ne conférant qu'une immunité insuffisante contre l'infection naturelle, d'une action préservatrice de trop peu de durée, ne pouvait être considérée comme utilisable dans la pratique. Depuis cette époque, ajoute-t-il, la méthode des inoculations charbonneuses n'a reçu, ni de Pasteur ni d'aucun autre, de perfectionnement notable, et, à ma connaissance, on n'a fourni de sa valeur pratique aucune démonstration nouvelle. Je n'ai donc eu aucune raison de modifier ma manière de voir à ce sujet ». M. Pasteur ayant écrit que M. Koch avait changé d'opinion, celui-ci répond cette année : « J'ai jugé indispensable de ne point laisser s'accréditer une pareille erreur au sujet de mes idées sur la question, et d'affirmer énergiquement, contrairement au dire de Pasteur, que je n'ai, *en aucune façon, modifié mon opinion*

il se colore par le violet d'aniline, ou bien c'est la spore seule qui se colore. On n'a pas pu s'empêcher de remarquer que les caractères physiques de ce microphyte sont souvent absolument ceux du *B. Amylobacter* et que l'inoculation seule peut les différencier; nouvel exemple de peu de valeur de la théorie dite de la spécificité des germes. Il y a aussi dans le

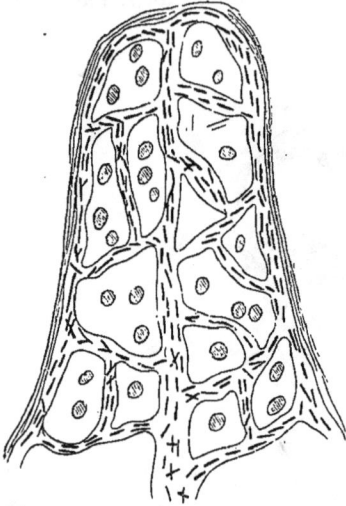

FIG. 220. — *Bacillus Anthracis*, dans une villosité intestinale.

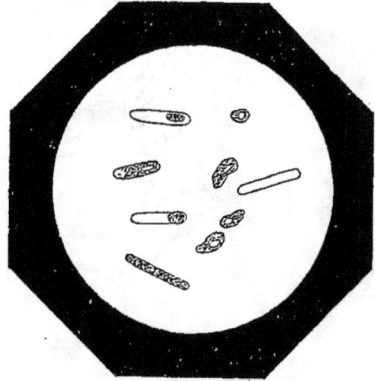

FIG. 221. — *Bacillus Chauvæi* (Arloing, Cornevin et Thomas).

Charbon symptomatique, des *Micrococcus* mobiles auxquels les vétérinaires n'accordent qu'une importance secondaire. Tous ces végétaux se trouvent dans des tumeurs musculaires noires, crépitantes; ce n'est qu'ultérieurement qu'on les rencontre dans le sang. La maladie est environ dix fois

sur la valeur pratique des inoculations charbonneuses ». M. Pasteur ayant écrit qu'en France, plus de deux cent mille moutons vaccinés annuellement présentent une mortalité inférieure à 1 p. 100, M. Koch donne pour l'Allemagne une tout autre statistique. A Gorsleben, par exemple, il montre que l'on perd 10 p. 100 des bovidés vaccinés; à Klonie où tous les bestiaux sont vaccinés, on perd 3. 4 p. 100 des bovidés et 5. 5 p. 100 des ovidés, et « à plusieurs reprises, on a vu des animaux *revaccinés* succomber au charbon ». A Packisch, il est mort autant d'animaux vaccinés que d'animaux non vaccinés. Et M. Koch ajoute : « Nous demandons ce qu'il faut penser d'une méthode de vaccination qui a donné, après cinq ans d'essai, de pareils résultats. Et cependant les inoculations de Packisch ont été faites conformément à toutes les indications de M. Pasteur, et avec la lymphe fournie par son agent, M. Boutroux. Il ne s'agit pas ici de milliers de bêtes; mais toutes les vaccinations sont exactement notées et les cas de mort scrupuleusement comptés; nos chiffres ont une autre valeur que les gros nombres ronds de Pasteur, dont nous ignorons absolument l'origine. Voilà tout ce que l'Allemagne peut fournir sur la question des vaccinations charbonneuses; il n'y a pas un seul résultat favorable, décisif, d'acquis. Et il ne paraît pas en être autrement dans les autres pays; s'il y avait des succès, on les publierait. » En France, nous connaissons beaucoup d'agriculteurs qui ne vaccinent pas leurs bestiaux, soit parce qu'ils trouvent le prix du vaccin trop élevé, soit parce qu'ils pensent qu'ils ne perdent pas plus de bétail en moyenne en ne vaccinant pas qu'en vaccinant.

plus fréquente que le Sang de rate. Elle atteint surtout les bœufs et les moutons. Les porcs et les chiens sont réfractaires. La virulence n'est pas détruite par un refroidissement à —130°, ni par une élévation inférieure à + 65°. La présence des Schizophytes du Sang de rate et de l'anthrax

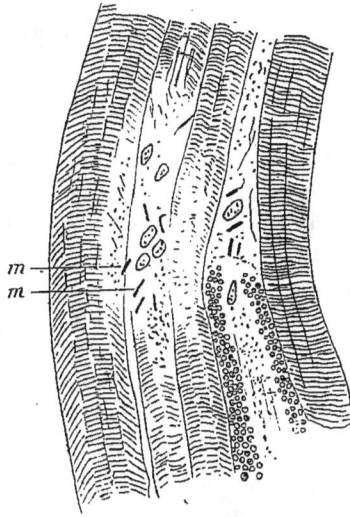

Fig.222.—*Bacillus Chauvæi* (*m, m*). Charbon symptomatique. Tumeur musculaire (Dubief).

n'entrave pas l'action du *B. Chauvæi*. On a atténué la virulence de celui-ci par les antiseptiques, les cultures successives et surtout par l'action de la chaleur.

Pour l'homme, le plus important à étudier des Bacilles pathogènes est celui de la Tuberculose (*Bacillus tuberculosus*), découvert en 1882 par

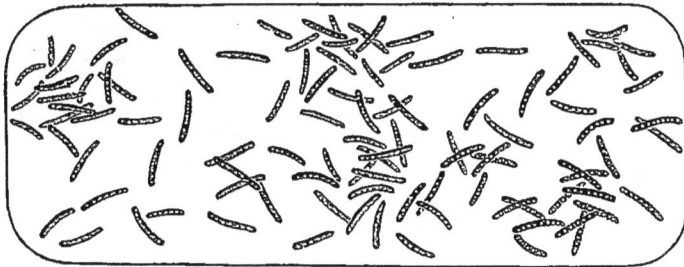

Fig. 223. — *Bacillus tuberculosus*.

M. R. Koch (fig. 223). Il est constitué par des bâtonnets à peu près cylindriques, longs de 3 à 5 μ, larges de 0μ6. Ils sont rectilignes ou légèrement arqués, parfois à peine un peu dilatés vers le milieu de leur longueur, obtus ou coupés droit à leurs deux extrémités. Sous l'influence de certaines colorations, ils apparaissent comme cloisonnés, avec une série de quelques points plus clairs, alternant avec les cloisons et qu'on a, vraisemblablement à tort, attribués à des spores. Ces Bacilles sont immobiles. Ils se cultivent bien dans divers milieux, notamment sur la gélatine et l'agar-agar glycériné; ils reproduisent la maladie chez un grand nombre d'animaux, soit par inoculation dans le sang, soit pas injection dans les voies respiratoires ou même le tube digestif, à peu près comme l'inoculation de la matière tuberculeuse elle-même, démontrée, comme on le sait, par M. Villemain. Il va sans dire qu'on cherche des médicaments qui puissent, chez l'homme vivant, détruire le Bacille sans nuire au malade. Il est vraisemblable qu'on en proposera encore beaucoup. Jusqu'ici, l'acide fluorhydrique n'a pas réalisé les espérances qu'on avait fondées sur son emploi.

Dans tous les organes affectés de tuberculose on a retrouvé le Bacille, notamment dans la peau, les os, le pus des abcès froids, tous les viscères atteints, dans leurs capillaires sanguins, souvent aussi dans les cellules épithélioïdes dont le noyau s'est seul multiplié et qu'on a nommées *géantes*. La recherche du Bacille a généralement donné des résultats négatifs dans les humeurs, urine, lait, sperme, etc., alors que les parois de leur réservoir n'étaient pas directement affectées de tubercules.

On a aussi signalé (Malassez et Vignal) une forme de tuberculose, qui serait caractérisée par des *Micrococcus* à l'état zoogléique et sur laquelle il y a beaucoup de réserves à faire[1].

Les Bacilles qu'on attribue à la lèpre sont très analogues à ceux de la tuberculose. Ils sont droits et comme noueux. Ils ont de 4 à 6 µ de long,

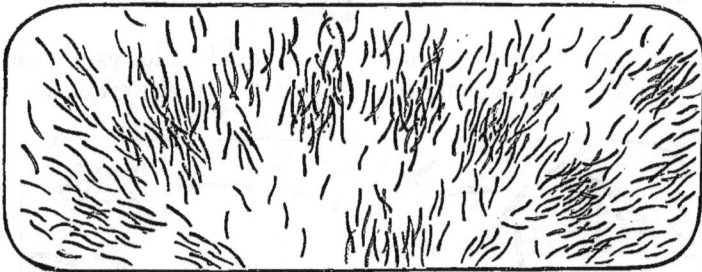

Fig. 224. — Bacilles observés dans un tubercule (H. Fol).

sur 1 µ au plus de large. Ils sont mobiles. Ils se colorent plus facilement que ceux de la tuberculose et par les mêmes moyens; mais l'hypochlorite de soude à 0.01 ne les décolore pas comme ceux de la tuberculose (Lustgarten). Ils ont pu être cultivés (Neisser), mais non encore inoculés. On dit qu'ils peuvent être encapsulés. En tous cas, dans les tubercules cu-

1. Il y a dans la tuberculose, des microphytes d'importance secondaire, dont la présence tient à des phénomènes d'inflammation ou de destruction des tissus (fig. 224), mais qui ne sont point pathognomoniques.

tanés, leur siège est profond ; une couche épaisse de tissu les recouvre; elle rend la contagion très difficile (Cornil).

Le *B. diphthericus* est le microphyte que M. Loëffler a considéré comme caractérisque de la diphtérie, et qui se rencontre dans les fausses membranes où il prédomine au début. Cultivés sur gélatine, ses bâtonnets auraient présenté un renflement au sommet avec une spore incolore dans l'intérieur. Ces bâtonnets n'ont pu être inoculés sur les muqueuses saines. Mais sur une muqueuse enflammée, il se produit à leur niveau une exsudation membraneuse et une hémorragie (Loëffler). Lors même que les animaux inoculés ont succombé, on n'a pas trouvé de Bacilles dans leur sang ; d'où l'on a conclu que l'intoxication générale, si prononcée d'ordinaire dans la diphtérie, était due à une diastase sécrétée par le Bacille.

Il y a d'ailleurs encore dans la diphtérie des *Micrococcus*, des *Streptococcus*, des zooglées, etc., dont la présence se rapporte probablement à la simple inflammation primitive des membranes. L'étude des microphytes de la diphtérie demanderait à être reprise méthodiquement ; il est probable qu'elle présentera de grandes difficultés.

Le *B. typhicus* (fig. 225-231) est le Bacille de la fièvre typhoïde, souvent

FIG. 225. — *Bacillus typhicus* (Artaud).

FIG. 226. — *Bacillus typhicus*, dans la rate.

nommé *B. d'Eberth*, du nom du savant qui l'a observé en 1870 dans les viscères des typhiques et qui en a fait depuis le sujet de plusieurs mémoires remarquables. Il est fusiforme, à peu près quatre fois aussi long que large (3-6 μ sur 0μ 8-1μ 5) avec les extrémités obtuses, ou, dans certaines formes, aiguës; ce qui lui donne l'apparence d'une navette. Dans les préparations colorées, qui se font difficilement, car le Bacille n'absorbe pas bien les matières colorantes, notamment celles d'aniline, on distingue souvent au Bacille trois parties : une moyenne incolore, et deux extrêmes plus foncées. Ces dernières ont été considérées comme des spores par M. Gaffky qui a vu aussi le bâtonnet à peu près cylindrique.

Mais il n'y a probablement là que des différences de teinte dues au mode de préparation; et la zone moyenne qui ne] se colore pas, est une portion du bâtonnet de laquelle le phytoblaste paraît s'être retiré, comme d'une portion morte et suivant laquelle va peut-être se produire la scission en deux parties secondaires. Aussi voit-on assez souvent deux bâtonnets jeunes placés bout à bout, sans que pour cela il existe la moindre spore. Ces Bacilles sont mobiles et sécrètent des liquides particuliers sur les propriétés desquels les opinions varient. On peut constater la présence de ce Bacille sur le vivant, soit dans le sang extrait des papules rosées (Nechauss), soit dans un fragment de rate extrait par ponction capillaire. Il existe dans l'urine alors qu'il y a albuminurie, et dans les eaux auxquelles on attribue la contagion de la maladie. Il se cultive de diverses façons et notamment sur la gélatine peptonisée où il produit des colonies de forme variable (fig. 228, 231). Les spores, qui occupent le sommet du

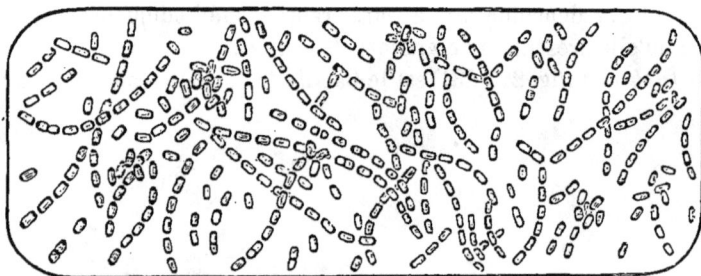

FIG. 227. — Bacilles dits de la fièvre typhoïde (Fol), avec globules de sang, tirés d'une rate humaine.

bâtonnet (fig. 230), sont arrondies, très réfringentes (d'où une grande ressemblance de ce *Bacillus* avec le *B. Amylobacter*). Elles résistent, dit-on, à une température de 80 et 90° et à la dessiccation. On a extrait de leur masse une subtance très toxique, la *Typhoxine*, que l'on considère comme un alcaloïde (Brüger). Le sublimé, l'acide phénique et un grand nombre d'autres antiseptiques arrêtent les cultures de ce Bacille. Les inoculations aux animaux donnent des résultats négatifs; mais certains d'entre eux (moutons, chiens et chats jeunes, cobayes) sont tués par l'ingestion des cultures. Le sang d'un chat tué par le sang du cadavre d'un cobaye typhique cultivé, est très virulent pour le lapin qui meurt nettement typhique. Mais la communication de la fièvre typhoïde de l'homme aux animaux ne s'obtient pas directement; le microphyte typhique a besoin, pour se développer, de deux milieux différents : un liquide de culture et un chat, un liquide de culture et un cobaye, un chat et un lapin, par exemple (Tayon).

1. Il y a là aussi des Bacilles d'importance secondaire (fig. 227) auxquels on a quelquefois attribué la fièvre typhoïde.

On tue souvent, mais non constamment, les animaux par des inoculations, dans le tissu cellulaire ou le péritoine, de Bacilles typhiques cultivés.

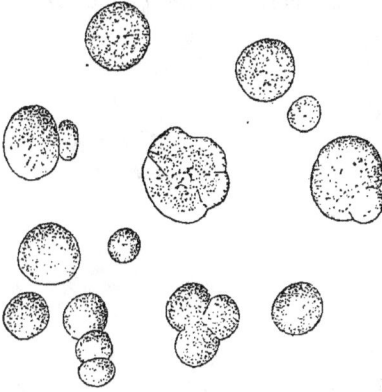

FIG. 228. — *Bacillus typhicus.*
Colonies de culture

FIG. 229. — *Bacillus typhicus*
(Dubief).

Il y a un grand nombre d'autres Bacilles dits pathogènes, et de Bacilles très-divers observés dans les substances putréfiées. Nous traiterons ultérieurement de ceux qui sont dits Bacilles de la septicémie. Tels sont encore, à ce qu'il semble, ceux que Martineau, MM. Klebs et Lustgarten ont observés dans la syphilis. MM. Klebs et Tommassi Crudelli ont décrit dans la malaria des bâtonnets « longs de 2-7 μ, s'allongeant en filaments qui se segmentent en articles plus courts, pouvant se mettre en spores au centre, à une extrémité ou dans toute leur longueur.

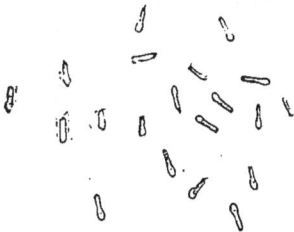

FIG. 230. —*Bacillus typhicus.*
Sporulation (Chantemesse et Vidal).

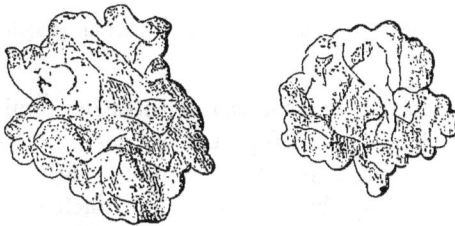

FIG. 231. — *Bacillus typhicus.* Colonies de culture.

Le microphyte indiqué dans la diarrhée infantile verte, et qui est lui-même coloré en vert, serait aussi un *Bacillus.* M. S. Clado a étudié (1887)

une « Bactérie septique de la vessie », qui tue les animaux et n'a que
1μ 6-2μ, sur 0μ 5 de largeur, et qui appartient probablement à la même
catégorie. Le *Micrococcus* de l'urine peut se présenter, nous l'avons vu,
sous la forme bacillaire. Dans la maladie du porc dite *Rouget* ou *Erési-*

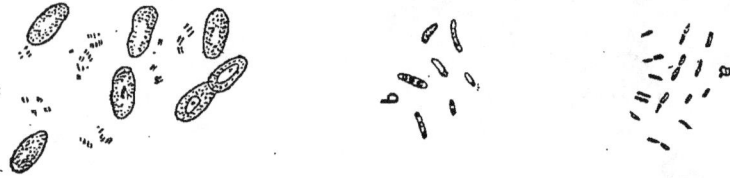

FIG. 232-234. — Schizophytes du Rouget du porc.

pèle malin, on a observé (Klein) un Bacille qui a été comparé aux *Bacillus
Anthracis* et *subtilis,* de même qu'au *Leptothrix* de la bouche (fig. 233-
235). D'autres n'y ont vu que des microphytes arrondis ou en forme
de 8 (fig. 232). Aussi a-t-on pensé qu'on a confondu sous un seul et même
nom plusieurs maladies distinctes du porc.

Davaine a décrit dans la fermentation du pain, dont nous parlerons
plus loin, une *Bactérie du levain,* qu'il a crue identique à celle du charbon et qui, divisée en 2-4 articles, atteint 10-20 μ de long. Il a fait

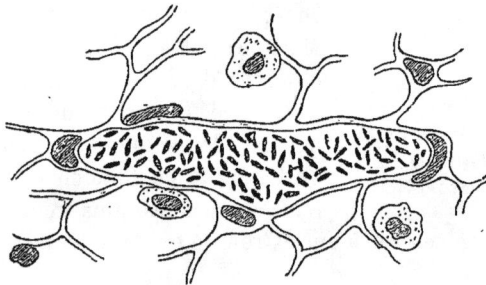

FIG. 235. — Schizophytes du Rouget du porc, dans un ganglion (Klein).

connaître, chez les oiseaux, une *Bactéridie intestinale* qui est un Bacille
épais et rectiligne, long de 10-40 μ; une *B. des infusions,* longue de
10-20 μ; une *B. glaireuse,* à filaments droits et courbés, longs de 10 μ;
une *B. des vins tournés,* ténue, flexible, indistinctement articulée et
de longueur très variable. Ce sont tout autant de *Bacillus* et dont plusieurs
passent même à la forme de *Leptothrix.* Le *B. ruber* de M. Cohn, qui se
développe sur le riz, est enveloppé d'une substance muqueuse rouge; il est
très mobile et formé de longs bâtonnets isolés ou réunis par 2-4, etc., etc.

Leptothrix.

Rien n'est plus mal défini que ce genre de Schizophytes, l'un des plus anciennement connus cependant, et celui dont l'étude serait vraisemblablement la plus instructive. C'est Leeuwenhoek qui, au moment même de la découverte du microscope, a observé dans le tartre dentaire le *L. buccalis* CH. ROB. (fig. 236, 237) ; et le genre *Leptothrix* avait été établi par Kützing, comme caractérisé par « des filaments non rameux, ni engaînés, ni cohérents ». Le *L. buccalis* a encore été nommé *Algue filiforme de la bouche*. Il habite la surface de la langue, les interstices des dents, la cavité des dents cariées. Il y a même longtemps qu'on admettait qu'il pouvait passer dans les liquides de l'estomac et de l'intestin. En examinant les substances sur lesquelles il croît, on aperçoit des masses demi-transparentes et finement granuleuses, légèrement jaunâtres et hérissées de petits filaments en forme de baguettes droites, ayant une extrémité libre et l'autre implantée dans la masse granuleuse (Ch. Robin). Il y a aussi beaucoup de filaments isolés, nageant, droits ou légèrement courbes, de même épaisseur dans toute leur longueur, peu flexibles. Quelques-uns sont courbés à angle droit. Leur extrémité n'est pas ou est à peine effilée. On ne voit pas facilement de traces de cloisons transversales dans les

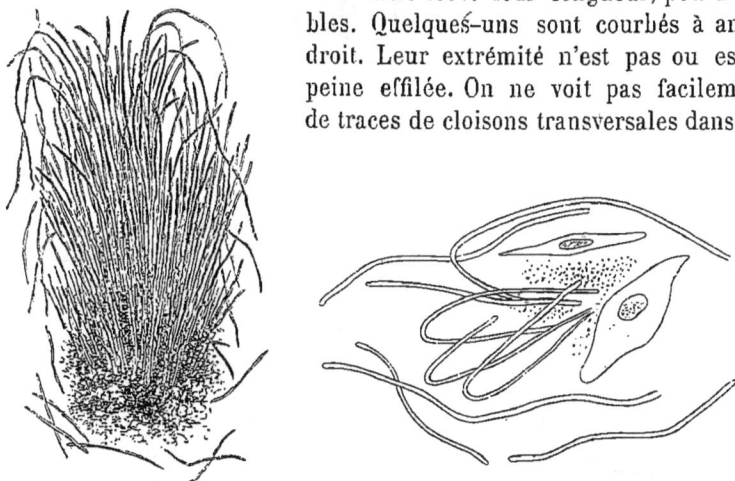

FIG. 236, 237. — *Leptothrix buccalis*.

filaments, si l'on ne colore pas ces derniers. Leur intérieur est transparent. Cependant Ch. Robin y a vu de très petits granules ronds et placés de distance en distance. Quand on laisse s'accumuler la matière blanche quise trouve dans l'interstice des dents, les filaments peuvent atteindre 1 millimètre de long sans augmenter d'épaisseur. Ce *Leptothrix* se cultive, mais non dans un milieu acide. Il liquéfie la gélatine. On ne connaît pas ses organes de reproduction. Il ne paraît exercer aucune action sur la santé.

Son étude est très favorable comme introduction à celle des Schizophytes en général. Il y a beaucoup d'autres microphytes dans le contenu des dents cariées : des *Microccocus, Bacillus, Streptothrix, Spirillum*, etc. (fig. 238). On leur a attribué la production de la carie dentaire, parceque, a-t-on dit, dès que la surface de la dent est dénudée de son émail en un point même très restreint, la dentine se ramollit sous l'influence des acides salivaires, et les Schizophytes peuvent pénétrer dans les canalicules. On y en trouve, d'après Miller, cinq espèces différentes. Il y en a bien davantage (Vignal), entre autres les *Bacillus Termo*, le *Vibrio Rugula* et le *Microccocus pyogenes*. Tous peuvent pénétrer dans l'estomac ; ils y sont rapidement détruits par le suc gastrique[1].

Fig. 238. — Bactéries de la bouche, dans les dents cariées (Miller).

On a trouvé de nombreux *Leptothrix* différents de celui-ci dans le tube digestif d'insectes, surtout aquatiques. Kützing en a décrit plusieurs autres dans les eaux stagnantes (*L. brevissima, L. rigidula*), sur les roches humides (*L. cæspitosa*), sur les Algues marines (*L. radians, L. parasitica, L. spissa* RABENH.).

Beggiatoa.

Attribué à des groupes très divers, ce genre paraît bien voisin des *Leptothrix*. Il est caractérisé par des filaments fins, recouverts d'une substance muco-gélatineuse, rigides et doués de mouvements oscillatoires. Leur phytoblaste est bien distinct du phytocyste, incolore ou blanchâtre, et il renferme de nombreuses granulations formées de soufre à l'état cristallin, qu'on peut dissoudre par le sulfure de carbone ; d'où le nom de *Sulfuraires*. Ce fait s'explique par l'habitat ordinaire des *Beggiatoa* qui se trouvent dans les eaux thermales sulfureuses, dans les résidus des fabriques ou en général dans les eaux stagnantes ou salées qui dégagent une odeur d'hydrogène sulfuré. Leurs colonies forment la matière floconneuse qu'on nomme souvent *Barégine* et *Glairine*.

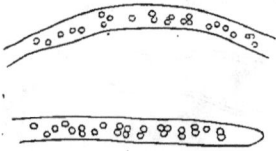

Fig. 239. — *Beggiatoa alba* (Warming).

1. C'est à ces organismes que M. Miller (*Der Einfluss auf d. Caries d. menschl. Zahn*, in *Arch. Exp. Path.* (1882, XV) attribue la carie des dents. M. Lewis a aussi décrit dans la salive un Bacille-virgule en 1884 (*Memorandum on the comma-shaped Bacillus*, etc.).

Le *B. alba* Trevis. est l'espèce la plus connue du genre. Elle forme sur le sol qui a été en contact avec les eaux dont il est question plus haut une couche limoneuse et muqueuse, blanchâtre. Les filaments incolores qui y sont renfermés ont de 1 à 4 μ d'épaisseur ; ils deviennent souvent libres et plus ou moins fragmentés. Ces filaments sont en réalité formés d'articles peu distincts, qu'on rend visibles en les traitant par l'aniline ou en chauffant la plante dans le sulfate de soude ou la glycérine. Celle-ci dissout en partie les granules que le sulfite de soude fait disparaître totalement.

Il est certain aujourd'hui que les filaments des *Beggiatoa* se résolvent en *Micrococcus* (sans parler des divisions longitudinales qu'on a aussi observées dans ces plantes), et aussi que les filaments fixés peuvent, vers leur extrémité libre, se courber ou se contourner en spirale. Tous se meuvent en exécutant des mouvements de reptation. M. Zopf a démontré que, suivant les circonstances, les *Beggiatoa* présentent des filaments, des bâtonnets droits ou spiralés, des formes de *Spirillum* portant des cils (on les a nommés *Ophidomonas*), des phytocystes orbiculaires, des spores et aussi la forme zoogléique.

Ces plantes réduisent les sulfates des eaux qu'elles habitent, fixent le soufre et dégagent de l'hydrogène sulfuré. Le soufre libre s'y combine avec la matière organique pendant la vie. Après la mort, on croit que le soufre intracellulaire n'est plus converti en hydrogène sulfuré[1]. D'autre part, l'hydrogène sulfuré forme avec le fer que peut renfermer la plante du sulfure de fer qui colore en noir la paroi des *Beggiatoa*. Il y a dans les eaux thermales d'autres espèces du même genre, dont nous parlerons tout à l'heure. On ne saurait, malgré de grandes différences, méconnaître certains caractères qui rapprochent les *Beggiatoa* des Oscillaires, ordinairement rapportées, parmi les Algues, au même groupe que les *Nostoc* (Schizophycées).

Quoi qu'il en soit, le *B. nivea (Hygrocrocis nivea* Kuetz. — *Leptomitus niveus* Agh. — *Leptonema niveum* Rabenh. — *Oscillaria punctata* Menegh. — *O. sulfuraria* Jol.) (fig. 240, 241) est l'espèce qui caractérise le plus souvent par sa présence la matière des eaux sulfureuses dont Bordeu disait dès 1746, que : « il y aurait beaucoup de recherches à faire par rapport à ces glaires » et que « le temps nous apprendra beaucoup. » C'est Vauquelin qui lui a reconnu une nature véritablement organique,

---

1. Il y a déjà longtemps que ces faits ont été découverts par un pharmacien de Forcalquier, M. Plauchud, de sorte que nous n'avons pas à parler des auteurs qui ont cru récemment les avoir signalés les premiers. Dans son remarquable mémoire (*Journ. pharm. chim.*, sér. 4, XXV, 180) et dans ceux qui lui ont fait suite, M. Plauchud a péremptoirement démontré que c'est exclusivement aux Sulfuraires vivantes que les eaux chargées de sulfates doivent leur transformation en sulfures. Les matières organiques amorphes corrompent l'eau, mais ne la sulfurent pas. L'odeur sulfhydrique que dégage la bouche des personnes saines ou malades est due à l'action des microphytes des gencives et des dents sur des sulfates. Il se produit des faits analogues dans les eaux ferrugineuses crénatées ou apocrénatées. Elles « reconnaissent également comme facteurs des êtres microscopiques d'une nature à peu près identique ». (J. Duval.)

en la qualifiant de « matière animale » très analogue à l'albumine et à la gélatine animales et possédant, comme elles, tous les caractères d'une substance fortement azotée. Gimbernat lui avait donné le nom de *Zoogène*. C'est Longchamps qui, en 1823, l'a appelée Barégine ; et douze ans après, Turpin distingua la substance des eaux de Néris, formée de *Nostoc thermalis*, et la glairine de Barèges, substance transparente, presque in-

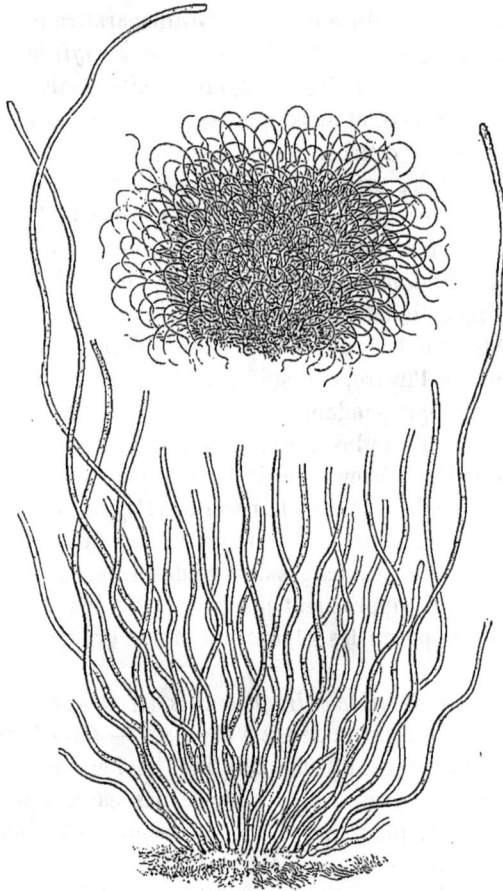

Fig. 240, 241. — *Beggiatoa nivea*.

colore, amorphe et gélatineuse. Fontan a distingué dans la barégine deux choses : la glaire amorphe et azotée, et un végétal confervoïde voisin des *Arabaina*, spécial aux eaux sulfureuses et que, pour cette raison, il nomme Sulfuraire.

La matière glaireuse a reçu les noms de *Glairine, Géline, Barégine, Pyrénéine, Daxine, Luchonine, Saint-Sauverine, Sulfurhydrine, Sulfurose, Sulfomucose* et *Sulfodiphtérose*. Elle fait rarement défaut dans les eaux sulfureuses des Pyrénées, mais elle n'y a été trouvée que dans des eaux sulfureuses. Elle se rencontre au milieu même des eaux, hors du contact de l'air, plus rarement hors de l'eau, rarement dans les eaux dont la température s'élève au-dessus de 70°. On l'a comparée à du mucilage, au frai des grenouilles, à l'humeur vitrée. Il y en a de nombreuses variétés, principalement au point de vue de la consistance (filandreuse, floconneuse, muqueuse, membraneuse, compacte, stalactiforme). Elle est généralement presque incolore, blanchâtre, parfois colorée en jaune, en rouge, en brun ou en vert, soit parce qu'elle est altérée, soit parce qu'elle renferme des plantes qui lui donnent ces teintes. Son odeur est d'abord fraîche, simplement sulfureuse, puis elle devient fade, parfois aromatique, le plus souvent infecte. Il y a un moment où il s'y montre de fins granules plus ou moins foncés, puis des filaments hyalins extrêmement ténus. Elle renferme aussi des cristaux de soufre, de la silice, etc. Beaucoup d'observateurs ont pensé que la glairine provient de la destruction des plantes qui se trouvent dans les eaux, ou bien qu'elle est un produit d'excrétion de ces plantes. La principale de celles-ci avait été indiquée dès 1782 par Villan, sous le nom de *Byssus lanuginosus*. C'est elle que Fontan nomme Sulfuraire. Elle se présente sous forme de filaments très grêles, de longueur très variable, lisses ou disposés en épis, en houppes, en crinières, parfois radiés à partir d'un support commun, d'une sorte de noyau, de consistance mucilagineuse ou gélatineuse sur lequel sont portés ces filaments. Ce sont des tubes à paroi mince, à cavité remplie de globules de soufre, égaux en volume et placés bout à bout. Ces corpuscules, rendus libres par la destruction du phytocyste, peuvent s'agglomérer de façons très diverses. Quant à la portion libre des filaments, droite, plus ou moins arquée ou recourbée, elle exécute des mouvements qu'on a attribués au liquide ambiant, mais qui appartiennent bien à la plante elle-même et qui paraissent incontestables (Joly). On admet que cette plante ne se développe que là où l'eau sulfureuse peut s'aérer et ne s'élève pas comme température au-dessus de 50°. A une température plus élevée, elle disparaît en général et il se forme des dépôts de soufre. La Sulfuraire est blanchâtre, opaline et presque transparente; elle ne se colore en brun que quand elle est altérée. Si elle devient rouge ou verte, cela est dû à la présence de certaines Algues qui viennent s'ajouter à elle. A ces caractères nous reconnaissons le *Beygiatoa nivea* RABENH. (fig. 240, 241), distingué scientifiquement dans le genre par un stratum floconneux, cespiteux, flottant, blanc; des trichômes très grêles (0ᵐ00005 à 0ᵐ00006 de diamètre), hyalins très obtusément fasciés-articulés; un cytioplasme homogène-granuleux, puis fascié-infracté.

On trouve aussi dans les eaux sulfureuses le *B. alba* (*B. punctata* TREVIS. — *Hygrocrocis Vandelli* MENEGH. — *Oscillaria alba* VAUCH.), dont il a été question plus haut (p. 174), à stratum muqueux, d'un blanc sale ou crétacé, avec trichomes hyalins et continus, et cytioplasme granuleux (diamètre : 0ᵐ00013 à 0ᵐ00015);

Le *B. leptomitiformis* MENEGH. (*Oscillatoria leptomitiformis* MENEGH.), à stratum muqueux ténu, d'un blanc crayeux, avec trichômes très grêles, indistinctement articulés, hyalins, subincolores, et à cytioplasme incolore, obscurément granuleux (diamètre : 0^m00007 à 0^m00009).

Le *B. arachnoides* RABENH. (*Oscillaria arachnoides* AGH. — *O. versatilis* KUETZ.), à stratum muqueux, membraneux, très ténu, arachniforme, neigeux, crustacé, à trichomes épaissement intriqués, se mouvant en avant, distinctement articulés, obtus au sommet légèrement arqué ; les articles subégaux comme diamètre ou doubles environ en épaisseur les uns des autres ; à cytioplasme blanchâtre, granuleux-opaque (diamètre 0^m002 à 0^m0026).

On cite encore le *B. tigrina* RABENH. (*Oscillaria tigrina* RŒM.), dans les boues et sur les boiseries des sources thermales ; le *B. OErstedii* RABENH. (*Leucothrix Mucor* ŒRST.), dans les boues submarines ; les *B. mirabilis* COHN et *pellucida* COHN, dans les eaux de la mer ; le *B. Lanugo* THUR. (*Leptomitus Lanugo* AGH), sur certains *Ceramium*, etc. Il y a une variété *marina* COHN du *B. alba*.

Les eaux sulfureuses contiennent un grand nombre d'êtres organisés : des crustacés tels que des *Cypris ;* des vers, tels que les Anguillules, *Phanoglene, Oncholaimus ;* des *Monas* et *Leucophra ;* des Algues-Néodiatomées, comme des Clostéries, des Navicules, des *Eunotia, Frustulia ;* des Oscillatoires, des *Hygrocrocis, Fischeria, Mougeotia, Ulothrix, Anabaina* et *Protococcus* (J.-L. Soubeiran).

Nous devons rapprocher des *Beggiatoa* les *Crenotrix* qui, depuis les recherches de M. Zopf, sont aussi caractérisés par des états divers comparables à ceux que parcourent successivement les *Beggiatoa*. Il y a des *Crenotrix* dans un grand nombre d'eaux minérales, entre autres ferrugineuses ; mais on les observe également dans des eaux de toute provenance, même dans des eaux d'infiltration jusqu'à vingt mètres de profondeur. Le mieux connu est le *C. Kuhniana*, qui, à l'état le plus développé, se présente sous forme de filaments grêles (3-6 μ de largeur), longs de près d'un centimètre. Par une de leurs extrémités, ces filaments sont fixés à un substratum et demeurent droits ou légèrement arqués. Plus haut, le filament est formé d'une série de phytocystes-tubules, souvent à peu près aussi longs que larges. Leur paroi est latéralement tapissée en dehors d'une couche superficielle qui se colore, à partir d'un certain âge, en jaune brun ou en brun verdâtre, grâce aux sels de fer dont elle est pénétrée. Très souvent les tubes se segmentent en travers et sont ainsi réduits en fragments qui forment des masses floconneuses dans le liquide. La division a lieu dans tous les sens, de façon que les tubes se divisent en autant d'éléments à peu près égaux selon tous les diamètres et s'arrondissent même d'une façon régulière. C'est l'état qui répond à celui de Micrococques. La segmentation des tubes en travers produit des disques, et la division longitudinale de ceux-ci donnent des phytocystes arrondis, pres-

12

que réguliers, de petite taille. On voit aussi les disques se gélifier à leur sommet, et là s'ouvrir pour laisser échapper des spores qui peuvent germer dans l'eau et reproduire des filaments semblables à ceux dont elles sont dérivées. Souvent leur paroi se gélifie en dehors et forme là une épaisse couche de mucilage. Ainsi se constituent des zooglées, très petites en général, parfois larges de près d'un centimètre. M. Zopf a vu alors ces phytocystes entrer quelquefois en mouvement, puis revenir à l'état de repos. Au début les zooglées sont incolores, hyalines. Mais bientôt elles se colorent par le fer dont elles sont imprégnées, de la même façon que les tubes. Chaque phytocyste de la zooglée peut alors s'allonger en tube. La multiplication de ce *Crenotrix* peut être rapide. Il peut envahir les conduites d'eau, les obstruer d'un épais mucilage ferrugineux qui oblitère leur canal. Dans un réservoir où l'eau est au repos, le fond peut se recouvrir d'une couche de *Crenothrix* épaisse de près d'un mètre; et l'eau peut cesser d'être utilisable, bien que le *Crenothrix* lui-même ne soit pas réputé dangereux pour la santé.

Vibrions.

On a jadis donné ce nom et celui de Vibrioniens à tous les Schizophytes, quels qu'ils fussent, surtout quand ils étaient observés dans quelque milieu de fermentation. Plus tard on l'a réservé à ceux qui sont courts et en même temps ondulés. On les comparait à de petits serpents dont les ondulations, et par suite la forme générale, varient d'un moment à l'autre. Aujourd'hui M. Cohn ne conserve dans ce genre que les filaments spiralés, courts et ondulés. On a prétendu que la forme spiralée n'existe pas dans les *Vibrio*, mais que par leurs ondulations ils présentent cette apparence alors que leurs diverses portions sont sur des points différents du porte-objet du microscope.

Le *V. Rugula* Muell. (fig. 242) est caractérisé par un filament qui présenterait vers son milieu une seule courbure, faible, mais distincte. Il a souvent 8-15 μ de long et peut en atteindre jusqu'à 35 lorsqu'il est en train de se scinder. Ses mouvements semblent être ceux d'une rotation plus ou moins vive autour de son grand axe. On voit la plante progresser en avant, et elle donne alors la sensation d'un mouvement serpentiforme. On lui accorde un cil

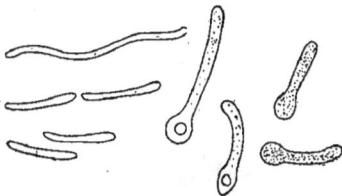

Fig. 242. — *Vibrio Rugula* (Dubief).

(Warming). Cette espèce se trouve dans les infusions les plus diverses, souvent en essaims, dans les liquides de la bouche et de l'intestin (Leeuwenhoek), dans les liquides diarrhéiques, dans l'eau de mer. On ne lui connaît pas d'influence positive sur la santé.

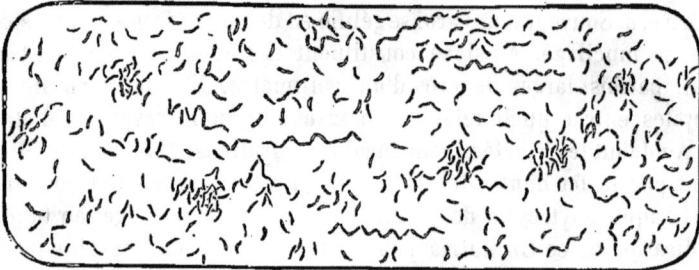

Fig. 243. — Spirilles-virgules (Vibrions) du Choléra asiatique.

Le *V. serpens* Muell. est bien plus mince que le précédent, de moitié environ. Il a de deux à quatre ondulations. Ses mouvements sont analogues à ceux du *Bacillus subtilis*, et il est pourvu d'un cil (Warming). Sa longueur est de 10-25 μ, et son épaisseur de 0 μ 7. Un de ses tours de spire est long de 8-12 μ sur 1-3 μ de diamètre. On trouve aussi cette espèce dans les cours d'eau et les infusions les plus diverses.

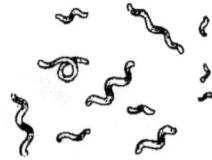

Fig. 244. — *Vibrio (Spiril-lum)*.

On ne devra peut-être pas distinguer génériquement des *Vibrio* les *Spirillum* que les auteurs en séparent à cause de leurs spirales plus rigides. On trouve dans les infusions les *S. undula* Ehrb. (? *S. rufum* Pert. — *Vibrio prolifer* Ehrb.), le *S. tenue* Ehrb.

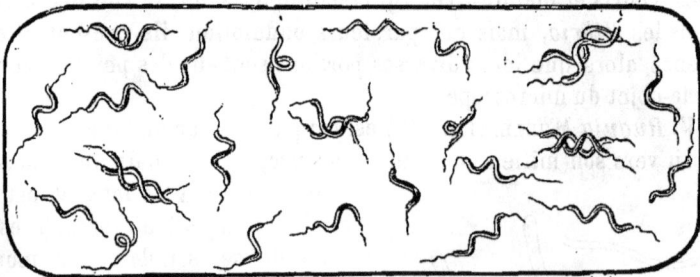

Fig. 245. — *Spirillum undula*, dans une culture.

et le *S. volutans* Ehrb., le géant du genre, car sa longueur atteint 30 μ et il forme jusqu'à trois tours et demi de spire. On a décrit aussi beaucoup de *Spirillum* dans l'eau de la mer.

C'est au même groupe générique, ainsi conçu, que nous croyons devoir rapporter le *Bacille du choléra* ou *B. virgule, B. comma* (*Kommabacil-*

lon (fig. 246-250), un de ceux qui ont le plus occupé les médecins dans ces
dernières années et qui a été découvert par M. Koch. Il est souvent arqué
en forme de croissant ou de virgule, long en ce cas d'environ 3, 4 μ, sur 0 μ
8-1 μ de large. Fréquemment aussi, dans les cultures, on voit deux de ces
croissants placés bout à bout et en direction inverse, figurant un S par
leur réunion. Ailleurs, la plante est plus complète encore, et l'on a sous
les yeux une chaîne plus ou moins longue, formée d'articles tous concaves

Fig. 246, 247. — *Vibrio cholericus.*

d'un même côté, ou alternativement convexes et concaves d'un même côté.
Dans les cultures, il n'est pas rare de voir à chaque extrémité d'un article
une petite masse sphérique de 3, 4 μ de diamètre, hérissée de saillies
plus petites encore. On a admis que c'est là une déformation du microphyte, une « forme involutive » qui se produit dans les cas où le milieu

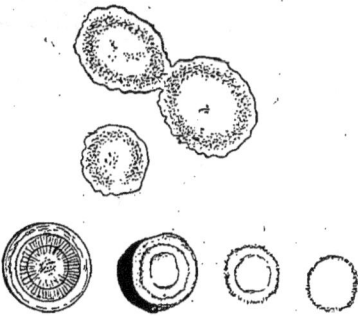

Fig. 248. — *Vibrio cholericus.*
Colonies de culture (Cornil).

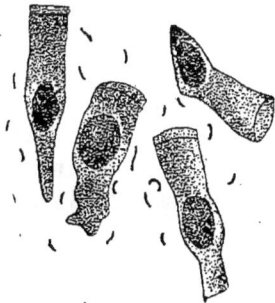

Fig. 249. — *Vibrio cholericus,*
dans l'intestin (Doyen).

ambiant est défavorable à l'évolution du microphyte. Celui-ci ne se développe bien que de 16 à 40°. Il est tué en une demi-heure par une température de 50 à 55°, mais il est encore vivant à — 10°. La dessiccation le
tue, de même qu'un milieu acide. Aussi est-il détruit par l'action du suc

gastrique. On ne l'a observé que dans l'intestin. On a fait périr des cobayes en leur injectant dans le tube digestif des liquides contenant le *Vibrio cholericus*, en même temps que des solutions alcalines. On cultive bien le microphyte à l'état de colonies, et l'on observe d'abord, principalement à la surface des milieux de culture, car il ne se développe bien qu'au contact de l'air, des points opalescents qu'entoure une double zone plus claire (fig. 247, 248). Le point central devient successivement jaune, puis granuleux, et les granulations répondent à des groupes de vibrions. Les milieux de culture doivent toujours être alcalins[1]. Dans le choléra nostras, MM. Finckler et Prior ont observé un Bacille arqué qu'ils croient fort peu différent de celui du choléra asiatique; mais M. Van Ermengen

FIG. 250. — *Vibrio cholericus*.

l'a étudié de très près et lui trouve des caractères suffisamment distincts.

Spirochæte.

Ce genre a moins d'importance que le précédent pour la médecine, quoiqu'on en ait observé une espèce dans la Fièvre récurrente ou Typhus à rechutes, affection intermittente qui règne dans les districts pauvres de l'Allemagne du Nord, de la Russie et de l'Irlande. C'est le *S. Obermeieri* COHN, découvert par Obermeier en 1873. Le genre *Spirochæte* EHRB. est caractérisé par des éléments spiralés, longs et à spirales flexibles, contenant un phycochrome (Cohn). Le *S. Obermeieri* est grêle, long de 1-40 μ, à courbures très égales et à mouvements ondulatoires très rapides (fig. 253). Il se trouve dans le sang et disparaît en grande partie dans l'intervalle des accès de la fièvre récurrente. On l'a cultivé (R. Koch), et il forme dans les cultures des faisceaux qui rappellent des amas de cheveux. Les uns le disent non inoculable, et d'autres assurent qu'il a pu être inoculé au singe et déterminer chez lui la fièvre.

Le *S. plicatilis* EHRB. n'est peut-être pas spécifiquement distinct du précédent. Ses filaments sont contournés en hélice très longue (110-200 μ); ils sont susceptibles de se mouvoir en ondulant; leurs tours de spire sont très

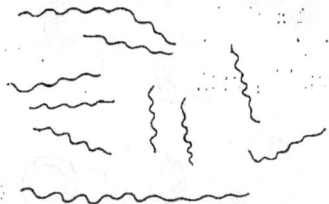

FIG. 251. — *Spirochæte*.

1. M. Emerich, qui a vu dans les selles cholériques le Vibrion en virgule, croit qu'il n'est pas spécifique et que ce rôle appartient à un *Bacterium* court et droit, qu'il a cultivé et inoculé avec succès à des animaux.

rapprochés, et leurs extrémités sont mousses. On l'a observé dans les eaux stagnantes, les infusions ; il vit aussi dans la mer.

M. Warming a trouvé sur les côtes danoises un *S. gigantea* qui n'a pas

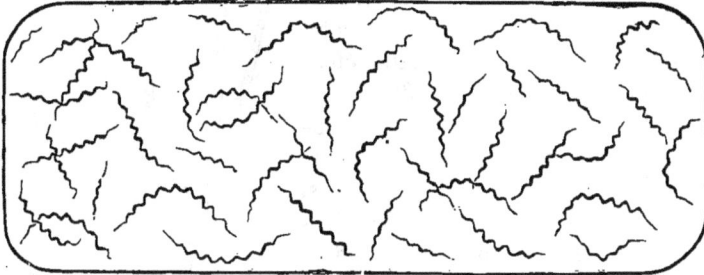

Fɪɢ. 252. — *Spirochæte buccalis*, de l'homme.

moins de 3 μ d'épaisseur et dont les tours de spire ont 25 μ de hauteur. Son phytoblaste est finement granuleux. Il y a, souvent avec le *Leptothrix*,

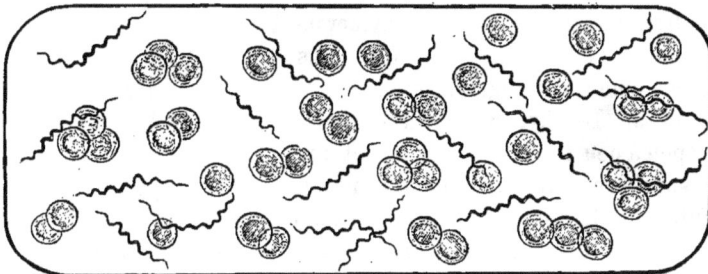

Fɪɢ. 253. — *Spirochæte Obermeyeri*, dans le sang humain.

un *S. buccalis* ou *S. dentium* (fig. 252), long de 10-20 μ, et dont les extrémités sont amincies. Mulhaüser en a décrit une espèce qui vit dans le fumier et n'a pas été cultivée (*S. tenue* Mᴜʟʜ.) ; elle est fort analogue, à ce qu'il semble, au *S.Obermeieri*.

Cladothrix.

Ce genre appartient pour M. Zopf à une famille spéciale, les Cladothri-cées, dont les représentants possèdent à la fois des cocci, des bâtonnets, des filaments et des spirales. C'est, comme nous l'avons vu (pag. 142), le fait du microphyte principal de l'urine, qui aurait été, sous ses différents états, désigné sous les noms de *Micrococcus ureæ* Cᴏʜɴ, *Bacillus ureæ* Mɪǫ. et *Bacterium ureæ* Bɪʟʟ. Le *C. dichotoma* Cᴏʜɴ (fig. 254), qui se rencontre

dans les macérations, les eaux croupies, a d'abord été connu sous forme
de filaments, semblables à ceux des *Leptothrix*, très ténus, non articulés, rigides ou légèrement ondulés, incolores. On les avait primitivement
considérés comme subdichotomiquement
ramifiés; puis M. Cohn a cru voir que ce
sont en réalité des filaments simples accolés
les uns aux autres dans une certaine étendue et se séparant au delà. Le filament a
une paroi bien distincte. Il s'épaissit souvent de la base au sommet, de façon ä être
cinq à sept fois plus gros en haut qu'en bas.
D'après M. Billet, son protoplasma, jusqu'alors homogène dans toute l'étendue du
phytocyste, se contracte en un corpuscule
arrondi, de réfringence plus grande, en tout
comparable à un noyau cellulaire. Ce noyau
cellulaire s'allonge, se rétrécit vers son
milieu et affecte la forme en biscuit des
noyaux en voie de division, tandis qu'une
cloison transversale divise le phytocyste
primitif en deux nouvelles cellules plus
courtes, également rectangulaires, ayant chacune un noyau. Le phytocyste rectangulaire
arrondit peu à peu ses angles, et devient une
cellule sporifère elliptique, dont le noyau
n'est autre que la spore. Celle-ci a un diamètre de 1-1.5 μ. Les spores germent ensuite, groupées en masse zoogléique dans

FIG. 254. — *Cladothrix dichotoma.*

laquelle on voit tous les états successifs de la plante.

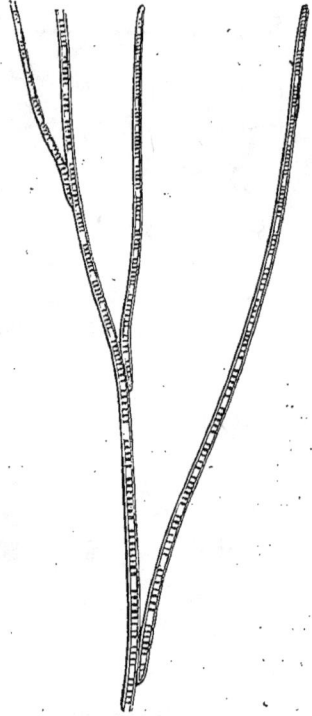

Dans ces dernières années, le genre *Cladothrix* avait surtout pris de
l'importance à cause du rôle que l'on attribuait (Bostroem) à une de ses espèces dans la maladie des animaux et de l'homme qu'on nomme Actinomycose. On en a fait avec raison le type d'un genre particulier, sous le nom
d'*Actinomyces.*

Actinomyces.

Ce genre, dont nous venons d'indiquer certaines affinités, et qu'on
a aussi rangé parmi les Mucédinés-Racodiés; est représenté par une
plante, l'*A. Bovis* HARZ (fig. 255), qui est formée de masses jaunâtres,
d'environ un millimètre de diamètre, qu'on a trouvées dans les foyers
abcessueux observés dans l'Actinomycose. Ces masses sont formées de
filaments ramifiés qui se colorent par le violet de gentiane. Les filaments

sont renflés en massue ou subglobuleux à leur extrémité. Quand on a coloré la plante en violet par le réactif que nous venons d'indiquer, on poursuit les filaments dans la portion renflée, qui est, dans ce cas, de couleur rouge, et qui avait été primitivement considérée comme une conidie.

L'*A. Bovis* produit chez le bœuf une maladie de la langue qui était

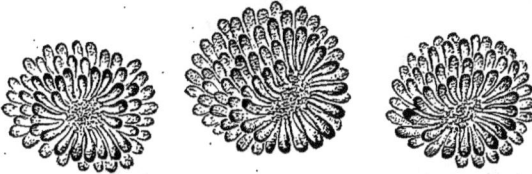

FIG. 255. — *Actinomyces Bovis.*

connue à la fin du siècle dernier, et souvent désignée sous les noms de *Crapaudine*, *Tuberculose linguale*, *Langue de bois*, *Ostéosarcome maxillaire*. Il y a une vingtaine d'années que Rivolta attribua cette maladie à un végétal qu'il nomma *Discomyces*. En 1877, Bollinger observa la plante dans l'ostéosarcome de la mâchoire du bœuf. Il essaya sans succès de l'inoculer à d'autres animaux. En 1873, la maladie fut observée dans l'espèce humaine (Ponfik); et depuis lors, on n'en compte plus les exemples. Sa terminaison est souvent fatale. L'Actinomycose se développe dans la plupart des viscères, principalement dans ceux de l'abdomen, dans les poumons, dans les os. Elle s'introduit chez les bestiaux dans le cordon spermatique et dans la prostate, à la suite de la castration (Csokor). Outre l'*Actinomyces*, les cavités purulentes renferment des *Staphylococcus* et d'autres Schizophytes. Ponfik a pensé, à cause de l'analogie de l'*Actinomyces* avec le *Streptothrix Forsteri*, trouvé dans des concrétions du canal. lacrymal, qu'il y avait lieu de rattacher ce dernier aux Bactéries.

Mérismopédies et Sarcines.

Nous avons vu certains *Micrococcus* se réunir quatre par quatre pour former des groupes aplatis. C'est là le caractère des *Tetragenus* et des *Merismopædia* qui ne sont cloisonnés, par conséquent, que suivant deux directions. Si le cloisonnement se produit en longueur, largeur et épaisseur, le groupement devient cubique et c'est là le caractère plus particulier des *Sarcina*. Le genre *Merismopædia* a été établi par Meyen en 1839, et dès 1853, Ch. Robin a nommé *M. ventriculi* le *Sarcina ventriculi* de Goodsir (fig. 256). C'est ce dernier qui a découvert la plante en 1842, dans l'estomac de l'homme. Elle se trouve aussi dans le poumon, les dépôts de l'urine, dans le pus et chez plusieurs animaux. Les phytocystes qui la forment sont souvent groupés par 4-16, et les amas sont cubiques avec des angles arrondis. Mais on peut aussi, en suivant les divers états de développement, observer des groupes de deux phytocystes et des phytocystes isolés (Zopf). L'ensemble est donc une sorte de zooglée à gélatine peu abondante, et peut-être devrions-nous rapporter simplement cette forme aux *Micrococcus*. Le phytoblaste est jaunâtre, verdâtre ou rougeâtre, plus rarement translucide et incolore. Les phytocystes isolés ont de 2 à 8 μ de diamètre. La plante peut se cultiver dans divers milieux, notamment sur des pommes

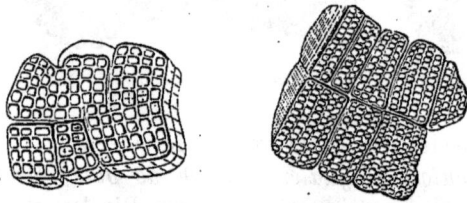

FIG. 256. — *Merismopædia (Sarcina) ventriculi.*

de terre où elle forme des plaques jaunâtres. On a considéré à tort cette espèce comme caractéristique du cancer stomacal, car elle peut exister dans toutes les affections chroniques de l'estomac et même dans l'estomac sain. On l'a rencontrée sur des légumes cuits, dans des liquides de culture, dans de la bière aigrie, etc. Chez l'homme, elle été vue, quoique plus rarement, dans le rein, le poumon et même le sang.

Nous rapporterons au même genre le *Sarcina lutea* des auteurs, qui a été observé dans l'air, peut se cultiver et ne paraît avoir aucune influence sur la santé; le *S. hyalina* ou *Bacterium merismopædioides* qui, à la surface de la vase, se présente à l'état de cubes, mais peut, dans d'autres milieux, revêtir la forme de filaments et de chaînettes; le *S. littoralis*, dont les phytocystes incolores, arrondis, ont 2 μ de diamètre, et qui a été observé dans l'eau de mer altérée. Chacun de ses éléments renferme 1-4 grains de soufre rougeâtre; le *S. Reitenbachii*, observé sur les plantes aquatiques et dont le phytocyste est teinté de rose; le *Micrococcus tetragonus* KOCH, rencontré dans les cavernes du poumon et dans le pus des abcès métastatiques, inoculable aux animaux et formé de phytocystes larges de 0 μ 8. Le *Merismopædia glauca* WARM., trouvé dans l'eau de mer, est remarquable par la matière verte qu'il renferme et qui le rapproche des Algues les plus inférieures. Ses grains rappellent en effet beaucoup ceux d'un *Pleurococcus*.

SACCHAROMYCÈTES

Saccharomyces.

On a souvent donné comme synonymes les mots de *Saccharomyces* et de *Ferments ;* nous verrons bientôt ce qu'il y a d'inexact dans cette confusion.

La plupart des auteurs contemporains considèrent les *Saccharomyces* comme des Champignons unicellulaires d'une structure très simple. Ils les appellent aussi des *Levures*. Mais il y a certainement des levures beaucoup plus simples encore que les *Saccharomyces*.

Récemment aussi l'autonomie générique des *Saccharomyces* a été fortement contestée (Brefeld). On les a considérés comme de simples conidies de Champignons plus élevés en organisation, conidies qui, dans des milieux nutritifs particuliers, pourraient se multiplier indéfiniment par gemmation, asexuellement. D'autres en font des Mucédinés, rangés, bien entendu, parmi les plus simples. On en fait encore (Frank) un ordre spécial, du nom de *Blastomycètes*, et on les a classés parmi les Discomycètes les plus dégradés, à thalle dit dissocié. Le genre *Saccharomyces* avait été établi par Meyen avant 1838.

Ferments alcooliques. — C'est en 1680 que Leeuwenhoek, étudiant la Levure de bière, vit qu'elle était formée de nombreux corpuscules ovoïdes ou irrégulièrement sphériques. Il attribua leur origine aux farines employées dans la confection du moût de bière (il faut dire à ce propos que les Levures du commerce renferment souvent des grains de fécule). « Mais cette observation, disait, en 1837, un savant français, Cagnard-Latour, n'a pas conduit son auteur au point le plus important, qui était de savoir que les globules sont capables de germer et de végéter dans le moût de bière pendant sa fermentation. » Ce même savant avait, dès 1835, admis pour la Levure : « que les grains dont elle se compose ont une forme globuleuse ; d'où j'avais conclu que très probablement ces grains étaient organisés. » En 1837 il disait : « On peut regarder comme fort probable que les globules de la Levure sont organisés et qu'ils appartiennent au règne végétal », mais que ce sont des plantes très petites ; et plus loin il ajoute que « présumant que les globules de la Levure devaient avoir la faculté de se reproduire », il a fait des essais pour s'en assurer et qu'il y a réussi. « Les globules de ferment, dit-il encore, sont susceptibles, à ce qu'il paraît, de pouvoir se développer très promptement ; car un peu de moût de la cuvée ayant été examiné au microscope, huit heures après la mise en levain, présentait déjà dans le champ de l'instrument 80 à 100 globules, tandis qu'aussitôt après l'introduction du levain, on n'en voyait moyennement que 18. D'ailleurs, après que l'on eut recueilli toute la quantité de Levure

que la cuvée (de porter) avait pu produire en fermentant, on a trouvé que
cette quantité était à peu près sept fois le poids du levain employé ; ce qui
s'accorde, comme on le voit, avec les résultats de mon examen microscopique. D'après la promptitude avec laquelle l'excédent de Levure a été
obtenu, il y a tout lieu de croire que cet excédent est résulté principalement de la reproduction même des globules du levain, c'est-à-dire de ce
que ces globules ont trouvé dans le liquide qui les contenait l'aliment
propre à favoriser cette reproduction. » Les conclusions du travail sont
les suivantes : « 1° que la Levure de bière, ce ferment dont on fait tant
usage et que, par cette raison, il convenait d'examiner d'une manière
particulière, est un amas de petits corps globuleux, susceptibles de se reproduire, conséquemment organisés, et non une substance simplement
organique et chimique, comme on le supposait; 2° que ces corps paraissent
appartenir au règne végétal et se régénérer de deux manières différentes,
et 3° qu'ils semblent n'agir sur une dissolution de sucre qu'autant qu'ils
sont en état de vie; d'où l'on peut conclure que c'est très probablement
par quelque effet de leur végétation qu'ils dégagent de l'acide carbonique
de cette dissolution et la convertissent en une liqueur spiritueuse. » Contrairement à ce que font les divers auteurs qui se recopient sans remonter
aux sources, et ne pouvant, comme nous l'aurions voulu, reproduire le
mémoire de Cagnard-Latour dans son intégrité, nous en rappelons certains passages qui prouvent que dans une solution sucrée où il y a de la
Levure, en même temps qu'il se produit de l'alcool, il se dégage de l'acide
carbonique dû à la végétation de la levure qui en même temps se multiplie. Grâce à ces textes, on voit bien que Cagnard-Latour avait expliqué
tout le problème dans ce qu'il a d'essen-
tiel, et qu'il ne restait plus qu'à doser
dans le liquide les substances employées
et celles qui existent à la fin de l'expérience.

On connaît actuellement beaucoup
mieux qu'en 1837 la plante dont il vient
d'être question, et il faut l'étudier sur
nature pour en bien déterminer le caractère. C'est le *Saccharomyces Cerevisiæ*
Meyen (*Torula Cerevisiæ* Turp. — *Hormiscium Cerevisiæ* Bail.—*Cryptococcus
fermentum* Kuetz.—*C. Cerevisiæ* Kuetz.).
Pour l'observer, il suffit de prendre
quelques gouttes de moût de bière et

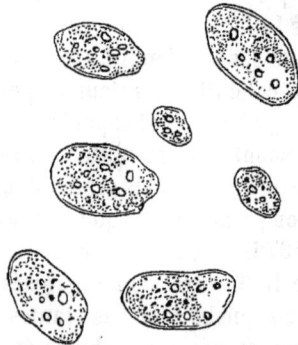

Fig. 257. — *Saccharomyces
Cerevisiæ*, au repos (Dubief).

d'en transporter une minime portion sur le porte-objet du microscope.
Si ses globules sont au repos, c'est-à-dire sans trace de liquide nutritif,
ils apparaissent (fig. 257) sous forme de phytocystes elliptiques, ovales ou
plus rarement sphériques, ayant dans leur plus grande longueur 8-10 μ.

Leur paroi est d'une grande ténuité, un peu sinueuse ou ondulée, et leur contenu est translucide, avec un grand nombre de granulations intérieures sur lesquelles nous reviendrons bientôt.

Telle est à peu près figurée la Levure dans le mémoire que publia Tur-

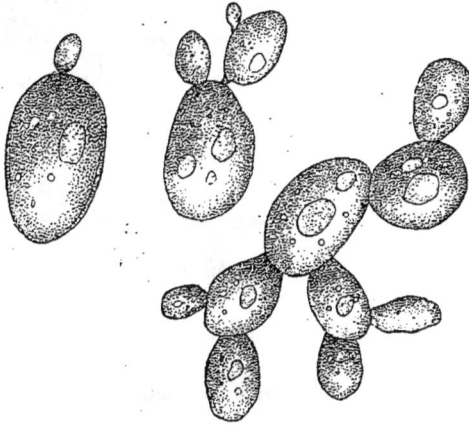

FIG. 258. — *Saccharomyces Cerevisiæ.*

pin en 1838 « sur la cause et les effets de la fermentation alcoolique[1] ».

Pour faire sortir le *S. Cerevisiæ* de son « repos », qui pourrait durer des années, il faut faire intervenir un liquide nutritif comme l'eau sucrée. Alors, si l'on empêche, sur le microscope, la dessiccation de se produire, on voit les globules de la Levure, devenus turgescents, bourgeonner en un ou deux points, et chaque globule secondaire peut bourgeonner de la même façon. Le *Saccharomyces* finit donc par devenir ramifié, et son phytocyste devient plus net. Quant aux microsomes de son phytoblaste, ils demeurent en partie petits et sombres. D'autres taches répondent à des masses huileuses ; d'autres enfin, plus grandes encore, à des vacuoles qui prennent la place de la portion du phytoblaste qui a passé dans les bourgeons. Ceux-ci, s'étranglant à leur base, se séparent de la Levure mère et peuvent se comporter isolément de la même façon qu'elle.

Si maintenant le liquide sucré dans lequel le *Saccharomyces* était

1. Étudiant au microscope une Levure de bière, Turpin décrit les globules, leurs corpuscules intérieurs. Il les a vus former un faux parenchyme par leur rapprochement et leur déformation ; ce qui est, en effet, fréquent. Il a observé la gemmation des globules, la formation de files moniliformes. Dans l'eau sucrée, il lui semble que les globules s'étiolent et il suppose qu'il leur manque quelque aliment qui se trouve dans la cuve du brasseur. Il croit à leur transformation en *Penicillium*, comme l'ont fait plusieurs auteurs plus récents. C'est dans ce travail que Turpin a écrit cette phrase que beaucoup de personnes ne songent pas à lui attribuer : *Point de décomposition de sucre, point de fermentation sans l'acte physiologique d'une végétation.* Le mémoire de Turpin a été lu à l'Académie des sciences de Paris, le 20 août 1838.

plongé vient à s'épuiser, la Levure peut se putréfier ou se dessécher. Mais auparavant, elle peut aussi former des spores (fig. 259). Dans la sporulation, le phytoblaste se scinde en deux, trois ou quatre masses. Chaque

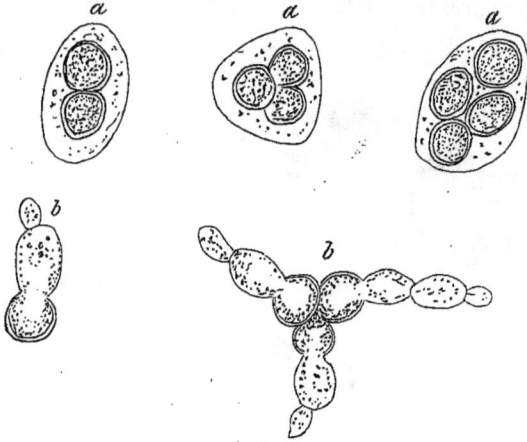

FIG. 259. — *Saccharomyces Cerevisiæ*. Sporulation et germination (Dubief).

masse est réfringente et s'entoure de fins microsomes. Puis elle devient nettement sphérique et se recouvre d'un phytocyste propre. Les spores une fois constituées, on les fait germer en les plaçant dans un milieu nutritif, et elles bourgeonnent alors à la façon de la Levure primitive.

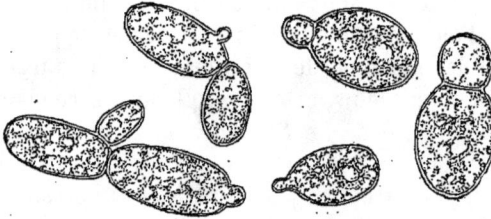

FIG. 260. — *Saccharomyces Cerevisiæ*. Bourgeonnement.

Chaque phytoblaste possède un noyau qu'on décèle en le colorant. Il suffit de fixer avec l'acide picrique et de colorer à l'hématéate d'ammoniaque. Le noyau central se montre alors sous forme d'une tache sombre et arrondie.

Payen a analysé la Levure de bière et lui a trouvé la composition suivante :

Matière azotée...	62.73
Cellulose..	22.37
Graisse..	2.10
Matière minérale..	5.80

C'est cette Levure dont M. Pasteur a étudié le mode d'action en 1860, dans le plus célèbre de ses mémoires : *Sur la fermentation alcoolique,* dans lequel il appelle ainsi « la fermentation qu'éprouve le sucre sous l'influence

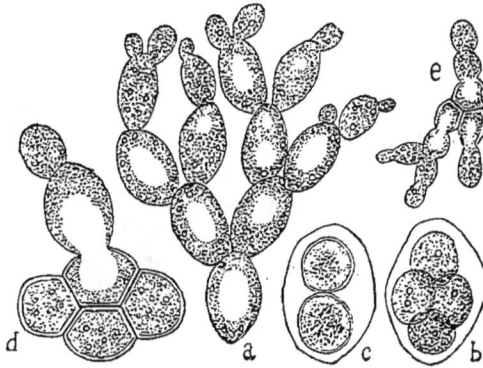

FIG. 261. — *Saccharomyces Cerevisiæ. a,* colonie de cellules produites par bourgeonnement les unes des autres; *c,* un phytocyste dont le protoplasma est segmenté en deux masses; *b,* un phytocyste dont le protoplasma s'est divisé en quatre spores; *d, e,* spores en voie de germination.

du ferment qui porte le nom de *Levure de bière* », et où il établit « que l'expression de *Fermentation alcoolique* ne peut pas désigner tout phénomène de fermentation où il se produirait de l'alcool; car il peut y en avoir de diverses sortes ayant ce caractère commun ». Dans ce travail, l'équation finale de la fermentation du sucre par la Levure est, en résumé, la suivante :

100 parties de sucre de canne ($C^{12}H^{11}O^{11}$), qui correspondent à 105.36 de glucose ($C^{12}H^{12}O^{12}$), sont décomposées en :

Alcool...	51.10
Acide carbonique......................................	49.20
Acide succinique......................................	0.65
Glycérine...	3.40
Matière cédée à la levure, etc........................	1.30
	105.65[1]

Les chiffres indiqués pour la glycérine et l'acide succinique sont là pour rectifier l'équation ancienne de Lavoisier, et M. Pasteur admet que ces corps ne proviennent pas de la Levure, mais des éléments mêmes du sucre. C'est Schmidt qui, dans cette fermentation, a découvert la présence de l'acide succinique, en 1847. Nous avons vu la Levure riche en huile,

---

1. Ces nombres varient dans presque toutes les citations des auteurs. Ceux que nous reproduisons sont empruntés à Wassersug.

et on peut se demander si ce n'est pas de cette matière grasse que proviendrait l'acide succinique. M. Pasteur a donné dans son mémoire (p. 74) des figures du *Saccharomyces Cerevisiæ* qui sont assez inexactes.

Le *S. Cerevisiæ*, cultivé avec des liquides nourriciers appropriés, donne la Levure que les brasseurs emploient dans la fabrication de la bière, que les boulangers mettent, en certains pays, dans la pâte du pain pour la faire lever, et qui est souvent dite artificielle. Sa végétation est active vers 30 — 35° centigrades; elle l'est moins de 8° à 30°. Elle s'arrête à peu près au-dessous de 3°, et le végétal meurt dans un liquide au-dessus de 75°. Mais, desséché, le ferment se conserve, pour ainsi dire, indéfiniment et supporte pendant plusieurs heures sans périr une température de 100° à 130°. L'industrie distingue des Levures *haute* et *basse*. La première s'emploie pour obtenir la fermentation dite *haute*, du porter, de l'ale et d'autres bières brunes et blanches. La deuxième détermine la fermentation, dite *basse*, des bières de mars, de Bavière, etc. La haute a des phytocystes plus elliptiques et plus gros. La basse les a plus globuleux et plus petits; mais dans certaines cultures, et en particulier par une simple élévation de température, la basse peut grossir et prendre la forme elliptique de la haute.

Le *S. ellipsoideus* REESS est une espèce (?) très voisine de la précédente. Ses phytocystes sont en général plus allongés relativement à leur longueur; ils présentent lors de leur gemmation des ponctuations et des vacuoles bien plus prononcées; et dans un liquide nutritif, ils forment des chapelets bien plus allongés et à éléments plus nombreux, placés bout à bout (fig. 265). Ils ont alors environ 6 μ de long, sur 4 μ de large. C'est,

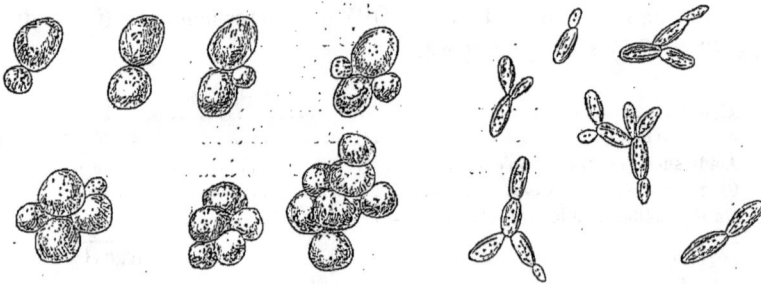

FIG. 262. — *Saccharomyces conglomeratus.* FIG. 263. — *Saccharomyces exiguus.*

d'après M. Pasteur, le ferment alcoolique ordinaire du vin, l'agent de la fermentation du moût de raisin. Il se trouve fréquemment à la surface des fruits fermentescibles de notre pays, et peut, bien entendu, pénétrer dans leur intérieur.

Le *S. conglomeratus* REESS (fig. 262) a aussi été décrit comme une espèce distincte. Ses éléments sont globuleux, larges de 5 à 6 μ, disposés en

petites pelotes agglomérées, arrondies ; ce qui est attribué à la rapidité de
la gemmation. On l'a observé à la surface des grains de raisin qui se pourrissent et dans le moût au début de la fermentation ; mais on le dit relativement rare.

Le *S. exiguus* REESS (fig. 263) est formé de grains placés par deux,
trois, bout à bout. Ses phytocystes bourgeonnants sont coniques ou tur-

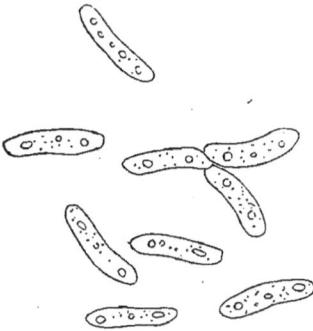

FIG. 264. — *Saccharomyces Mycoderma.*

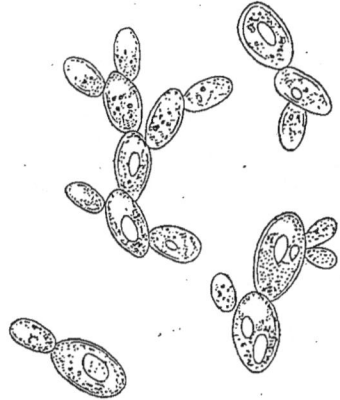

FIG. 265. — *Saccharomyces ellipsoideus.*

binés, peu ramifiés, longs de 5 μ, larges de 2 à 5 μ. On le trouve mélangé
au *S. Cerevisiæ*, vers la fin de la fermentation de la bière.

Le *S. Pastorianus* REESS (fig. 267) forme de longues ramifications
quand la végétation est active. Dans ce cas, leurs éléments sont ovales-
allongés, arrondis ou claviformes, longs de 18 à 22 μ, sur 8 à 10 μ de large ;
ils portent des phytocystes bourgeonnants longs d'environ 5 μ. Quant la
végétation se ralentit, les éléments sont isolés, ovoïdes ou oblongs, et
peuvent également bourgeonner. La plante se voit à la surface des fruits,
dans leur suc, dans la bière et dans le vin, surtout à la fin de la fermentation.

Le *S. vini* (*S. Mycoderma* REESS) (fig. 264) est le *Mycoderma vini*
DESM. (*M. Cerevisiæ* DESM. — *Hormiscium vini* BONORD. — *H. Cerevisiæ* BONORD.). C'est lui qui forme les pellicules dites *Fleur de vin*,
qui se voient sous forme de plaques blanches, puis grisâtres, lisses
d'abord, puis plissées, à la surface des vins, bières, etc., abandonnés
à l'air libre. Il est formé de grains ovoïdes, elliptiques ou subcylin-
driques, granuleux, longs de 6 μ 7, larges de 2 μ, rapprochés en colonies
ramifiées, souvent au nombre de trois dans chaque branche. D'après
M. Pasteur, tant que cette plante se trouve à la surface d'une boisson
fermentée, elle prend l'oxygène de l'air et le porte au contact de l'alcool
du liquide qui est ainsi oxydé et se détruit. Si, au contraire, la plante

est plongée dans un liquide sucré, comme il arrive quand la pellicule my-
codermique est brisée et mélangée au liquide, celui-ci fermente et produit
de l'alcool. M. Cienkowski a constaté
dans ce végétal un mode de reproduction
qu'il compare à celui des Mucorinés,
en ce sens que l'un des phytocystes
pourrait émettre une sorte de bourgeon
allongé, qui se séparerait par une cloison
transversale du phytocyste dont il est
émané. Puis lui-même serait ultérieurement partagé par une cloison transversale en deux phytocystes secondaires
qui se sépareraient aussi l'un de l'autre.

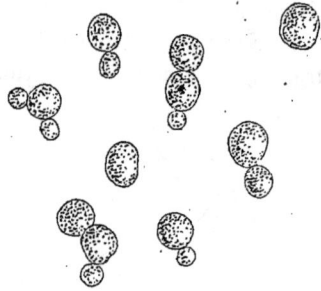

Le *S. apiculatus* REESS (fig. 268)
avait été primitivement considéré comme

FIG. 266. — *Saccharomyces minor.*

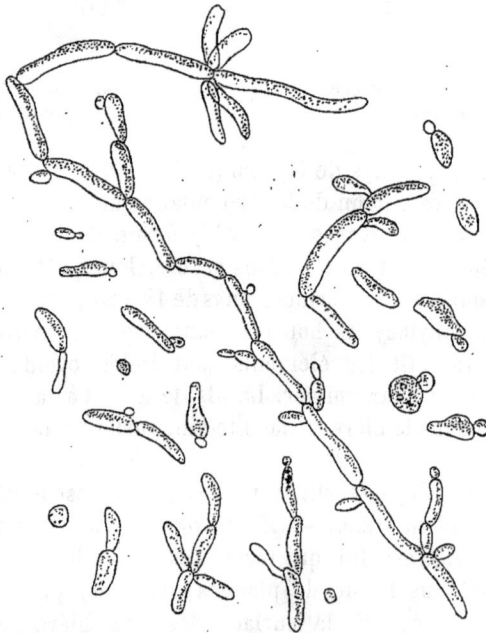

le type d'un genre à part, sous le nom de *Carpozyma*. Il se distingue
par ses éléments en forme de citron, elliptiques, avec une pointe conique

FIG. 267. — *Saccharomyces Pastorianus* (Pasteur).

à chaque extrémité. Leur longueur est de 6 à 8 μ, sur 2 μ, 3 de large.
Les bourgeons apparaissent, solitaires ou en petit nombre, aux extrémités aiguës, et ils se détachent bientôt; de sorte que la plante est

rarement ramifiée. Cette espèce est fréquente à la surface des fruits,
notamment des raisins ; ce qui fait qu'on lui attribue souvent la fermentation spontanée. Elle s'observe aussi dans le vin, au commencement surtout de sa formation, dans la bière, etc. Elle se comporte d'ailleurs
comme le *S. Cerevisiæ*.

Notons ici en passant, pour y revenir à l'occasion, qu'il y a un grand
nombre de Cryptogames qui, en dehors des *Saccharomyces*, peuvent produire la fermentation alcoolique.

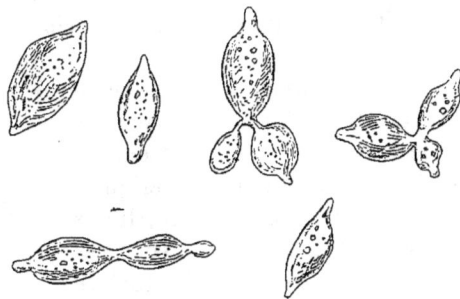

Fig. 268. *Saccharomyces (Carpozyma) apiculatus.*

Le Champignon du Muguet a été aussi, nous le verrons (p. 226), attribué
au genre *Saccharomyces*.

Fermentation acétique. — A voir les grandes analogies de la fermentation qui précède avec celle-ci, on serait tenté de croire à une étroite
parenté entre les plantes qui président à l'une et à l'autre. Il n'en est rien
cependant, et l'analogie n'est que physiologique, comme nous le verrons
bientôt.

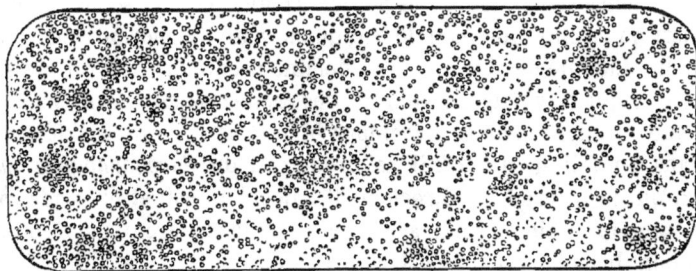

Fig. 269. — *Micrococcus aceti.* Vin tourné en vinaigre.

M. Pasteur, que les faits relatifs à l'histoire naturelle préoccupaient peu,
a nommé *Mycoderma aceti* le microphyte qui présiderait à cette fermentation. Pour qu'elle se produise, il faut mettre en présence la plante,

l'alcool, et il faut l'intervention de l'oxygène. Le *M. aceti*, ne vivant pas
aux dépens de l'alcool, comme la levure de bière vit aux dépens du sucre,
l'alcool s'oxyderait par l'intermédiaire de la plante. Pour le démontrer,
M. Pasteur sème le *M. aceti* à la surface d'un liquide qui contient en dissolution des matières organiques azotées et des phosphates. La plante se développant recouvre d'une couche mince la surface du liquide. Celui-ci est
enlevé à l'aide d'un siphon et remplacé par de l'eau alcoolisée. L'acide acétique apparaît alors, et on en produit indéfiniment de nouvelles doses si
l'on remplace par de l'eau alcoolisée le liquide acide toutes les fois que la
réaction se ralentit. Si l'on n'agissait point de la sorte, la plante détruirait
l'acide acétique produit, en le transformant en acide carbonique et en
eau.

Si maintenant nous examinons au point de vue de
l'histoire naturelle le prétendu *M. aceti*, nous verrons
que c'est une zooglée, et que sa pellicule empri-
sonne des plantes à éléments presque sphériques,
longs de 2 à 5 μ, 5 sur 1μ 5 à 1 μ de large, libres
ou groupés en chaînettes (fig. 269, 270). Tous ces
caractères sont ceux d'un *Micrococcus* (p. 138), le
M. aceti (*Bacterium Aceti.* — *Arthrobacterium
aceti.* — *Ulvina aceti* Kuetz.). Il se trouve dans le
vinaigre, dans les vases qui servent à préparer et à
conserver les liquides alcooliques, dans le vin piqué,
etc. On le nomme vulgairement *Fleur de vinaigre*,
et l'on sait que dans la fabrication du vinaigre dit

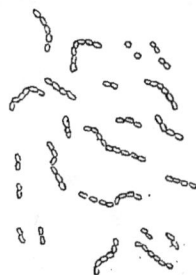

Fig. 270.
Micrococcus aceti.

d'Orléans, on emploie pour acétifier l'alcool un résidu qui se trouve au fond
des tonneaux après une fabrication antérieure, et qu'on nomme *Mère du vinaigre*. Ce résidu est riche en *Micrococcus aceti*, et c'est au seul phénomène
qui se produit en sa présence que M. Pasteur accorde le titre de fermentation acétique, car on sait que l'alcool peut se transformer en acide acétique
sous l'influence seule d'un corps poreux, comme la mousse de platine. On
sait aussi qu'on introduit dans le vin qu'on veut transformer en vinaigre
une petite quantité de vinaigre précédemment obtenu. Ce n'est pas seulement parce que ce vinaigre renferme des *Micrococcus aceti*, mais aussi
parce que le microphyte se développe bien dans un milieu acide, tandis
que dans un milieu neutre, il se produirait du *Saccharomyces mycoderma*, qui transformerait directement l'alcool en eau et en acide carbonique, sans formation d'acide acétique. L'acide sulfureux empêche aussi
l'évolution du *M. aceti*; et c'est pour l'empêcher de se produire dans les
tonneaux destinés à contenir le vin ou la bière, qu'on fait brûler des
mèches soufrées dans leur intérieur. M. Pasteur pense que les copeaux de
hêtre qu'on emploie dans la fabrication du vinaigre ne font que multiplier
les contacts avec l'air, sans agir par leur porosité, et il a fabriqué du
vinaigre en ensemençant avec le *Micrococcus* une corde sur laquelle il

faisait lentement couler de l'eau alcoolisée [1]. Nœlner a vu que l'acide mucique, « sous l'influence d'un vibrion », donne de l'acide acétique, et que le tartre, en présence de matières azotées, produit pendant l'été de l'hydrogène et de l'acide acétique. On a signalé plusieurs substances autres que l'alcool pouvant par fermentation donner de l'acide acétique.

Fermentation lactique. — C'est Turpin qui, en 1838, établit que les diverses fermentations du lait ne se produisent pas *sans l'acte physiologique d'une végétation*. Il arrive parfois, en effet, que dans un liquide où se produit la fermentation lactique, on observe à la surface ou sur les parois du vase, des taches grisâtres d'une substance qui renferme de nombreux microphytes. Un peu de cette substance introduit dans une infusion de levure contenant du sucre et du carbonate de chaux, produit vers 35° une fermentation à la suite de laquelle le liquide contient beaucoup de lactate de chaux. Le microphyte est le *Bacterium lacticum* (fig. 271) ou *Micrococcus lacticus* V. TIEGH. que M. Pasteur a nommé *Vibrion lactique* et *Fermentum lacticum*. Il se présente sous forme de bâtonnets immobiles, un peu plus longs que larges (une demi-fois ou une fois), immobiles et se multipliant par scissiparité, mais avec les articles parfois unis bout à bout en courtes chaînettes. Il ne peut se bien développer qu'entre 30° et 35° centigrades, et dans un milieu non acide; c'est pour cela qu'on ajoute de la craie aux liquides de la fermentation lactique. M. Hueppe admet qu'il peut se reproduire par spores endogènes [2].

1. Le Dr J. Lemaire qui a publié en 1866 des notices très intéressantes sur la physiologie des Schizophytes, notices sur lesquelles un silence complet a été fait, nous ne savons pourquoi, et qui a beaucoup contribué à répandre dans la pratique l'idée de l'emploi des antiseptiques, a dit à ce sujet : « Cette expérience n'est pas, pour moi, démonstrative. J'ai dit que M. Pasteur avait reconnu que le *Mycoderma vini* était impropre à faire de l'acide acétique. Il n'a pas dit quel était le mycoderme qui recouvrait le liquide dans lequel il a trempé sa corde. Ce ne pouvait être le *M. vini*, puisque dans son opinion, ce champignon est impropre à faire du vinaigre. Je suis donc obligé de supposer que c'était le *M. aceti*, puisqu'il s'agissait de démontrer son action. Eh bien ! s'il en est ainsi, la corde, en sortant du liquide, était imprégnée d'acide acétique. Il n'est donc pas étonnant que l'alcool en ait contenu à son arrivée à l'extrémité de cette corde. » Lemaire a des droits à la reconnaissance publique; il est, dit M. L. Le Fort, « le véritable fondateur de la théorie et de la doctrine antiseptiques... et toute la doctrine de Lister n'est que la reproduction des idées de Lemaire ».
2. Nous devons rapprocher de ce qui précède les extraits suivants d'une note sur la fermentation lactique, écrite par M. L. Boutroux à l'instigation de M. Pasteur : « Le ferment lactique se présente le plus ordinairement, à l'œil nu, sous la forme d'un voile placé à la surface du liquide où on le cultive, voile d'une faible ténacité et souvent d'une épaisseur irrégulière, se disloquant en lambeaux écailleux. Au microscope, on voit qu'il est constitué par des cellules ovales, disposées ordinairement par groupes de deux, égales, placées bout à bout; souvent aussi en chapelets de forme plus ou moins courbe. Les dimensions des cellules sont très variables. La largeur varie environ entre 1 et 3 millièmes de millimètre; la longueur est à peu près double. La forme même n'est pas absolument fixe. Au début de la fermentation, on trouve fréquemment de très grosses cellules à peu près sphériques; d'autres présentent en leur milieu un étranglement plus ou moins profond, qui leur donne en coupe à peu près la forme d'une lemniscate; d'autres sont divisées par une cloison transversale; enfin, on y rencontre des chapelets dont les grains vont en diminuant de grosseur, et se rapprochent de la forme normale; quelquefois deux chapelets partent d'une même cellule, très grosse,

Il y a d'autres végétaux en présence desquels la fermentation lactique peut se produire : deux *Micrococcus* de la salive humaine (Hueppe) y produiraient l'acide lactique qui y a été trouvé; le *M. prodigiosus* COHN, etc.[1].

Nous pouvons rapprocher de la fermentation lactique celle du Kéfir, boisson médicinale, acidule et gazeuze, introduite récemment chez nous,

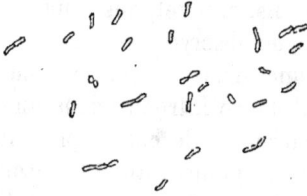

FIG. 271. — Ferment lactique.   FIG. 272. — Ferment du Kéfir.

mais dont l'usage paraît ancien et très répandu en Russie. On l'obtient en faisant fermenter du lait à l'aide de masses mamelonnées, irrégulières, jaunâtres qui renferment, entre autres choses, un *Bacterium* arqué (fig. 272), que nous nommerons *B. caucasicum* (*Dispora caucasica* KERN). C'est un bâtonnet arqué qui, vu dans certaines directions, avait paru pourvu à chacune de ses extrémités d'une petite masse arrondie, prise d'abord pour une spore, mais qui n'est que le sommet mousse du bâtonnet. Il y a aussi du ferment lactique dans le Kéfir.

Plusieurs auteurs ont admis, répétons-le, que d'autres végétaux que le *B. lacticum* pouvait produire la fermentation lactique.

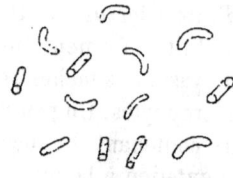

PANIFICATION. — Il y a, notamment dans l'économie animale, des fermentations très complexes. Il y en a aussi en dehors des êtres vivants. Nous n'en citerons ici qu'un exemple des moins compliqués, d'après lequel le biologiste se rendra compte de ce que peuvent être les autres, et de la dif-

sphérique. A mesure que la fermentation s'avance, les formes se régularisent; les cellules deviennent d'une grandeur uniforme. Enfin, quand la fermentation est terminée, on ne voit plus que des grains fins, en groupes tout à fait irréguliers, souvent très serrés... Pour que le milieu soit propre au développement (du ferment), il faut de l'oxygène à l'état libre. Si, après avoir ensemencé un mélange sucré, on fait le vide sur le liquide, ou si, avant et après l'ensemencement, on fait passer dans le liquide un courant d'acide carbonique privé de poussières, aucun développement n'a lieu; le liquide ne subit aucune altération... Lorsque la fermentation est terminée, le voile tombe au fond en se disloquant, sous l'influence de la moindre agitation; mais il garde sa vitalité. Je n'ai pas constaté la formation des spores; les cellules se conservent sans être transformées... En s'appuyant sur d'autres expériences, on peut considérer le ferment lactique et le *Mycoderma aceti* comme un seul et même organisme dont les fonctions varient avec la composition du liquide nutritif. »

1. M. J. Duval croit avoir obtenu la fermentation lactique avec le *Saccharomyces Cerevisiæ*. M. Pasteur a nié la possibilité de ce fait et a dit que la levure de M. J. Duval n'était pas pure. M. J. Duval a alors prié M. Pasteur de lui communiquer de la levure pure. Mais M. Pasteur lui a répondu : « J'ai le regret de ne pouvoir mettre à votre disposition le mycoderme que vous me demandez. »

ficulté qu'on aura à les analyser le jour où l'on renoncera à la simplicité théorique des ouvrages didactiques. Nous voulons parler de la panification qu'un très grand nombre de chimistes définissaient une variété de la fermentation alcoolique. Il ne s'agit pas, bien entendu, de ceux qui contestent la formation de l'alcool dans la panification. On peut toujours constater dans cette opération la présence de vapeurs alcooliques. On trouve toujours aussi dans la pâte en fermentation des Bacilles et des *Saccharomyces*, notamment le *S. Mycoderma* Reess, et surtout le *S. minor* Eng. (fig. 266). Celui-ci est formé de globules sphériques ou un peu allongés, bien plus petits que ceux du *S. Cerevisiæ*. Dans un liquide nutritif renfermant du sucre, il produit une fermentation plus lente, et il bourgeonne également. On l'a vu aussi, dit-on, se reproduire par spores. Il se cultive dans divers milieux, et les produits de culture transforment le sucre en alcool. Dans la panification, il se comporte à la surface de la masse comme un anaérobie. La pâte devient légèrement acide; ce qui est dû à une formation d'acide acétique, attribuée aux *S. minor* et *Mycoderma* (Archangeli). Le Bacille qu'on obtient en cultivant le levain, est bien voisin, sinon identique au *B. subtilis*. Il rend solubles les matières albuminoïdes, le gluten. Si la masse ne subit pas la fermentation putride, elle le doit à la présence de la matière sucrée.

CONSIDÉRATIONS GÉNÉRALES, BIOLOGIQUES, TAXINOMIQUES, PRATIQUES ET CRITIQUES SUR LES FERMENTS ET LES FERMENTATIONS.

Les considérations générales que nous présenterons ici et que nous nous permettrons de recommander à l'attention des médecins, ont été jusqu'à présent à peu près complètement abandonnées aux chimistes. Comme on attribue de nos jours, non sans raison, une grande importance médicale à toutes les questions qui touchent aux ferments, on a le droit de dire qu'on peut bien, en dédaignant et en ignorant ces questions, être un praticien presque aussi bon et aussi utile aux malades que les autres, mais qu'on n'aura pas, surtout dans un avenir prochain, le droit d'affirmer qu'on soit un médecin éclairé et vraiment digne de ce nom. On n'aura pas surtout à sa portée les instruments de synthèse et d'analyse requis pour juger ce que les nouvelles doctrines renferment d'utile à la médecine; ni les armes nécessaires pour repousser ce qu'elles ont d'exclusif, d'illogique et d'exagéré. La médecine veut des faits positifs et ne se contente pas d'affirmations; mais il est indigne d'elle de repousser de parti pris les innovations par cela même que ce sont des innovations. Il est puéril et dangereux de dire, avec certains indifférents, qu'il importe peu de savoir ou non qu'une maladie est caractérisée par tel ou tel bacille. C'est comme si l'on disait qu'il importe peu de savoir que la gale est caractérisée par un sarcopte ou la teigne par un trichophyte.

Mais il est tout aussi puéril d'affirmer, avec certains enthousiastes, désintéressés ou non, qu'il y aura désormais deux médecines, celle d'avant le microbe et celle d'après le microbe. C'est comme si l'on décrétait qu'il y a eu une médecine d'avant le quinquina et une d'après le quinquina. Avec le temps, beaucoup de temps sans doute, la médecine qui, comme toute chose, progresse et se perfectionne sans cesse, admettra dans la construction de son édifice ce qui est vrai, bon et utile, et rejettera définitivement ce qui est inexact et nuisible.

Il est pénible sans doute de voir un médecin se refuser à étudier un progrès quelconque soumis à son examen. Mais combien n'est-il pas plus pénible encore de voir des néophytes qui ont appris une douzaine de sciences en trois ans, et qui les connaissent toutes également bien, condamner sommairement les hygiénistes les plus expérimentés, juger en souverains maîtres la médecine qu'ils ne connaissent que de nom, et prétendre l'enseigner à des savants respectables qui ont blanchi sous le harnois et qui ont consacré de longues veilles à l'observation et à la méditation des maladies ; comparer, dans un joli roman, la maladie à une invasion de barbares, et se demander s'il y a actuellement une maladie sans microbe[1] ! Le malheur est que les médecins sérieux ne peuvent le plus souvent répondre que par le silence aux dédains et aux mépris des coryphées de la « vérité nouvelle », attendu qu'ils n'y sont point prépırés. Nous avons précisément écrit les chapitres qui précèdent en vue de les mettre au courant, aussi bien que les élèves de nos écoles, des vérités, des hypothèses, des exagérations et des erreurs qui constituent ce qu'on nomme les nouvelles doctrines, et, par suite, de leur donner des armes pour défendre légitimement la dignité et les intérêts de leur profession, injustement attaquée et souvent traitée avec un sans-façon et une désinvolture qui doivent retomber sur ses détracteurs.

Quelle opinion d'abord peut-on se faire à l'heure qu'il est de ce que l'on nomme les fermentations[2] ? Les uns, et ce sont les disciples de M. Pasteur, entendent par fermentation tout phénomène chimique dû aux cellules vivantes. Ceux-là n'admettent plus les ferments dits solubles; mais plusieurs accordent encore que des cellules peuvent sécréter des ferments solubles, agents des fermentations. D'autres, moins exclusifs, disent « qu'il y a fermentation toutes les fois qu'un ou plusieurs corps organiques ou organisés subissent des changements de composition ou de propriété sous l'influence d'une substance organique azotée, appelée ferment, qui agit sous une faible masse et ne cède sensiblement rien à la

---

1. C'est, paraît-il, la même chose en Allemagne où de Bary parle « du zèle exagéré qui conduisit quelques auteurs inexpérimentés à voir et à chercher partout des parasites ». Il ajoute que « l'épidémie de choléra qui sévit en 1866 dans une partie de l'Europe, contribua à augmenter cette ardeur inconsidérée qui eut pour résultat de détourner les observateurs sérieux de ces recherches où les erreurs n'étaient plus à compter ».

2. Voy. la note de la page 203.

matière fermentée (A. Gautier[1]). On a aussi établi une distinction entre les fermentations dites *directes* (*Saccharomyces Cerevisiæ*), et les fermentations qu'on nomme *indirectes* et qu'on a définies « des réactions dont la cause dérive d'un organisme, mais peut agir en dehors de lui » (Schützenberger). On en a donné pour exemple, entre autres, le mode d'action du suc pancréatique. Alors que la graisse a été émulsionnée, il s'est produit une émulsion, puis une saponification, avec dédoublement par hydratation de la trioléine, de la trimargarine, de la tristéarine, en acides gras et en glycérine. On connaît à fond la formule chimique de ce phénomène; on sait que dans ce cas, comme dans celui d'une fermentation directe, une petite quantité de ferment a agi sur une masse relativement considérable de matière fermentescible; mais on ignore la cause foncière du phénomène et on ne sait pas comment le produit de certaines cellules de l'organisme vivant a pu le déterminer. On disait, il y a quelques années, qu'i y a une grande analogie entre ce phénomène et celui qui se produit dans la fermentation du sucre, mais que dans cette dernière fermentation, l'être vivant qui la produit, le *Saccharomyces*, est nécessairement présent, tandis que le pancréas, qui a produit le suc pancréatique, peut ne pas être présent au moment où le phénomène se produit, le suc pancréatique pouvant être séparé de lui. Mais on ajoutait, non sans logique, que cette différence pouvait bien n'être qu'apparente et disparaître le jour où le mode d'action des microphytes dans les fermentations directes serait mieux connu.

Ce jour est, on peut dire, arrivé pour certains ferments d'origine végétale. Au début, M. Pasteur avait émis l'idée que chaque sorte de fermentation était produite par un organisme spécial; il admettait la *Spécificité des ferments*. Pour la fermentation alcoolique, le ferment spécifique était le *Saccharomyces Cerevisiæ;* la matière fermentescible spécifique était le sucre. La notion était d'une netteté absolue, et elle présentait, par suite, un caractère franchement scientifique et qui devait satisfaire les plus exigeants. Mais depuis lors, les chimistes nous ont appris que l'on obtient la fermentation alcoolique avec une foule d'autres *Saccharomyces*, avec des *Carpozyma*, avec des *Mucor*, des *Dematium*, des *Penicillium*, des *Aspergillus*, puis des raisins, des prunes, des graines, des feuilles (Lechartier et Bellamy, Müntz, de Luca, etc.), voire même des cellules animales, c'est-à-dire du protoplasma organique sous ses différentes formes. D'autres chimistes nous ont montré les ferments alcooliques agissant sur une foule de substances différentes du sucre de canne; et alors on se demande où, de part et d'autre, se trouve la spécificité. La notion scientifique nette et précise est remplacée par une notion vague et mystérieuse, attribuée aux protoplasmes. Autant vaut nous ramener aux arcanes de la catalyse. De sorte que M. Pasteur a probablement dû renoncer à la spécificité

1. Thèse d'agrégation de 1869.

des ferments, comme il a dû renoncer à la panspermie telle qu'il l'avait conçue. Ce n'est pas que nous l'en blâmions, puisque l'invariabilité serait la négation du progrès. Mais nous avons le devoir de constater qu'il a toujours abandonné, d'année en année, les assertions à priori qu'il avait d'abord émises avec une assurance absolue.

Laissons maintenant les chimistes s'entendre entre eux. Un jour peut-être ils seront unanimes à choisir entre les diverses opinions : La levure agit-elle par simple action de contact ? (Berzelius). La levure agit-elle en prenant au sucre son oxygène? (Pasteur). La levure détermine-t-elle la décomposition du sucre en se décomposant elle-même? (Liebig). La levure se nourrit-elle du sucre pour rejeter ensuite l'alcool, l'acide carbonique, l'acide succinique comme produits de désassimilation? (Béchamp). La levure fabrique-t-elle un ferment soluble qui agit sur le sucre comme les diastases agissent sur les fécules? (Berthelot). « Les fermentations, dit M. Schützenberger, peuvent être provoquées et le sont énergiquement par des êtres organisés spéciaux. Quant à une relation plus précise entre le phénomène chimique et les fonctions physiologiques de l'organisme ferment, elle reste encore à trouver, et tout ce que l'on a dit, écrit et avancé pour résoudre la question manque de contrôle expérimental. » M. Berthelot admet aussi que si dans quelques cas les fermentations à ferments figurés peuvent se faire en dehors de ces organismes, ceux-ci n'en contribuent pas moins, le plus utilement possible, à la fermentation; mais il conclut que « si les ferments spécifiques se distinguent par leur prompte efficacité, cependant ils ne sont point indispensables pour l'accomplissement d'un effet déterminé ».

On sait encore que la question de la fermentation alcoolique est entrée dans une voie nouvelle, le jour où M. Berthelot a publié des notes que Claude Bernard avait écrites avant sa mort au sujet de la fermentation des raisins. Plusieurs fois devant nous Claude Bernard avait déclaré que M. Pasteur était dans le faux « quand il attribuait, ce sont ses propres expressions, tout à ses microbes ». Dans les notes dont il est question, on lisait :

La théorie de la fermentation alcoolique est détruite.

1° Ce n'est pas la vie sans air. — Car à l'air comme à l'abri de son contact, l'alcool se forme sans levure.

2° Le ferment ne provient pas de germes extérieurs. — Car dans les jus aplasmiques ou inféconds — verjus et jus pourris — le ferment ne se développe pas, quoiqu'ils soient sucrés. Si l'on ajoute des ferments, ils fermentent.

3° L'alcool se forme sous l'influence d'un ferment soluble en dehors de la vie, dans les fruits mûrissants. — Il y a alors décomposition du fruit et non synthèse chimique de levure ou de végétation. L'air est absolument nécessaire pour cette décomposition alcoolique.

4° Le ferment soluble se trouve dans le jus retiré des fruits, jus pourris. — L'alcool continue à s'y former et à augmenter. Avec l'infusion de levure ancienne cette démonstration devient encore plus facile.

5° Il y a dans la fermentation deux états à étudier : *Décomposition; synthèse morphologique.*

M. Pasteur a répondu que les expériences de Claude Bernard n'avaient pas été faites avec toute la rigueur possible. Il a fait lui-même des expériences avec des raisins en serre, privés de germes, enveloppés de coton stérilisé et qui n'ont pas fermenté, dit-il, après maturité et écrasement; il a vu que la teneur en alcool n'a pas augmenté dans les raisins de serres abandonnés pendant longtemps. Mais nous ne voyons pas qu'il ait convaincu ses contradicteurs; et nous nous arrêtons toujours à l'objection de M. Berthelot : « Dire qu'une substance fermente par un acte de la vie du ferment, c'est reculer la difficulté, et il est nécessaire (à moins d'admettre comme explication une cause vitale mystérieuse) de préciser, autant qu'il se peut, la série des actions chimiques ou mécaniques successives, dont la fermentation n'est que l'effet final? Pour M. Berthelot, la question ne peut pas se résoudre comme l'a fait M. Pasteur dans ses expériences sur les raisins. Il s'agirait de savoir si le changement chimique, produit dans toute fermentation, ne résulterait pas d'une réaction fondamentale provoquée par un principe défini, spécial, de l'ordre des ferments solubles, lequel se consommerait au fur et à mesure de sa production, en se transformant chimiquement pendant l'accomplissement même du travail qu'il détermine. La fermentation alcoolique serait, comme toutes les autres, ramenée à des actes purement chimiques. On peut conclure encore, avec M. Berthelot, que « rapporter une métamorphose chimique à un acte vital, ce n'est pas l'expliquer. Au contraire, tous les efforts de la chimie physiologique ont pour but d'analyser les changements naturels qui se produisent dans les êtres vivants et de les ramener à une succession régulière d'actes chimiques déterminés. Tant que cette analyse exacte n'aura pas été réalisée par la métamorphose du sucre en alcool, la théorie chimique de la fermentation ne sera pas faite, et il demeurera conforme à l'esprit de la science moderne de maintenir, devant l'esprit des expérimentateurs, les hypothèses multiples que l'on peut imaginer. Cela — non certes — comme des vérités acquises, mais à titre de suggestions utiles vers des expériences originales destinées à découvrir la véritable explication ».

Au point de vue biologique, le *Saccharomyces Cerevisiæ* est pour nous, de même que tous les végétaux analogues, un être qui, n'étant pas pourvu de chlorophylle, doit, au contact de l'air, dans son état d'évolution normale, respirer en absorbant de l'oxygène et en le combinant pour former de l'acide carbonique. Mais quand on le plonge dans un liquide, sucré ou non, il est dans un état anormal, et morbidement, nous l'avons dit, cet être que l'on noie a recours pour se procurer de l'oxygène à la désoxydation des matériaux nutritifs au contact desquels il est plongé. Une autre plante cryptogame telle que le *Penicillium crustaceum*, se comporte absolument de même ; car, plongée dans le liquide sucré, elle lui emprunte dé l'oxygène ; mais ce n'est pas là son état physiologique. Elle souffre ; ses formes sont altérées, comme ses fonctions et son développement. Aussi n'est-ce qu'en dehors du liquide qu'elle peut normalement former ses spores ou organes de reproduction aériens, et toute la portion sporigère qui est plongée dans l'air respire en combinant de l'oxygène à ses matériaux hydro-carbonés [1].

Ceci nous amène à un autre point des théories de M. Pasteur qui distingua, il y a longtemps déjà, tous les êtres vivants en *aérobies* et en *anaérobies*. Sans nous arrêter à faire voir qu'il y a là une conséquence de la distinction malheureuse qu'il faisait de certains ferments organisés en animaux, animalcules ou végétaux, ce qui était une résultante forcée des idées inexactes de J.-B. Dumas considérant encore, à cette époque, la respiration animale comme comburante et la respiration des plantes comme réductrice ; rappelons que pour ceux qui partageaient ses idées, il existait des « microbes » qui ne peuvent vivre qu'à l'air et d'autres que l'air tue, des « microbes » auxquels il faut de l'oxygène en nature, et d'autres qui se l'approprient en décomposant des corps qui en contiennent. M. Pasteur considérait alors le *Bacillus amylobacter* comme le type des ferments anaérobies : « Ce vibrion, disait-il, vit, se nourrit, se multiplie, s'engendre en dehors de toute participation du gaz oxygène libre. » Il disait encore : « Le contact de l'air le tue. » Nous pouvons dire qu'il est anaérobie quand il est noyé dans les liquides au sein desquels va se produire la fermentation butyrique. Mais il vit très bien dans l'air, et là dans des conditions physiologiques normales. Le Bacille typhique vit à l'air libre à la surface d'une tranche de pomme de terre, et il se développe très vite si on le plonge à une température d'environ 30° dans un bouillon de culture. Il est donc à la fois aérobie et anaérobie. Le prétendu *Mycoderma aceti* de M. Pasteur est bien vivant dans la masse du vinaigre où les fabricants vont le chercher, et cependant il vit aussi à la surface de la corde que M. Pasteur recouvre d'une pellicule de *M. aceti* dans son expérience sur la production du vinaigre. Si l'on veut conserver la distinction des êtres en aérobies et anaérobies, il faudra arriver à distinguer certaines conditions dans lesquelles un même être, normalement aérobie, devient accidentellement anaérobie ; et il en résulte que beaucoup de microphytes dont nous ne connaissons que l'état anaérobie ne sont probablement pas là dans leur milieu normal et seront ultérieurement découverts dans ce milieu sous une forme différente de celle que nous connaissons jusqu'ici. De sorte que là encore les assertions de M. Pasteur auront besoin d'être considérablement modifiées.

Ce qu'il y a de constant, en tous cas, et en dehors de toute théorie, c'est

1. De là une nouvelle définition de certaines fermentations : elles sont l'effet de l'état morbide de microphytes qui vivent anormalement. Dans ce milieu qui ne leur est pas normal, ils fabriquent ici de l'alcool, là d'autres produits, qui sont les analogues des ptomaïnes fabriquées par les microphytes pathogènes.

que les Schizophytes ont, dans certaines circonstances, besoin d'oxygène pour vivre[1]. Et en combinant cet oxygène avec des matériaux hydro-carbonés, ils font, outre toutes les substances jusqu'ici énumérées, de la chaleur et même de la lumière. C'est Fabricius d'Aquapendente qui paraît avoir observé le premier (1592) ce dernier phénomène. Il avait vu de la viande fraîche, lumineuse pendant quatre jours, rendre lumineuse d'autre viande qu'on avait placée à côté d'elle. M. Nuesch ayant eu connaissance, en 1879, de semblables faits de viandes phosphorescentes, faits qui se produisent parfois sur une grande échelle, a vu que le phénomène cesse de se produire à l'époque où apparaissent sur la viande les premiers microphytes de la putréfaction. Avant cette époque, il a trouvé que les points phosphorescents répondaient à des amas de microphytes en chapelets et en globules, et que la phosphorescence disparaissait instantanément sous l'influence de diverses substances antiseptiques. C'est aussi aux microphytes que l'on rapporte les phénomènes de la putréfaction : celle-ci consistant en fermentations qui ont pour résultat la décomposition dite spontanée des subs-

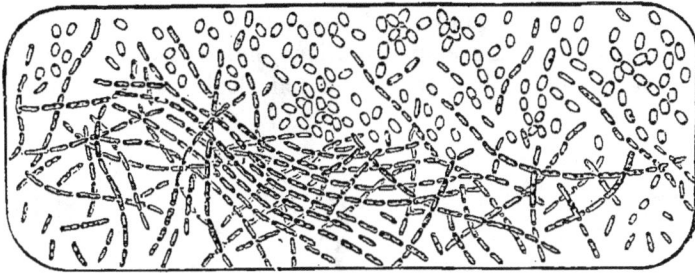

Fig. 273. — Culture du Bacille de la décomposition, à l'état de végétation en bas, à l'état de sporulation en haut (Fol).

tances albuminoïdes. Ces fermentations sont extrêmement complexes, comme nous en avons vu quelques exemples au sujet des bacilles qui se trouvent dans l'intestin. Certains des microphytes qui concourent par étapes successives à la putréfaction jouent, pense-t-on, un rôle spécial. Les uns vivent au contact de l'air, et les autres sont dits anaérobies. On connut surtout parmi eux le *Bacterium termo*, les *Bacillus amylobacter* (fig. 199), *subtilis* (fig. 194), *Megaterium* (fig. 198), qui se cultivent sur la gélatine et la liquéfient tout d'abord ; de sorte qu'ils jouent le même rôle à l'égard des matières gélatineuses qui se trouvent dans notre tube digestif. Le *Bacterium termo* (fig. 186) est, d'après M. Cohn, le plus important peut-être des Schizophytes de la putréfaction. Il a la forme de bâtonnets longs

---

1. Nous ne reproduisons que sous toute réserve l'opinion que le Dr J. Lemaire a prêtée à M. Pasteur, sans dire où elle a été publiée. « M. Pasteur, dit-il, a écrit que les vibrions vivent dans l'acide carbonique, et tout récemment il a été plus loin, il dit que ce gaz lui servait de nourriture. » Il doit y avoir ici une erreur.

de 1 μ 5 sur 0 μ 5 de large, très souvent réunis deux à deux. Il s'obtient en faisant macérer des feuilles, des pois ou haricots, etc., au contact de l'air. Le liquide se couvre d'une pellicule verdâtre, gélatineuse, c'est-à-dire d'une zooglée dans laquelle les bâtonnets immobiles se comportent à peu près comme ceux du *Bacillus subtilis* (p. 151). Ils se scindent d'une façon très rapide ; mais on ne connaît pas jusqu'ici de spores à cette espèce. Elle prend au liquide l'oxygène qui s'y trouve. Puis sa pellicule empêche le contact de l'air, et le liquide est désoxydé par les autres microphytes qui peuvent s'y produire. Dans les fèces, on en a décrit un (Bienstock), qu'on a considéré comme l'agent principal de la destruction des substances albuminoïdes, et qui aurait « la forme d'une baguette de tambour ». On l'a mis, dans une culture, en contact avec la fibrine qui, dans ce cas, aurait été amenée, par suite de nombreux dédoublements successifs à l'état d'eau, d'ammoniaque et d'acide carbonique. On ne l'aurait jamais trouvé dans les selles des enfants à la mamelle bien portants.

Les microphytes de la putréfaction passent pour sécréter une diastase qui agit sur les albuminoïdes et les rend solubles. Après quoi les liqueurs renferment des produits solubles dans l'alcool. L'albumine est finalement décomposée, et il se produit de l'ammoniaque qui se combine à l'état naissant avec des acides acétique, oxalique, butyrique, valérianique ; du glycocol, de la leucine, de la tyrosine, des alcaloïdes, des ptomaïnes, etc.

FIG. 274. — Vibrion septique (Dubief).   FIG. 275. — Bacilles de l'œdème malin (Koch).

Les derniers termes de la décomposition sont des hydrogènes phosphorés et sulfurés qui concourent à donner aux substances putréfiées leur odeur désagréable ; de l'hydrogène carboné, de l'acide carbonique, etc. En somme, on voit que le rôle des microphytes serait de faire disparaître en les réduisant à des corps d'une composition très simple, les matières organiques les plus compliquées[1].

Davaine entendait par septicémie la putréfaction accomplie pendant la

1. M. Gunning a prétendu que la présence de l'air est indispensable à la putréfaction et que les êtres supposés anaérobies par M. Pasteur meurent quand ils n'ont pas d'oxygène libre à leur diposition. M. Pasteur a répondu que les microbes ne sont pas morts, mais qu'ils se sont transformés en germes. On s'est alors demandé pourquoi la putréfaction ne reprend pas son cours quand on laisse pénétrer de nouveau de l'air privé de germes.

vie. La putréfaction du sang s'établit dès que les ferments putrides s'introduisent dans sa masse, et quelle que soit la voie d'introduction. Le sang de l'animal qui a succombé est tout aussi septique que les matières qui l'ont tué; on le dit septicémique. Si la saumure tue un grand nombre d'animaux (Raynal), Davaine admet qu'elle n'agit que par le ferment de la putréfaction qu'elle renferme. M. Klebs a admis un agent spécial de la septicémie, qu'il a nommé *Microsporon septicum*.

Le mode de pénétration des microphytes dans le sang et, par suite, dans un grand nombre d'organes, est aujourd'hui des plus incertains, en dehors des solutions de continuité de la peau ou des muqueuses du tube digestif qui, nous le savons, renferme un grand nombre de Schizophytes. Cependant il y a des animaux, comme les poissons, dans les liquides normaux desquels on a trouvé des microphytes (Richet et Olivier); et si la rareté des germes dans le sang de l'homme sain est un fait actuellement admis, sauf dans les derniers jours des maladies infectieuses, il faut bien supposer que les animaux malades, dont certains viscères ont les capillaires gorgés de Schizophytes, ont possédé à un moment donné ces mêmes végétaux dans le trajet du liquide sanguin qui mène du point d'introduction aux capillaires des viscères envahis. Quand dans une affection telle que l'endocardite dite infectieuse, par exemple, qui a beaucoup occupé les médecins dans ces derniers temps, on observe un si grand nombre de microphytes, il y a des cas où l'on rencontre comme point de départ une solution de continuité de la peau ou des muqueuses, un foyer de suppuration simple ou spécifique, etc. Le mode d'infection n'est pas alors difficile à expliquer. Mais dans les cas en apparence spontanés, les pathologistes sont

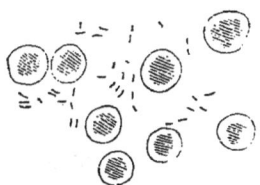

Fig. 276. — Septicémie des souris. Bacilles et globules sanguins (Koch).

jusqu'ici forcés d'admettre que « l'organisme sain porte constamment en lui des microbes en grand nombre : ces éléments sont parfaitement innocents tant que le fonctionnement organique présente son activité normale, mais ces microbes peuvent devenir nuisibles par envahissement, lorsque l'organisme détérioré manque de sa vitalité et de sa résistance ordinaires » (Jaccoud)[1]. Il est vrai qu'il n'y a là qu'une hypothèse. Nous reviendrons d'ailleurs sur ce que l'on a nommé le microbisme latent.

La classification des septicémies n'est pas facile à établir de nos jours. On en a admis de putrides, de toxiques et de suppuratives; mais il est bien possible qu'on ait eu tort de renfermer tant de choses diverses dans un seul et même cadre. Au point de vue de l'histoire naturelle, disons

[1]. La question du terrain approprié, de la *réceptivité*, de *l'opportunité morbide*, sur laquelle nous ne pouvons ici nous étendre, est une de celles sur laquelle on a dit le plus de choses vagues et non démontrées. C'est bien là, comme on l'a dit, «le point faible des doctrines microbiennes »; aussi n'insistons-nous pas.

seulement que dans les suppurations, on constate l'existence d'un grand nombre de Schizophytes que nous connaissons, notamment les *Micrococcus* que l'on a appelés *Staphylococcus flavescens* Bab. et *S. pyogenes*, avec les nombreuses variétés dites *aureus* (fig. 278), *citreus*, *albus*, *tenuis*, etc., dont les caractères distinctifs sont assez mal établis. On a, dit-on, trouvé tous ces végétaux dans le lait des femmes infectées et qui transmettent à leurs enfants des affections dites puerpérales. On a aussi admis la transmission par le lait d'un *Micrococcus scarlatinæ* et, par suite, de la scarlatine.

On a dit avoir trouvé dans l'eau des rivières un *Microbe pathogène* (Pasteur), qui par injection produisait l'infection purulente. On a cru aussi (Netter) observer le *M. pyogenes* dans la salive de sujets sains. On sait qu'on a aussi affirmé que le microphyte de la pneumonie aurait été rencontré dans la salive. Nous ne parlons pas ici des microphytes de la septicémie expérimentale (fig. 276)

Nous passons facilement de ce qui précède au mode d'action des Schizophytes dans la production des maladies, au rôle qu'ils jouent en patho-

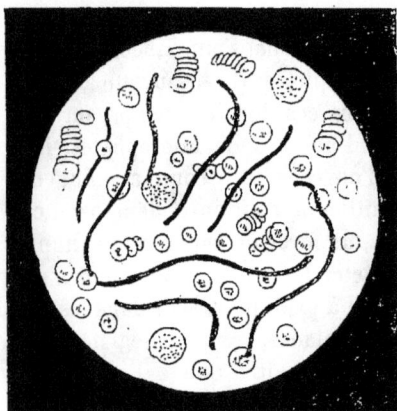

FIG. 277. — Vibrion septique, avec globules sanguins (Pasteur).

FIG. 278. — *Micrococcus (Staphylococcus) pyogénes aureus.*

logie, à l'idée qu'ont conçue les praticiens de s'opposer au développement des maladies en s'attaquant aux « microbes » par lesquels ils les croient produites.

Avec une idée préconçue inexacte, avec une théorie erronée comme point de départ, celui qui remue des faits et qui donne une impulsion à l'activité intellectuelle de son temps, peut rendre les plus grands services à la science et peut amener la découverte de faits d'une incontestable utilité. Ce qui précède est applicable à l'antisepsie. Un pansement ouaté, tel que celui de M. Alph. Guérin, application des doctrines de Schrœder et Dusch qui, en 1856, avaient démontré que la ouate a la propriété de retenir les germes de l'air, et posé cette substance sur les plaies dans le but de prévenir l'afflux de ces germes et, par suite, l'altération des liquides dont la conséquence est l'infection purulente, un pareil pansement est souvent criblé de microorganismes; et cependant les services qu'il a rendus sont incontestables. Le pansement de M. Lister, avec un grand nombre de pièces superposées et dont plusieurs pourraient vraisemblablement être supprimées sans inconvénient, a, dit-on, pour but de tamiser l'air en lui faisant traverser des couches de tissus imprégnés de substances antiseptiques, de façon que les germes-ferments de l'air soient arrêtés et détruits au passage. Il y a beaucoup d'objections à faire à la théorie, et la plupart ont été souvent présentées. Mais dans la pratique, les résultats sont tels que M. Lister mérite le titre si enviable de bienfaiteur de l'humanité. Et

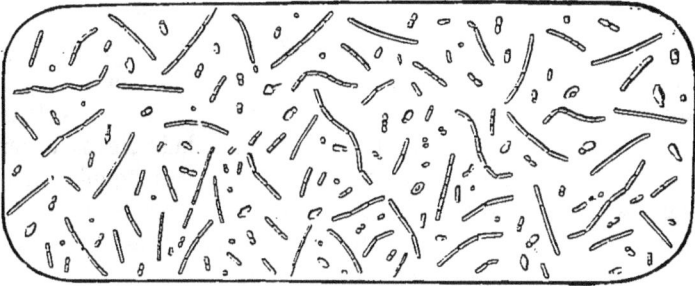

FIG. 279. — Vibrion septique (Fol).

cependant, l'air est si peu le véhicule de l'infection purulente ou des germes qui sont censés la produire, qu'il n'est pas impossible qu'au lieu d'accumuler sur une plaie les barrières, rendues ou non antiseptiques, d'un pansement plus ou moins compliqué, la chirurgie n'arrive un jour à supprimer la plus grande partie des pansements, à les supprimer même totalement, comme avait fait depuis longtemps Rose, et à laisser les plaies au contact immédiat de l'atmosphère [1].

J'entends encore un grand nombre de médecins parler de maladies dont les germes ont été apportés par l'air; j'entends les chirurgiens les plus éminents répéter que « l'air apporte sur les plaies un principe pernicieux qui a pour conséquence l'infection ». Ces praticiens répètent uniquement ce qu'on a dit depuis si longtemps, sans se rendre compte que la plupart du temps le véhicule des contagions et infections, des maladies contagieuses en général, c'est précisément le médecin ou le chirurgien qui les porte directement d'un malade à un autre, d'un blessé à un autre blessé [2]. Le chirurgien fait plus quand, au moment où il opère, il n'a pas pris les plus

1. Voy. L. Le Fort, les Pansements et la Mortalité (1885); sans parler des nombreuses discussions qui ont eu lieu à l'Académie de médecine de Paris.
2. Il y a bien des circonstances où ce qu'on appelle épidémie pourrait être défini : le transport direct d'une maladie contagieuse par une personne, médecin ou autre, sur un grand nombre d'individus successifs.

strictes précautions : par son opération même il ouvre la porte à l'infection. Les théories des anciens hygiénistes sur l'influence de la couleur sur l'absorption des miasmes et sur le danger du médecin vêtu de noir qui va les transportant d'habitation à habitation, ces théories, dis-je, sont surannées. Mais c'est encore, à un autre titre, avec leurs vêtements, leurs instruments non flambés, avec leur vieux linge non désinfecté, avec leurs mains lavées simplement au savon, dont les replis cutanés et unguéaux recèlent encore des parcelles contagieuses, que les médecins, chirurgiens, sages-femmes, infirmiers, élèves, etc., transportent directement sur les malades les germes des maladies les plus diverses. Malgré les nombreux points contestables et contestés dont les théories sur l'infection et la contagion sont peuplées, il est sorti des idées remuées cette notion, éminemment utilitaire, que la plus stricte propreté des gens du monde n'est pas une propreté médicale ou chirurgicale suffisante. J'ai entendu avec plaisir les élèves de la Maternité faire une distinction pratique entre la propreté vulgaire et la propreté qu'elles appellent « obstétricale ». Aujourd'hui qu'avant de toucher, d'accoucher et de panser les malades, les sages-femmes se lavent à l'acide phénique[1], au sublimé ou autres liquides dits antiseptiques, la fièvre puerpérale a disparu des maternités. Si nous pouvions avoir sur les décisions de l'administration hospitalière une influence quelconque, il y aurait dans tout hôpital une ou plusieurs pièces d'entrée par lesquelles seraient forcés de passer tous ceux qui ont accès dans les salles et qui sont admis à opérer, à panser, à toucher les patients. Ils y déposeraient autant que possible leurs vêtements de ville; ils revêtiraient, à la place du tablier officiel, en linge insufisamment lavé, un large surtout d'étoffe lisse, imperméable et convenablement désinfecté, et ils seraient tenus, à l'exemple des élèves de la Maternité, de se laver longuement et profondément les mains dans un liquide antiseptique. Aucun instrument ne serait employé dans les services sans avoir été désinfecté ou flambé, et surtout le linge à pansements serait autant que possible proscrit. Je sais bien que de pareilles mesures sont difficiles à prendre, et que certaines d'entre elles prêteraient à rire dans un pays où le ridicule s'attaque même aux choses les plus lugubres, mais pour ceux-là seulement qui ne prennent pas les choses par le côté pratiquement sérieux. Les visites faites aux malades par leurs parents pourraient demeurer une cause d'introduction de quelque élément morbide. Mais, en y réfléchissant bien, cette cause de contagion est relativement peu considérable; et si les mesures que nous indiquons ici sommairement étaient adoptées, je ne doute pas que le chiffre de la mortalité hospitalière, déjà atténué dans ces derniers temps, ne s'abaissât avant peu à un niveau dont personne ne peut avoir l'idée; ce qui nous fera peut-être pardonner la digression qui précède. Nous devons

---

1. Nous pouvons, en passant, avertir les praticiens que c'est là un médiocre antiseptique. Les véritables antiseptiques de valeur sont en général ceux qui coagulent l'albumine et les albuminoïdes.

à M. Bouchard une énumération des hypothèses principales proposées pour expliquer l'action morbifique des microbes[1] :

« 1° *Rôle mécanique.* — On a supposé qu'ils devaient faire obstruction dans les vaisseaux et particulièrement dans ceux du poumon et du rein. Les microbes habitant le sang sont exceptionnels;

« 2° *Rôle traumatique.* — On a supposé qu'ils pouvaient provoquer des actions traumatiques, éroder, perforer les cellules (néphrites infectieuses, blennorrhagie, choléra des poules) ;

« 3° *Rôle subversif mortel.* — On a supposé qu'ils amenaient la mort par les lésions anatomiques qu'ils déterminent. C'est précisément supposer admis ce qui est en discussion. L'important est de savoir par quel procédé ces lésions locales sont provoquées ; ce que nous ignorons ;

« 4° *Rôle fixateur de l'oxygène.* — On a supposé que le microbe pour sa nutrition consommait quelque chose d'utile, dont la soustraction est préjudiciable à l'organisme. Exemple : la bactéridie anaérobie du charbon s'empare de l'oxygène du sang qu'elle envahit ; supposition ingénieuse mais sans démonstration ;

« 5° *Rôle toxique.* — Les agents infectieux produiraient quelque chose de nuisible, élaboreraient des substances toxiques; c'est la seule hypothèse qui comporte un développement de preuve. »

Pour nous, nous devons tout d'abord déclarer que quand nous disons qu'on observe un « microbe[2] » donné dans telle ou telle maladie, nous ne voulons pas dire par là que nécessairement ce microbe produit cette maladie ; et si, entraîné par l'usage, nous le disons quelquefois, cela signifie seulement que c'est l'opinion d'un grand nombre de médecins, mais ce n'est pas nécessairement la nôtre.

Ce n'est pas, en effet, par sa seule présence que la bactérie produit une maladie, puisque quand on la cultive et que dans le cinquième ou le dixième bouillon de culture on produit son développement, elle a,

1. L'opinion que les maladies peuvent être produites par des êtres organisés microscopiques est une idée fort ancienne. En 1658, un savant éminent à bien des titres, le P. Kircher disait « que la peste était due à des êtres animés : le pestiféré est sujet à une corruption éminemment appropriée à la reproduction de petits animalcules. Les animalcules qui transmettent le mal sont si petits, si fins, si ténus qu'ils échappent complètement à la vue et ne peuvent être aperçus qu'à l'aide d'excellents microscopes. On dirait des atomes; ils se reproduisent en multitudes innombrables... Répandus partout, ils s'accrochent à tout ce qu'ils rencontrent et savent s'insinuer dans les pores les plus intimes des objets... Le venin pestilentiel peut provenir de la corruption des humeurs internes; mais les humeurs ne peuvent se corrompre que si quelque contage putride s'est introduit subrepticement dans le corps avec les aliments. Ce contage infectera les liquides de l'organisme et leur communiquera la faculté de se transformer en corruption de nature toxique. Chaque espèce de putréfaction donne naissance à un virus spécial qui produit une espèce déterminée de maladie ». Il n'est donc pas exact de dire, au sujet des Schizophytes, que « c'est seulement aujourd'hui que les lumières de la science pénètrent jusqu'à ces oppresseurs terribles ». Il y a plus de deux siècles qu'on admettait en quelque sorte « la spécificité des microbes ».

2. D'après ce que nous avons dit de la valeur de ce mot, dans les quelques cas où nous l'employons, ce n'est, pour ainsi dire, qu'à l'état de citation.

dit-on, perdu ses qualités nocives, cependant que nos sens et les instruments d'observation dont nous disposons ne nous montrent dans son organisation aucun caractère distinctif de ceux qu'elle présentait alors qu'elle était éminemment active.

Le microphyte agit donc, autant que nous pouvons le comprendre, en transportant chez un sujet sain un liquide nuisible dans lequel il était baigné, ou bien en excrétant lui-même une matière nuisible qu'il aura fabriquée.

Dans le premier cas, il agirait à la façon des mouches charbonneuses qu'on accusait d'aller inoculer le charbon à un animal bien portant, tout comme aurait pu le faire un expérimentateur armé d'une lancette ; ou bien à la façon des mouches qu'on accuse d'aller inoculer aux gens sains les produits contagieux contenus dans les crachats des tuberculeux (on a dit encore que les mouches avalent les bacilles de la tuberculose, et qu'après leur mort elles se dessèchent, tombent en poussière et disséminent ainsi les microbes, ou bien qu'avec leurs excréments elles vont les déposer sur la viande).

Mais en ce cas, la maladie préexisterait au microphyte, et ce n'est pas lui qui en serait la cause ; il ne serait que l'agent du transport.

Cela ne voudrait pas dire que la présence du microphyte n'est pas utile à constater. En effet, si un bacille tel que celui de la tuberculose existe dans tous les organes atteints d'affection tuberculeuse, sa constatation rend les plus grands services au diagnostic, que le bacille soit cause ou effet de la maladie.

Mais d'autre part, si l'opinion de certains pathologistes relatée ci-dessus, que le microbe peut exister dans l'économie sans que l'état de celle-ci permette son développement et sans qu'il se produise, par exemple, une endocardite infectieuse, si cette opinion est admise, l'observation des microbes qu'on croit propres à l'endocardite infectieuse n'est pas une preuve que l'endocardite existe. Et la théorie du microbisme latent étant admise, il y aura des microbes latents, caractéristiques cependant de la tuberculose, de la fièvre typhoïde, de l'infection purulente, sans que ces maladies existent autrement qu'à l'état virtuel ; c'est-à-dire que, pour un médecin sérieux, elles n'existent pas. Ce serait admettre (ce qui n'est pas neuf) qu'un homme admirablement portant peut avoir en lui toutes les maladies, mais à l'état latent, bien entendu. Et par la constatation des microbes correspondants, on pourrait lui affirmer qu'il a toutes ces maladies ; ce qui serait, nous pouvons le dire, excessif.

Quand on disait que le bacille du charbon nuit à la santé par lui-même, parce qu'il enlève au sang l'oxygène dont il a besoin, parce qu'il forme des embolies, etc., on admettait qu'il n'était pas accompagné d'un liquide virulent. Et cependant, on avait affirmé (Woobridge) qu'on peut assurer l'impunité pour le charbon à un animal en lui inoculant un liquide charbonneux entièrement dépourvu de bactéries. Cela n'a rien qui puisse

étonner, puisque M. Chauveau disait : « J'ai montré en 1879 que, dans les
maladies virulentes, le microbe pathogène fabrique un *poison soluble*,
cause principale de la mort des sujets malades, et en 1880 j'ai donné la
preuve de l'existence de ce poison soluble » ; puisque M. Arloing a vu que,
prenant un bouillon de péripneumonie infectieuse des bœufs, « si au lieu
d'injecter le bouillon complet, on l'injecte après l'avoir débarrassé des
microcoques par une bonne filtration, on observe les mêmes phénomènes
inflammatoires, ce qui prouve que les microbes ont laissé dans le bouillon
une matière phlogogène ; puisqu'en 1888, dans l'école même de M. Pasteur,
on a parlé (Roux et Chamberland) de l'immunité contre la septicémie con-
férée par les substances solubles [1]. On produit des paralysies expérimen-
tales (Charrin) et d'autres maladies avec les produits solubles des cultures
de microbes. On admet aujourd'hui que le *Micrococcus* du choléra des
poules sécrète une sorte de ptomaïne qui agit sur les volailles affectées à
peu près comme une préparation opiacée. La substance phlogogène dont
parle M. Arloing « possède certains caractères des diastases ». Elle se rapproche donc à plus d'un titre de ce ferment soluble que M. Berthelot indique
dans l'eau de lavage de la levure soigneusement filtrée et qui, sécrété par
le *Saccharomyces Cerevisiæ*, produit le dédoublement du sucre de canne.
Elle est l'analogue de la diastase que M. Musculus a mise en évidence en
la précipitant par l'alcool et qui est sécrétée par le *Micrococcus ureæ*. Elle
est comparable à la diastase qui, d'après MM. Fitz et Hueppe, est sécrétée
par le ferment butyrique lors de son action sur la caséine du lait, où il y a
coagulation, puis liquéfaction et transformation en peptone d'abord et
ensuite en d'autres produits plus simples de dédoublement (leucine, tyrosi-
psine et ammoniaque) [2]. Elle rappelle aussi cette expérience de Paul Bert
qui, anéantissant les bacilles charbonneux dans un sang soumis à l'action
de l'oxygène comprimé, tuait cependant des animaux en leur inoculant le
sang ainsi traité et alors que leur sang ne présentait point de bacilles. C'est

---

1. S'aperçoit-on qu'en revendiquant la doctrine des vaccins solubles, on supprime le
« microbe », c'est-à-dire la pierre fondamentale de toute la théorie si laborieusement
construite, depuis des années ? C'est une sorte de suicide inconscient.

2. Nous regrettons de ne pouvoir citer tout l'article écrit par Ch. Robin en 1879,
Sur les actions physiologiques des animaux attribuées à des végétaux bactériens (in
Journ. de l'anat. et phys., 487) ; mais il est de notre devoir d'en rappeler quelques passages à l'attention des médecins : « Il importe que, de leur côté, les physiologistes
n'acceptent pas sans examen l'hypothèse des botanistes, qui affirment qu' « on ne sait
rien chez les animaux supérieurs sur le mécanisme de la digestion de la cellulose, ni
sur la région du tube digestif où elle s'opère et qui correspond aux *Amylobacter*. »
(V. Triegh., in *C. rend. Ac. sc*, LXXXVIII, 209.) Tous les observateurs qui ont étudié
la digestion des aliments végétaux sur les vertébrés herbivores ont constaté que la
région où ils perdent plus ou moins de leur cellulose est limitée entre le duodénum en
haut et le cœcum en bas. Les physiologistes ont toujours attribué l'action, soit *liquéfiante*, soit dissolvante proprement dite, non pas aux cryptogames qui sont là en quantité accessoire, mais aux liquides spéciaux de sécrétion constante et naturelle ; d'autant
plus que, lorsqu'on arrête leur arrivée dans l'intestin, l'*action dissolvante*, la digestion
en un mot, n'a plus lieu, bien que les bactéries restent et même deviennent alors particulièrement abondantes. Il faut donc se garder de croire qu'il soit démontré que dans

en vain que M. Pasteur a objecté que l'action de l'oxygène n'avait pas tué des germes de bacilles contenus dans le sang. S'ils avaient existé, ils auraient, dans le sang des lapins inoculés, donné naissance à des bactéries. Aujourd'hui, la solution de la question paraît considérablement avancée par les connaissances nouvellement acquises sur les ptomaïnes et les leucomaïnes. Les ptomaïnes (Selm) sont des alcaloïdes cadavériques vénéneux, qui se forment en grand nombre aux dépens des matières albuminoïdes. Les leucomaïnes (A. Gautier) sont des corps analogues qui se montrent dans les excrétions fournies par les animaux vivants et en santé. Ils existent entre autres dans les venins, la salive, etc. On peut donc admettre dès à présent que les microphytes sécrètent des substances analogues, et M. Koch, par exemple, a supposé que le vibrion cholérique agit par la sécrétion d'une ptomaïne (ce qui a aussi été contesté). Mais comme on admet aussi que ce sont des cellules animales qui sécrètent ces produits infectants, ici, de même que pour les fermentations alcooliques produites par des cellules végétales ou animales quelconques, on en revient, au lieu d'une spécificité de ferments pathogènes sur laquelle on avait longuement insisté, à une action mystérieuse qui, comme précision scientifique, vaut la catalyse ancienne; sans compter que la médecine n'est pas rénovée, comme on s'en flattait, car on revient à la pathologie humorale qui n'est pas, que l'on sache, une nouveauté.

Nous avons encore quelques objections à faire au nom qu'on donne toujours de notre temps aux affections à « microbes », quand on les désigne sous le nom de *parasitaires*. Un ténia, un sarcopte, un pou, un *Tricho-phyton* vivent bien en parasites de l'homme, dans le sens ordinairement accordé à ce mot. Mais en quoi est parasite un *Bacterium termo* ou un *Bacillus subtilis* qui décompose nos excréments parce qu'il trouve en eux des produits de décomposition qui conviennent à son existence? On suppose

l'intestin « il y a un organisme qui dissout les grains d'amidon; qu'un autre transforme et saponifie la matière grasse; qu'un autre encore attaque et rend solubles les matières albuminoïdes, » comme quelques auteurs l'admettent pour le cas des expériences portant sur les matières alimentaires étudiées hors de l'intestin. Si ces hypothèses venaient à être réellement démontrées, la digestion de la cellulose, etc., serait un acte physiologique *parasitaire*, comme le seraient, dit-on, les maladies... Ici le bien, ailleurs le mal le plus dangereux, produits tout deux par des plantes ne montrant pas toujours de l'une à l'autre des différences spécifiques. La digestion serait accomplie par autre chose que par l'appareil digestif. Devant l'identité d'aspect de la paroi cellulosique des cellules examinées successivement dans l'aliment et dans l'excrément, il devient impossible de comprendre comment agiraient réellement les *Amylobacter;* cela est impossible du moins lorsqu'on lit que : « C'est ou contact direct de l'*Amylobacter* avec la cellulose que se produit l'action dissolvante du premier corps sur le second, et non par une diastase formée en excès par l'*Amylobacter* et agissant en dehors de lui. » Qu'est-ce, en effet, que cette action de *contact direct*, si ce n'est un retour à l'hypothèse ancienne des *actions catalytiques* qui renverse l'étude actuelle des fermentations; à moins que ce ne soit quelque fluide vital qui de l'*Amylobacter* se porte à une certaine distance dans l'épaisseur de la paroi cellulosique, que le bactérien ne fait que toucher pour rendre solubles du tiers à la moitié des molécules de cette paroi? Si cette action chimique n'est pas due à cela, à l'un ou à l'autre, elle n'est évidemment rien. On sait que c'est matériellement, par une imbibition réelle des aliments solides, que se produit

donc qu'un bacille qui vit dans le pus agit sur ce liquide d'une autre
façon qu'un bacille de la putréfaction agit sur une substance albuminoïde
qui se décompose. Loin de rien prendre à l'alcool, le *Micrococcus* de la
fermentation acétique lui apporte de l'oxygène. Dira-t-on que son action
est parasitaire, si d'autres *Micrococcus*, morphologiquement semblables,
s'observent à chaque pas dans des affections qu'on qualifie de ce nom?
Un microphyte qui vit en anaérobie dans certains liquides des animaux
malades, n'est pas plus leur parasite que la levure de bière n'est parasite
du sucre duquel, pendant la fermentation alcoolique, elle prend une partie
pour se développer. Ch. Robin avait déjà dit « qu'il importe de rappeler
que lorsqu'il s'agit des bactéries et des vibrions qu'on trouve dans
l'enduit gingival, le sang, les sérosités, les mucus, avec ou sans *infection*,
contagion, etc., leur mode d'action n'est pas autre que dans le cas de putréfaction, ni que dans celui où ils sont expérimentalement et industriel-
lement employés comme ferments ». Et plus loin : « Ce qu'on dit ici
parasite est un ferment figuré, et parasite ne signifie rien sous la plume
de ceux qui l'emploient, s'ils ne spécifient en quoi l'action de ce parasite
diffère de l'action des teignes, de la gale... Ce qu'on appelle microorga-
nisme parasite est un cryptogame, ferment figuré botaniquement, zymique
au point de vue de sa physiologie propre, et ne porte en lui rien de plus. »
Les chimistes qui veulent rénover la médecine, et les médecins qui les
imitent malheureusement sans examen préalable de leurs doctrines, feront
donc bien d'effacer dans un très grand nombre de cas de leurs nomencla-
tures le terme d'affections parasitaires.

Ce n'est donc point toujours comme parasiticides que, dans les quelques
traitements institués contre ces affections, doivent être considérés les
remèdes proposés, mais plutôt comme antiseptiques, comme contre-poi-
sons ; et c'est encore là un point que nous nous permettons de recomman-

---

« l'action dissolvante », ou plutôt encore *liquéfiante*, des sucs gastrique, duodénal, biliaire,
pancréatique et intestinal sur les aliments. Or, malgré la quantité de ces humeurs et ce
que l'expérience prouve sur leur spécificité d'action et de décomposition, l'hypothèse
du contact direct les met de côté, pour leur substituer, dans chaque cas, un solide ou,
si l'on veut, une troupe d'autres cellules plus microscopiques, mais non moins solides
individuellement que celles des aliments. Ces plus petites cellules sont chargées de
digérer leurs homologues par contact, aussi bien hors de l'intestin que dans celui-ci.
De plus, « au point de vue de la *digestibilité par l'Amylobacter*, il y a, dit-on, de grandes
différences dans une même plante, suivant les tissus, dans un même tissu, suivant les
plantes. » Enfin, toujours d'après la même hypothèse, donnée comme prouvée, « l'*Amylobacter* digère d'abord la cellulose, mais ensuite il fait fermenter le principe soluble
obtenu. La digestion et la fermentation proprement dite sont accomplies successivement
par le même organisme. » On voit que s'il en était ainsi sur les animaux, ce ne serait
plus l'animal qui digèrerait, mais un végétal cryptogamique qui le ferait pour lui...
Une *action dissolvante* exercée par le contact d'un bactérien solide, sans imbibition
possible, reste scientifiquement incompréhensible... Il n'est pas nécessaire d'insister
pour montrer dans quel degré de confusion anti-scientifique jette l'esprit cette impor-
tation de termes d'une branche de la biologie dans l'autre. » Avec les idées que
Ch. Robin combat, il semble qu'on digérerait aussi bien après la mort que pendant la
vie et que la dyspepsie n'existerait pas ou serait due à une maladie, à une insuffisance
des « microbes » chargés de digérer pour nous.

der à toute l'attention des médecins. Il est logique, sans doute, si l'on admet que c'est un microphyte qui produit une maladie, de chercher à tuer ce microphyte, comme on tue le sarcopte pour mettre fin à la gale. Quelques-uns ont pensé à faire expulser le végétal par un autre qui se substituerait à lui ; ce qui peut se comparer aux tentatives naïves imaginées pour substituer au Phylloxéra des vignes un autre animal qui se chargerait de le chasser à notre profit. On a donc proposé un traitement bactériel de la phtisie. On a dit qu'en administrant par inhalation des *Bacterium termo*, ceux-ci faisaient disparaître le Bacille de la tuberculose (Cantani). On a aussi topiquement traité le lupus par le *Bacterium termo*. On est à la recherche de médicaments qui tuent les Schizophytes sans nuire à l'homme, et des essais très nombreux se font chaque jour dans ce sens[1]. Mais on a surtout cherché à prévenir les maladies par l'inoculation des virus atténués, et M. Pasteur a donné dès 1880 une théorie générale de l'atténuation des virus. « Un virus, dit-il, alors même qu'il est constitué par un microbe, peut, sans un changement très marqué dans sa morphologie générale, être atténué dans sa virulence, conserver celle-ci dans des cultures, produire des germes et, sous son nouvel état, communiquer une maladie passagère, capable de préserver de la maladie mortelle, propre à l'action de ce virus dans son état de nature. Cette précieuse modification peut se produire par une simple exposition du virus à l'oxygène de l'air. » Ailleurs on a employé la lumière, la chaleur qui peuvent avoir une grande influence sur le microbe. Ailleurs encore on essaye d'atténuer les virus en les faisant passer successivement par plusieurs milieux vivants. C'est ce que M. Pasteur a fait, comme l'on sait, pour la rage, qu'on fait passer de moelle de lapin en moelle de lapin jusqu'à ce qu'on ait obtenu un virus rabique suffisamment atténué. L'étude de la rage, qui passionne le monde médical, ne rentre pas dans notre cadre, puisqu'on ne la considère pas actuellement comme une maladie à microbe. Mais n'est-il pas évident que si l'on traite de la même façon, au point de vue de l'atténuation, une affection microbienne et une affection sans microbes, on n'accorde par là même à ceux-ci qu'une influence bien secondaire dans la production des maladies contagieuses[2] ?

Il va sans dire d'ailleurs que, avec les doctrines panspermiques dont nous avons déjà parlé plusieurs fois, on doit s'efforcer, comme d'ailleurs on l'a fait de tout temps, de purifier l'atmosphère qui est en contact avec l'économie animale, de tous les germes-ferments qu'elle peut contenir, qu'on doit essayer de les y détruire le plus possible, de modifier l'air, avant

1. Avec l'hypothèse qu'il n'y a pas autre chose que le microphyte dans la maladie, il est assez logique de croire qu'un Schizophyte comme celui du choléra peut être tué par l'ingestion d'un médicament tel que le sublimé à faible dose, car ici le végétal peut être attaqué directement dans le tube digestif.
2. Il convient de mentionner les cas où, d'après plusieurs expérimentateurs (Prazmowski, de Bary, etc.), la violence d'une culture s'affaiblit spontanément, sans cause apparente.

qu'il n'arrive à nos poumons et à nos autres organes, par l'action des microbicides, des antiseptiques. C'est ce dernier point qui va nous occuper maintenant quelques instants.

Ce qui vient d'être dit nous amène en effet, à étudier sommairement, au point de vue qui nous occupe, les milieux que de toute antiquité on a considérés comme les véhicules des contages. Nous voulons parler plus particulièrement de l'air et des eaux.

On a été convaincu de tout temps que l'air pouvait contenir en suspension des corpuscules très nombreux, sur lesquels on a écrit des volumes; mais nous nous bornons à reprendre cette question à l'époque où M. Pasteur essaya de combattre l'hétérogénie par l'étude des germes suspendus dans l'atmosphère. Citons textuellement ses paroles : « Il y a constamment, dit-il, dans l'air commun, un nombre variable de corpuscules dont la forme et la structure annoncent qu'ils sont organisés. Leurs dimensions s'élèvent depuis les plus petits diamètres jusqu'à 1/100e et davantage de millimètre. Les uns sont parfaitement sphériques, les autres ovoïdes; leurs contours sont plus ou moins nettement accusés. Beaucoup sont tout à fait translucides, mais il y en a aussi d'opaques avec granulations à l'intérieur. Ceux qui sont translucides, à contours nets, ressemblent tellement aux spores des moisissures les plus communes, que le plus habile micrographe ne pourrait y voir de différence. » Nous n'insistons pas sur ce qu'il y a de peu précis, d'imparfait, dans les caractères qui précèdent. Les figures qui les accompagnent (fig. 280) montrent assez le peu de netteté des observations de M. Pasteur, qui ajoute, non sans logique : « Je crois

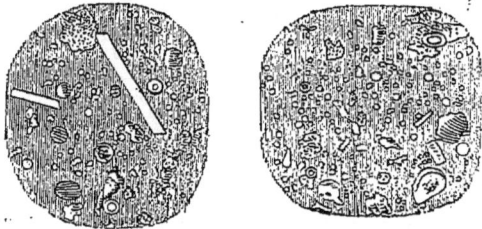

Fig. 280. — Spores atmosphériques (Pasteur).

qu'il y aurait un grand intérêt à multiplier les études sur ce sujet et à comparer dans un même lieu avec les saisons, dans des lieux différents, à une même époque, les corpuscules organisés disséminés dans l'atmosphère. Il semble que les phénomènes de contagion morbide, surtout aux époques où sévissent les maladies épidémiques, gagneraient à des travaux poursuivis dans cette direction. » M. Miquel est l'auteur qui a le mieux, dans notre pays, répondu à ces *desiderata*. Dans sa remarquable thèse de 1883, le chef du service micrographique à l'Observatoire de Montsouris a laborieusement et consciencieusement rassemblé toutes ses observations sur

« les organismes vivants de l'atmosphère ». Il y montre des cadavres et des
œufs d'infusoires, de l'amidon, des pollens, des spores de cryptogames ; il
donne les lois qui régissent l'apparition de ces mêmes spores, il étudie les
corpuscules des poussières déposées spontanément à la surface des objets,
il traite de l'existence dans l'air des germes des bactéries[1]. Puis, il établit
le chiffre des bactériens trouvés dans l'air de divers lieux, aux différentes
époques, aux diverses températures, pendant la pluie et dans les temps
secs, avec tel ou tel vent ; il montre que l'humidité de l'atmosphère est

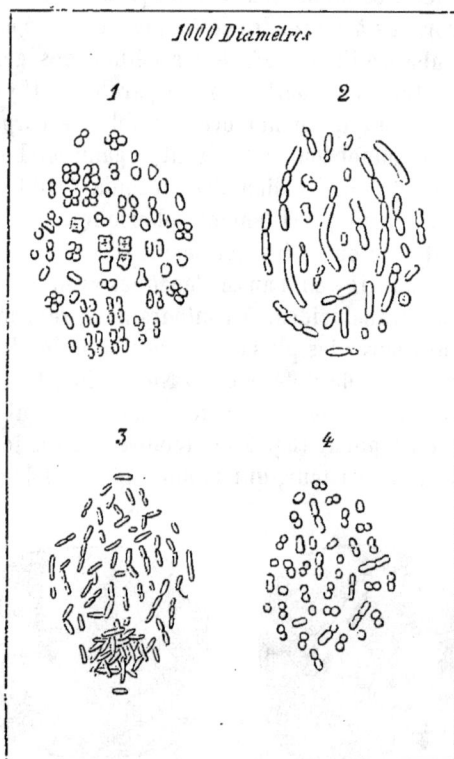

FIG. 281. — *Micrococcus* atmosphériques (Miquel).

une des causes les plus puissantes de l'affaiblissement du chiffre des
germes aériens ; il apprécie l'influence de l'élévation des lieux et fait voir
que plus ceux-ci sont élevés, plus le nombre des germes diminue. Tout
cela est traité dans la perfection. Malheureusement, quand il arrive à

1. Il combat la plupart des conclusions tirées de ses observations par M. Tyndall,
dans son ouvrage *les Microbes*, conclusions qu'il qualifie d' « inacceptables, ayant pour
point de départ des résultats entachés de causes d'erreur vulgaires, qu'il est regrettable
de voir méconnaître par un expérimentateur si habile. » Quand M. Tyndall voit « une
multitude innombrable de microbes dans l'air ambiant », M. Miquel dit que cela « est
contraire à la vérité ». Il condamne aussi les « nuages bactéridiques » de M. Tyndall.

traiter des relations entre « les bactéries et les maladies épidémiques »,
nous ne voyons point de conséquence suffisamment positive à tirer de ses
observations et de ses courbes. Nous ne saisissons pas clairement quel parti
la pathologie peut tirer de tant de travaux assidus, et surtout nous ne
pouvons, au point de vue médical, nous associer aux conclusions de l'auteur que nous nous faisons un devoir de reproduire ici textuellement.

« L'air impur, a dit Pringle, est plus meurtrier que le glaive. Les

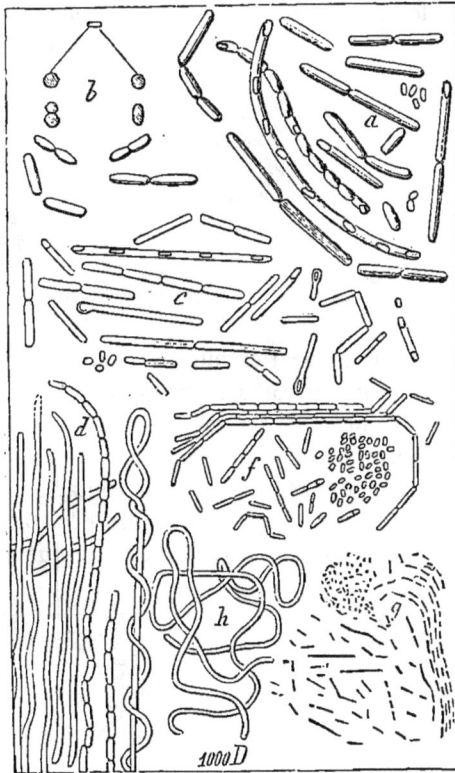

Fig. 282. — *Bacillus* atmosphériques (Miquel).

médecins le savent si bien qu'ils se hâtent de diriger loin des villes très
peuplées les personnes faibles et débilitées par un séjour trop prolongé
dans les vastes agglomérations urbaines; les hygiénistes ne l'ignorent pas
non plus quand ils conseillent aux municipalités d'ouvrir, au prix des
plus grands sacrifices, de larges voies, d'aérer les quartiers malsains et
humides, d'assurer le parfait fonctionnement des égouts, de multiplier
l'arrosage des rues dans les saisons où le vent peut soulever des nuages de
poussière, etc. Les chirurgiens surtout peuvent apprécier l'influence né-
faste qu'exerce sur le succès de leurs opérations l'air impur des salles

des malades et l'atmosphère même d'une ville où, comme à Paris, l'opération césarienne a une issue presque toujours fatale. »

A cela nous répondons brièvement : Non, ce n'est pas l'air qui apportait aux opérées de la méthode césarienne des causes de mort à peu près certaine. C'était l'opérateur ; c'étaient ses aides, ses instruments, ses pansements. Aujourd'hui qu'on pratique en plein Paris, sur l'abdomen largement ouvert, des opérations bien autrement graves et profondes, l'air arrive toujours au contact des parties lésées, et la mortalité est relativement moindre, parce que les contacts infectants sont en grande partie supprimés par l'asepsie, en même temps que par le drainage on empêche le séjour prolongé des liquides pernicieux dans le foyer de l'opération. Nous ne blâmons

FIG. 283-285. — Bactéries atmosphériques (Miquel).

pas les grandes voies de communication bien aérées ; mais l'atmosphère de ces grande voies est toujours en contact avec celle des cavités du sous-sol et avec celle des rues voisines encore étroites et mal assainies. Un médecin qui envoie à la campagne un opéré, une accouchée, un malade pour lequel il redoute la fièvre typhoïde ou toute affection contagieuse analogue, ne rend point grand service à tous ces gens-là s'il les y fait accompagner par une personne ou des objets contaminés ; et il est presque assuré de faire

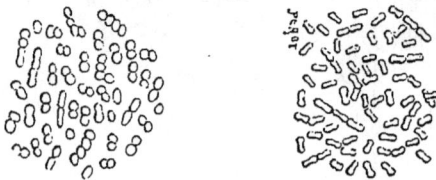

FIG. 286, 287. — Bactéries atmosphériques (Miquel).

contracter la fièvre typhoïde, par exemple, puisque c'est la maladie que nous avons citée, par la personne qu'il envoie aux champs, si cette personne trouve au village des eaux qui charrient ou des linges qui traînent avec eux le poison typhique jusqu'à des gens bien portants. Quant à l'isolement des opérés, des blessés et des accouchées, dont on parle tant comme les préservant des affections contagieuses, c'est probablement une mesure à peu près inutile, si dans ces salles des isolés pénètrent à chaque instant des personnes qui viennent d'autres salles ou d'autres maisons où règnent des contages, sans s'en être préalablement purifiées.

Au point de vue de la panspermie, la pratique est bien souvent en contradiction avec la théorie. Nous avons vu des liquides fermentescibles abandonnés au contact de l'air ne point être ensemencés par celui-ci. Parfois c'est une condition physique qui fait défaut, comme la température, par exemple. Ailleurs ce sont les microphytes qui, à ce qu'il paraît, font défaut, puisque le *Micrococcus ureœ*, qu'on croit venir de l'air, n'arrive pas toujours au contact de l'urine placée dans un récipient non clos et que celle-ci demeure alors très longtemps acide. Un tuberculeux n'introduit pas dans l'air par l'expiration les bacilles de la tuberculose qu'il a en lui, parce que son poumon est un filtre qui les retient (Grancher, Straus). M. Tyndall avait montré que l'air qui sort du corps humain est optiquement pur. Loin de souiller l'air par leur respiration, l'homme et les animaux tendent donc, en ce qui concerne les microbes, à le purifier. Il faut donc bien admettre que c'est par le contact direct, par leurs vêtements, par les poussières qu'ils mettent en mouvement, etc., que les hommes, agglomérés ou non, transmettent la maladie, mais non par la dissémination des microphytes ou des germes dans l'atmosphère. C'est exactement la conclusion à laquelle nous étions plus haut arrivé pour les septicémies. Les idées panspermistes de M. Pasteur devront donc encore, à cet égard, être profondément modifiées[1].

Les diverses eaux naturelles sont plus riches d'ordinaire en microphytes que l'air. Les pluies balayent l'air des divers micro-organismes qu'il renferme. Cependant, au niveau des sources, on admet que l'eau, filtrée par la terre, est pure de microphytes (Pasteur). Plus tard, les cours d'eau reçoivent une foule de germes. M. Miquel estime que l'eau de pluie contenant 64,000 microbes par litre, celle de la Seine en renferme à Bercy 4,800,000 et à Asnières 12,000,000; celle des égouts à Clichy 80,000,000. Le Bacille typhique se trouve dans l'eau. On trouvera certainement des microphytes dans les eaux qui donnent la dysenterie. Il faut donc se défier des filtres, même les plus prônés, qui laissent passer les micro-organismes ; il est utile de faire bouillir l'eau qu'on boit en cas d'épidémie typhique ou dysentérique. Mais la boisson la plus sûre est en pareil cas l'eau distillée,

---

1. Ceci est également applicable aux *Saccharomyces*. Il est peu exact de dire que l'air en mouvement soit l'unique véhicule de ces végétaux, rares dans l'atmosphère. M. J. Duval dit avec raison que « les levures, par la dessiccation, ne prennent jamais la forme pulvérulente qui serait nécessaire à leur dissémination aérienne supposée ». M. Pasteur a cru se tirer de difficulté en supposant que si les levures ne sont pas dans l'atmosphère, celle-ci renferme leurs germes. Mais que veut dire ici le mot *germes* ? Pour la levure de bière, on pourrait supposer qu'il s'agit des spores. Où sont les spores des *Micrococcus*, des ferments lactique, acétique, ammoniacal, etc.? Il n'y a là que des hypothèses. La panspermie peut être invoquée contre la doctrine hétérogéniste ; mais il est « une chose regrettable, c'est que la question des ferments organisés ait été subordonnée par M. Pasteur à celle des générations spontanées » (Guillaud). On se rappelle aussi, à ce sujet, les remarquables expériences de Sir J. Tyndall, dans lesquelles une chambre close, à paroi glycérinée, a une atmosphère tellement dépouillée de poussières organisées, que les substances putrescibles s'y conservent et qu'un rayon lumineux qui la traverse devient absolument invisible.

qu'avec quelque habitude l'estomac supporte très bien, quoi qu'on en pense généralement.

On a attribué les fièvres intermittentes, la Malaria, à des eaux renfermant des Bacilles (fig. 288) et d'autres Microphytes; mais rien n'est démontré de ces assertions[1].

Nous avons à nous occuper maintenant de la question taxinomique. Nous avons vu qu'au début de ses études, M. Pasteur avait distingué des

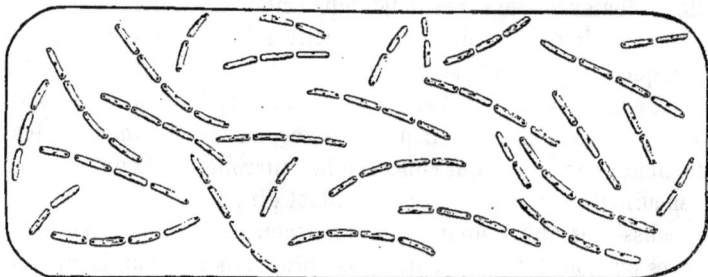

Fig. 288. — Bactérie des fièvres intermittentes (Fol).

ferments animaux et des ferments végétaux. C'est principalement Ch. Robin qui a rectifié sa manière de voir à cet égard, et nous nous bornerons à citer ses paroles : « M. Pasteur, dit-il, considérant comme végétaux les *organismes qui n'ont pas des mouvements propres*, et comme animaux *les organismes qui ont un mouvement en apparence volontaire* (C. rend. Ac. sc., LVI, 420), a en effet désigné comme *ferments animaux*, comme *animalcules infusoires du genre des vibrions*, les ferments soit butyriques, soit tartriques, soit de la putréfaction (Pasteur, *Animalcules infusoires vivant sans gaz oxygène et déterminant des fermentations; ibid.*, LII, 344; LVI, 418, 1190, 1192). Or à l'aide des réactifs et en suivant leur évolution, il est facile de reconnaître que ces *vibrions-ferments*, comme les autres vibrions, ne sont que des Cryptogames de la classe des Champignons dans leurs états évolutifs de spores (germes des divers auteurs) et mycéliens, avec motilité, mais ne sont aucunement des animaux. Il résulte de là que, très vrai d'ailleurs, tout ce que dit M. Pasteur de ces êtres, s'applique non à des animaux, comme il l'expose, mais bien à des plantes; que, d'autre part, ce qu'il donne *comme le premier exemple connu de ferments animaux* n'est autre que celui d'un *végétal-ferment* à ajouter aux autres. C'est à des Cryptogames et non à des animaux que s'appliquent les passages de M. Pasteur dans lesquels il dit que le ferment

1. « Ces observations, dit M. Cornil, sont même sujettes à bien des critiques. » M. Laveran, dans son *Traité des fièvres palustres*, a décrit « des microbes du paludisme », qui se trouvent dans le sang. Mais comme ce sont, d'après l'auteur, des animaux, nous ne nous en occuperons pas ici. Salisbury avait attribué la fièvre intermittente à des *Palmella*.

butyrique est un *animalcule* infusoire qui, non seulement vit sans oxygène libre, mais que l'air tue (*loc. cit.*, LII, 346) ; dans lesquels il dit que les *infusoires-ferments* ou *animalcules-ferments* n'ont pas besoin d'oxygène libre pour vivre, étant doués de ce deuxième genre de vie qui, s'effectuant en dehors du gaz oxygène, s'accompagne toujours du caractère ferment ; que la nutrition accompagnée de fermentation est la nutrition sans consommation d'oxygène libre ; que là est certainement le secret du mystère de toutes les fermentations proprement dites. C'est encore à des plantes et non à des animaux que s'applique ce qu'il dit des animalcules infusoires, pouvant vivre sans oxygène libre et être ferments (*loc. cit.*, LVI, 420, 1190). A ces divers titres il y a des *êtres vivants anaérobies*, du moins temporairement, comme il y en a d'*aérobies ;* mais ce sont des plantes qui sont dans ce cas-là, et non pas des *animaux anaérobies*, pas plus qu'il n'y a des *animalcules infusoires ferments ;* ce qu'on dit *animal* dans ces conditions se trouvant être *végétal*, comme dans tous les autres cas de fermentations et de putréfactions. » Nous espérons donc qu'aujourd'hui M. Pasteur considère tous ces ferments comme étant de nature végétale. On continue cependant encore dans son école, et c'est, comme nous l'avons dit, une grave atteinte à la théorie de la spécificité des ferments, on continue à considérer même les cellules animales comme aptes à décomposer le sucre en alcool et en acide carbonique.

Les Schizophytes sont donc des plantes cryptogames, et la plupart des auteurs en font des Champignons, sous le nom de *Schizomycètes*. Si nous n'avons pas employé de préférence cette expression, c'est pour ne pas affirmer définitivement que ces végétaux sont des Champignons, attendu que certains auteurs les regardent encore comme des Algues, et qu'il est bien difficile, par exemple, de ne pas voir quelles affinités intimes il y a entre un *Beggiatoa* qui est rapporté aux Schizomycètes et une Oscillaire que l'on range parmi les Algues ; entre un *Leuconostoc* que quelques-uns rangent parmi les Schizomycètes, et un Nostoc que la plupart attribuent aux Algues, etc. En somme, les Schizophytes sont intermédiaires aux Algues et aux Champignons, et nous ne sommes guère avancés par la façon dont M. Sachs tranche la question en réunissant les Algues et les Champignons dans un seul groupe, les Thallophytes, dans lequel il établit deux séries parallèles : l'une comprenant les formes à chlorophylle (Cyanophycées [Oscillaires, etc.], Palmellacées) ; l'autre les formes dépourvues de chlorophylle (Schizomycètes, Saccharomycètes)[1]. Nous savons aujourd'hui qu'il y a des Bactéries à matière colorante, et même à matière verte, comme celle qui s'observe dans la diarrhée verte des enfants. Il n'est pas dit néanmoins que cette matière verte soit de la

---

1. En parlant des Champignons, de Bary dit : « Les types qui rentrent dans ce groupe sont, en réalité, tous sans chlorophylle. Mais ce caractère n'est pas plus indispensable, pour marquer leur place dans la classification, que ne l'est, chez un oiseau, la présence d'un appareil de vol pour faire reconnaître qu'il est un oiseau. »

chlorophylle. Mais celle des Oscillaires en est-elle donc? Et, d'après de Bary,
« il existe, en petit nombre il est vrai, des Bactéries proprement dites qui
possèdent de la chlorophylle et présentent toutes les propriétés qui accompagnent ordinairement une action chlorophyllienne. »[1]

Les déterminations qui précèdent n'ont pas d'ailleurs une grande importance au point de vue médical. Il n'en est pas tout à fait de même des
déterminations génériques et spécifiques. Il y a eu un moment où chaque
microphyte découvert par des observateurs peu expérimentés en histoire
naturelle était considéré comme le type d'une nouvelle espèce, bien plus
comme le type d'un nouveau genre. Aujourd'hui, nous pouvons dire en
toute sincérité que nous ne savons pas ce que c'est qu'un genre de
Schizophytes. Ceux qu'on avait crus les plus distincts, les plus nettement
caractérisés, passent, dans des observations mieux suivies, de l'un à l'autre
avec une facilité parfois surprenante. Aussi sommes-nous forcé, non
seulement d'avertir ici que ce que nous pouvons considérer comme un
genre bien établi n'en sera peut-être pas un demain, mais encore qu'il
n'y a pas de limites absolues entre deux groupes que nous considérons
provisoirement comme des genres[2]. Leur nombre est d'ailleurs très
limité en ce qui concerne les applications à la médecine et à la physiologie. Pour le moment, nous n'avons guère à distinguer que les types
suivants :

1° *Micrococcus.*

2° *Bacterium.*

3° *Bacillus.*

4° *Leptothrix.*

5° *Beggiatoa.*

6° *Crenothrix.*

7° *Vibrio.*

8° *Spirochœte.*

9° *Saccharomyces.*

Nous rattachons, provisoirement toujours, les *Streptococcus* et les
Staphylococcus, les *Gonococcus*, les *Tetragenus*, les *Merismopœdia* et
les *Sarcina* aux *Micrococcus*, et les *Spirochœte* aux *Spirillum*. Maintenant, comment séparons-nous les uns des autres nos cinq groupes? Par
la forme extérieure :

1. Au sujet des affinités des Schizophytes avec les Champignons, de Bary, qui avait
tant étudié ces derniers, dit : « On ne peut guère les rapprocher des Champignons
définis de la manière que nous avons indiquée, et placés à leur rang ordinaire dans la
classification naturelle. »
2. Il appartenait à notre époque de voir des personnes étrangères à toute notion
d'histoire naturelle écrire qu'ici « la fonction physiologique est le plus solide élément
de classification ». Cela vaut à peu près leur science étiologique des maladies, quand
elles admettent qu'un germe peut rendre un organe malade ou le sauver par suite d'une
« émotion qui y arrête ou y fasse affluer le sang ». Ces personnes croient-elles sérieu-
sement qu'il y ait quelque chose de bien nouveau dans les théories qui réduisent la
maladie, la digestion, etc., à une fermentation?

Les *Micrococcus* sont punctiformes.

Les *Bacterium* sont ovoïdes-oblongs ou courtement cylindriques.

Les *Bacillus* sont longuement cylindriques, filiformes.

Les *Leptothrix* sont indéfiniment allongés, ténus, sans gaine distincte.

Les *Beggiatoa* sont cylindriques, longs, plus épais, et ils contiennent des cristaux de soufre.

Les *Crenothrix* sont pourvus d'une gaine, comme les *Leptothrix* et comme le groupe des *Desmobactériacés* en général. Mais cette gaine est épaisse, et la reproduction peut se faire par spores, tandis que ces dernières sont inconnues chez les *Leptothrix*, qui ont la gaine mince. Et nous avons vu qu'on en fait parfois des Mucédinés.

Les *Vibrio* ont des filaments courts et ondulés, flexibles ou paraissant tels.

Les *Spirochæte* sont spiralés, allongés, à spirales flexibles et pourvus d'un phycochrome.

Les *Saccharomyces* sont ici des êtres à part; ils se distinguent de tous les précédents en ce qu'ils ne sont pas ou du moins ne sont pas aussi nettement scissipares. Ils sont plutôt gemmipares (ce qui n'exclut pas toujours chez eux la scissiparité). Pour la plupart des auteurs ils appartiennent à une autre grande division que tous les précédents, celle des Levures, tandis que tous les précédents sont des Bactériens proprement dits; et nous avons déjà vu qu'on les rattache aussi comme types dégradés aux Discomycètes, en les rapprochant ainsi des Ascomycètes.

Si maintenant nous passons en revue les types secondaires, nous bornant comme précédemment à ceux qui ont un intérêt médical, nous verrons que :

Les *Streptococcus* sont des *Micrococcus* à grains rapprochés en chapelets et sans phycochrome. Les *Staphylococcus* et les *Gonococcus* se rattachent au type précédent.

Les *Tetragenus* sont des *Micrococcus* groupés par quatre dans un même plan. Dans les *Merismopœdia*, le nombre des éléments peut être plus considérable. Les *Sarcina* sont des *Merismopœdia* à grains groupés dans plusieurs plans superposés; l'ensemble présentant trois dimensions: longeur, largeur et épaisseur.

Les *Cladothrix* sont des *Bacillus* ou des *Leptothrix* en apparence ramifiés, en réalité accollés les uns aux autres de façon à former entre eux par leur rapprochement des angles généralements aigus. Nous avons aussi vu les *Cladothrix* se résoudre en *Micrococcus*.

Les *Spirillum* sont des *Vibrio* moins courts, à spirales plus rigides.

Les *Carpozyma* sont des *Saccharomyces* à grains terminés aux deux extrémités par des pointes coniques.

Maintenant, les espèces appartenant à ce que nous considérons provisoirement comme des types génériques, peuvent être ou mobiles ou immobiles, être pourvues ou dépourvues de cils, et elles peuvent, oui ou non, être groupées en zooglées.

Mais nous ne pouvons (et ceci est important à remarquer) indiquer d'une façon absolue en quel point se sépare un *Micrococcus* d'un *Bacterium*, un *Bacterium* d'un *Bacillus*, un *Bacillus* d'un *Vibrio*, un *Leptothrix* d'un *Bacillus*, un *Beggiatoa* d'un *Leptothrix*, un *Vibrio* d'un *Spirochæte*. Il y a entre les uns et les autres des formes *de transition*, sans compter les états dits *d'involution* (p. 180), qui altèrent la forme normale des Schizophytes [1].

De même, c'est d'une façon provisoire que nous distinguons comme espèces les divers êtres que nous avons énumérés et sommairement étudiés de la page 138 à la page 197 de ce travail. La même [2] apparaît plusieurs fois sous des noms différents, suivant les milieux où elle a été observée [3]. C'est pour cette raison que nous ne pouvons accorder la moindre valeur scientifique à la division des microphytes en chromogènes, zymogènes et pathogènes [4]. Nous nous sommes quelquefois servi de ces expressions, mais seulement à titre d'indications pratiques [5].

On voit qu'il y a encore dans l'étude des Schizophytes un grand nombre de points obscurs, et que les auteurs de ces obscurités sont sou-

1. L'involution (Nægeli) est une sorte d'hypertrophie maladive, une régression, a-t-on dit, qui a été observée dans un certain nombre de types, le *Vibrio cholericus*, le *Bacillus Anthracis* et autres, des *Cladothrix*, des *Micrococcus*, etc. On a par là, peut-être sans démonstration suffisante, expliqué bien des déformations dont plusieurs tiennent sans doute à des influences de milieu.

2. En 1874, M. Billroth n'a admis pour l'ensemble des formes pathogènes étudiées par lui qu'une seule espèce, le *Coccobacteria septica*. M. Nægeli pense qu'une même espèce prend, dans la suite des générations, des formes successives différentes, variables, dissemblables morphologiquement et physiologiquement.

3. C'est pour cela que cette notion, admise par de Bary, qu'il n'y a d'espèce assurée que celle qui a été suivie d'un bout à l'autre de son évolution, est tout à fait insuffisante, si le milieu dans lequel a vécu la plante n'a pas varié.

4. Pour nous borner à un exemple frappant, on ne peut nier que le Schizophyte du choléra soit *pathogène*. « Mais il est avant tout *saprophyte*, puisqu'il peut non seulement passer une partie de son existence à l'état de saprophyte, mais qu'il en a absolument besoin pour achever son évolution et produire des spores ». (De Bary.) Là où le *Bacterium Anthracis* est qualifié de pathogène, il n'est pas dans le milieu normal de son évolution; comme la levure de bière dans le liquide sucré, il se noie et lutte contre l'asphyxie. Nous ne distinguons pas non plus ici les *Parasites facultatifs* et *nécessaires*, comme le fait de Bary, cette classification reposant sur une notion erronée du parasitisme et sur des connaissances médicales insuffisantes.

5. Aux arguments invoqués contre la trop grande multiplication des types génériques et spécifiques, il faut joindre ceux qui ressortent des études de MM. Guignard et Charrin sur les variations morphologiques des Schizophytes. D'après eux, celui qu'on considère comme caractéristique de la Pyocyanine, mobile et long de 1 µ sur une largeur de 0 µ 6, vivant dans un bouillon auquel on ajoute diverses substances organiques ou inorganiques, variera de forme avec ces diverses additions. L'acide phénique et la créosote donnent au Schizophyte la forme d'un *Bacterium*. Avec le thymol, le napthol, l'alcool, on obtient des *Bacillus* de longueurs diverses. Avec le bichromate de potasse, on observe des filaments longs et enchevêtrés; avec l'acide borique, des *Spirillum*. On peut aussi obtenir dans presque toutes ces formes des corps intérieurs, sphériques, à paroi épaisse, à forme de *Micrococcus*, constituant une forme de conservation et de reproduction. Toutes ces formes, cultivées sur gélatine, agar-agar, etc., reproduisent avec la Pyocyanine le Schizophyte normal, sans mélange. Il est à remarquer que les milieux qui ont ici fait varier le *Bacillus pyocyaneus* sont principalement des antiseptiques.

vent ceux qui ont traité trop superficiellement et comme à l'aventure la question, sans s'être préoccupés de la méthode qui devrait présider à l'étude des sciences naturelles[1].

Muguet.

On désigne à la fois sous ce nom une maladie caractérisée par la présence d'un végétal; et ce cryptogame lui-même, lequel, après avoir été longtemps considéré comme un Champignon de la tribu des Oïdiés de

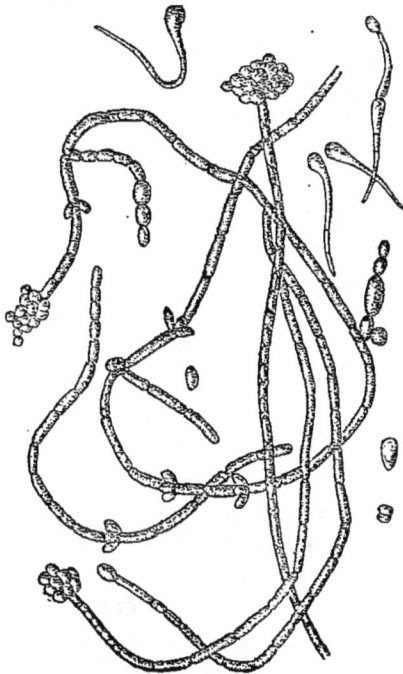

Fig. 289. — *Saccharomyces albicans.*

Léveillé, est actuellement rapporté comme espèce au genre *Saccharomyces*, sous le nom de *S. albicans* REESS (fig. 289). En masse, il forme sur certaines muqueuses des plaques blanches, molles, pultacées, dont l'aspect rappelle celui de certaines fausses membranes. Elles sont cons-

1. La division en Endosporés et en Arthrosporés est de toutes vraisemblablement la plus scientifique, et elle sera peut-être un jour définitivement adoptée. Mais pour le moment, on n'est pas toujours d'accord sur les spores des Schizophytes, et il y en a un très grand nombre qui en sont peut-être pourvus, chez lesquels on ne les a pas encore aperçues, de même qu'on a parfois qualifié de « spores » certaines portions courtes des organes végétatifs.

tituées par la plante elle-même, c'est-à-dire par des filaments ténus, simples ou légèrement rameux, en forme de mycélium, partagés en phytocystes placés bout à bout et de forme variable, la plupart cylindriques, larges de 3-5 μ, très ordinairement de dix à vingt fois plus longs que larges, ou même davantage. Ces segments ont un phytocyste distinct et un phytoblaste opalin, renfermant des granulations de teinte sombre, souvent mobiles (larges d'environ 1 μ). Au niveau des points de jonction des phytocystes, il y a un léger étranglement, et c'est à ce niveau que naissent les ramifications, qui commencent par un seul phytocyste gemmiforme. Celui-ci est souvent l'origine d'une sorte de pelote formée d'éléments arrondis et qui se séparent à une époque variable. Au sommet des ramifications se montrent aussi des pelotes analogues qu'on a décrites comme formées de « spores ». L'extrémité sporifère du filament est souvent dilatée. Son phytocyste terminal, sphérique ou ovoïde, séparé du précédent par un étranglement très marqué, atteint jusqu'à 5-7 μ de diamètre. Il peut être surmonté de quelques très petits phytocystes placés bout à bout, et ceux qui le précèdent sont fréquemment courts et en forme de grains de chapelet. Quant aux spores, elles sont sphériques ou un peu plus longues que larges, à contours nets, assez réfringentes et de couleur ambrée. Leur contenu est finement granuleux, et on y voit souvent, en outre, un ou deux corpuscules larges d'environ 1/2 μ. On leur a aussi donné le nom de cellules-filles. En plaçant ces dernières dans un liquide nutritif, elles deviennent à peu près toutes semblables, sphériques et larges d'environ 4 μ. On les cultive bien dans des milieux différents, notamment sur des tranches de légumes, de fruits acides et sur des sucs de fruits, et l'on obtient une multiplication des phytocystes qui peuvent ensuite s'inoculer sur les muqueuses et reproduire des plaques de Muguet. La plante vit donc également sur des animaux et des végétaux, et il conviendra de modifier beaucoup ce qu'on a dit de son « parasitisme ». Quand le microphyte se trouve sur une muqueuse baignée de liquide, celui-ci renferme beaucoup de spores détachées et flottantes. D'autres se fixent fortement aux cellules épithéliales et peuvent les recouvrir complètement. Elles germent à la surface de la membrane, et l'on en voit qui sont déjà allongées et formées de deux ou trois articles, quelquefois étroits et allongés. Quand on enlève la couche de cellules épithéliales qui porte les spores ou les plantes plus développées, avec le mucus visqueux dont elles sont baignées, on aperçoit, non le derme sous-jacent de la muqueuse, mais une couche épithéliale de nouvelle formation. Le siège du Muguet n'est donc pas sous-épithélial. La muqueuse peut être phlogosée là où il se trouve, mais elle peut aussi paraître parfaitement saine; et si le Muguet se développe à sa surface, c'est parce qu'il trouve dans les liquides altérés qui la baignent un milieu favorable à son évolution. Ce milieu est d'une acidité à peu près constante, et lorsqu'on l'alcalinise, le développement du Muguet s'arrête d'ordinaire promptement.

Chez l'homme, le Muguet s'observe le plus souvent sur la muqueuse buccale, notamment chez les enfants athrepsiques, chez les vieillards et les cachectiques à l'extrémité. On a décrit un Muguet primitif du pharynx dans la fièvre typhoïde. Les diverses portions du tube digestif peuvent devenir le siège de la végétation. Elle se développe aussi sur la peau, notamment au niveau du mamelon et dans diverses régions affectées de phlébite, à la vulve et dans le vagin, etc. Elle est contagieuse et inoculable aux animaux, surtout quand ils sont cachectiques, débilités. Le Muguet n'est pas une maladie; c'est un épiphénomène; et puisque aujourd'hui on l'attribue au genre *Saccharomyces*, son mode d'évolution jettera peut-être un certain jour sur la signification du développement dans l'économie animale de divers autres Schizophytes.

On avait jadis rapporté le Muguet au genre *Oidium*, sous le nom d'*O. albicans* Ch. Rob., et c'était aussi le *Syringospora Robinii* Quinq. Mais le genre *Oidium*, hétéronome, comme nous l'avons dit, n'a pu être conservé dans son intégrité, pas plus que la tribu des Oïdiés. Le plus connu des *Oidium*, celui qui attaque la Vigne (*O. Tuckeri*), est un état imparfait d'une plante qui n'est pas connue. Il ne se reproduit que par conidies. On l'a cependant nommé, mais théoriquement, *Erysiphe Tuckeri*, lui-même rattaché, théoriquement aussi, à un *Uncinula* américain. Tulasne a dit que l'*O. monilioides* est la forme conidienne de l'*Erysiphe graminis*. L'*O. leucoconium* serait de même un état imparfait du *Sphærotheca pannosa*, et il y a beaucoup d'autres *Oidium* dont on connaît de même l'*Erysiphe*.

CHAMPIGNONS DES TEIGNES

Nous réunirons sous ce titre les descriptions de plusieurs végétaux caractéristiques de certaines dermatoses, végétaux dont l'autonomie est contestée et dont l'évolution complète ne nous est probablement pas connue. Ils ont été attribués aux Arthrosporés et, parmi eux, aux Torulacés, aux Oïdiés, etc., tribus qui sont elles-mêmes mal définies; et l'établissement d'un groupe des Trichophytés ou des Microsporés n'éclaire pas, bien entendu, la question. Ils appartiennent aux genres *Trichophyton, Malassezia* et *Microsporon*, et peut-être *Achorion*.

Achorion.

Le genre *Achorion* LINK et REM. est caractérisé par un mycélium flexible, translucide et à flocons de filaments ténus, très rameux, non articulés, la plupart fixés à un stroma granuleux. Ce stroma réside sur un réceptacle orbiculaire et coriace, lui-même formé de filaments condensés, plus épais, allongés, subrameux, distinctement articulés; les articles inégaux et irréguliers, terminés par des sporidies. Les sporidies sont

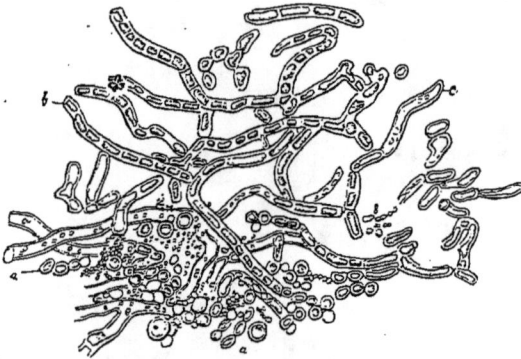

FIG. 290. — *Achorion Schœnleinii. a*, spores; *b*, chaînes de spores à l'extrémité des filaments du mycélium à articles courts; *c*, filaments à articles allongés (Cornil et Ranvier).

arrondies, ovales ou irrégulières et germent d'un seul ou de plusieurs côtés (Ch. Robin).

L'*A. Schœnleinii* REM.(*Oidium Schœnleinii* LEB.)(fig. 290) est le Champignon de la Teigne faveuse (*Favus, Porrigo favosa* et *scutulata* de Bazin, *Champignon de la Teigne scrofuleuse* de Vogel). Il se reconnaît, à une certaine époque du mal, à la présence de godets, ou *Favi*, qui sont des masses hémisphériques ou à peu près, épaisses de 1-5 millimètres, larges de 1-15 millimètres, convexes du côté adhérent et concaves ou planes sur la face libre, de couleur jaune soufré pâle, parfois bruni par des corps étrangers. La portion convexe déprime la peau dans laquelle elle est implantée; elle présente parfois un court pédicule. La face libre est à peu près au niveau de la surface cutanée; elle peut être recouverte par l'épiderme ou par du pus altéré. Au début, elle est déprimée au centre; puis la dépression est comblée, ou bien il se forme des cercles excentriques alternativement saillants et déprimés autour du centre que traversent un ou quelques poils. Ceux-ci ou les cheveux qui perforent ainsi le godet, pénètrent, au-dessous de lui, dans la peau, c'est-à-dire que leur bulbe est bien plus profondément situé. A la place du godet enlevé se voit une dépression rouge, qui est bientôt comblée par le derme qui reprend son niveau. Le godet est sec, dur, à cassure nette. Sa couche extérieure, ou *Stroma*, est finement granuleuse; elle est formée d'une exsudation albumineuse desséchée. La face interne est tapissée de filaments mycéliens, plus ou moins ramifiés, de tubes sporifères et de spores à formes diverses. Les spores ont 5-7 μ de diamètre, et leur contenu granuleux est, dans l'eau, doué de mouvements browniens très vifs.

Le début de la formation du godet qui vient d'être décrit a pour point de départ la présence d'un germe ou de quelques germes de l'*Achorion* dans un follicule pileux. Dans ce follicule, et tout contre le poil, ordinairement en dehors de la couche de cellules épidermiques qui lui donnent l'aspect réticulé, on voit une ou plusieurs spores qui lui sont adhérentes, souvent disposées en chapelet. Elles l'entourent d'une ou plusieurs séries anastomosées, constituant un réseau. Cette gaine réticulée adhère tellement au poil qu'elle le suit quand on l'arrache. A ce niveau il est souvent décoloré, et plus bas même, il est déformé, cassant, fendillé jusqu'à sa racine. Les spores pénètrent même dans ses fissures. C'est là l'origine du godet. Plus tard, les spores s'y sont développées en mycélium, à filaments ramifiés, à articles cylindriques, allongés, larges d'environ 3 μ. Il y a aussi des tubes rameux, mais non cloisonnés. On a donné le nom de tubes sporophores ou de réceptacles à d'autres filaments à contenu granuleux, ou plus souvent à spores intérieures, rondes ou ovales, ayant les caractères énumérés ci-dessus. Il y a, en outre, des spores polyédriques, tétraédriques par exemple, et d'autres qui sont gibbeuses d'un côté, déformées. Les tubes mycéliens et les spores peuvent pénétrer dans la profondeur du derme.

Il y a des *favi* sur toutes les parties du corps qui portent des poils, surtout au cuir chevelu; mais on les a vus partout ailleurs : au tronc, aux épaules, à la face, dans le conduit auditif, aux mains, sur les membres inférieurs, aux organes génitaux. Ils ont une odeur caractéristique de souris. Presque toujours le *favus* s'annonce par un léger soulèvement de l'épiderme au-dessous duquel il y a parfois une goutte de pus. L'épiderme s'exfolie, disparaît ; le godet se soulève et se forme, grandit. Les portions centrales ne renferment plus, au bout d'un certain temps, d'*Achorion* vivant, le développement se faisant du centre à la circonférenee. Les spécialistes en ont distingué trois formes : urcéolaire, scutiforme et squameuse (Bazin). L'*Achorion* se sème de lui-même sur l'individu infecté, de façon que les *favi* peuvent se développer jusqu'à la confluence entière. La poussière jaunâtre qui se soulève de leur cuir chevelu est éminemment contagieuse. On a inoculé l'*Achorion* à une foule d'animaux, surtout aux chiens, chats, lapins, rats et souris, et ces animaux peuvent eux-mêmes le transmettre à l'homme chez lequel toutes les circonstances débilitantes favorisent l'évolution de la plante. On traite surtout la maladie par l'épilation et par les médicaments parasiticides, tels que le sublimé, la créosote, l'essence de térébenthine, la benzine, le soufre, l'iode, l'acide acétique [1], etc., etc.

Pour certains auteurs allemands, l'*Achorion* est le résultat de la transformation de plusieurs Champignons vulgaires, considérés comme des Moisissures : le *Mucor racemosus* (Hoffmann), le *Penicillium crustaceum* (Hallier). « Quant à de Bary, il a été encore plus affirmatif ; il soutient que tous les champignons parasites de l'homme dérivent de l'*Aspergillus*. » (Gigard.) Köbner avait identifié l'*A. Schœnleinii* au *Microsporon Audouinii* et à l'*Oospora porriginis* Sacc. Grawitz a regardé comme une seule et même espèce, variant suivant les milieux, l'*Achorion*, le *Trichophyton* et le *Microsporon furfur*.

---

1. On décrit dans la même maladie un *Puccinia Favi* Ardst., plante d'une couleur brun-rouge, représentée par une sorte de corps plus large, allongé, arrondi à son extrémité libre, qui est plus rarement subangulaire, et une tige rétrécie. Le corps est divisé en deux phytocystes au niveau d'un étranglement médian. Son contenu est homogène ou granuleux. Ces végétaux s'observent dans les petites squames fines et blanches, avec un commencement de croûte dans le fond. Leur présence est loin d'être constante, et ils ne sont pas caractéristiques. Ils représentent un épiphénomène (Ch. Robin), et peut-être un parasite de l'*Achorion*.

TRICHOPHYTÉES

Trichophyton.

Le nom de *Trichophytie*, donné à un ensemble d'affections parasitaires du cuir chevelu et de la peau, est tiré de celui du Champignon qui en est la cause déterminante, le *Trichophyton tonsurans* Malmst. (*Trichomyces tonsurans* Malmst. — *Achorion Lebertii* Ch. Rob.) (fig. 291). C'est à lui qu'on attribue, au cuir chevelu, la Teigne tondante ou Herpès tonsurant; au niveau de la barbe, le Sycosis parasitaire; dans les régions glabres de la peau, l'Herpès circiné et une affection qui n'en est peut-être qu'une forme, l'Erythème trichophytique. Au niveau des ongles, il détermine aussi une affection parasitaire spéciale (Kaposi). Si l'on gratte assez fortement, avec des instruments appropriés, le cuir chevelu ou la peau chargée de poils, de façon à recueillir ces derniers et des pellicules épidermiques,

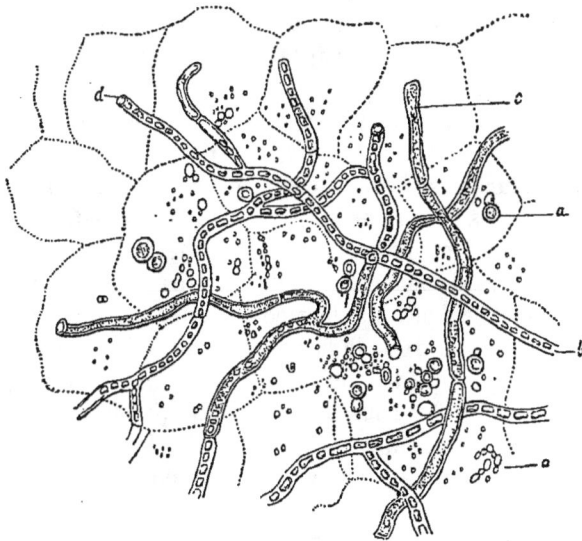

Fig. 291. — *Trichophyton tonsurans*. Les lignes ponctuées représentent des plaques épidermiques. *a*, spores; *b*, filaments mycéliens à articles courts, dissociés en spores; *c*, filaments mycéliens végétatifs (Cornil et Ranvier).

et si l'on traite le tout par l'ammoniaque ou la potasse à 40 p. 100, on aperçoit, sur les préparations comprimées entre deux verres, des phytocystes tubuleux, allongés, rampant dans les couches de l'épiderme. On peut aussi examiner ces couches traitées par une solution légère d'acide phénique, après avoir bien dégraissé, à l'aide de l'éther ou de l'alcool absolu. Les préparations se colorent bien par l'éosine et le violet de méthylaniline et se conservent bien dans la glycérine (Balzer). Les filaments sont très allongés, cylindriques, grêles, composés d'articles placés bout à bout. Ces tubes sont droits ou légèrement flexueux, peu ramifiés, et leurs ramifications sont distantes les unes des autres. Leur diamètre est extrêmement variable. L'épaisseur de la paroi des phyto-cystes est d'ordinaire nettement appréciable, aussi bien sur les bords lon-gitudinaux qu'au niveau des cloisons de séparation des phytocystes com-posants. Il y a des tubes remplis d'une matière amorphe ; d'autres, d'une matière finement granuleuse ; ce sont les plus étroits. Dans les plus gros en général, la matière contenue est plus ou moins segmentée, et plus loin, le contenu est formé de spores. Celles-ci sont très souvent finale-ment rangées en séries régulières, peu adhérentes les unes aux autres. Elles sont peu nombreuses dans les squames épidermiques, beaucoup plus dans les poils. Ordinairement les spores sont plus petites que celles de l'*Achorion Schœnleinii* ; mais les variations de taille sont considérables, et la spore peut être volumineuse dans l'herpès circiné. La forme est également variable : ovoïde ou elliptique quand les spores ne font que se toucher par leurs extrémités. Mais quand ces mêmes extrémités se sont mutuellement aplaties par pression, les spores se renflant vers leur partie moyenne, on observe l'apparence de petits tonneaux superposés (Balzer). La spore a un phytocyste, difficilement colorable par les divers réactifs, et un noyau qui, au contraire, se colore parfaitement. Voici d'ailleurs en quels termes l'observateur déjà cité décrit l'évolution des organes reproducteurs. « En suivant le trajet d'un tube, on voit, à un moment donné, les noyaux de spores qu'il contient nettement segmentés ; puis la segmentation porte sur la gaine elle-même, à mesure que les noyaux des spores deviennent de plus en plus volumineux. La chaîne de spores terminale est dès lors formée et devient de plus en plus considé-rable. De même que dans le favus, les noyaux des tubes sporifères, non munis d'enveloppes, quadrilatères ordinairement par pression réciproque, envoient quelquefois des bourgeons latéraux qui deviennent le point de départ d'une ramification, d'un nouveau tube dont l'évolution présentera les mêmes phases. » Là où il y a des cheveux, des poils, ces derniers contiennent surtout des spores, tandis que les squames épidermiques renferment principalement du mycélium. Dans un cheveu, le parasite occupe d'abord la portion périphérique, toujours recouvert de la cuticule que respecte l'infiltration parasitaire. Plus tard, la cuticule se rompt ; ses débris maintiennent le parasite ; et le poil, envahi tout entier, ressemble à un sac allongé, gorgé de spores. Parfois enfin, la cuticule elle-même finit par éclater et par se détruire. C'est dans les régions glabres de la peau, là où se produit l'herpès circiné, que les spores du *Trichophyton* deviennent le plus volumineuses.

Le *T. tonsurans* se transmet de l'homme à l'homme et de celui-ci à plusieurs animaux, principalement le chien et le cheval. Le chat est plus réfractaire, et le rat plus encore; on a même dit totalement.

Malassezia.

Nous donnerons le nom d'un habile observateur de plusieurs Champignons parasites de l'homme à l'espèce qui a reçu en 1853 de Ch. Robin le nom de *Microsporon furfur*, et qui ne paraît pas pouvoir faire partie de ce dernier genre, tel qu'il est aujourd'hui conçu. Le *Malassezia furfur*

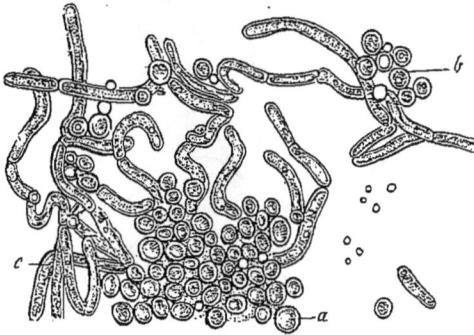

FIG. 292. — *Malassezia furfur. a, b,* spores; *c,* mycélium.

est donc le *Fungus seu Epiphytus Pytiriaseos versicoloris* de Th. Sluyter. Il se développe sur la peau de l'homme, en plusieurs régions, notamment sur le tronc, et il y forme des taches de dimensions très variables, jaunâtres ou d'un jaune brun, à surface pulvérulente. Elles sont formées de la plante parasite et de cellules disjointes d'épiderme. Très petites d'abord (un demi-centimètre environ de diamètre), ces taches peuvent devenir énormes et confluentes. Leur desquamation est incessante; elles ne sont pas proéminentes. Elles sont dues à un végétal qu'Eichstedt découvrit en 1846. Celui-ci (fig. 292) est formé de phytocystes rameux et allongés, décrits comme des filaments ou des trichomes et qui, situés dans les squames épidermiques, ne dépassent pas leurs bords. Ils sont entremêlés, tordus et intriqués, simples ou çà et là ramifiés, tubuleux, à bords parallèles, sans articulations ou à articles très longs. A un certain âge, les filaments produisent des spores ou sporidies, qui sont réunies en amas ou groupes de quelques centièmes de millimètre de diamètre, arrondis, bordées d'une membrane à double contour, l'intérieur circonscrivant une cavité claire, réfractant fortement la lumière, avec le centre brillant. L'action de l'ammoniaque rend les spores et les filaments plus visibles (Ch. Robin), et les spores peuvent germer sur la glycérine, donner des filaments, et aussi produire d'autres spores par végétation endogène (Neumann). Ce végétal mériterait d'être étudié d'une façon toute spéciale; les caractères qu'on en donne étant souvent contradictoires. Il paraît certain que la maladie produite par ce Champignon est contagieuse (Sluyter). Les caractères que nous donnons plus loin du prototype du genre *Microssporon* ne nous permettent pas, on le verra, d'incorporer les deux végétaux dans un ème genre.

Microsporon.

C'est Gruby qui, en 1843, a créé ce genre pour le Champignon de ce qu'il appelle la *Phyto-alopécie;* et le parasite a reçu le nom de *Microsporon Audouini* (fig. 293). C'est l'affection caractérisée par la présence de ce vé-

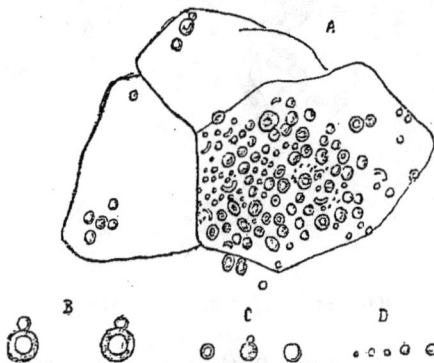

FIG. 293. — *Microsporon Audouini.* A, spores sur des cellules épidermiques, provenant d'une pelade achromateuse; B, deux cellules bourgeonnantes; C, petites sphères; D, sporules de M. Malassez.

gétal que Bazin a finalement nommée *Pelade achromateuse,* tandis qu'il attribuait la *Fausse-Pelade* ou *P. décalvante* ou *ophiasique* à un autre végétal, le *M. decalvans,* plus tard désigné par lui sous le nom de *Trichophyton decalvans.* Il paraît probable, en effet, que l'on a confondu sous le nom de Pelade plusieurs maladies, deux au moins, d'origine différente, et dont le pronostic est différent également au point de vue du processus contagieux.

Quoi qu'il en soit, il existe un végétal microscopique dans un grand nombre de cas de Pelade, et M. Malassez, dont nous reproduisons textuellement les paroles, l'a observé, non-seulement sur les cheveux, mais sur des plaques épidermiques, après avoir bien dégraissé ces diverses parties à l'aide de l'éther ou de l'alcool absolu. « On trouve, dit-il, sur un grand nombre de cellules épithéliales dissociées, des petits corps réfringents. sphériques ou ovoïdes, mesurant au plus de 4 à 5 μ. Ces petits corps ne sont pas des granulations graisseuses, comme on l'a supposé, parce que les granulations graisseuses n'auraient pas des dimensions aussi limitées; parce qu'il est difficile d'admettre que ces granulations aient résisté à l'action dissolvante de l'éther et de l'alcool absolu; parce qu'enfin, ayant, d'après les conseils de M. Ranvier, traité quelques-unes de ces préparations par de l'acide osmique, ces petits corps ne se sont pas colorés en noir. On peut distinguer dans ces spores un certain nombre de types. Ne considérons d'abord que les spores sphériques. 1° Les plus grosses mesurent de 4 à 5 μ. En mettant bien au point leur partie supérieure, elles apparaissent sous la forme d'un point brillant, entouré d'une bordure noire; en baissant un peu le foyer de manière à obtenir une coupe optique de l'objet, on distingue un double contour très net; tout d'abord le centre est clair, le bord plus foncé; mais en baissant encore un peu le foyer, le centre devient au contraire plus foncé et le bord plus clair; puis en baissant davantage, tout devient foncé. Il semble donc qu'il existe dans ces spores une paroi et un contenu; la paroi parfaitement homogène, et le contenu sans granulations ni noyaux. Quelques-unes de ces spores présentent un petit bourgeon de dimension variable; les plus gros ont environ 1 μ 5 de diamètre. Ces bourgeons procèdent de la paroi des spores; ils ne présentent pas de double contour; le contenu des spores ne semble pas y prendre part. Je rapprocherai de ce type de spores des corps de même dimension, mais qui ne se présentent plus sous la forme de sphères réfringentes à double contour; on dirait de véritables anneaux. Brillants lorsqu'on les met bien au point, ils deviennent foncés lorsqu'on baisse l'objectif. On peut aussi rencontrer des anneaux incomplets sous forme de C plus ou moins ouverts; et, à côté, des granulations allongées et courbes qui paraissent être de ces anneaux incomplets qui se seraient segmentés. J'ai observé ces corps en grande quantité chez un malade qui avait été traité par des lotions parasiticides; les spores étaient devenues en même temps très rares, tandis qu'avant le traitement les spores étaient nombreuses et ces corps en petite quantité... Ces faits me portent à penser que ces anneaux ne sont que des spores vidées, des cadavres plus ou moins altérés. 2° A côté de ce type de spores, il en existe un autre de diamètre plus petit, 2 μ environ, et chez lequel je n'ai pas vu nettement de double contour; mais, comme dans le type précédent, ces spores peuvent avoir des bourgeons; ces bourgeons mesurent de 0 μ 25 à 1 μ. On trouve aussi des anneaux de même dimension que ces spores et qu'on peut regarder comme étant leurs cadavres. Je n'oserais affirmer que ce type soit spécial à la pelade, et je ne saurais dire s'il faut le regarder comme une espèce différente du type précédent, ou si on doit le considérer soit comme une variété, soit simplement comme un état moins avancé de développement. 3° Dans un troisième groupe, je range les spores ayant un diamètre inférieur à 2 μ; les plus petites que j'aie pu mesurer avaient 1/4 de μ. Elles n'ont pas de double contour appréciable, elles ne présentent pas de bourgeons, et je ne crois pas avoir vu d'anneaux qui puissent leur correspondre. Leurs cadavres se présentent probablement sous la forme de simples masses semblables aux débris des anneaux précédemment décrits. Ces petites spores paraissent tout à fait semblables aux bourgeons des spores plus grosses; elles sont probablement de même espèce, mais à un degré moins avancé de développement. Elles seraient donc, d'après cette manière de voir, des spores filles, des sporules en un mot; tandis que les autres seraient des spores adultes, lesquelles pourraient être de deux espèces : une grosse et une petite; c'est ainsi que je les désignerai dans ce qui va suivre. J'ai dit qu'on pouvait encore rencontrer des spores ovoïdes. Ces spores présentent également un certain nombre de types différents. Comme on ne les constate pas sur toutes les plaques de pelade, tandis qu'on peut les trouver soit en dehors des plaques, soit même chez des personnes qui ne sont pas atteintes de cette maladie, leur présence n'est donc pas liée à la pelade; aussi les passerai-je sous silence dans cette étude; je les décrirai à propos des pytiriasis... En étudiant, non plus des cellules épithéliales dissociées, mais des pellicules épidermiques tout entières, on peut se rendre compte de la disposition de ces spores. Les unes sont disséminées en groupes peu nombreux; les autres sont réunies en grand nombre et forment ainsi des plaques plus ou moins étendues; ces plaques se voient fréquemment autour des orifices des follicules pileux qu'elles entourent à la façon d'une bordure. Parmi les spores isolées, on peut rencontrer les trois types que j'ai indiqués. Les grosses spores et les sporules paraissent être sans ordre, tandis que les petites spores sont souvent rangées les unes au bout des autres au nombre de 3, 4, 5 ou plus, constituant ainsi des petits chapelets très courts. Dans les plaques, on trouve également les différentes variétés que j'ai dites; elles semblent mélangées sans ordre apparent. Cependant si on considère seulement soit les grosses spores, soit les petites, on peut retrouver des séries linéaires entre lesquelles on voit les sporules ou les spores mortes ou en destruction. Les spores isolées sont évidemment de jeunes colonies, et les plaques de vieux centres de développement... — *Cheveux.* — Comme je l'ai déjà dit, les spores se voient beaucoup plus rarement dans les cheveux. Elles ne siègent alors ni dans la racine, ni dans la tige, mais seulement à la surface de la tige des cheveux, et encore ne reposent-elles pas directement sur cet organe, mais sur des cellules épithéliales qui ne lui appartiennent pas. Ces cellules sont situées en dehors de la couche épithéliale du cheveu, elles sont tout à fait semblables à celles que donnent les préparations de pellicules épidermiques, elles proviennent très certainement de l'épiderme cutané; elles ont probablement été transportées là soit mécaniquement par l'action du peigne, soit par suite du simple accroissement du cheveu, elles semblent n'être là qu'un accident. On les rencontre à des hauteurs variables; elles forment un anneau plus ou moins complet. Les spores que j'y ai rencon-

trées étaient surtout des spores de 4 μ et quelques sporules; ces spores
étaient pour la plupart rangées en chapelets très courts, courbes ou rectilignes. Les cheveux sont souvent décolorés, atrophiés, cassants; mais leur
structure n'est pas sensiblement modifiée; leur épithélium n'est pas
détruit. J'ai cherché tout d'abord quel était le siège exact des spores. Je
n'en ai trouvé ni dans la couche muqueuse de l'épiderme, ni dans la
couche intermédiaire, ni dans les parties profondes de la couche cornée,
mais seulement daus les parties les plus superficielles de cette dernière
couche. Quelques-unes se trouvaient à la face libre de cette couche...;
d'autres se trouvaient interposées entre les cellules épithéliales les plus
superficielles; j'en ai vu sur des cellules épithéliales en partie détachées.
Ces spores semblent donc se développer soit à la surface de l'épiderme,
soit entre les lamelles les plus superficielles qu'elles doivent finir par
détacher mécaniquement sous forme de pellicules. Je n'ai pas non plus
constaté de spores dans les pellicules pileux, mais seulement au niveau
de l'orifice de ces follicules, dans les cellules épithéliales les plus superficielles de la couche cornée. L'épiderme m'a présenté une altération
importante. Au voisinage de l'orifice du follicule, sa couche cornée s'hy-
pertrophiait considérablement et se continuait avec la gaine interne du
follicule également très hypertrophiée... En un mot, il se développe là un
véritable *Pytiriasis pilaris*. Or, on conçoit qu'une telle lésion doit gêner
singulièrement la nutrition du cheveu et lui enlever beaucoup de sa solidité; il est là comme étouffé au milieu de cet amas de cellules épithéliales; et lorsqu'elles viennent à tomber, il se trouve sans maintien au
milieu d'un follicule élargi; de là probablement et l'altération du cheveu
et l'alopécie de la pelade. Jusqu'à présent je n'ai parlé que de spores et
pas de tubes; c'est qu'en effet, quels que soient le mode de préparation
et le degré de grossissement employés, je n'ai jamais pu en constater une
seule fois... » On voit par ce qui précède, en quoi surtout l'opinion de
M. Malassez diffère de celle de Gruby qui avait décrit des filaments dans
son genre *Microsporon*. Et on conçoit qu'on ait songé à comparer le
M. Audouini aux Saccharomycètes tels que ceux que nous avons étudiés
sous le nom de Levures. Mais il est probable qu'il y a encore beaucoup de
points à élucider dans l'histoire des véritables *Microsporon* et des espèces
étrangères qu'on a rapportées à ce genre.

Aussi n'est-ce qu'avec doute que nous rapportons également à ce genre,
sous le nom provisoire de *M. Malassezii*, un végétal étudié avec le plus
grand soin par le même observateur dans le Pytiriasis simple de toutes
les parties velues. Ce végétal se rencontre dans les pellicules pytiriasiques,
convenablement dégraissées par l'éther, puis conservées dans l'alcool. Il
est représenté par de nombreux corps ovoïdes, réfringents, parfois isolés,
mais plus souvent réunis en forme de plaques ou de nappes. L'acide osmique ne les noircit pas, et les alcalis caustiques les respectent. Les plus
nombreux sont de forme ovoïde très allongée, avec un léger étranglement

au voisinage de leur petite extrémité. Ils mesurent jusqu'à $4 \mu 5$ de longueur, et 2 à $2 \mu 5$ dans leur plus grande largeur. La petite extrémité peut être très petite sur de grandes spores, et très grande sur de petites spores, atteindre presque la largeur de la grosse extrémité. Avec l'étranglement, les spores prennent alors une forme de bissac. M. Malassez pense qu'on peut considérer cette petite extrémité comme un bourgeon, lequel n'est pas creux, ou bien, s'il l'est, ne communique pas par sa cavité avec celle de la spore. Celle-ci, lorsqu'elle est creuse, est morte; son évolution est terminée. On observe aussi, dans la même maladie, d'autres spores, sphériques et de $2 \mu 3$ de diamètre au plus. L'iode jaunit ces spores et rend visible leur double contour. Mais sur les bourgeons, la paroi est difficilement visible. Leur contenu est en général fort réfringent; il ne se colore pas par le carmin. Le siège des spores est la surface de la couche cornée de l'épiderme, ou bien l'intérieur même de cette couche, que les nappes de spores divisent en feuillets qui peuvent ensuite se séparer les uns des autres. Les spores pénètrent dans les parties supérieures des follicules pileux, mais non dans les glandes sébacées. Il n'y a pas de tubes, peut-être parce que le milieu n'est pas favorable à leur développement. L'affection est contagieuse.

MOISISSURES (MUCÉDINÉS.)

Mucor.

La plante qui a donné son nom à ce groupe hétérogène, est le *Mucor Mucedo* L. (*Ascophora Mucedo*)(fig. 294-298), Champignon que l'on attribue aujourd'hui aux Phycomycètes-Oomycètes. On l'obtient presque toujours en peu de temps en plaçant sous une cloche un morceau de pain humide. Il se développe très-bien aussi sur le fumier frais placé dans une atmosphère saturée d'eau. Il se compose d'un mycélium feutré, blanc, formé de tubes épais, ramifiés et irrégulièrement cloisonnés. A un certain moment, il s'élève du mycélium des filaments dressés, hauts de quelques centimètres, droits; non ramifiés, non cloisonnés, terminés par une tête globuleuse, d'un jaune brun,

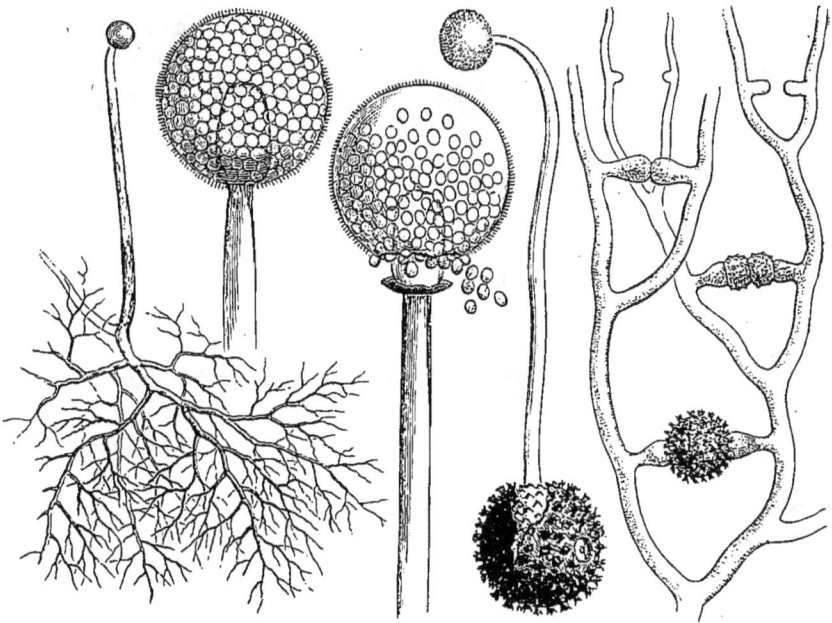

FIG. 294-298. — *Mucor Mucedo*. Plante fructifère. Mycélium. Sporange, avant et après la déhiscence. Copulation et formation des zygospores. Zygospore germant et émettant un filament fructifère.

qui se tourne le plus souvent vers les points éclairés. C'est un sporange qui d'abord n'est pas séparé de son pédicule. Mais plus tard il se forme une cloison transversale qui proémine fortement du côté du sporange. Sa saillie a été comparée à une quille à jouer. On l'a nommée la *Colu-*

CRYPTOGAMES CELLULAIRES. 241

melle, et elle est entièrement chargée de spores. Quand le sporange est mûr, il difflue dans l'eau, et il ne reste de sa paroi membraneuse que de petites aiguilles d'oxalate de chaux. Il renferme des spores, ou conidies, qui, après leur issue du sporange, se disposent assez régulièrement, à côté les unes des autres, dans un mucilage incolore qui les englobe. A la base de la columelle, le pédicule du sporange porte un petit anneau qui représente un reste de la paroi du sporange. Les filaments fructifères renferment un phytoblaste pariétal, avec de fines granulations animées d'un mouvement de courant qui se produit dans le sens longitudinal. Dans les tubes du mycélium, il y a de nombreux et petits noyaux qu'on n'aperçoit qu'en les colorant. Quand le *M. Mucedo* est cultivé sur du fumier, il peut produire des zygospores noirâtres, formées par la copulation de deux filaments mycéliens renflés et claviformes. Quand elles sont devenues mûres et verruqueuses, ces zygospores présentent des taches circulaires, claires, qui répondent au point d'attache sur le filament producteur. Cette plante envahit beaucoup de substances organiques. Elle se trouve chez l'homme à la surface d'un grand nombre d'organes malades : la peau, les muqueuses, la conjonctive, le conduit auditif externe, les organes génitaux externes de la femme, les plaies négligées ou irriguées. Elle ne paraît pas dangereuse en elle-même et n'agit d'ordinaire que comme corps étranger.

Sterigmatocystis et Aspergillus.

Le *Sterigmatocystis antacustica* CRAM. *(S. niger. — Eurotium nigrum* DE BY *— Monilia* (?) *pulla* PERS. *— Aspergillus niger* V. TIEGH.) (fig. 299, 300) est un autre Champignon inférieur, qui a beaucoup occupé les physiologistes depuis que M. Raulin a institué avec lui des expériences souvent relatées, relatives à la nutrition des végétaux[1]. Il possède un mycélium formé de filaments radiés, très rameux, articulés. De ce mycélium s'élèvent des rameaux dressés, simples, continus, géniculés vers la base, surmontés d'un capitule fructifère qui se partage en nombreuses basides radiantes, pressées, allongées. Chaque baside supporte une chaîne de spores à peu près toutes égales, sphériques, verruqueuses, noirâtres, larges de 3.5 à 5 μ. On a observé cette plante sur un grand nombre de corps : du pain mouillé, de l'urine acide, des feuilles mortes, des solutions de sucre,

1. Il est à regretter que le « liquide Raulin » ne soit pas applicable à la culture de nos céréales : « L'échec, dit M. Duclaux, tient à ce que le problème de l'alimentation minérale n'est pas résolu pour les plantes, tandis qu'il l'est pour l'*Aspergillus.* » Un peu plus loin, le même auteur dit qu'on a montré avec ce liquide « la possibilité d'obtenir dans un milieu purement minéral une récolte plus abondante et plus prospère que dans le milieu organique le mieux approprié ». Mais on ne conçoit pas très bien qu'on nomme « purement minéral » un liquide qui, en dehors de l'eau, renferme, sur environ 80 parties de matière active, 70 de sucre candi.

16

d'acides tartrique et citrique, de tannin, des infusions de noix de galle, etc.
On lui a attribué la transformation du tannin en acide gallique et en glycose
avec fixation des éléments de l'eau. Peut-être cette plante n'est-elle qu'une
variété de l'*Aspergillus nigrescens* Ch. Rob. qui a été observé dans les
sacs aériens d'un faisan phtisique. Chez l'homme, M. Wreden a observé
sur le tympan, dans un cas d'otite grave, deux plantes qu'il a nommées *A.*

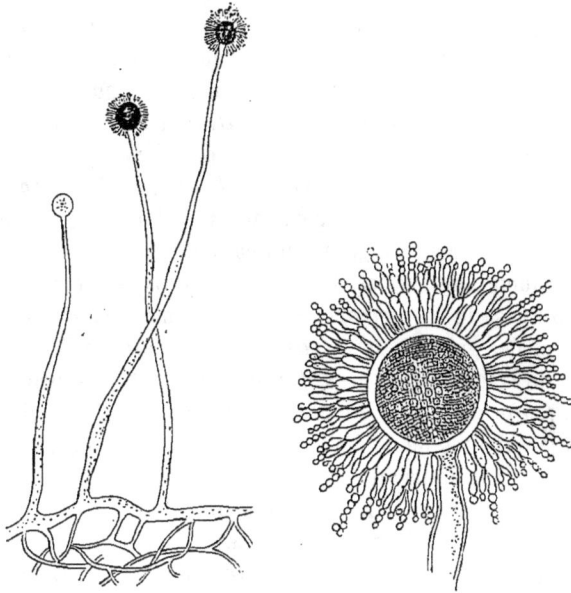

Fig. 299, 300. — *Sterigmatocystis antacustica.* Port. Capitule fructifère.

flavescens et *nigricans*, variétés, a-t-on dit, de l'*A. glaucus* (*A. capitatus*
Micheli. — *Mucor glaucus* L.). Celui-ci, de même que plusieurs autres
espèces, se rencontre aussi dans les sacs aériens d'oiseaux malades.

On a déjà cité un assez grand nombre de cas d'*Otomycosis* causés par
des *Sterigmatocystis*. M. Cramer, le fondateur du genre (1859), a trouvé le
S. antacustica dans le conduit auditif externe chez un homme atteint de
surdité. En 1880, le Dʳ Lœwenberg, a écrit un mémoire spécial sur les
Champignons de l'oreille humaine, et il a décrit de nombreux cas d'*Otomycosis* produits par des masses blanchâtres, membraneuses, lardacées,
qui étaient formées de Champignons. Des taches noires, brunes et vertes
se voyaient souvent dans la masse, formées d'amas de sporanges ou de
spores. Il y distingua souvent aussi des filaments d'Aspergillées. On a
décrit en Allemagne, sous le nom de *Pneumomycosis aspergillina,* une
maladie du poumon dans laquelle cet organe renferme des *Sterigmatocystis* (Sluyter, Wirchow, Friedreich). Généralement, la maladie fut mortelle. La guérison a été obtenue dans le cas particulier (Rother) d'une

vieille femme qui rendait des crachats contenant des fibres élastiques et des faisceaux mycéliens contournés auxquels étaient mêlées des spores. Les conidies s'y voyaient libres ou insérées sur leur support, rayonnantes dans diverses directions. Il parut certain que le Champignon était le *Sterigmatocystis antacustica* (*Eurotium nigrum* DE BY). Les plantes disparurent peu à peu des crachats jusqu'à l'époque de la guérison. A l'autopsie d'une autre vieille, morte d'une pneumonie, on trouva un foyer à paroi d'un rouge sale, d'apparence alvéolée, large de 2 à 4 centimètres, avec les alvéoles dilatées et les parois criblées de mycélium de *Sterigmatocystis*. Des divisions bronchiques très fines contenues dans la cavité portaient principalement les Champignons, avec les spores insérées sur leurs supports. M. Bainier a décrit de nombreux *Sterigmatocystis* croissant sur diverses matières alimentaires. Il a vu sur des amandes douces, le *S. butyracea*; sur des raisins moisis, les *S. nigra, carbonaria, fuliginosa*; sur des tonneaux de vin, des bouchons, des extraits végétaux, le *S. glauca*, blanchâtre ou parfois coloré en rouge par un parasite; sur l'orge et le riz, le *S. usta*; sur des queues de cerises, le *S. carbonaria*; sur diverses solutions de sels organiques, le *S. ochracea*; sur du Semen-contra, le *S. lutea*; sur du carton et des girofles, le *S. varia*; sur du pain, le *S. quercina*; sur des semences de Staphisaigre, le *S. fusca*; sur d'autres substances, les *S. arca, Helva, fuliginosa*, qui sont de grandes espèces. M. Bainier a observé que ces diverses plantes ne se développent pas sur la glycérine, et il en a conclu qu'on pourrait empêcher l'altération de bien des conserves par des moisissures en y substituant la glycérine aux divers sucres. Les sucres sont en général bons antiseptiques; et cependant les *Sterigmatocystis* peuvent se développer dans des liqueurs très sucrées. M. Bainier ne croit pas, du reste, que les *Sterigmatocystis* observés chez l'homme malade soient la cause de la maladie. Pour lui, ils se produisent plus facilemen quand les tissus sont malades; et c'est dans les liquides albumineux de l'organisme, et non dans les tissus, qu'ils se développent, vivant aux dépens des sécrétions naturelles ou morbides.

Les *Sterigmatocystis* faisaient autrefois partie du genre *Aspergillus* de Micheli et n'en diffèrent que par leurs stérigmates, lesquels couvrent entièrement la sphère réceptaculaire, sont allongés et aigus au sommet et portent chacun un chapelet de spores. Quoique rapportées fréquemment aux Mucédinés, ces plantes affectent des relations étroites avec les *Eurotium* (de Bary). On croit aussi que certains *Aspergillus* ont pour sclérotes les plantes qu'on a nommées *Papylospora*. Les *Aspergillus* vivent mal chez l'homme, parce qu'au-dessus de 25°, la plupart d'entre eux s'arrêtent dans leur développement ou se détruisent. Quand on nourrit un *Aspergillus* avec du sucre et de l'acide tartrique, il les consomme rapidement (Gayon), et ne se comporte pas, par conséquent, comme les *Sterigmatocystis*. Au Japon, l'*A. Oryzæ* sert à fabriquer une boisson fermentée qui s'extrait du riz. Il suffit de faire agir sur ce dernier une petite quantité de *Koji*, poudre verdâtre qui se développe bientôt sur le riz en un abondant mycélium. La fécule de riz se transforme ainsi en glucose et en alcool, et en secouant le riz chargé de *Koji* mûr, on obtient la poudre verte qui doit servir pour une opération ultérieure. Dans bien des cas d'*Otomycosis*, on a rencontré les *A. flavus* et *fumigatus*. La première de ces deux espèces peut se développer même dans le sang. Cultivée à 38-40°, cette plante pourrait devenir pernicieuse (Grawitz); fait qui a été contesté (Koch, Gaffky), parce qu'elle se détruit à la température de notre corps. L'*A. fumigatus* n'est pas dans ce cas, et c'est lui, paraît-il, qui nuit à l'homme (Lichtheim). Il s'est plusieurs fois développé dans le poumon humain et dans les sacs aériens des oiseaux. Quand il y pullule, il produit l'asphyxie. L'*A. flavescens* paraît être dans le même cas.

Penicillium.

Ce sont des Moisissures qui s'observent sur un très grand nombre d'objets exposés à l'air humide, et qui recouvrent souvent les matières

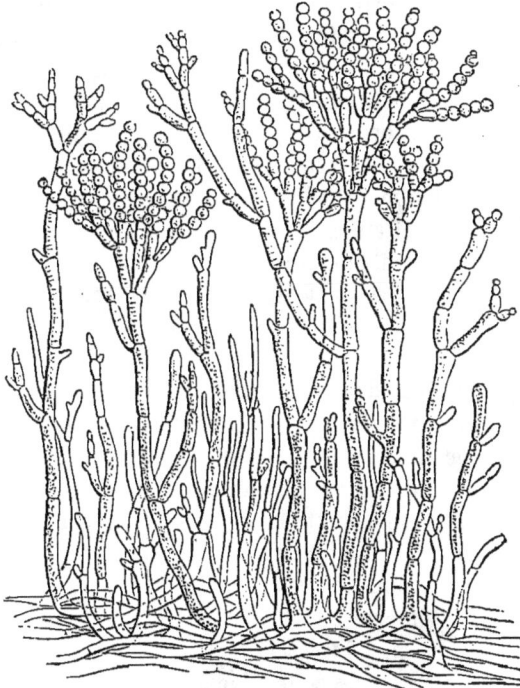

FIG. 301. — *Penicillium crustaceum.*

alimentaires d'une couche plus ou moins épaisse, d'un vert bleuâtre. Tel est le *P. crustaceum* (*P. glaucum.* — *P. expansum* LINK. — *Mucor crustaceus* L. — *Botrytis glauca* Spreng.) (fig. 301), petit végétal arborescent, dont les branches s'élèvent d'un mycélium feutré, très rameux et très dense, blanchâtre. La teinte bleuâtre est due à un grand nombre de conidies qui peuvent se semer et qui s'allongent en tubes cloisonnés. Dans un liquide nutritif, on obtient d'énormes masses de ce mycélium résistant. Mais dans l'air, un certain nombre de branches, plus ou moins rameuses, formées également de phytocystes-tubules, séparés les uns des autres par des cloisons transversales, se chargent de fructifications normales. Elles se terminent par un bouquet verticillé de courts ramules qui ont reçu le nom de basides et qui se terminent en une pointe fine nommée stérigmate. Celui-ci se renfle en sphère à son sommet et forme une conidie à évolution rapide. Sous cette première conidie se montre un second renflement qui devient à son tour une conidie, puis un troisième renflement, et ainsi de suite, de haut en bas. Il se produit ainsi un chapelet de conidies dont les supérieures se détachent en même temps qu'il s'en développe en bas de nouvelles. Les phytocystes du mycélium et de l'appareil conidifère renferment un phytoblaste finement granuleux et de nombreux noyaux qui se colorent par l'hématoxylène. Ils sont allongés suivant l'axe des phytocystes et reliés entre eux par des cordons grêles du phytoblaste. Il n'y en a qu'un seul ou un petit nombre dans les phytocystes courts, notamment dans les articles de l'appareil conidifère, dans les basides et dans les spores. Dans certains milieux, le *Penicillium* produit aussi des sphères jaunâtres, qui renferment des asques, et chaque asque développe huit spores dans son intérieur. Il a donc une forme thécasporée. De plus, dans des milieux non favorables, les appareils conidifères subissent des modifications considérables et deviennent plus ou moins monstrueux. C'est ce qui arrive dans l'espèce humaine, quand, accidentellement, le *Penicillium* a pénétré dans des cavités telles que l'oreille externe, le vagin, etc. Il se produit de véritables tampons mycéliens qui obstruent les orifices, causent des troubles divers, et qu'il faut parfois extraire pour conjurer les accidents. La plante est souvent alors méconnaissable, tant ses diverses parties sont déformées. Elle peut longtemps encore, dans un milieu favorable, revenir à sa forme normale. Ses conidies conservent leur faculté germinative pendant un an. Elles peuvent germer à des températures de 1 à 48°; mais la température la plus favorable est celle de 22°. Cultivé entre 38° et 40°, le *P. crustaceum* peut devenir pathogène (Grawitz). En injectant une eau salée et chaude qui contient ses spores dans la jugulaire des animaux, on déterminerait leur mort en un ou quelques jours; ce qui a été contesté. La plante agit sur le tannin de la même façon que le *Sterigmatocystis antacustica* Cram.

En cultivant des sclérotes de cette plante dont le tissu central résorbé forme une cavité, on peut voir les parois de cette cavité bourgeonner et produire des filaments ascophores. Quoique souvent rapporté aux Mucédinés, le genre *Penicillium* devra donc vraisemblablement être rattaché aux Ascomycètes; et l'on voit par là combien les subdivisions de l'énorme groupe des Champignons sont encore incertaines.

Leptomitus

Rapporté d'abord aux Algues-Confervoïdées, ce genre a été ultérieurement classé parmi les Champignons-Phycomycètes et dans la division des Saprolégniés. Ceux-ci sont des Champignons aquatiques, qui se trouvent souvent sur le corps des animaux vivant dans l'eau, sur celui des insectes en décomposition, etc. A ce groupe appartiennent notamment les *Saprolegnia, Dictyuchus, Aphanomyces, Pythium, Achlya* (fig. 302), etc. Les *Saprolegnia* sont particulièrement caractérisés par des spores qui abandonnent le sporange où elles étaient contenues, demeurent quelque temps libres, puis s'enkystent pour redevenir ensuite libres et sous une forme différente. Le sporange vide donne ordinairement naissance à des *Innovations*. Ce sont d'ailleurs des plantes qui forment, au sommet des branches tubuleuses de leur mycélium, des organes sphériques, à l'intérieur de chacun desquels une ou plusieurs spores se produisent par fécondation. Les *Leptomitus* ressemblent beaucoup aux *Saprolegnia;* mais ils présentent de fréquents étranglements sur leurs hyphes et leurs sporanges. Tels qu'on les voit chez l'homme, les *Leptomitus* sont représentés par des filaments grêles et presque hyalins, à articulations peu visibles et se fixant sur des corps organiques plongés dans des liquides. Le caractère générique consiste en filaments articulés, atténués au sommet, rameux, à articles creux et vaginiformes. Ce qu'on a appelé leurs sporidies sont latérales, rarement situées dans les interstices, et entourées d'une enveloppe transparente à laquelle on avait donné le nom d'*Epispermium.* On a admis six espèces de *Leptomitus* comme intéressant la médecine; mais plusieurs d'entre elles ont été considérées comme douteuses, ou sont très incomplètement connues.

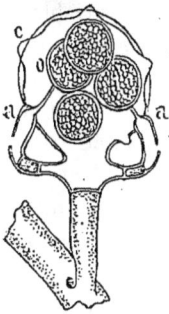

FIG. 302. — *Achlya racemosa.* Fécondation des oospores, *o,* par les anthéridies, *a, a* (Pringsheim).

L. de Hannover (*Leptomitus*(?) *Hannoveri* CH. ROB.). — Cette espèce est formée de filaments droits, déliés, tantôt transparents, tantôt remplis d'un contenu muqueux ou grenu. Ces filaments, très ramifiés d'un côté ou des deux côtés, ont des branches du même calibre, ou à peu près, que le tronc. Les extrémités sont obtuses ou un peu atténuées, quelquefois mais rarement un peu renflées. Hannover a découvert la plante en 1842, dans une masse en bouillie qui tapissait l'œsophage, lequel présentait des excoriations qui n'avaient déterminé aucun symptôme. Hannover a retrouvé cette même espèce dans des cas de typhus, et l'avait considérée d'abord comme constituant une même forme végétale que les filaments mycéliens de l'*Achorion Schœnleinii*. Il a décrit et représenté les filaments du *Leptomitus*, entremêlés de spores, comme un mélange « de la forme végétale filamenteuse et de la celluleuse ». Le *Leptomitus*, ne possédant point de spores, fut dès lors considéré par lui comme se multipliant par division.

L. urophilus MONT. — Cette espèce forme de petites touffes, hautes de 2, 3 millimètres, hémisphériques, gélatineuses. Les troncs ou filaments principaux semblent naître d'un point central duquel ils s'irradient dans tous les sens; ils sont hyalins, très ramifiés dès leur base, et ils ont à peine $0^{mm}0075$ d'épaisseur. Leurs branches sont étalées; les rameaux de troisième ordre sont ternés ou quaternés, obtus. Plus ils se divisent, et plus leurs ramifications sont ténues. Les articles sont d'une longueur variable : les uns aussi longs que larges; les autres une fois et demie plus longs qu'épais. On n'y a distingué aucune conidie; mais Montagne a aperçu au centre un espace orbiculaire transparent qui est peut-être, d'après lui, une gouttelette huileuse (?). Rayer avait trouvé cette végétation dans une urine morbide, rendue avec des poils. Peut-être n'est-elle qu'un état imparfait, déformé par le milieu dans lequel elle a été observée, de quelque autre plante plus compliquée et susceptible de fructifier dans un milieu approprié.

L. (?) oculi KÜCH. — Cette espèce (?) apparut, à un grossissement de 200 diamètres, comme ramifiée, déchirée en quatre parties dont les portions consistaient en des cylindres confervoïdes et en séries de spores disposées en chapelets. Helmbrecht, qui l'a fait connaître, rapporte qu'elle a été découverte chez un prédicateur qui, quelques années avant, avait eu une inflammation rhumatismale des deux yeux, accompagnée d'épiphora. Il lui survint subitement, dans l'œil, la sensation d'un objet trouble, en forme de fleur, avec stries rayonnées; symptôme qui disparut sous l'influence d'une médication particulière, mais qui reparut ultérieurement, sous forme d'images constantes, se mouvant dans certaines directions. L'œil droit présentait en même temps des images de mouches volantes. Helmbrecht et Klenke pensèrent qu'il s'agissait d'un corps situé au devant du cristallin et baignant dans l'humeur aqueuse. On supposa qu'à la suite d'une chute faite par le malade, le végétal avait été arraché de son point d'implantation, car ses mouvements devinrent plus libres. Par la ponction de la cornée, Helmbrecht fit sortir l'humeur aqueuse qui entraîna la plante avec elle, et le malade fut guéri. Neuber remarqua que ce point confirmait ce qu'il avait dit de la cause des taches et mouches volantes, à savoir qu'elles sont dues à une végétation parasite, analogue aux Algues, aux Conferves, et dont on pourrait débarrasser les patients en pratiquant la paracentèse de la chambre antérieure.

L. (?) epidermidis CH. ROB. — Ce nom a été donné à des filaments

byssoïdes, « analogues à ceux du Muguet, » que Gubler avait observés sur
des boutons déchirés, semblables à des vésicules d'eczéma, qui s'étaient,
produits sur une plaie de la main par arme à feu, soumise à l'irriga-
tion continue. Ces filaments, très longs, plusieurs fois divisés, étaient
moins distinctement articulés et moins diaphanes que ceux du Muguet. Il
y avait toutefois des cloisons, beaucoup plus rapprochées même dans
les branches secondaires et sur les extrémités terminales des filaments
primitifs. « Les rameaux, ajoute l'auteur, naissent souvent d'un seul côté
et se détachent à angles plus ou moins aigus, en s'incurvant du côté de
l'axe qui leur donne naissance. J'ai vu l'un deux terminé par un renflement cellulaire qui n'est probablement qu'une fructification naissante. Mais
je n'ai pas rencontré de spores arrivées à leur entier développement qui
fussent encore fixées sur les filaments byssoïdes. Toutes les sporidies
nageaient librement dans l'eau que j'avais ajoutée pour l'examen. Ces
sporidies, ellipsoïdes, droites ou légèrement courbes, sont coupées transversalement par une cloison qui les partage ainsi en deux cellules ou
cavités. » Entre les éléments épidermiques, il se trouvait encore une
matière finement granuleuse, paraissant servir d'humus à la plante.

L. (?) *uteri* Moq. (*L. muci uterini* Küch. — *Loreum uteri* Wilkins.).
— Dans l'ouvrage de Ch. Robin sur les végétaux parasites de l'homme, etc.,
M. Moulinié a donné la traduction d'un travail de Wilkinson, où sont
décrits des filaments de nature végétale, mêlés de corpuscules ovoïdes ou
sphériques, avec ou sans noyaux, qui furent observés dans un écoulement,
sans globules de pus, mais d'aspect purulent, provenant d'un utérus. Ces
filaments, au dire de l'auteur, étaient primaires et secondaires: Le diamètre de ces derniers variait « de $\frac{1}{4000}$ à $\frac{1}{8000}$ de pouce ». Leurs bords
étaient pâles; leur longueur, variable. Ces filaments étaient tous un peu
recourbés, jamais enroulés ni onduleux. L'action de l'acide acétique
rendait leur structure plus évidente, et montrait qu'ils étaient formés de
cellules allongées placées à la suite les unes des autres, comme dans certaines Algues d'eau douce. Dans beaucoup de ces filaments, toute trace
de structure cellulaire avait disparu, par suite du progrès du développement; d'où leur apparence de fibres simples. Ces filaments secondaires
paraissaient, pour la plupart, provenir des filaments primaires par rupture; cependant, dans quelques-uns d'entre eux, l'apparition, vers leurs
extrémités, de nouvelles cellules en voie de développement, fait supposer
à l'auteur qu'ils pourraient bien avoir une existence distincte des suivants.
Les filaments primaires ont un diamètre qui est de deux à six fois celui
des secondaires. Les plus étroits offraient une plus grande longueur, et de
deux à quatre filaments dans leur faisceau terminal. Vers l'extrémité
tronquée des filaments primaires, quelquefois sur un point de leur
longueur, on pouvait remarquer des renflements que l'auteur regarde
comme destinés à remplacer des spores. Les « sporules » étaient généra-

lement ovoïdes, quelques-unes sphériques; celles-ci paraissaient plus petites. L'acide acétique y faisait souvent apparaître un noyau.

L. utericola Moq. (*L.* (?) *uteri* Küch., nec Moq.). — Cette espèce, avons-nous dit, d'ailleurs douteuse, pourrait être avec avantage appelée *L.* (?) *Lebertianus*, pour éviter des confusions; car si elle est le *L.* (?) *de l'utérus* de Ch. Robin, elle n'est pas le *L. utérin* de Moquin qui répond au *L.* (?) *du mucus utérin* de Ch. Robin. C'est Lebert qui, en 1850, observa le végétal parmi des granulations du col utérin. Ch. Robin a représenté cette espèce comme composée de tubes pâles et plus étroits, de tubes plus larges, et de spores. Les tubes pâles étaient ramifiés, sans cloisons ni granulations. Les tubes larges étaient articulés, quelquefois ramifiés, et se terminaient par des spores. Celles-ci consistaient en une cellule ovoïde-allongée, granuleuse, ou en une cellule ovoïde ou sphérique, terminée par un prolongement étroit, quelquefois cloisonné, qui d'abord communique avec la cavité de la spore, mais qui souvent ensuite en est séparé par une cloison.

Par les descriptions qui précèdent, on voit, comme nous le faisions déjà observer en 1869, que les Leptomites observés chez l'homme sont pour la plupart fort incomplètement connus, et qu'en l'absence totale de leurs organes reproducteurs, on ne peut les rapporter qu'avec doute à ce genre. Probablement plusieurs de ces êtres ne sont que des états transitoires d'espèces végétales plus parfaites et mieux connues à leur état complet de développement, et qui, dans un milieu peu approprié, n'ont pu suivre toutes les phases de leur évolution. Qui voudrait même affirmer aujourd'hui que ce sont des Saprolégniés? La plupart viennent du dehors à l'état de germes, soit par l'air, soit avec des liquides introduits dans les cavités naturelles. Leurs germes ne se développent qu'incomplètement, le milieu ambiant n'étant pas favorable à leur évolution. Ce n'est pas le végétal qui alors, suivant l'opinion de Wilkinson, détermine une maladie; mais c'est l'organe malade qui présente des conditions spéciales, favorables au développement de la plante. L'existence de celle-ci peut masquer les accidents de la maladie elle-même; elle peut l'aggraver en agissant comme corps étranger; elle n'en constitue qu'une complication. Souvent encore on ne peut attribuer à la présence du *Leptomitus* lui-même aucun des accidents qui s'observent chez les individus dont le corps lui sert de support.

ALGUES

Les Algues sont des Cryptogames cellulaires qui ont souvent été distinguées des Champignons par la présence d'une matière colorante plus
ou moins semblable à la chlorophylle. Elles constituent un groupe énorme
auquel on a accordé le rang de famille, de sous-classe ou de classe. Nous
donnerons d'abord sur ce groupe quelques notions élémentaires générales,
aussi simples que possible et empruntées à notre enseignement tel qu'il
était conçu il y a quelques années.

Les anciens comprenaient sous le nom d'Algues des végétaux vivant
dans l'eau salée, et, avec eux, des plantes terrestres à thalle celluleux,
tels que des Lichens, des Hépatiques, certains Champignons. Ainsi l'Orseille était alors nommée *Alga tinctoria*. D'autre part, des plantes aquatiques qui, pour les modernes, sont de véritables Algues, telles que les
Ulves, étaient, au temps de Pline, considérées plutôt comme voisines des
Mousses, ainsi que semble l'indiquer le nom de βρύον, que ce naturaliste
leur applique.

Tournefort a fait une section particulière, la seconde de sa classe XVII
(*Institutiones*, 505-577), pour des êtres qui sont en partie des plantes
cryptogames et en partie des Zoophytes. Le titre de cette section porte, il
est vrai : *De herbis marinis aut fluviatilibus quarum flores et fructus
vulgo ignorantur;* mais elle contient, outre les genres *Fucus, Alga,
Corallina,* les Coraux, les Madrépores, les Éponges, les Alcyons, etc.
Dans la classification de Linné, il n'y a plus d'animaux rangés parmi les
Algues; mais on y trouve les Trémelles, *Byssus,* Lichens, Hépatiques, etc.;
il en est à peu près de même de celle de Bernard de Jussieu (*Catalogue
du jardin de Trianon,* 1759), car on y rencontre, outre les genres réunis
par Linné, le *Byssus* dont il avait fait un Champignon, le *Marsilea* et
l'*Equisetum.* C'est au génie universel d'Adanson que la science doit la
première circonscription exacte de la famille des Algues. A l'époque même
où Bernard de Jussieu venait de rédiger son Catalogue, « Adanson, dans
ses *Familles naturelles des plantes,* exposait nettement les caractères de
ces végétaux. Il formait une famille distincte sous le nom d'*Hépatiques,*
des *Marchantia, Jungermannia, Anthoceros, Blasia, Riccia,* replaçait
les Lichens avec les Champignons à côté des Pezizes, réunissait le *Spongia*
aux animaux et groupait les *Byssus,* les Trémelles, les Conferves, les
Fucus et les Ulves en deux familles: l'une, celle des *Byssus,* comprenant
les *Byssus,* les Trémelles et Conferves; l'autre les *Fucus,* les Ulves et
quelques genres qu'il en avait détachés, tels que *Padina, Ceramium,
Virsoides,* etc... Il classait, en outre, dans ses *Byssus,* deux genres de
Micheli, l'*Aspergillus* et le *Botrytis,* que Bernard de Jussieu n'avait

point inscrits dans son Catalogue ; et bien qu'il soit démontré actuellement
que ces deux genres sont des Champignons et non des Algues, ce rapprochement n'a rien de surprenant pour ceux qui savent que ces moisissures
se composent d'utricules disposées en chapelet comme les Nostocs. »
(PAYER, *Botanique cryptogamique*, 54.)

On a donc lieu de s'étonner que L. de Jussieu ait repris, en 1789, dans
son *Genera plantarum* (6), la délimitation tracée par son oncle ; car son
ordre II, qui est celui des Algues, renferme, outre les *Ulva*, *Fucus* et
Conferva, les Trémelles, *Byssus*, *Cyathus*, *Hypoxylum*, *Sphæria* et
Lichens. Et si, dans un ouvrage de la nature de celui-ci, nous faisons
mention d'une pareille confusion, c'est uniquement pour bien montrer
combien ont été de tout temps douteuses les limites qui séparent les uns
des autres et les différents groupes de Cryptogames, et, bien plus, le
règne animal du règne végétal.

Les Algues proprement dites sont donc actuellement des plantes cryptogames, vivant dans l'eau douce ou salée, ou dans le corps d'autres êtres
organisés, à texture cellulaire ; dépourvues de vaisseaux, sans véritables
racines, nues ou enveloppées de substance gélatiniforme, puisant directement et par toute leur surface, dans les fluides ambiants, les matériaux
nécessaires à leur accroissement et possédant souvent la reproduction
sexuelle, dont les organes sont connus dans un assez grand nombre ;
mais non la faculté de se reproduire par des *Conidies;* ce qui les sépare
des Lichens proprement dits.

Retirées des liquides dont le contact est indispensable à leur existence,
les Algues se dessèchent et meurent rapidement. Le milieu dans lequel
elles doivent nécessairement vivre leur imprime des formes spéciales, dont
les principales sont : ou celle de phytocystes isolés ou rapprochés les uns
des autres ; ou celle de filaments déliés, capillacés ; ou celle de lames
plates, étalées, continues ou criblées d'ouvertures fenêtrées ; ou enfin
celle de corps allongés, tantôt aplatis, rubanés, tantôt plus épais et cylindriques comme des rameaux de Phanérogames. On n'y peut jamais toutefois distinguer d'une manière absolue un système axile et un système
appendiculaire. Alors même que les Algues affectent une forme ramifiée,
et cette ramification peut se produire avec une grande régularité, on ne
voit pas cependant de différence nette entre les feuilles et des branches
qui porteraient les feuilles. Le passage des unes aux autres est insensible,
et ce n'est que par une comparaison éloignée, mais foncièrement inexacte,
des Algues avec des plantes phanérogames, qu'on applique souvent aux
parties des premières les noms de rameaux, de tiges, de folioles. L'ensemble
de ces expansions plus ou moins divisées porte le nom de *Thalle* ou de
Fronde, et la première chose qu'on remarque, c'est que la couleur de ce
thalle est extrêmement variable : tantôt presque incolore, transparent, gélatineux, et plus souvent jaune, vert, bleuâtre, d'un brun verdâtre ou d'un
vert presque noir, ailleurs rosé ou du rouge le plus éclatant. Sa consistance

est également variable : tantôt presque nulle, comme celle d'une gelée trem-
blante ou du parenchyme jeune des Phanérogames, plus souvent celle d'une
lame de parchemin humide, quelquefois même d'une plaque de matière cornée résistante, comme cartilagineuse. Il y a enfin quelques Algues, comme
les Corallines, qui deviennent analogues, pour l'aspect et la consistance, à
des madrépores ou à des coraux, parce que leur tissu s'incruste de sels
calcaires, quelquefois en grande abondance ; et c'est là surtout ce qui a
longtemps porté les naturalistes à ranger ces plantes parmi les Polypiers.
Les Algues ont encore un autre point de ressemblance avec les animaux ;
c'est la manière dont elles se pourrissent à l'air. Elles produisent alors
des émanations nauséabondes et méphitiques dont certaines plages sont
infectées. On sait d'ailleurs qu'elles peuvent agir sur les matériaux sul-
fatés des eaux de la mer, et produire un dégagement d'hydrogène sulfuré
dont l'odeur se mêle, dans nos ports, à celle de leur substance organique
décomposée.

La première question, importante pour la physiologie générale, qui
doive nous occuper dans l'étude des Algues, c'est donc l'établissement des
limites de ce groupe, du côté du règne animal, si l'on peut ainsi s'expri-
mer. On a pu croire, il y a quelques années, que les animaux infusoires
et les Algues unicellullées, représentant de part et d'autres les derniers
échelons de chaque règne, différaient nettement les uns des autres par
des caractères précis et faciles à établir, tels que le mode d'action par
rapport à l'atmosphère, la composition chimique, la sensibilité et la motilité. Mais on s'est ensuite aperçu qu'aucun de ces caractères différentiels
ne saurait être considéré comme absolu ; et les zoologistes se sont mis
à revendiquer des êtres que les botanistes considéraient comme acquis
définitivement à leur domaine, tandis que la botanique s'attribuait des
organismes tels que les Néodiatomées, qu'on ne regardait plus depuis longtemps que comme des animaux. Dujardin s'est l'un des premiers appliqué
à démontrer que des êtres nombreux, regardés par ses prédécesseurs
comme des animalcules, appartenaient au groupe des Algues. D'autre part,
beaucoup d'animaux, tels que les Alcyonides, furent réintégrés parmi les
Zoophytes, en même temps qu'on démontra que des germes d'Aplysies ou
d'animaux analogues avaient été pris pour des plantes aquatiques. M. Berkeley, qui représente avec tant d'éclat en Angleterre la science cryptogamique, a fait remarquer que, dès 1833, il attirait l'attention des physiologistes sur la possibilité de trouver réunis, sur un seul individu et dans des
circonstances diverses, ce qu'on considérait alors comme les caractères
exclusifs et de la vie animale et de la vie végétale ; et qu'aujourd'hui les
découvertes les plus récentes de nos contemporains, relatives aux spermatozoïdes et aux zoospores, ne modifieraient guère ce qu'il disait alors de
ce contact intime des deux règnes. En réalité, les Algues présentent souvent, comme les Champignons, des phénomènes vitaux qui sont dits caractéristiques de la vie animale ; mais il n'est pas inutile de remarquer que ces

phénomènes n'appartiennent qu'à une période relativement courte de leur existence. Il n'en est pas moins vrai que si l'on peut attendre d'une évolution suffisamment prolongée la solution du problème qui consiste à déterminer si un être donné est une plante ou un infusoire, il n'y en a pas moins un moment où cette détermination n'est pas possible avec les ressources dont nous disposons. Il y a une époque où, comme on l'a très bien dit, « la plante se fait animal ».

Il y a des Algues formées d'un seul phytocyste, et d'ordinaire ces plantes unicellulées sont rapprochées en grand nombre, mais sans union réelle entre elles. Telles sont les *Protococcus* et les *Pleurococcus*. D'autres sont constituées par des phytocystes nombreux, analogues chacun à un *Protococcus;* mais elles sont toutes réunies par une sorte de gangue commune gélatineuse. C'est ce qu'on voit chez les *Coccochloris*, les *Hormospora*, les Palmelles. Comme les différents phytocystes qui s'observent dans une de ces dernières plantes sont plus ou moins éloignés les uns des autres, on n'y po vait nier l'existence de la gangue ou matière intercellulaire qui unit les différents éléments entre eux. Or, il y a tous les degrés transitoires entre cette disposition et celle où les phytocystes nombreux qui constituent une Algue d'organisation supérieure sont tangents par leurs faces et ne laissent pas apercevoir cette matière intercellulaire. Il y a des genres très élevés dans l'échelle de ces plantes, qui possèdent encore cette prétendue substance unissante très développée, et dont les éléments sont par conséquent fort éloignés les uns des autres. D'autres Algues sont formées de deux phytocystes placés bout à bout et qui résultent de la formation d'une cloison dans une cavité primitivement unique ; telles sont les Lyngbies. Unicellulées d'abord, et à peu près sphériques, elles s'allongent en tube et se cloisonnent. La cloison peut être placée de telle façon qu'on voie bout à bout deux phytocystes très inégaux : l'un court, arrondi comme un *Protococcus;* l'autre allongé et tubuleux; c'est ce qui arrive dans les *Rivularia* (fig. 366). Dans les Conferves, ce n'est plus une couple de cavités tubuleuses, séparées par une cloison, qu'on voit à la suite l'une de l'autre, mais des cavités nombreuses séparées par des cloisons en pareil nombre, moins une. Ces Conferves ressemblent alors à de longs filaments tubuleux. Mais ailleurs ils peuvent se ramifier, comme chez les *Anhaltia*, *Draparnaldia* et dans un certain nombre de Cryptogames qu'on observe dans le corps de l'homme et des animaux.

Quoi qu'il en soit, on ne rencontre dans la substance des Algues que du parenchyme, et c'est lui qui prend les formes si variées qu'affectent celles de ces plantes qui sont le plus élevées en organisation. La plupart des phytocystes qu'on y rencontre sont à paroi mince et lisse. Cependant on y peut voir des dessins spiraux comme ceux qu'on observe si souvent dans les éléments des Phanérogames. C'est ce qui arrive dans plusieurs Conferves, telles que le *C. megalonium*, ainsi que l'a autrefois indiqué Agardh. Dans certains *Zygnema*, ce dessin spiral, à tours irréguliers ou

à peu près réguliers, paraît dû à un groupement particulier de la matière
contenue dans les cellules et que l'on appelle *Endochrome*. La couleur de
cette matière contenue est variable ; elle peut être verdâtre, noirâtre, rougeâtre ; en un mot elle affecte les différentes teintes que nous retrouverons
dans les spores des Algues et qui, comme nous le verrons, jouent un si
grand rôle dans certaines classifications. On a dit avec raison que toutes
les couleurs des fleurs les plus brillantes pouvaient se retrouver dans les
frondes des Algues, et il y en a même quelques-unes qui sont d'un beau
bleu. Du rose le plus tendre on passe au rouge brunâtre le plus intense ;
et le vert-olive si foncé qu'il paraît presque noir, mène graduellement au
vert-émeraude le plus vif et de là jusqu'au vert doré le plus éclatant. Mais
quoique, avec une couleur verte et une fronde extrêmement divisée,
quelques Algues de loin présentent tout à fait l'apparence d'une Mousse,
d'un Lycopode, ou même d'un petit arbuste phanérogame, avec des
branches, des feuilles et des racines, leur tissu n'est jamais constitué que
par des cellules. Dans les immenses Laminariées qui s'attachent aux
rochers sous-marins, il y a un épaississement quelquefois énorme, représentant une sorte de pivot radical, et dont le développement répond au
besoin de donner à ces plantes un point d'attache solide, afin que le mouvement des flots ne les détache pas facilement. Cependant cette portion du
végétal n'est formée que par du tissu utriculaire. Il en est de même de
ces corps cylindriques ou à peu près qu'on observe dans les mêmes plantes
et qui ressemblent tant aux branches et aux rameaux de nos arbres. Ils ne
sont constitués que par des phytocystes-cellules. Il faut noter toutefois que
Kützing et Berkeley ont vu ces espèces de tiges et de branches s'accroître
à peu près à la façon des Exogènes phanérogames, par la décurrence d'éléments allongés descendant des rameaux sur les branches et des branches
sur les tiges, en dehors de leurs phytocystes préexistants. C'est ce qui arrive
dans les *Laminaria, Callithamnion, Batrachospermum*, etc.

Il y a de même des apparences de feuilles, plutôt que des organes
appendiculaires nettement distincts et d'autres organes qui représenteraient
des axes. Ce sont des lames aplaties, membraneuses, quelquefois très-
larges, mais toujours uniquement faites de phytocystes-cellules. Dans beaucoup d'espèces, ces expansions sont, dans leur portion centrale, entièrement
pareilles aux corps cylindroïdes qui figurent des axes ; mais, de plus, elles
s'épanchent de chaque côté en sorte de lames qui vont s'amincissant à
droite et à gauche vers les bords. D'ailleurs, ces expansions ne se produisent pas avec une symétrie et avec une régularité parfaites, comme dans
les Phanérogames. Cependant, il y a des espèces où elles sont caduques,
comme les feuilles de nos arbres, tombant à l'époque des froids, pour
repousser au commencement de la belle saison. Il en résulte que, comme
beaucoup de nos arbres, certaines Algues rameuses, élevées en organisation, n'ont pas du tout la même apparence en été et en hiver.

Il est fort important de remarquer que l'action chimique des Algues sur les milieux au sein desquels elles vivent n'est pas en rapport avec les différences de coloration que présentent leurs frondes et leurs endochromes. Car pour celles qui sont vertes, le développement de la matière colorante n'est pas toujours dû à l'action de la lumière solaire. De Humboldt a trouvé des *Fucus*, tels que le *F. vitifolius*, colorés en vert intense, à une profondeur d'environ deux cents pieds dans la mer; Bory de Saint-Vincent a cueilli un *Sargassum* coloré en brunâtre, à une profondeur de six cents pieds, entre les îles de Bourbon et de Madagascar; et beaucoup d'Algues vivent presque à la surface de l'eau, sans présenter la moindre trace de coloration verte. D'autre part, il y a longtemps qu'on a démontré que, sous l'influence directe des rayons du soleil, les Algues dégageaient une quantité considérable d'oxygène, au point qu'on en recueillait facilement un litre, en agitant des plantes réparties sur une surface de deux mètres carrés. Mais la couleur de leurs thalles était indifférente pour la production du phénomène, et la quantité d'oxygène semblait être la même, que le thalle fût vert, rouge ou brun. C'est que la chlorophylle, plus ou moins masquée par d'autres matières colorantes, existe dans ces plantes et y remplit ses fonctions habituelles (Rosanoff, Millardet).

Grâce à leur action sur les milieux ambiants et réciproquement grâce à la longue vitalité et à la perméabilité de leurs nombreux phytocystes qui leur servent de laboratoire, les Algues produisent et accumulent dans leur intérieur des substances qui les caractérisent encore, car elles sont à peu près les mêmes dans toutes les espèces. On y trouve une grande quantité de matières gommeuses et amylacées. Schmidt pensait que les gelées qu'on retire de plusieurs espèces, telles que le *Carragahen,* et dont il sera question plus loin, sont identiques par leur formule chimique avec le sucre et la fécule. Non seulement les *Chondrus crispus* et autres espèces analogues, les *Iridæa edulis, Alaria esculenta, Rhodhymenia palmata,* etc., sont vendus tous les jours en grandes masses, sur certains marchés de l'Écosse, pour servir à l'alimentation publique; non seulement plusieurs explorateurs des côtes et des îles septentrionales et orientales du Royaume-Uni n'ont pu se procurer pendant quelque temps d'autres aliments dans leurs voyages; mais on a préparé avec des Rhodospermées une sorte de blanc-manger de consistance albumineuse, et quelques agriculteurs anglais ont avec succès mêlé cette gelée à l'alimentation du bétail, et surtout des porcs. Toutefois Pereira considérait cette substance alimentaire comme bien distincte de la gomme, de l'amidon et du sucre. En Australie, on la retrouve dans le *Gigartina speciosa* et dans plusieurs espèces du genre *Gracilaria,* telles que les *G. spinosa, lichenoides;* elle est beaucoup plus délicate et plus recherchée, dit-on, que celle qui s'obtient, en Europe, des Rhodospermées. On sait maintenant que c'est à tort qu'on a cru les nids des Salanganes formés, en partie du moins, de cette même substance gélatiniforme; il n'y a là qu'une ressemblance extérieure, et ces nids sont constitués par une matière animale. Mais nous

verrons qu'elle se retrouve dans la Mousse de Corse, où ce n'est pas elle,
sans doute, qui agit dans l'emploi de cette plante comme médicament. Le
Laver ou *Laver-bread* du pays de Galles est une sorte de pain qu'on
fabrique précisément avec des Algues, et auquel on ne reproche qu'un goût
particulier, auquel il faut d'abord s'habituer pour apprécier toutes les qualités de cet aliment. Nous verrons que dans les régions arctiques, on prépare une sorte de potage avec des Algues; qu'en Chine, on emploie une
espèce de *Nostoc* au même usage, et au Chili, les frondes du *Durvillœa
utilis;* qu'en Norwège, en Islande et en Irlande, le bétail est conduit sur
les bords de la mer où il se nourrit, à marée basse, des Algues que le flot
a apportées; et l'aliment qui rend si délicate la chair des tortues marines
appartient à plusieurs espèces du genre *Caulerpa.* Nous ne faisons qu'indiquer en passant l'usage qu'on fait des Varecs pour fumer les terres,
et l'existence des substances iodées dont il sera traité plus loin, tout en
rappelant que l'*Æthiops végétal* leur doit sans doute ses propriétés mé-
dicamenteuses.

Nous avons vu que les Algues ne peuvent se bien développer que dans
un milieu liquide. Les *Protococcus* ne vivent que sur un sol humide ou
sur une couche de neige. Les *Nostoc* disparaissent dans les temps secs et
ne prennent leurs développements qu'après des pluies abondantes. Nos
mares et nos cours d'eau sont remplis de Conferves et d'autres Algues
inférieures. Or, il y a longtemps qu'on a remarqué la très large diffusion
de certaines de ces plantes dans les diverses régions du globe. Là où les
conditions de température sont à peu près les mêmes, on retrouve fréquemment, à des distances très grandes, ou la même espèce, ou du moins
ce qui paraît être la même espèce. Le doute est en effet prudent lorsqu'il
s'agit des types inférieurs, car les *Calothrix, Oscillaria*, et autres genres
analogues, s'observent dans toutes les régions du globe; mais leurs espèces
sont mal définies et difficiles à définir. On ne les observe souvent que sur
des échantillons mal conservés, et on ne saurait affirmer positivement
qu'il n'y a pas entre elles des différences spécifiques qui parfois nous
échappent. Sir J.-D. Hooker a fait remarquer que les *Protococcus* qui
onstituent la neige rouge, qu'on observe si abondamment au pôle Nord,
et qui seraient faciles à reconnaître partout ailleurs, ne se rencontrent
pas sur les hauts pics glacés de l'Inde orientale, quoiqu'on y trouve beaucoup d'autres Cryptogames, Champignons et Lichens, spécifiquement identiques à nos espèces européennes les plus communes. Tandis que les Desmidiées sont assez communes en Europe et dans l'Amérique du Nord, on
en connaît à peine quelques-unes provenant des autres régions du globe.
Au contraire, il y a des Néodiatomées partout, et en aussi grande abondance
aux confins du globe que dans les mares des environs de Paris. Les unes
sont propres à certains pays; les autres sont au contraire cosmopolites.
La matière siliceuse dont elles sont imprégnées conserve leurs formes
et les dessins de leurs surfaces, de façon qu'on peut toujours les comparer

entre elles. On voit ainsi que non seulement les mêmes espèces peuvent existe à l'état vivant dans des contrées extrêmement éloignées les unes des autres, mais encore qu'elles peuvent vivre de nos jours et avoir vécu pendant des périodes géologiques probablement très anciennes.

Le point le plus important de l'histoire générale des Algues, sous le rapport de la physiologie, et même de la pathologie, c'est l'étude de leurs organes reproducteurs. Ces organes ont été longtemps fort incomplètement connus, et l'on savait seulement qu'à part les phénomènes de bourgeonnement ou de multiplication cellulaire qu'offrent ces végétaux, ils se reproduisaient par des spores, à la façon des autres plantes cryptogames. On a plus tard étudié les différents modes de développement de ces spores, leurs situations diverses sur le végétal, et plus récemment encore l'évolution des organes mâles, et le mode d'action de ces agents fécondateurs sur les produits des organes femelles.

Les Algues qui ne sont formées que d'une phytocyste, se reproduisent par la formation, dans l'intérieur de cette cellule-mère, d'autres phytocystes, ou cellules-filles, qu'elle laisse ensuite échapper et qui deviennent autant d'individus nouveaux. C'est surtout chez les *Protococcus* qu'on a suivi dans toutes ses phases ce mode de multiplication. Les observations de Pohl, de Flotow et de beaucoup d'autres savants ont montré comment le phytoblaste, qui est dans l'intérieur de la paroi de cellulose des *Protococcus*, forme en se condensant des masses circonscrites qui ne sont autre chose que de jeunes Algues unicellulaires naissantes. Par la surface extérieure, chacune de ces masses de substance azotée produit des dépôts de cellulose, jusqu'à ce que les cellules-filles soient définitivement constituées, pressent sur la cellule-mère, déchirent sa paroi et constituent autant de jeunes Algues indépendantes les unes des autres. Il n'y aurait donc ici, à proprement parler, qu'une reproduction par multiplication intracellulaire ; ce qu'on a encore appelé formation cellulaire libre.

Ailleurs, comme dans beaucoup de Conferves filamenteuses, où l'on ne voit pas de véritables organes sexuels, on a dit que la reproduction se confond avec l'accroissement du végétal, en ce sens que les portions extrêmes se séparent de la plante-mère par leur base vieillie, et deviennent libres tout en continuant de végéter par leur extrémité. On sait que les filaments ne sont autre chose que des tubes cloisonnés, avec une couche protoplasmique intérieure à la paroi de cellulose, et produisant, soit au bout, soit sur les côtés des tubes, de nouvelles cloisons qui augmentent graduellement le nombre de phytocystes, le nombre des ramifications, et préparent ainsi la formation d'autant d'individualités qui pourront plus tard quitter la plante mère et vivre indépendantes. Des faits analogues s'observent dans les Algues marines les plus élevées en organisation, et pourvues d'une fronde aplatie et membraneuse. Ainsi, dans les *Macrocystis*, les *Sargassum*, et d'autres genres analogues destinés à former de vastes prairies flottantes dans la mer, les plantes, d'abord attachées aux corps sous-marins par cette

17

portion que nous avons vue remplissant les fonctions mécaniques d'une racine, sont arrachées par les mouvements des flots, et à partir de ce moment, se multiplient par une division constante de la fronde, absolument comme les masses cellulaires des Algues inférieures. Ce qu'on a appelé reproduction des Algues *par prolification*, se rapporte évidemment à des faits de cet ordre. Les espèces vivaces, ou bisannuelles, en sont le plus ordinairement le siège. Les *Phyllophora*, les *Rhodhymenia*, les *Ceramium* présentent ainsi des ramules des deux côtés, ou d'un seul côté même, naissant de leur portion principale. Dans les *Polysiphonia*, ce sont des espèces de racines adventives qui jouent le même rôle. Et de même que les bourgeons des Phanérogames, alors qu'ils se développent sur les branches, peuvent être tout à fait semblables aux embryons qui sortent de leurs graines, de même, il y a une ressemblance complète entre ces prolifications à leur premier âge, et les jeunes individus qui résultent de l'accroissement d'une spore en germination. Il paraît même que certains *Sargassum*, comme le *S. bacciferum*, ne se reproduisent le plus ordinairement que par une prolification indéfinie. De jeunes pousses qui ressemblent plus ou moins à des feuilles, se développent sans cesse sur les frondes divisées et se distinguent aisément par leur teinte plus claire des anciennes portions colorées en brun roussâtre.

On a fait voir que quelques Algues se développent dans les matières organiques en putréfaction ; d'autres, dans les liquides du tube digestif, dans le mucus utérin, l'urine, l'épiderme, les milieux de l'œil, la salive, le suc gastrique. La plupart de ces dernières sont des Champignons.]

Les Algues marines observent dans leur distribution géographique une beaucoup plus grande régularité. Cette distribution est soumise à des espèces de lois déjà entrevues depuis longtemps, mais qui n'ont jamais été mieux démontrées que par les admirables recherches et les voyages répétés du professeur Harvey. Il semble que dans la profondeur des mers chaque espèce appartienne à une zone au-dessus et au-dessous de laquelle sa végétation devient impossible ; ce qui permet de supposer que chaque espèce ne peut supporter qu'une certaine somme de pression et de lumière. Il y a des Algues qui flottent à la surface, telles que les *Cystoseira*, les *Iridœa*, plusieurs Ulves et Conferves. Plus bas, il y a encore des Ulvacées, des Confervées, et surtout de nombreuses Floridées, à frondes rosées ou pourprées. Nous avons vu, au contraire, des *Sargassum* et des *Caulerpa*, pêchés à une grande profondeur, au delà même des limites trop restreintes auxquelles les physiologistes ont autrefois déclaré impossibles le développement et la vie des êtres organisés.

Chaque mer peut avoir ausi sa flore spéciale. Dans les océans Arctique et Antarctique, sur nos côtes, il y a abondance de Laminariées, représentées chez nous par un petit nombre d'espèces, mais par une quantité prodigieuse d'individus. Leur nombre augmente encore davantage vers la côte occidentale de l'Amérique du Nord. Dans l'océan Arctique, la plupart des Laminariées sont simples; elles sont rameuses, comme les *Macrocystis*, *Lessonia*, etc., dans l'océan Antarctique. Les *Lessonia*, les *Durvillea*, etc., sont inconnus dans les mers septentrionales, et caractérisent l'hémisphère austral. Il y a des genres, tels que les *Caulerpa*, qui sont à peine connus en Europe; on ne les a observés qu'en Espagne et au nord de la Méditerranée. L'espèce qui a si longtemps servi seule à la fabrication de l'Æthiops végétal, le *Fucus vesiculosus*, si commun sur les corps sous-marins de nos côtes occidentales, ne se trouve que flottante et détachée par les courants dans les eaux de la Méditerranée. On serait tenté de croire que les mêmes espèces doivent exister dans une même mer, à l'ouest de l'Europe et à l'est de l'Amérique; ce fait n'est pas absolument vrai. Le *Fucus serratus*, si commun chez nous, ne se retrouve pas du côté du nouveau monde. Les *Fucus nodosus* et *vesiculosus* croissent, il est vrai, des deux côtés de l'Océan. Quoiqu'il y ait beaucoup de Laminaires sur les deux rives, il y en a bien des espèces américaines qui sont totalement inconnues chez nous. Mais à mesure qu'on s'avance vers le sud, on voit les *Fucus* et les *Laminaria* diminuer. Bientôt apparaissent les *Cystoseira*, puis les *Sargassum* inconnus dans les mers boréales et formant de chaque côté de l'équateur, dans une étendue d'environ 40 degrés, d'immenses mers herbeuses qui se retrouvent dans l'océan Pacifique. La température des mers n'est pas sans influence sur cette distribution géographique; et ce qui le prouve, c'est l'apparition de certaines espèces propres aux mers plus chaudes, dans les eaux glacées du Nord, aux points où certains courants viennent les réchauffer. Quelques espèces qui dépassent à peine le nord de la France, et disparaissent plus au nord, se montrent de nouveau, après une large interruption, vers le nord de l'Irlande, dans les mers réchauffées par les courants tièdes de l'Atlantique. Certains *Desmaretia* des côtes de l'Écosse sont des plantes qui disparaissent tout le long de celles de la France et qui abondent au niveau de l'Espagne; probablement pour la même raison. Il est vrai enfin que d'une manière générale les grandes Algues sont des plantes des larges océans, et que les mers étroites ne nourrissent que des espèces de petites dimensions. Les genres de la Méditerranée n'atteignent pas de grandes proportions; ce sont des Ulvées, des Céramiées, etc.; les espèces monstrueuses, bien plus développées que nos arbres les plus gigantesques, le *Durvillea utilis*, le *Laminaria buccinalis*, sont des plantes du plus large des océans, l'océan Atlantique.

Montagne, à qui nous empruntons ces détails, a distingué la *prolification* qui ne doit pas son origine au développement d'une cellule unique, de la *propagation* ou reproduction par *propagules*, dans laquelle l'endochrome ou contenu d'un phytocyste peut lui-même végéter et devenir une plante isolée. Des fragments de *Vaucheria*, isolés les uns des autres, se complètent peu à peu et constituent, suivant Thuret, autant d'individus distincts. Un seul élément cortical de *Phycolapathum* peut, d'après

J. Agardh, végéter et produire une nouvelle fronde, semblable en cela à
ces bulbilles de Monocotylédones qui peuvent naître d'une cellule et
devenir ensuite des plantes complètes, avec un axe et des appendices.

La simple fissiparité, d'après Meneghini, est le mode de multiplication
de certaines Algues inférieures, telles que les *Cylindrocystis*. Il y a même
des auteurs qui ont admis une génération spontanée des Algues les plus
inférieures ; question qui ne peut être examinée actuellement.

Mais c'est par des spores que les Algues élevées en organisation se
reproduisent le plus communément, par une sorte de germination qui
n'est qu'une multiplication du phytocyste unique représenté d'abord par
la spore. On a surtout étudié le mode de production de ces spores et leur
manière d'être placées sur la plante, quand on a voulu se servir de ces
caractères pour classer les Algues.

En considérant la spore comme l'analogue de l'embryon des végétaux
phanérogames, on voit que cette spore peut être d'abord formée aux
dépens de la matière contenue dans les phytocystes de la plante, matière que
nous avons déjà désignée sous le nom d'*Endochrome*, et dont il nous faut
d'abord bien établir la nature.

Il peut y avoir deux choses dans un des phytocystes qui forment la fronde
des Algues, sans parler des substances protoplasmiques solides ou dif-
fluentes qui existent dans ses utricules, comme dans toutes les autres en
général : un fluide et un solide. Le fluide est ordinairement de nature
aqueuse ; le solide est une substance granuleuse, colorée d'ordinaire : c'est
la substance *gonimique* ou *endochrome*. L'endochrome peut former une
masse unique dans le phytocyste, ou plusieurs masses distinctes ; disposi-
tions suivant lesquelles on l'appelle ou nucléiforme ou granuleux.

C'est cette matière solide, assez souvent verte, qui s'organiserait dans
chaque phytocyste et formerait une ou plusieurs spores. Quant au nom de
Zoospores qu'on a donné à ces corps reproducteurs, et à celui d'Algues
Zoosporées qu'ont reçu celles qui en sont pourvues, il est dû à ce que ces
spores munies d'organes locomoteurs particuliers, que nous étudierons un
peu plus loin, sont douées de mouvements comparables à ceux qu'on observe
chez les animaux et qui, servant à leur dissémination, cessent de fonctionner au moment où leur germination va commencer.

La classification fantaisiste proposée par Decaisne, des Algues en *Syns-
porées*, *Haplosporées* et *Choristosporées*, n'a vécu que quelques années ;
elle n'a pu résister à un examen quelque peu attentif des faits. Nous pouvons aujourd'hui réduire l'étude générale des corps reproducteurs femelles
à trois choses qui sont : A. les *Spores* proprement dites ; B. les *Zoospores* ;
C. les cavités qui renferment les unes ou les autres, et qu'on peut appeler
des *Conceptacles*.

A. *Spores*. Elles répondent aux spores ordinaires des autres Cryptogames
et représentent des phytocystes à paroi de cellulose, sans appendices spéciaux à leur surface extérieure, avec un contenu analogue à celui des

phytocystes en général. Il y en a de simples, et d'autres qu'on appelle *Tétraspores*, qui sont simples d'abord, mais dont l'endochrome se divise plus tard, quand la plante approche de sa maturité, en quatre portions qui deviennent autant de spores secondaires. Les deux espèces de spores peuvent se rencontrer dans une même plante, ou exister l'une sans l'autre. Ainsi les Floridées (Rhodospermées) ont des spores simples et des tétras-pores. Les autres Algues ont des spores simples, mais peuvent avec elles posséder des zoospores.

B. *Zoospores.* — Ces corps reproducteurs si intéressants, non seulement pour la question que nous traitons ici, mais encore au point de vue de la physiologie générale, n'ont été étudiés aussi complètement par personne que par Thuret, notamment dans son mémoire couronné en 1847 par l'Aca-démie des sciences. Les zoospores sont des corps agités d'un mouvement particulier, qui se répandent dans l'eau en sortant de la plante, et qui nagent vivement au moyen de cils vi-bratiles. Ils paraissent alors tout à fait semblables à des infusoires ; mais ils en diffèrent en ce qu'un peu plus tard on les voit s'arrêter, perdre leurs cils vibratiles et entrer en germination, à la manière des spores ordinaires. Les Algues zoosporées sont bien plus nombreuses qu'on l'avait cru d'abord, et l'on a reconnu l'existence de zoos-pores dans un très grand nombre d'espèces à couleur olivâtre ou ver-dâtre. Ces zoospores naissent dans des phytocystes, et sont produites par une sorte de condensation de la matière con-tenue dans ces cavités. Cette matière s'agglomère en petites masses qui deviennent graduellement autant de zoospores. Chacune d'elles se présente d'abord sous forme d'un corpuscule dépourvu de tout tégument analogue à une couche cellulosique ; et, comme

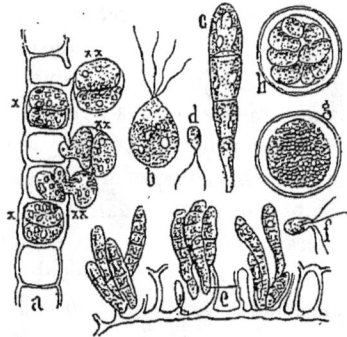

FIG. 303. — *Ulothrix zonata. a*, fila-ment émettant des macrozoospores ; *b*, macrozoospore ; *c*, macrozoospore en voie de germination et de seg-mentation pour produire une jeune plante ; *d*, microzoospore ; *e*, fila-ment émettant de jeunes plantes provenant de microzoospores qui ont germé dans leurs cellules-mères ; *f*, microzoospore après la copulation de deux phytocystes ; *g*, zygospore au repos ; *h*, zygospore en voie de seg-mentation, pour produire des zoos-pores.

dans les Infusoires les plus simples, il y a absence de membrane périphé-rique. Aussi une goutte d'ammoniaque produit-elle chez les unes et les autres une diffluence rapide de la substance hyaline qui constitue la masse ; et celle-ci peut se segmenter et se souder aux masses voisines sans traces ultérieures des points de jonction. Complètement conformées, les zoospores s'agitent déjà dans la cavité qui leur a donné naissance, puis elles en sortent par une petite ouverture dont la place est reconnaissable longtemps avant le développement des zoospores. On les voit alors lancées en masses dans le liquide ambiant, sous forme de petits ovoïdes ayant ordinairement de 1/100 à 3/100 de millimètre de longueur. Les plus grosses, celles des *Vaucheria*, atteignent 3/10 de millimètre. Leur extrémité s'effile en un rostre qu'on avait considéré comme produisant, par son inflexion à droite et à gauche, le mouvement de progression du zoospore. Mais le rostre est en réalité immobile, et le mouvement est dû, ainsi que l'a découvert Thuret, à des cils vibratiles implantés, ou sur toute la surface de la zoospore, comme chez les *Vaucheria*, ou seulement en petit nombre et insérés aux deux extrémités (*Ectocarpus, Haligenia, Laminaria*), ou plus souvent placés au nombre de quatre (*Ulotrix, Chætophora*), ou de deux (*Cladophora*)

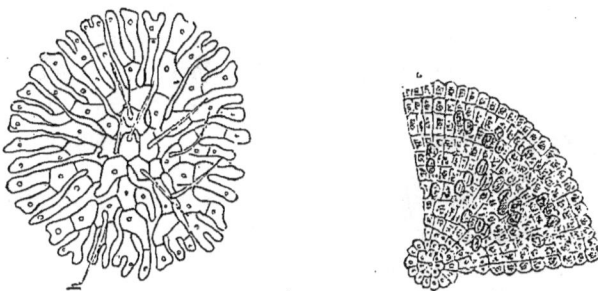

Fig. 304. — *Coleochæte soluta* (Pringsheim). Fig. 305. — *Coleochæte pulvinata*.

sur l'extrémité amincie du rostre. Les mouvements de ces cils vibratiles sont les mêmes que dans les animaux; ils obéissent aux mêmes lois,

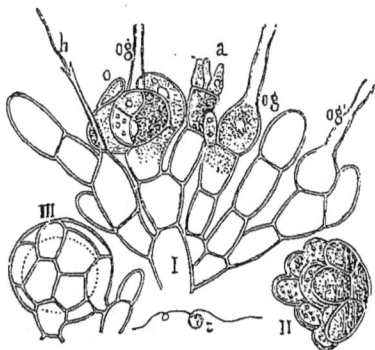

Fig. 306. — *Colochæte pulvinata. a*, anthéridie; *og*, oogones en voie de formation; *c*, oogone autour duquel les cellules commencent à former un revêtement; *z*, zoospores; II, fruit en voie de formation; III, fruit formé (Pringsheim).

s'élèvent, s'abaissent, ondulent et possèdent ce que Valentin a appelé le mouvement d'oscillation. Dans notre thèse de concours sur les *Mouvements dans les organes sexuels des végétaux* (1856), nous avons résumé ainsi qu'il suit les causes qui font varier l'intensité de ces mouvements :

« 1º Selon le milieu dans lequel se trouve le corpuscule. Nous avons vu l'iode et l'opium les ralentir. Poussée plus loin, leur action tue les spores, qui ne sauraient plus germer. Il en est de même de l'alcool, de l'ammoniaque, des acides, etc. 2º Selon l'intensité de la lumière. Dès que le vase où elles se trouvent est éclairé, les zoospores se portent rapidement vers le point

le moins obscur. Mais le contraire arrive quelquefois. Il peut même
y avoir partage, les unes fuyant le jour, les autres le recherchant ; ces dernières sont toujours plus actives, plus propres à la germination (Agardh,
Thuret). L'émission même hors des sporanges est influencée par la lumière.
Thuret les a vues sortir en grand nombre quand le ciel venait à s'éclair-
cir. 3° Selon l'heure du jour ; ce qui tient peut-être à la cause précédemment signalée. A peu d'exceptions près, c'est le matin, de bonne heure, que
les spores sortent et s'agitent ; plus tard, elles sont déjà fixées. De là, pendant longtemps, l'impossibilité dans laquelle se trouvèrent les observateurs
de rencontrer ces organes. 4° Selon la température : une chaleur modérée
accélère l'émission et les mouvements des spores ; une trop haute température les tue. C'est sous l'influence de toutes ces causes réunies que
s'exécutent, pendant un temps généralement fort borné, les mouvements
des zoospores. Il est rare qu'ils durent au delà d'une journée ; en quelques
heures, généralement, toute évolution est terminée. Alors les corpuscules
tombent au fond du vase qui les contient, ou s'arrêtent contre quelque
corps qui plonge dans le liquide. La période de mouvement est terminée ;
les animaux deviennent des plantes. Le point qui correspond au rostre fixe
le nouveau germe qui perd ses cils vibratiles ; ceux-ci une fois tombés ou
désorganisés, le sommet de la spore s'allonge et devient une sorte de
radicule rudimentaire. Ce tube radiculaire se développe et forme peu à
peu une fronde semblable à celle de la plante-mère. »

C. *Conceptacles*. — Il n'y a chez les Algues zoosporées d'autres conceptacles que certains phytocystes, d'abord semblables aux autres, puis dans
l'intérieur desquels se forment les zoospores. Dans les Conjuguées, des deux
phytocystes qui jouent un rôle dans la formation des spores, un seul, celui
qui reçoit le contenu de l'autre, joue le rôle de conceptacle. Dans la plupart des autres Algues, le conceptacle est une cavité particulière limitée
par des phytocystes et communiquant avec l'extérieur de la fronde par un
pore que Kützing a nommé *Carpostomium*. Ces conceptacles sont tantôt isolés, semés çà et là sur le tissu de la fronde, tantôt, comme il arrive
dans plusieurs de nos *Fucus* communs, réunis en une sorte d'inflorescence formant épi, ou quelque chose d'analogue, au sommet des frondes.
Ou les sporanges sont attachés sur les parois intérieures de cette cavité
par une espèce de placentation pariétale ; ou bien un corps rappelant un
placenta s'avance dans l'intérieur de la cavité où il supporte ces sporanges ; ce qui correspond à une placentation centrale. Ce placenta peut
être court, comme dans les *Polysiphonia* ; ou renflé, hémisphérique,
comme dans les *Thamnophora* ; ou allongé en une sorte de gerbe, comme
dans certains *Sphærococcus*. Outre les sporanges qui contiennent les spores
dans leur intérieur, le conceptacle peut encore loger des organes fécondateurs mâles dont nous allons nous occuper maintenant ; de façon que la
plante présente alors une sorte de monœcie comparable à celle qu'on
observe dans les Phanérogames.

ORGANES MÂLES. —Outre les corps reproducteurs femelles, analogues aux graines, que possèdent les Algues, on connaît dans un certain nombre d'entre elles, comme dans beaucoup de Cryptogames, des organes mâles ou fécondateurs qui sont les analogues de l'androcée des Phanérogames. De là le nom d'*Anthéridies* qu'on a appliqué à ces organes ; et comme les corpuscules contenus dans leur cavité et qu'on peut comparer jusqu'à un certain point aux grains de pollen, sont, comme les zoospores, pourvus de mouvements, souvent dus à des cils vibratiles et rappelant les attributs de l'animalité, on les a nommés *Anthérozoïdes*, ou *Phytozoaires*, ou *Spermatozoïdes*. Ces anthérozoïdes, également si bien étudiés, depuis une quarantaine

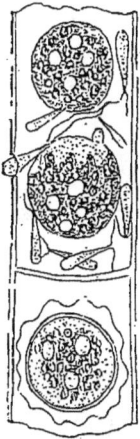

FIG. 307. — *Sphæ-roplæa annulina.* Anthérozoïdes se portant vers les organes femelles à féconder (Cohn).

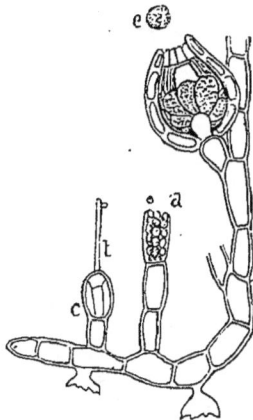

FIG. 308. — *Lejolisia mediterranea.* Rameau portant un organe femelle *c*, terminé par le trichogyne *t*, et des anthéridies *a*. La branche verticale porte un cystocarpe (Thuret et Bornet).

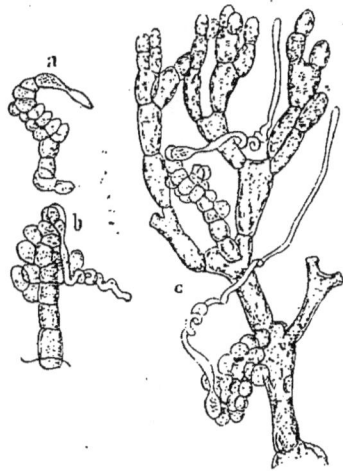

FIG. 309.— *Dudresnaya pur-purifera,* à divers états de développement des organes reproducteurs, ces états successifs indiqués par les lettres *a, b, c* (Thuret).

d'années, sont de très petits corps hyalins, n'ayant guère que 1/200 de millimètre et renfermant souvent un granule gris ou rouge orangé, bien distinct du reste de la masse. Ces corps ovoïdes, ou à peu près sphériques, ou en forme de bouteille, se meuvent aussi à l'aide de cils vibratiles, ordinairement au nombre de deux, souvent inégaux et placés l'un en avant et l'autre en arrière. Les anthéridies sont des sacs qui renferment ces spermatozoïdes ; et elles sont placées dans les conceptacles au sommet de filaments ou poils articulés et renversés, qui convergent vers l'ostiole du conceptacle et favorisent la sortie des corps reproducteurs. S'il y a des sporanges en même temps dans le conceptacle, la plante est monoïque. Pendant longtemps on n'a connu que des Algues dioïques. La plupart de celles qui contenaient les zoospores ne possédaient pas d'anthérozoïdes.

Mais on connaît maintenant un assez grand nombre d'exemples de monœcie. Beaucoup de nos Fucacées les plus communes ont, dans leurs
conceptacles, et des anthéridies au sommet des filaments, et des sporanges
à leur base.

De l'action des anthéridies sur les spores résulte le phénomène de la
fécondation qui, si peu connu qu'il soit dans son essence, paraît cependant pouvoir être comparé à l'influence pollinique sur la vésicule em-
bryonnaire. Le contact des anthérozoïdes des Fucacées avec les organes
femelles est favorisé par l'action du milieu dans lequel les agents mâles
nagent par milliers lors de l'espèce d'éjaculation qui les rend libres.

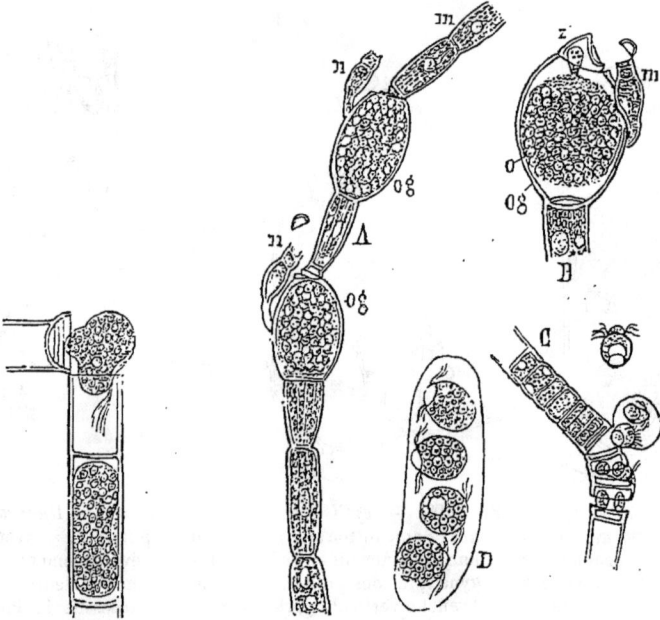

FIG. 310. — Œdogo-
nium. Tubules don-
nant naissance à
des zoospores par
rajeunissement de
leur protoplasma
(Pringsheim).

FIG. 311. — Œdogonium ciliatum. A, filament
portant des oogones og, et des anthéridies
m; n, plantules issues des androspores; B,
oogone en voie de fécondation; C, filament
mâle d'Œdogonium gemelliparum, émettant
des anthérozoïdes; D, zoospores produites
dans une oospore de Bulbochœte (Pringsheim).

D'une manière plus particulière, des faits tels que ceux que nous ont
révélés les admirables observations de MM. Pringsheim, de Bary, etc.,
relativement aux Œdogoniées, Vauchériées, etc., ont ouvert toute une série
nouvelle de phénomènes merveilleux accomplis vers les limites des deux
règnes organiques pour assurer l'imprégnation des corpuscules femelles.
Il nous suffira de citer l'histoire de ces anthérozoïdes d'Œdogonium,
tracée en 1856, par de Bary, dans les Mémoires de la Société de Fribourg

en Brisgau, où les agents mâles constituent une sorte de plantule partagée en deux logettes superposées, chaque logette donnant naissance à un anthérozoïde qui va nageant vers la spore, le rostre en avant, attiré comme par une force élastique, puis repoussé du sporange, finissant par se fixer sur la papille de la spore par son rostre, se raidissant et demeurant immobile, après avoir ainsi assuré la fécondité de la spore ; à moins que le corpuscule fécondateur, arrivé près de la spore à une époque inopportune, ne s'épuise autour d'elle en vains efforts et ne finisse par s'abîmer au fond du liquide,

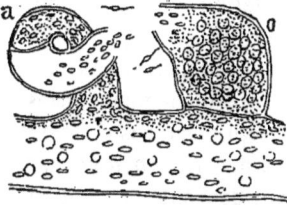

FIG. 312. — *Vaucheria sessilis.* Fragment d'un filament portant les organes reproducteurs mâle et femelle ; *o,* oogone ouvert ; *a,* anthéridie émettant des anthérozoïdes.

après avoir longtemps pirouetté autour de l'organe femelle. Ailleurs M. Pringsheim a montré dans un *Vaucheria,* tel que le *V. sessilis* LYNGB. (fig. 312), un tube commun portant à côté l'un de l'autre un sporange et une anthéridie. Le protoplasma du sporange se condense au centre de la cavité ; après quoi sa paroi s'ouvre au sommet par une sorte de rupture. L'organe femelle est prêt à recevoir l'imprégnation. Alors l'anthéridie, sous forme d'une cavité cellulaire à sommet allongé, incline ce sommet vers l'ouverture femelle : sa paroi se rompt également et laisse échapper les spermatozoïdes qui sortent de leur cellule-mère et vont directement pénétrer en face dans l'organe femelle ; disposition qui rappelle celle des étamines s'inclinant jusqu'au pistil qu'elles doivent féconder et qui semble rendre à peine indispensable la présence des rames vibratiles qu'on observe à la surface des anthérozoïdes.

CLASSIFICATION. — Un groupe aussi immense que celui des Algues nécessite une bonne classification. Beaucoup de tentatives ont été faites dans ce sens ; mais la nature de cet ouvrage ne nous permet pas d'y insister. Nous ferons seulement remarquer qu'il y a déjà un demi-siècle, C. Agardh a proposé de distinguer les Algues d'après leur couleur ; mode de classement qui correspond, comme nous le verrons, à des différences réelles d'organisation, et qui, dans tous les cas, est en général fort commode à appliquer pour le médecin qui voyage et qui n'a pas approfondi cette partie de la science.

Toutes les Algues étaient pour C. Agardh : 1° hyalines, 2° vertes, 3° rouges, ou 4° olivacées. Fries, dans son *Flora scanica,* ne tient au contraire aucun compte de la couleur pour tracer les trois grandes divisions qu'il établit dans les Algues, et qui sont : 1° *Fucacées,* 2° *Ulvacées,* 3° *Diatomées.* C'est sur d'autres bases que repose la classification établie par Decaisne, en 1842. Elle n'a point été adoptée ; elle ne pouvait pas l'être. Kützing, en 1843, a proposé les divisions suivantes, adoptées de nos jours par un grand nombre d'algologues. Toutes les Algues y sont partagées d'abord en deux grandes classes : les *Isocarpées* et les *Hétérocarpées.*

Comme l'indiquent ces mots, les premières n'ont qu'une espèce de spores dans une même plante ; les dernières ont deux modes de fructification et représentent à la fois ce qu'on nommait autrefois les Floridées et ce que Decaisne appelait les Choristosporées.

La classification du professeur Harvey, dérivée, comme on va le voir, de celle de C. Agardh, est la seule, à ce qu'il nous semble, qu'on puisse aujourd'hui proposer aux médecins et aux physiologistes qui peuvent avoir besoin de déterminer facilement et rapidement la place que doit occuper une Algue dans la série de ces plantes. J'ajouterai que les hommes les plus compétents, comme M. Berkeley, la considèrent même comme répondant mieux que toute autre aux caractères naturels et à l'organisation des Algues. Elle est fondée avant tout sur la coloration des spores, qui sont : ou d'un vert noirâtre ou olivâtre, ou rougeâtres, ou franchement vertes. Sans doute, et il faut en être prévenu, il y a des exceptions à ces divisions si nettement tranchées. Il y a des *Protococcus* et des *Hœmatococcus* à spores vertes et à spores rouges ; les *Lyngbia* sont souvent verts, et cependant le *L. prolifica* donne aux eaux une teinte rouge ; les Néodiatomées sont d'un vert pâle ou d'un jaune olivacé qui peut faire hésiter d'abord sur

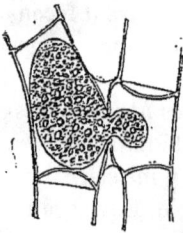

FIG. 313. — *Sirogonium*. Deux tubules, mâle et femelle, pendant la conjugaison.

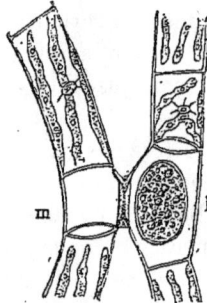

FIG. 314. — *Sirogonium*. Deux tubules après la conjugaison : *m*, mâle ; *f*, femelle.

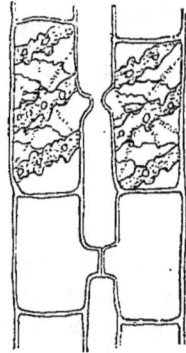

FIG. 315. — *Spirogyra*. Deux filaments tubuleux en voie de conjugaison.

la place qu'on leur donnera dans la classification, jusqu'à ce qu'on ait étudié de plus près leur mode d'organisation. Mais à part ces quelques exceptions, le physiologiste pourra facilement décider si une Algue appartient à l'une des sous-classes suivantes :

I. MÉLANOSPERMÉES (spores olivacées). Plantes monoïques ou dioïques. Conceptacles contenant des anthérozoïdes ou des spores mobiles.

II. RHODOSPERMÉES (spores rougeâtres). Plantes dioïques, hétérocarpées, pourvues en général d'anthérozoïdes.

III. CHLOROSPERMÉES (spores vertes). Plantes monoïques, à spores mobiles ou immobiles; assez rarement pourvues d'anthérozoïdes.

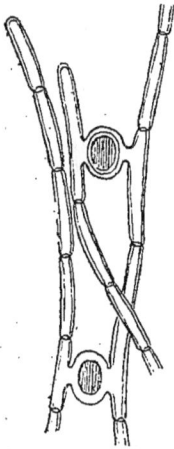

FIG. 316. — *Meso-carpus parvulus*. Deux filaments conjugués.

Cette classification reposant, en somme, sur la teinte de la matière colorante des Algues, celle-ci a pris, dans ces derniers temps, une importance relativement grande. Si toutes les Algues décomposent l'acide carbonique, c'est, nous l'avons vu, qu'elles contiennent de la chlorophylle. Mais si les Algues sont souvent rouges, jaunes, brunes ou bleues, c'est que la teinte verte de la chlorophylle est masquée par divers autres pigments. Comme ceux-ci sont solubles dans l'eau, en broyant les Algues dans l'eau, celle-ci entraîne par filtration toutes les substances colorantes autres que la chlorophylle. Le résidu étant alors traité par l'alcool et la benzine, on obtient une teinte verte, due à la solution de chlorophylle. Mais l'alcool et la benzine se séparent par le repos en deux couches, car ils sont de densité différente; la supérieure est formée de benzine avec la chlorophylle en dissolution; l'autre est une solution alcoolique d'étioline ou phylloxanthine. La substance colorante qu'on enlève par l'eau est de la Phycophéine dans les brunes; de la Phycoxanthine dans les jaunes; de la Phycocyanine dans les bleuâtres.

Quant à la chlorophylle, elle est réunie en grains qui sont des chroma-

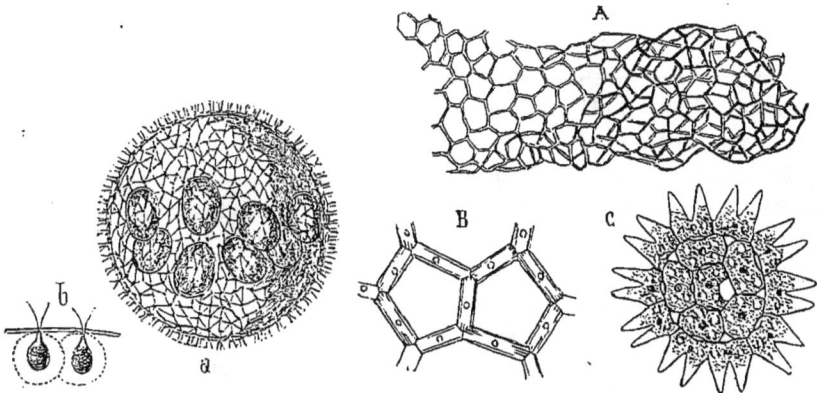

FIG. 317. — *Volvox globator*. a, colonie entière formant une sphère commune; b, deux individus isolés.

FIG. 318. — *Hydrodictyon utriculatum*. A, une moitié d'un réseau; B, un fragment du même très grossi; C, *Pediastrum selenæa*, entier.

tophores bien définis (Schmitz), c'est-à-dire en masses bien limitées, imprégnées de substance chlorophyllienne. Et c'est pour cela que certains auteurs ont séparé des Algues les Cyanophycées (Oscillaire, Nostoc) dont il sera question plus loin; leur matière colorante d'un vert bleuâtre étant amorphe et non formée de chromatophores. On a distingué aussi dans les Algues vraies des Erythrophores, des Chlorophores et des Phœophores.

Toutes ces masses définies, surtout celles à chlorophylle, peuvent renfermer des sortes de nucléoles, nommés *Pyrénoïdes* (Schmitz).

Quant au mode de reproduction, sur lequel nous ne pouvons ici longuement insister, il servira probablement un jour à la classification. Et sans revenir sur ce que nous avons déjà dit des organes des deux sexes, nous pouvons établir que la reproduction des Algues est sexuée ou asexuée. Dans nos Fucacées, que l'on doit considérer comme des Algues supérieures, nous verrons que la reproduction sexuée est la seule qui existe. Par contre, les Algues qu'on regarde comme inférieures, peuvent ne posséder que la reproduction asexuée, et on les nomme quelquefois *Agames*. Là où cette reproduction asexuée est le plus localisée, il y a dans le thalle des phytocystes particuliers dont le contenu protoplasmique se condense en spores qui, sans avoir été fécondées, pourront reproduire la plante. Ces spores possèdent souvent des cils vibratiles qui les mettent en mouvement, et qui occupent soit leur extrémité, soit toute leur surface. Quant aux formes si variées de la reproduction sexuée dont nous avons déjà indiqué quelques

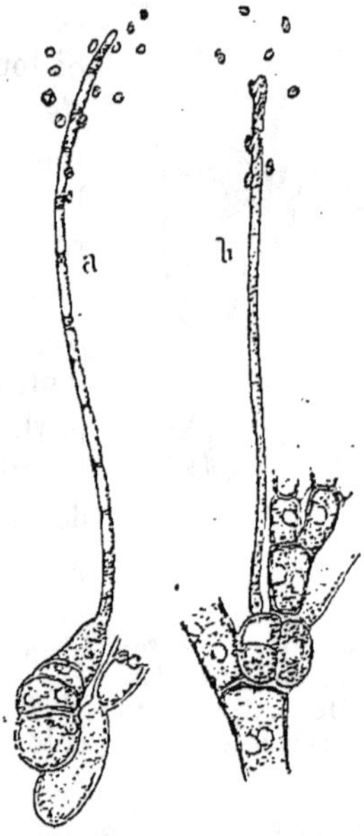

FIG. 319, 320. — a, *Helminthora divaricata*. Trichogyne au moment de la fécondation; b, *Callithamnion corymbosum*. Trichogyne.

exemples, elles ont été groupées en trois catégories principales (de Bary). Les organes mâle et femelle peuvent être, nous l'avons vu, deux phytocystes semblables, immobiles comme dans les *Spirogyra*, ou mobiles comme dans les *Ulothrix* (fig. 303). De la fusion de leurs deux phytocystes résulte une spore qui peut reproduire la plante, soit directement, soit en donnant naissance à des zoospores. Ces Algues-là sont dites *Isogames*; telles sont les Ulvées, les Pandorinées (fig. 321), les Ectocarpées, les Hydrodictyées (fig. 318), etc.

Dans un second groupe, le phytoblaste de certains phytocystes se condense en oosphère. La paroi du phytocyste se ramollit en un point ou présente une solution de continuité. Ainsi peuvent arriver jusqu'à l'oosphère les agents fécondateurs qui sont des anthérozoïdes de forme variable, formés, nous l'avons vu, dans des anthéridies. L'oosphère fécondée devient un oogone; c'est, en particulier, le cas des *Fucus* dont il sera question un peu plus loin.

Dans une troisième catégorie, il y a des anthérozoïdes, mais immobiles, et qui n'arrivent au contact de l'organe femelle que grâce aux mouve-

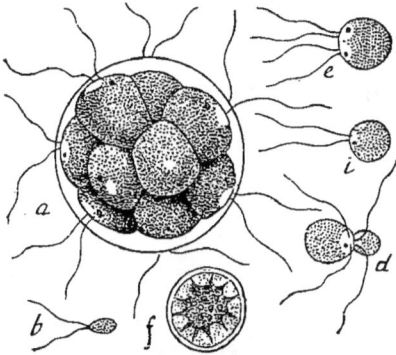

FIG. 321. — *Pandorina Morum*. *a*, famille mobile; *b, i*, phytocystes isolés; *d, e*, conjugaison de deux phytocystes; *f*, zygospore.

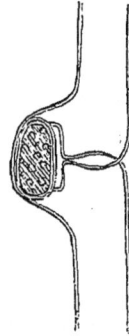

FIG. 322. — *Pleurocarpus mirabilis*. Deux phytocystes-tubules conjugués.

ments de l'eau dans laquelle vit la plante. La fécondation n'est pas d'ailleurs directe; elle s'opère généralement par l'intermédiaire d'un

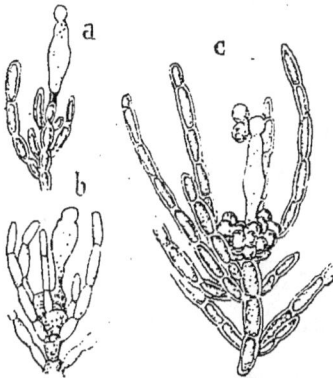

FIG. 323. — *Batrachospermum moniliforme*. *a*, trichogyne au sommet duquel est soudé un anthérozoïde; *b*, le cystocarpe commence à se former à la base du trichogyne; *c*, le cystocarpe est formé à la base du trichogyne (Thuret et Bornet).

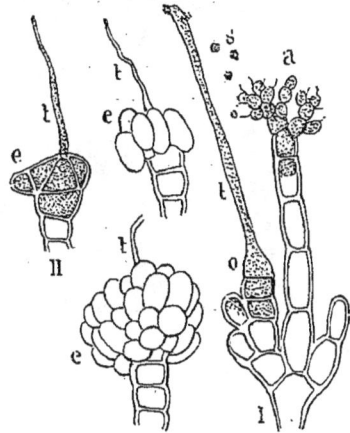

FIG. 324. — *Nemalion multifidum*. États divers de développement. Formation du trichogyne *t, t, t*, avec les divers états successifs. *a*, les organes mâles; *e, e, e*, évolution des phytocystes qui viennent entourer la base du trichogyne et le fruit *o* qu'il surmonte.

trichogyne, comme nous le verrons chez les Corallines, les *Chondrus*, etc. Une sorte de fruit se développe après la fécondation dans ces Algues que l'on nomme encore pour cette raison *Carposporées*.

MÉLANOSPERMÉES

Elles comprennent, entre autres familles, celles des Fucacées et des Phœosporées qui contiennent des plantes utiles.

Fucus.

Nous pouvons prendre comme exemple de *Fucus* le *F. serratus* (fig. 325-327), qui est une des Algues les plus communes de nos côtes. Cette espèce possède un stipe court, comprimé en une fronde qui va graduellement s'élargissant par division, dichotomique ou à peu près, de ses

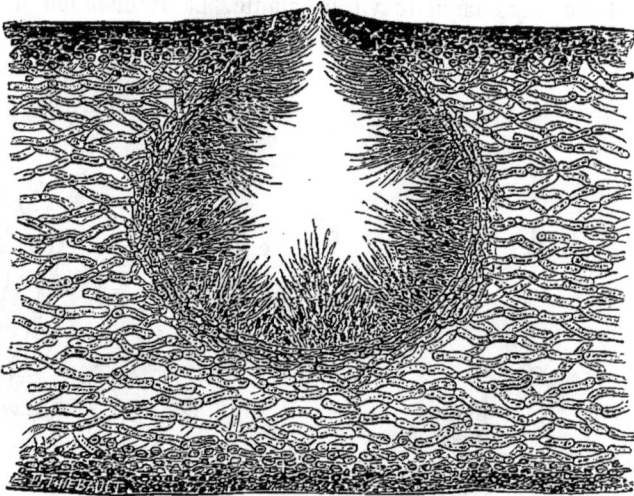

FIG. 325. — *Fucus serratus*. Conceptacle mâle, coupe.

rameaux terminés comme en fourche. La base, plus dure que le reste de la plante, se divise irrégulièrement en crampons qui fixent le *Fucus* aux roches sous-marines. Les fortes marées et les tempêtes l'en détachent, de sorte que la mer vient le déposer sur la plage. Toute la plante est d'un vert bronzé sombre. En été et en automne, on voit, au sommet de certains rameaux, des masses ovoïdes allongées, un peu comprimées, de même couleur que la fronde, mais plus molles et couvertes de très petites verrues peu brillantes, perforées à leur sommet d'un orifice en forme de point. Chaque saillie répond à un conceptacle, situé dans l'épaisseur de cette portion de la fronde, et s'ouvrant au dehors par le pore dont il vient d'être question. Suivant cet orifice, l'épiderme extérieur de la fronde se replie à l'intérieur du conceptacle et tapisse celui-ci. Cet épiderme n'est pas longtemps lisse. Dans les conceptacles mâles (fig. 325), l'épiderme fait de bonne heure saillie, sous forme de petits arbustes plus ou moins ramifiés et formés de phytocystes agencés bout à bout. Sur les branches de ces arbuscules se voient çà et là des sacs ovoïdes, translucides, remplis d'abord d'une matière granuleuse presque incolore. Bientôt cette matière se condense en une masse grisâtre, toute parsemée de corpuscules orangés.

Les sacs sont des *Anthéridies*, qui ont une double membrane translucide. La plus extérieure demeure fixée aux branches de support. L'intérieure est, au contraire, chassée hors de l'extérieure et, tombant dans le

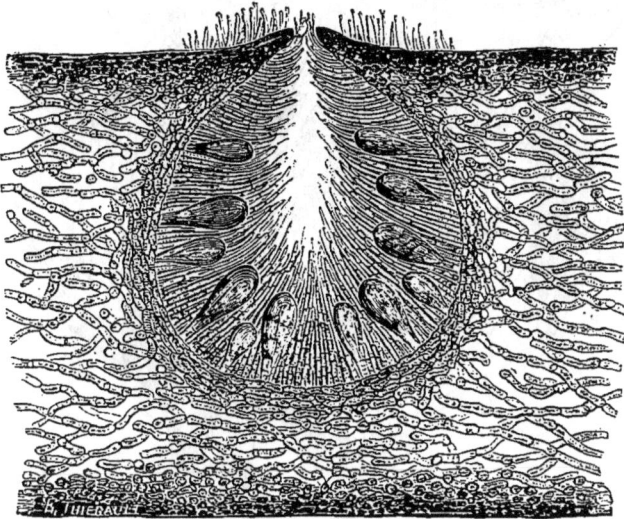

Fig. 326. — *Fucus serratus*. Conceptacle femelle, coupe.

conceptacle, parvient jusqu'à son orifice. A cette époque, les *Anthérozoïdes* s'agitent déjà dans l'intérieur. L'enveloppe se rompt à une de ses extrémités ou aux deux. Alors s'échappent les anthérozoïdes, sous forme de corpuscules hyalins, longs d'environ 1/200 de millimètre, renfermant chacun un granule orangé, plus ou moins saillant à la surface du corpuscule. Chaque anthérozoïde possède deux organes locomoteurs avec lesquels il peut nager dans la mer. Ce sont des cils vibratiles : l'antérieur plus court ; le postérieur plus long, émanant du granule orangé. Il y a des anthéridies de tout âge dans un conceptacle donné, et l'orifice du conceptacle n'est pas encore ouvert qu'on y voit déjà des sacs anthéridiens vides, alors que d'autres renferment leurs anthérozoïdes, et que dans d'autres encore ces derniers ne sont pas encore complètement développés.

Les conceptacles femelles (fig. 326) renferment des sporanges. Ce sont des sacs émanés des phytocystes qui tapissent leur paroi. Quelques-uns de

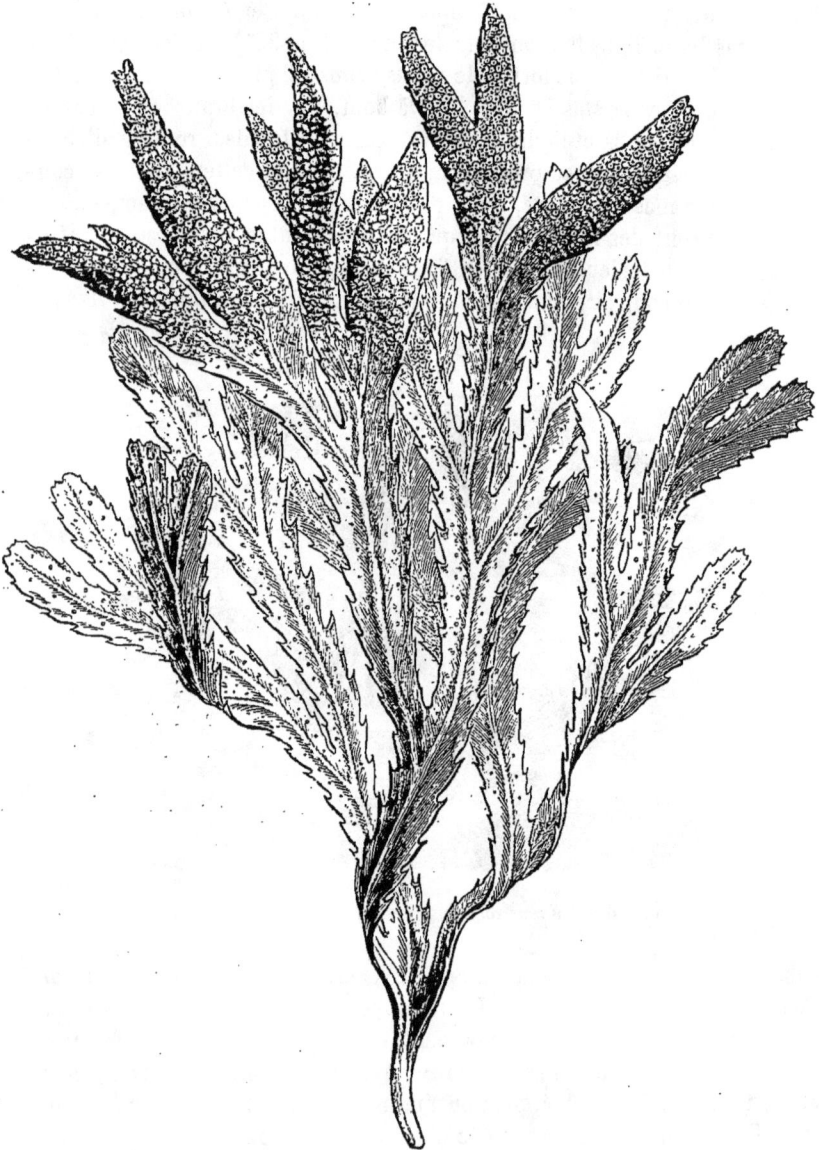

Fig. 327. — *Fucus serratus.* Port.

ces phytocystes deviennent proéminents, sous forme d'un sac ovoïde qu'une cloison transversale partage bientôt en deux phytocystes secondaires. L'un

18

d'eux, l'inférieur, est destiné à constituer une sorte de pédoncule. L'autre, le supérieur, devient le sporange : il se remplit d'une substance d'un gris olivâtre, dont la teinte se fonce de plus en plus. Quand le sporange est arrivé à un certain volume, son contenu se segmente en huit phytoblastes qui deviendront autant d'*Oosphères* contenues dans le sporange. Celui-ci a une double paroi : une extérieure, peu élastique et fragile, déchirée après la formation des oosphères ; une autre, intérieure, qui persiste quelque temps autour des oosphères. Cependant elle se déchire aussi à son tour. Alors les spores se disjoignent ; les anthérozoïdes s'appliquent en grand nombre sur elles ; ils les font tournoyer dans la mer et finissent par se fusionner avec elles. La fécondation est alors assurée, et les oosphères deviennent des *Oospores* qui se recouvrent rapidement d'un phytocyste Au bout d'un ou deux jours, la spore est partagée en deux par une cloison de cellulose. Puis d'autres cloisons se forment, les unes parallèles ou à peu près, les autres perpendiculaires à la première. Pendant ce temps chaque spore s'est un peu épaissie en un point de sa surface et a produit à ce niveau une protubérance qui finit par se transformer en un fil hyalin, sorte de rhizine, renfermant des granules jaunâtres vers son extrémité libre, et presque totalement dépourvue de chloro-

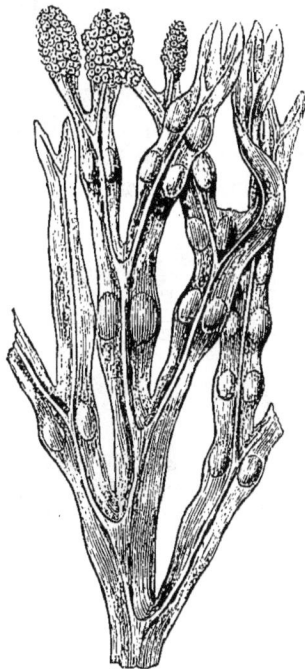

phylle. D'autres rhizines naissent, sur les côtés de la première, de la base de la spore. La jeune fronde qui résulte alors de la segmentation des phytocystes de la spore se trouve ainsi solidement fixée à un corps sous-marin, jusqu'au jour où le pied de *Fucus*, ayant atteint de plus grandes proportions, prend une teinte brune de plus en plus accentuée.

Le *F. serratus* est très commun sur nos côtes, de même que sur celles d'une grande partie de l'Europe. Il constitue une forte proportion des Varecs qui servent à l'extraction de la soude et des eaux-mères desquels on extrait ensuite l'iode. Dans bien des pays, on l'enfouit comme engrais dans les terres. Les bestiaux en sont quelquefois nourris. En Norwège et en Laponie, on le fait bouillir, on l'additionne de farine, et on le donne aux porcs ou à d'autres animaux. On peut en extraire aussi de la potasse et du brome. Il sert, en un mot, à presque tous les mêmes usages que l'espèce suivante.

FIG. 328. — *Fucus vesiculosus.* Sommet d'une fronde.

Le *Fucus vesiculosus* L. (fig. 328-333) est aussi une espèce très commune sur nos côtes où il vit en quantité sur les roches sous-marines, les digues, les estacades, etc. Il atteint jusqu'à trois décimètres de hauteur, et présente à sa base un plateau épaté qui se partage en crampons destinés à fixer très solidement la plante aux corps sous-marins. Puis il prend la forme d'un stipe arrondi, court, qui supérieu-

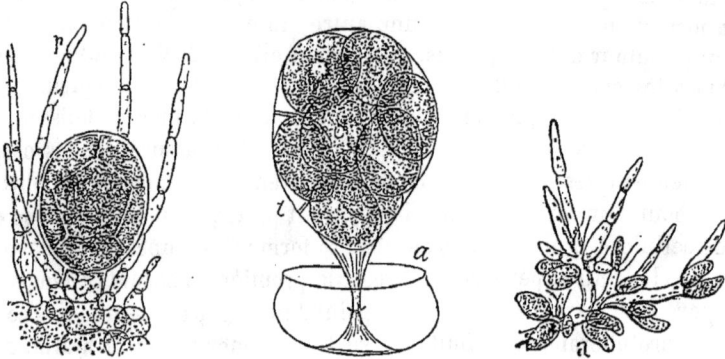

FIG. 329-331. — *Fucus vesiculosus*. Oogone entouré de paraphyses *p*, et après rupture de la membrane externe *a* qui laisse voir la membrane interne *t* contenant les oogones. Poils ramifiés portant les anthéridies *a*.

rement se ramifie en branches aplaties, dichotomiquement divisées, présentant çà et là des poches elliptiques ou vésicules pleines d'air, destinées à soutenir la plante dans l'eau, et d'où est venu le nom spécifique. Ces vésicules sont plus ou moins régulièrement disposées à droite et à gauche

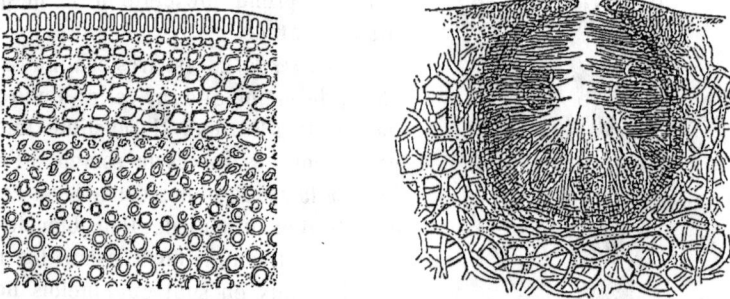

FIG. 332, 333. — *Fucus vesiculosus*. Tissu du thalle, coupe transversale. Conceptacle femelle, coupe longitudinale.

d'une sorte de nervure longitudinale qui fait saillie sur la ligne médiane. Il y a souvent deux vésicules en face l'une de l'autre, et parfois aussi il s'en trouve une au fond de l'angle de bifurcation des frondes. Les extrémités de celles-ci se renflent çà et là en masses ovoïdes-oblongues, solitaires ou géminées, un peu comprimées, molles, qui renferment les conceptacles, très nombreux, légèrement saillants à la surface et portant à leur sommet un orifice en forme de point. Les anthéridies sont ovoïdes-oblongues, en très grand nombre sur les divisions des poils rameux qui tapissent les conceptacles mâles. Chaque anthéridie est pourvue de deux cils inégaux, antérieur et postérieur. Dans les conceptacles femelles, les sporanges sont globuleux ou courtement ovoïdes, bien plus volumineux que les anthéridies, et contiennent aussi des octospores dont les huit éléments se disjoignent après la rupture de la membrane qui les englobait.

Cette espèce est très variable, surtout avec les localités. Elle abonde dans l'océan Atlantique boréal, depuis le Groënland et la Norwège jusqu'aux Açores et aux Indes occidentales. Il y en a une petite forme qui croît sur les côtes de la Baltique (*F. balticus* AGH). Elle n'est pas méditerranéenne; on la trouve cependant dans l'Adriatique. Elle existe sur toute la côte américaine du Pacifique, depuis la Californie jusqu'au Kamschatka. On ne peut affirmer qu'elle se rencontre dans l'hémisphère austral. Il y en a une forme tout à fait naine dans la vase de l'embouchure des fleuves. Le *F. platycarpus* THUR. est remarquable par ses conceptacles hermaphrodites; les vésicules à air y sont nulles ou peu développées. Le *F. spiralis* L. est une forme à fronde tordue sur elle-même. Les *F. divaricatus* L. et *distichus* LIGHTF. se rapportent aussi à cette espèce.

On emploie la plante entière, officielle dans plusieurs pharmacopées de l'Europe. Quand on veut la conserver, on la récolte en été et on la fait rapidement sécher au soleil. On peut alors la réduire en poudre. Séchée au feu, elle demeure très hygroscopique et s'altère plus facilement. On la traite par l'alcool et l'on peut, par évaporation, en obtenir un extrait consistant. On en prépare aussi des sirops, avec l'extrait dissous dans un peu d'alcool. Comme beaucoup d'autres Fucacées, celle-ci renferme du mucilage, une huile odorante, un principe amer, de la mannite et de 14 à 20 p. 100 de sels, entre autres des iodures et bromures. C'est à la fin de l'été que ces substances salines sont le plus abondantes. On a surtout vanté autrefois comme antisyphilitique et antiscrofuleux l'*Æthiops végétal*, qu'on retirait de ce *Fucus* carbonisé, c'est-à-dire chauffé dans un creuset dont le couvercle portait un trou pour laisser sortir la fumée. La préparation était achevée quand on ne voyait plus de fumée. On en extrayait aussi une gelée qui peut s'obtenir par expression, ou bien par macération de la plante dans l'eau pendant une quinzaine de jours. Cette gelée s'emploie à l'extérieur et à l'intérieur comme résolutive. Mais on s'en sert beaucoup moins depuis qu'on a recours à l'iode en nature, car c'est à lui qu'on attribue les propriétés fondantes des préparations de *F. vesiculosus*. Il a été essayé sans grand succès contre les affections chroniques de la peau; il a surtout été recommandé contre l'obésité. Mais son efficacité en pareil cas a été plus d'une fois contestée. D'ailleurs cette espèce sert beaucoup à l'extraction de la soude, de l'iode. On l'emploie aussi comme engrais; et dans les îles du nord de l'Écosse, elle sert à nourrir le bétail. Mélangée à la farine, elle se donne aux porcs dans le nord de la Scandinavie. Les pauvres, au dire de Linné, en couvrent la toiture de leurs chaumières et l'emploient même quelquefois comme aliment.

Les *Fucus nodosus, ceramioides* L., *pygmœus* ENDL., *cartilaginosus* SICH., etc., ont les mêmes propriétés que les espèces précédentes et servent à l'extraction des mêmes produits utiles. Le *F. nodosus* (fig. 334) est devenu un *Ascophyllum*, parce que sa fronde, dépourvue d'expansions membraneuses, a de nombreux rameaux, épais, arrondis, atténués à leur base, puis dilatés vers le milieu en une poche olivaire, et se terminant au-dessus de celle-ci par une fourche, tandis que des côtés naissent des renflements stipités, chargés de conceptacles.

Les *Halidrys* ont un plateau basilaire qui porte les crampons de fixation. Il en part plusieurs stipes courts qui se partagent bientôt en longues et étroites lanières. A l'extrémité de leurs divisions latérales se trouvent de longues vésicules siliquiformes et cloisonnées. C'est là l'origine du nom de l'*H. siliquosa* LYNGB., l'espèce la plus commune du genre, souvent mélangée aux Varecs dont s'extrait la soude.

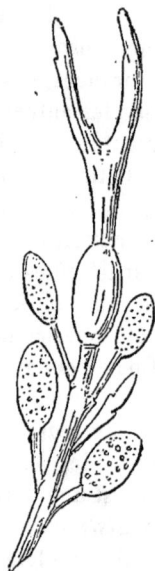

FIG. 334. — *Ascophyllum nodosum.*

Les *Himanthalia* ont une base qui porte les crampons, puis, à une certaine distance au-dessus, une dilatation en forme de cuvette, de laquelle part une portion cylindrique, cordiforme, surmontée bientôt d'un grand nombre de lanières. L'*H. lorea* LYNGB. de nos côtes est aussi une des Algues dont s'extrait la soude.

Laminaires.

Les *Laminaria* sont des *Halyséridées* qui ont donné leur nom à une famille des *Laminariées*, caractérisée par une fronde de couleur olivacée, généralement fort développée, inarticulée, celluleuse, cylindrique ou plus fréquemment plane, entière ou partagée en lobes foliiformes plus ou moins étroits et allongés. Elle est composée de plusieurs séries de phytocystes, pourvue de cryptonémates, et elle porte des sores groupés en plaques circulaires superficielles, indéfinies, répandues de chaque côté des lames. Les spores ont une forme ellipsoïde-allongée ; elles sont encloses dans un périspore hyalin, entourées de paranémates claviformes, simples, non articulés, stipités, pressés, situés verticalement sur la surface plane de la fronde. Il y a des propagules qui, réunis, dans certains individus, en-

masses médiocres, parmi des filaments articulés auxquels ils se fixent, sont allongés, siliquiformes. Ce sont des Algues généralement attachées aux rochers sous-marins par un amas dentiforme de crampons fibro-rameux. Il y a dans la famille une douzaine de genres, tels que les *Saccorhiza, Scytosiphon, Laminaria*, etc.

Ces derniers ont une fronde très développée, sans nervures, entière ou palmée et portée sur un pied généralement allongé, simple, cylindrique ou un peu comprimé, plein ou fistuleux. La base scutiforme par laquelle il se fixe aux roches est bien plus dilatée et plus dure. Les sores se disposent par plaques sur la surface de la lame. A leur niveau, celle-ci est plus épaisse et présente généralement aussi une teinte plus foncée. Les spores sont ellipsoïdes ou allongées, renfermées dans un périspore hyalin. Les paranémates qui les entourent sont de forme obtuse, non articulés, disposés en paquets vers la superficie de la fronde. Ils rappellent assez bien les paraphyses des Lichens et de certains Champignons. Les spores des Laminaires sont généralement pyriformes et pourvues de deux cils vibratiles, insérés latéralement en face d'un point rouge, se dirigeant l'un en avant comme une rame, l'autre en arrière comme un gouvernail. Ce sont donc des zoospores qui finalement se fixent par leur extrémité antérieure hyaline, puis, perdant leurs cils, s'arrondissent et s'entourent de phytocystes, pour donner ensuite naissance à un jeune thalle dont la surface présente une sorte d'épiderme particulier. Ce sont des phytocystes-tubules, implantés sur le parenchyme central de la jeune fronde, perpendiculairement à sa

surface. Leur paroi est mince à la base; mais elle s'épaissit au sommet en une masse mucilagineuse qui est égale à la moitié ou au tiers de la hauteur totale des phytocystes. C'est par leurs sommets mucilagineux que ceux-ci s'unissent. Il y a peut-être, en outre, chez les Laminaires, une reproduction sexuée. Ces plantes sont communes dans nos mers. Elles y croissent par touffes et forment souvent comme de grandes forêts sous-marines. Elles renferment tous les principes utiles des Varecs en général.

Le *Laminaria saccharina* LAMX (fig. 335) a un thalle en forme de longue lame, atteignant jusqu'à 2 à 3 mètres. Sa largeur est de 15 à 20 centimètres. Il est ondulé sur les bords, à peu près parallèles, et il s'épaissit sur la ligne médiane, là où sont groupées les fructifications. La couleur de la fronde est d'un roux verdâtre; son odeur légère, sa saveur douceâtre. Quand on l'a bien lavée à l'eau douce, elle se sèche en se recouvrant d'une efflorescence blanche qui est formée, dit-on, en grande partie de mannite.

Le *L. digitata* (fig. 336, 337), remarquable par la division profonde en lanières aiguës du limbe qui surmonte son pied, a été partagé (Le Jolis) en deux espèces ou formes distinctes auxquelles on a donné les noms de *L. flexi-caulis* et *Cloustoni*. La première est, en effet, remarquable par la flexibilité et l'élasticité de son pied cylindrique qui peut, à tout âge, êtré fortement ployé sur lui-même sans se rompre. Sa surface est lisse, non mamelonnée, et il est plus épais vers le milieu de sa longueur. Au sommet, il se dilate et s'aplatit avant de s'étaler en lame; le passage de la portion cylindrique à celle qui est étalée se fait graduellement. La base de cette dernière est ou étroite, cunéiforme, ou cordiforme, réniforme, et elle se

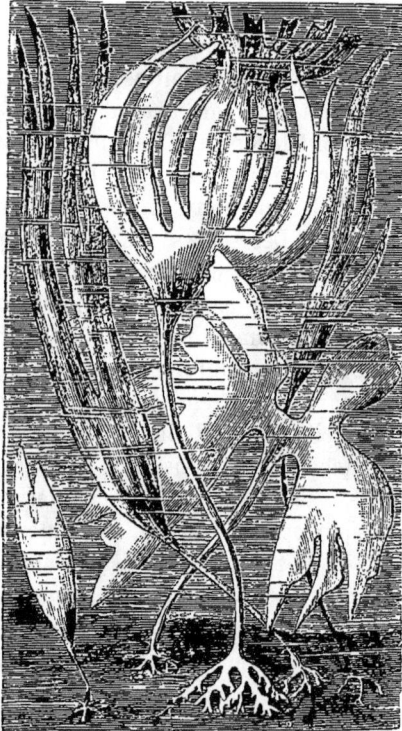

Fig. 336. — *Laminaria digitata.*

dilate en arrière en oreillettes inégales et confluentes. Les crampons de la base du pied sont larges, ordinairement plus ramifiés et plus longs d'un côté que de l'autre. C'est la plus grande des espèces de notre pays. Elle est d'un brun olivâtre, plus ou moins foncé suivant l'âge, et elle noircit par la dessiccation. Elle a une fronde moins coriace que celle des autres Laminaires indigènes. Quand on la plonge dans l'eau douce, sa surface se couvre d'ampoules qui contiennent un liquide muqueux. Sa coloration s'altère, passe au vert grisâtre, puis au blanc, avec une consistance papyracée. Hors de l'eau, le pied se dessèche en devenant lisse; il prend une

consistance peu ligneuse et il se couvre d'une efflorescence en grande
partie composée de mannite.

Le *L. Cloustoni* est facile à distinguer de la plante précédente. Les
crampons qui le maintiennent aux
roches sont disposés en nombreux
verticilles superposés les uns aux
autres, surtout dans les pieds âgés. Là
où s'observent les verticilles supérieurs, le pied est plus épais que partout ailleurs, et plus bas il s'atténue
en un cône renversé sur la surface duquel on voit les crampons disposés
en séries longitudinales. A partir de
cette base, le pied s'atténue en un
long cône, et sa section transversale est partout circulaire. Une sorte
d'écorce rugueuse, mamelonnée, recouvre tout le pied ; et son tissu rigide
est cassant, creusé de lacunes muci-
fères. De son sommet part en s'évasant
subitement le limbe à base élargie,
souvent cordiforme, puis profondément
divisé en nombreuses et étroites lanières. En hiver se voient sur toutes ces
lanières des plaques brunes qui répondent aux organes de fructification. Plongée dans l'eau douce, toute la plante

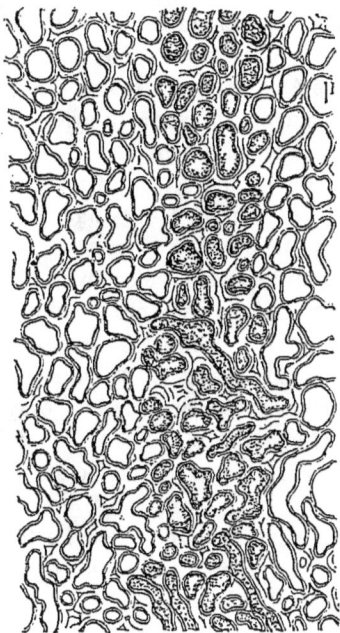

FIG. 337. — *Laminaria digitata.* Coupe
transversale du tissu du centre du stipe.

se recouvre d'un mucilage visqueux. Séchée à l'air, elle se charge d'efflorescences abondantes, amères, non sucrées, formées en majeure partie
de sulfate de soude. C'est le *L. Cloustoni* qu'on emploie surtout en médecine et en chirurgie. Son stipe se débite en cylindres d'épaisseur et de longueur variables, que la dessiccation rend aussi minces que possible et qui,
ensuite, placés dans les conduits fistuleux, dans le col utérin, etc., s'épaississent en absorbant des liquides et servent comme dilatateurs aux mêmes
usages que les éponges préparées à la ficelle.

Le *L. buccinalis* est le type d'un genre *Ecklonia*. Son stipe, souvent
long d'un mètre, étroit à la base, se dilate graduellement en haut et se
termine par un large renflement d'où partent des lames nombreuses, plus
courtes que le pied. On dit que les habitants des côtes font des trompettes
de ces plantes desséchées.

Le *L. esculenta* appartient au genre *Alaria*. C'est une Algue à long
thalle portant une nervure médiane, avec des déchirures du limbe qui vont
à droite et à gauche jusqu'à la nervure. Le stipe porte des crampons à sa
base, et au-dessus d'eux, il présente une dizaine d'expansions longues de

20 à 30 centimètres sur lesquelles se développent les corps reproducteurs.

Le *L. bulbosa* est un *Saccorhiza* et doit ce nom aux deux épais renflements de ses crampons. Il a un stipe large et aplati, à bord convolutés, et un limbe partagé en lanières nombreuses. Ce limbe est criblé de petites cavités du fond desquelles se dégage un faisceau de poils.

Les *Macrocystis* sont à peu près organisés comme les *Alaria*; mais leur fronde est dépourvue de côte saillante. Sa base est grêle et simple; mais sa lame élargie, flottante, porte d'un côté une série de lobes en forme de courts rameaux qui sont dilatés à leur base en une vésicule pyriforme, jouant le rôle de flotteur. En haut, la plante se dilate en une expansion longue d'un à deux mètres. L'ensemble de la plante peut atteindre et dépasser 200 mètres de long dans les mers du Chili, où ces végétaux constituent des forêts sous-marines, parfois très étendues.

Le *Chorda filum* LAMX, Algue assez commune de nos côtes où on l'emploie parfois comme lacet pour la pêche, a l'apparence d'un cordeau qui peut atteindre la grosseur du doigt. Son axe creux est cloisonné de minces diaphragmes, et sa surface est chargée de poils fins qui ne se voient pas sur les individus desséchés. Ces poils sont portés par des phytocystes hexagonaux qui se distribuent avec une régularité parfaite pour constituer la paroi du tube général. Il y a des sporanges à la base de ces phytocystes. Ce sont aussi des plantes à zoospores.

Toutes les Algues précédentes sont plus ou moins employées à l'extraction des substances utiles que nous allons maintenant passer en revue et qui sont : la phycocolle, la mannite, la soude, la potasse, l'iode et le brome.

A. PHYCOCOLLE. — Nous désignerons sous ce nom l'ensemble des matières gélatineuses qui sont fournies par les Algues et qui sont riches en un principe mucilagineux, auquel Payen a donné le nom de *Gélose*. De cette catégorie sont les substances dites *Ichtyocolle végétale*, *Colle du Japon*, *Haï-Thao*, *Thao* chinois et français, *Alguensine*, *Agar-agar*, etc.

Il y a très longtemps que les habitants de l'archipel Indien et de la Chine extraient de plusieurs Algues une sorte de gelée alimentaire. Rumphius indiquait déjà, au milieu du xviiiᵉ siècle, un de ces *Alga coralloides*, dans son *Herbarium amboinense*. En 1834, O'Shanghnessy, médecin dans l'Inde, fit connaître aux praticiens d'Europe la *Mousse de Ceylan* ou de *Jaffna*, qui est le *Sphærococcus lichenoides* AGH (*Fucus lichenoides* L. — *F. gelatinosus* KŒN. — *Gracilaria lichenoides* GREV. — *Plocaria candida* NEES) (fig. 338). C'est une Algue-Floridée, qui a de 10 à 25 centimètres de haut et qui se fixe sur les roches sous-marines par un épaississement pelté. Sa fronde est allongée, cylindrique, épaisse au plus d'un tiers de centimètre à sa base, et allant plus haut en s'atténuant, lisse, subcartilagineuse, d'un pourpre pâle, plus ou moins teinté de verdâtre quand la plante est fraîche, devenant par la dessiccation d'un blanc jaunâtre, irrégulièrement et assez abondamment ramifiée, ordinairement dans l'ordre dichotomique; les branches fastigiées, inférieurement peu divisées, mais plus haut partagées davantage, avec des ramules atténués,

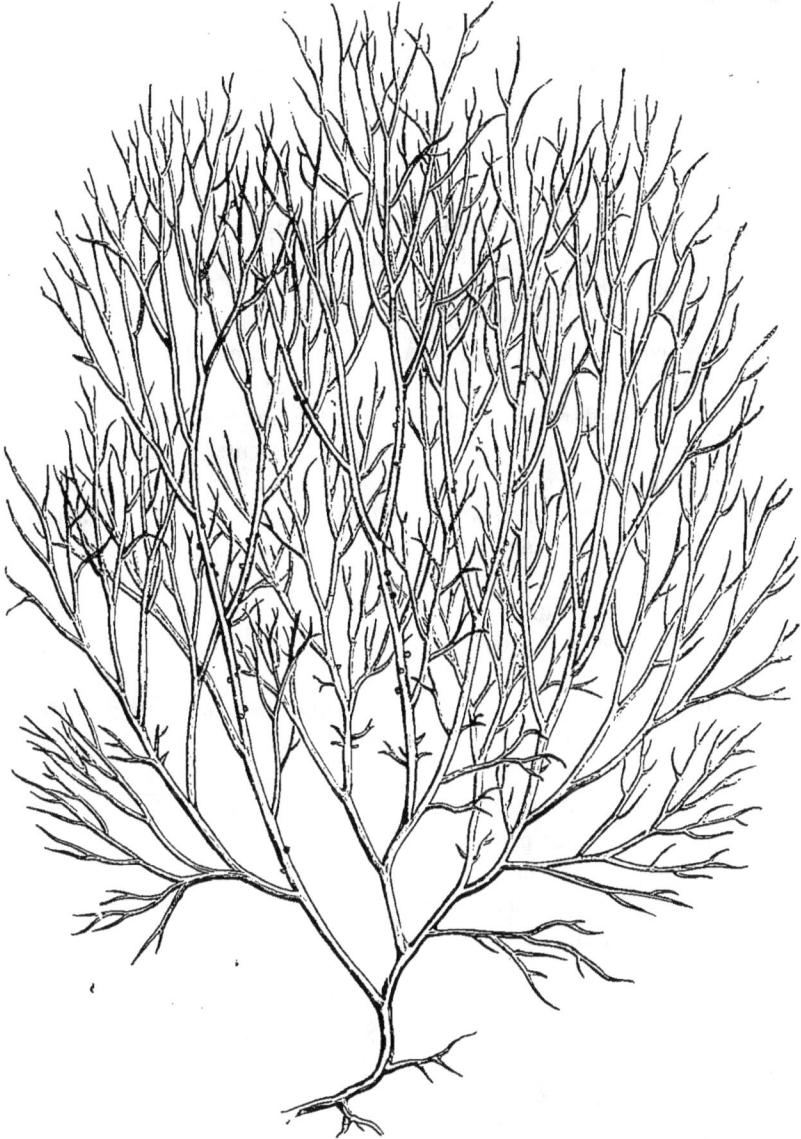

FIG. 338. — *Gracilaria ;lichenoides.* Port.

souvent bifurqués, et des divisions ultimes filiformes et divariquées. Les organes de fructification consistent en cystocarpes petits, sphériques ou courtement ovoïdes, sessiles, irrégulièrement disposés sur les branches primaires et secondaires de la fronde, d'un rouge vif qui devient brunâtre par la dessiccation. Ce sont des sacs à sommet perforé d'un petit orifice qui conduit dans la cavité sacciforme. Celle-ci renferme des gemmidies presque sphériques, qui sont portées sur les branches d'une sorte de colonne placentiforme, basilaire-centrale et plus ou moins ramifiée. Le tissu des divisions de la fronde, tel qu'on l'aperçoit sur une coupe trans-versale, comprend une sorte d'écorce dans laquelle les phytocystes sont petits, nombreux et pressés les uns contre les autres, tandis qu'au centre, ils sont lâchement unis et circonscrivent des cavités relativement énormes.

Cette plante est originaire des côtes de l'océan Indien; elle croît à Cey-lan, Bornéo, dans l'archipel Indien, en particulier à Java, à Timor, et peut-être en Australie. Les Malais la nomment *Agar-agar-carang*. On l'exporte largement en Chine des îles de l'archipel Indien. Sa saveur est saline, et son odeur celle des Algues en général. Traitée par l'eau, elle se gonfle un peu, devient translucide. Sa coloration est alors hyaline, un peu jaunâtre. Mais peut-être a-t-elle été déjà l'objet, dans son pays d'ori-gine, d'une certaine décoloration artificielle. O'Shanghnessy a trouvé, dans 100 parties de cette plante : gelée végétale, 54.5; fécule, 15; cellulose, 18; gomme, 4; sels minéraux, 7.5. Guibourt, faisant bouillir 30 grammes de la plante dans un kilogramme d'eau, a obtenu, après réduction, 750 grammes d'une soupe épaisse qui, additionnée de sucre et aromatisée, lui a fourni une belle gelée consistante, semi-opaque et comme cassante, qu'il considérait comme un aliment médicamenteux fort nourrissant; sans parler du marc de la décoction qui se présentait sous forme de filaments demi-transparents, susceptibles d'être assaisonnés comme des légumes. C'est en effet là l'usage principal de cette Algue dans son pays d'origine.

D'autre part, 100 parties de Mousse de Ceylan ont produit par calcina-tion 11 parties d'un résidu grisâtre, partiellement soluble dans l'eau. La solution est neutre, riche en sulfates de chaux et de magnésie ; mais sans chlorure de sodium. Les proportions étaient : sulfate de magnésie, 1,3; sulfate de chaux, 2.6; carbonate de chaux, 4.6; quartz et argile, 2.5. La Mousse de Ceylan ne renferme pas, dit-on, d'iode. Son principe gélati-neux est la *Gélose* dont il sera question tout à l'heure à propos du Carra-gahen.

Le *Gracilaria compressa* AGH, auquel on attribue des propriétés ana-logues à celles du *G. lichenoides*, est le *Sphærococcus lichenoides* GREV. Il se trouve sur les côtes d'Angleterre et est d'une couleur rouge plus intense. Le *G. confervoides* GREV. est aussi une espèce voisine, employée en Écosse, notamment sa variété *tenuis*, qui est le *Fucus edulis* de Gmelin. C'est une plante dioïque, à anthéridies plongées dans la couche corticale de la portion supérieure de la fronde et contenant de nombreux anthéro-zoïdes sphériques. La plante femelle possède, outre les cystocarpes, des tétraspores, immergées aussi dans la portion corticale de la fronde (Thuret).

Outre ses propriétés analeptiques, l'*Agar-agar* est aujourd'hui très usité dans les laboratoires de bactériologie, comme support de culture pour les Schizophytes. En Angleterre, on désigne souvent ces phycocolles sous le nom de *Japanese Isinglass* (Colle de poisson du Japon). La substance se présente dans le commerce sous formes de baguettes irrégulièrement comprimées, ridées, demi-transparentes et d'un blanc jaunâtre, assez flexibles, légères, pleines de cavités, sans goût ni odeur. Par l'action de l'eau froide, la baguette se gonfle en une barre spongieuse, quadrangulaire, à côté concave. Elle se dissout presque entièrement dans l'eau bouillante, et elle se prend en gelée par le refroidissement. Ailleurs, ce sont des bandes ridées qui deviennent irrégulièrement rectangulaires dans l'eau; leur substance est plus pure et plus soluble que celle de l'autre forme. On y trouve des Néodiatomées (C. Meunier) et beaucoup d'autres Algues, des genres *Ceramium*, *Endocladia*, *Gelidium*, *Glœopeltis*, *Gracilaria*, *Porphyra*, etc. (Marchand). Toutes ces Algues sont récoltées par les Chinois qui les sèchent au soleil et les compriment fortement. Après en avoir enlevé les impuretés et les portions salines par un lavage prolongé, ils dissolvent la masse dans l'eau bouillante. Elle se coagule par le refroidissement, et peut ainsi se réchauffer et se liquéfier plusieurs fois. Elle fait partie de certains ciments industriels. En Europe, on l'a substituée à la véritable Ichtyocolle qui est d'un prix bien plus élevé, et on en a préparé des gelées et des confitures qui souvent ne renferment, en outre, ni sucre, ni fruit, mais des glycoses, des matières colorantes, etc. Les *Thao* de Chine ou *Haï-Thao* s'extraient des Algues d'une façon analogue. Ils servent surtout d'apprêt pour les étoffes de soie auxquelles ils donnent, à très faible dose, beaucoup de mollesse et de souplesse. Aussi a-t-on préparé des *Thao* français pour les mêmes usages, sur les côtes de Normandie et de Bretagne.; mais ils sont d'une qualité inférieure et servent principalement à apprêter les tissus de coton.

On considère le véritable *Agar-agar* de Singapour comme fourni par le *Gigartina isiformis* (fig. 360) ou *Euchuma isiforme* et le *G. spinosa*, ou *E. spinosum*, de la division des Rhodospermées ou Floridées (p. 305).

Le principe gélatineux qui donne à toutes ces Algues leurs qualités, avait d'abord été identifié à la pectine. Mais Payen l'avait nommé *Gélose* dès 1859, et l'avait trouvé composé de C, 42.77; H, 5.77; O, 51.45. Il l'obtenait en traitant les Algues par de l'eau froide, légèrement acidulée, puis par l'eau bouillante; il avait vu qu'une partie de gélose peut donner une consistance gélatineuse à un demi-litre d'eau. Ses premières recherches avaient porté sur quelques-unes de nos Algues indigènes, le *Gelidium corneum* LAMX, le *Plocaria lichenoides* GREV. et la *Mousse perlée* dont nous allons maintenant nous occuper.

Carragahen.

Le *Carragahen, Carrageen, Mousse perlée* ou *M. d'Islande*, est le *Chon-drus crispus* Lyngb. (fig. 339-342). C'était le *Fucus crispus* L. (*F. poly-morphus* Lamx. — *F. ceramioides* Gmel. — *Sphærococcus crispus* Agh). C'est une Algue-Floridée, de la famille des Gigartinées, comme les *Eu-*

Fig. 339. — *Chondrus crispus*. Port.

chuma. La plante est vivace et est composée d'un pied étroit, un peu com-primé, qui se dilate inférieurement en une sorte de disque portant les crampons par lesquels elle est fixée aux roches sous-marines; d'une fronde dilatée, flabelliforme, à divisions aplaties, dichotomes, étroites, ou souvent dilatées et débordant les unes sur les autres; les bords entiers ou

produisant de jeunes frondes, plus ou moins cartilagineuses, sans nervures,
lisses, luisantes, de couleur très variable, d'un vert jaunâtre ou violacé, souvent d'un pourpre rosé ou brunâtre. A l'état sec, elles sont souvent à peu
près incolores dans le commerce, sans doute par suite d'une décoloration
artificielle. Le tissu du thalle est formé d'une cuticule résistante, limitant
en dehors une couche corticale serrée, formée de phytocystes petits et nombreux, dont la cavité est étroite et dont la paroi est épaisse, gélifiée. Sous la
couche corticale, le parenchyme a des mailles lâches, inégales, irrégulières, souvent étoilées. Les phytocystes y ont une paroi très-épaisse et
gélifiée, constituant ce qu'on regardait à tort comme une matière intercellulaire incolore. C'est là le siège des cystocarpes. Ceux-ci forment sur la
fronde des taches circulaires ou ovales, proéminentes d'un côté, ordinai-

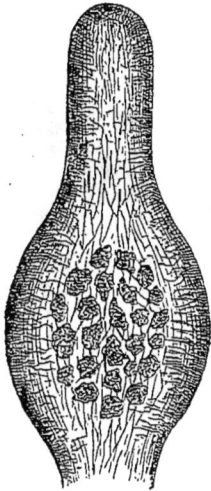

FIG. 340. — *Chondrus crispus.*
Coupe longitudinale d'un rameau fructifère.

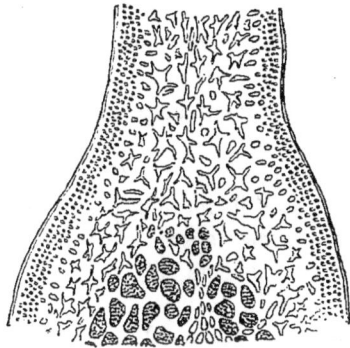

FIG. 341. — *Chondrus crispus.* Coupe
longitudinale d'une portion de thalle
contenant un cystocarpe avec spores.

rement concaves de l'autre, contenant dans leur portion centrale un réseau
filamenteux dont les branches portent les spores. Il y a aussi, mais plus
rarement, des sores situés sur les segments terminaux de la plante et consistant en tétraspores divisées crucialement. Ce qu'on a parfois nommé les
œufs, sont des masses terminant des ramuscules courts, composées de
3, 4 phytocystes portés latéralement sur un des rameaux qui constituent la
lame superficielle de la couche corticale. Il y a, dit-on, un article qui porte
le ramuscule femelle, et sert ordinairement de phytocyste auxiliaire. Le
ramuscule s'incurve vers cet article de façon à en rapprocher l'œuf. Une
fois la fusion faite, toute la surface de l'auxiliaire se revêt de filaments
rayonnants qui, pour se nourrir aux dépens du parenchyme du thalle,
s'enfoncent et se ramifient dans celui-ci. Le sporogone est de la sorte inté-

rieur; mais il est indiqué au dehors par une protubérance dont le sommet s'ouvre. Par là sortent les spores qui sont formées, au nombre de quatre, dans un rameau renflé issu de chaque point d'anastomose des filaments avec les phytocystes du thalle. Il y a de la sorte un nombre variable de noyaux sporifères, séparés par du parenchyme stérile, dans un seul et même sporogone.

On a distingué près de quarante variétés de cette plante polymorphe. Elles croissent sur les côtes de la portion septentrionale de l'Atlantique, depuis la Norwège jusqu'au détroit de Gibraltar. On retrouve la plante sur la côte orientale américaine; mais elle n'existe pas, dit-on, dans la Méditerranée. On en récolte beaucoup en Normandie, en Bretagne, à l'ouest de l'Irlande, notamment à Higo; à Hambourg; sur la côte australe du Massachusetts, etc. On la lave après la récolte et on l'expose au soleil pour la sécher. On la vend en fragments peu volumineux, crispés ou un peu cornés, translucides, à saveur mucilagineuse. Dans l'eau froide, ils deviennent odorants. Bouillis pendant quelques minutes dans 20 ou 30 fois leur poids d'eau, ils forment par le refroidissement une masse gélatineuse, très riche en mucilage (53.54 p. 100), avec

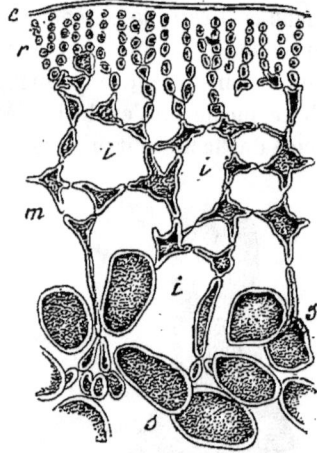

FIG. 342. — *Chondrus crispus*. Coupe transversale au niveau d'un cystocarpe. *c*, cuticule; *r*, couche corticale; *m*, moelle; *i, i*, substance dite inter-cellulaire; *s, s*, spores.

2.15 de cellulose, 9.38 de matières albuminoïdes, 14.15 de cendres et 18.78 d'eau (A.-H. Church). A l'état frais, la plante renferme en outre de la phyco-érythrine, matière rouge qui masque elle-même des grains de chlorophylle. Parfaitement desséché, le mucilage est grisâtre, corné. Il forme avec l'eau une gelée qui précipite par l'acétate neutre de plomb. On a admis (Blondeau, Church) la présence de composés soufrés dans le Carragahen; ce qui a été contesté par d'autres (Flückiger).

Le Carragahen est émollient et dulcifiant, analeptique, très souvent recommandé contre l'anémie, les affections pulmonaires, rénales, hépatiques, la diarrhée, etc. Cependant on fait remarquer (Hanbury) qu'on « peut manger une livre de gelée de Carragahen avant d'avoir introduit dans son économie une once de substance solide. » On a combiné cette gelée au cacao et au chocolat; on en prépare des potages, des blancs-mangers, des entremets sucrés et aromatisés. On en fait aussi une sorte de bandoline pour les cheveux, des apprêts pour le papier, les étoffes de coton, les chapeaux de paille; on l'emploie à épaissir l'encre qui sert aux impressions sur toile et coton. En Amérique, il sert à clarifier la bière, le café, etc. Sur les côtes européennes, on en garnit des paillasses; il est même parfois usité dans l'alimentation du bétail.

Le *Chondrus mamillosus* GREV. (*Gigartina mamillosa* J. AGH) (fig. 343) se substitue au *C. crispus*. Sur certaines plages, on les récolte indifféremment l'un pour l'autre. Le *C. mamillosus* se distingue par sa fronde légèrement cannelée vers sa base, et surtout par ses fructifications répondant à des tubercules saillants ou stipités, qui portent les cystocarpes. Sur les côtes de France et d'Espagne, on mélange aussi au *C. crispus* le *Gigartina acicularis* LAMX, qui a des branches cylindriques et grêles, mais qui est moins soluble dans l'eau bouillante (Dalmon) que le véritable Carragahen.

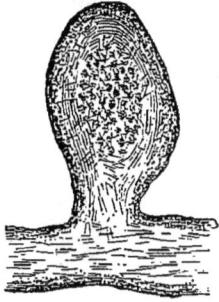

FIG. 343. — *Chondrus mamillosus*. Fragment de rameau fructifère, coupe longitudinale.

B. MANNITE. — Il y a peu d'Algues dont les efflorescences soient formées de matière sucrée. Le fait ne se produit guère que dans les *Laminaria saccharina* et *flexicaulis*. L'efflorescence du *L. Cloustoni* est, nous l'avons vu, saline, amère. Le sucre se montre pendant la dessiccation, notamment sur les stipes, sous forme de houppes cristallines très abondantes. Elles sont constituées par des aiguilles qui atteignent jusqu'à près d'un demi-centimètre et aussi par des cristaux prismatiques déprimés, irréguliers, qu'on a supposé formés d'aiguilles accolées. Très solubles dans l'eau, ces divers cristaux se déposent dans les solutions sous forme d'étoiles très ramifiées dont le rapprochement constitue une masse spongieuse. Sur une plaque de verre, on obtient par évaporation du liquide de longues aiguilles cristallines. Ces cristaux naissent dans la paroi gélifiée des phytocystes (L. Soubeiran). On suppose (Phipson) que c'est le mucilage lui-même qui se dédouble en présence de l'eau, pour donner deux équivalents de Mannite. C'est probablement cette substance qui donne une saveur douceâtre à certains mets qu'on prépare sur nos côtes de l'ouest avec des Algues très diverses. Sinon, la Mannite des Algues n'est guère utilisée.

C. SOUDE, POTASSE. — On extrayait jadis la soude des varecs ou goémons, notamment des *Fucus vesiculosus*, *serratus*, etc., et des Laminaires, *Himanthalia*, *Halidrys*. Ces plantes incinérées constituaient la *cendre de soude de varecs* et, en Irlande et en Écosse, le *Kelp*. C'est dans des fosses profondes qu'on brûlait les Algues, jusqu'à ce que la cendre entrât en fusion et donnât une masse semi-vitrifiée, grisâtre ou brune, qu'on dissolvait et qu'on chauffait ensuite. On obtenait de la sorte de 3 à 30 p. 100 de soude. Aujourd'hui que celle-ci s'extrait du sel marin, on retire plutôt des Algues des sels de potasse, produits accessoires de l'extraction de l'iode et du brome. On distingue dans la pratique le *Varec venant*, c'est-à-dire celui que, dans les fortes marées, la mer rejette à la côte, et le *V. scié*, formé surtout de *Fucus* divers, qu'on va couper sur les roches à basse mer. Ce dernier est plus riche en soude, plus pauvre en potasse. On attribue au *Kelp*, la teneur suivante : Sulfate de potasse 10.203; chlorures de potassium et de sodium, 28.494; sels divers, 2.103; iode, 0,600; matières insolubles, 57. Les cendres sont dissoutes jusqu'à ce que la lessive, dite dense, marque de 15 à 18° à l'aréomètre de Baumé. Le résidu est traité une seconde fois par l'eau et donne une nouvelle lessive, dite faible, marquant 8°. On évapore ensuite la lessive dense jusqu'à 59°, et on en obtient du sel marin, du chlorure de potassium et des eaux-mères de seconde cristallisation, destinées à l'extraction de l'iode et du brome. La lessive faible, évaporée à 30°, donne du sulfate de potasse, puis des chlorures qu'on épure ultérieurement et qui sont employés dans la fabrication de l'alun, du chromate de potasse, etc. Il y a avantage à incinérer les varecs par distillation sèche, comme dans le procédé de Stanford, pour ne pas perdre une portion de l'iode par volatilisation.

E. Iode, Brome. — Les cendres des varecs étant épuisées par l'eau, et la solution étant évaporée pour faire cristalliser les sulfates et chlorures, le carbonate de soude se concentre dans les eaux-mères, de même que les iodures. Quand elles marquent de 50 à 60° Baumé, on les acidifie avec l'acide sulfurique; on obtient du sulfate de soude et un liquide clair dont on sépare l'iode par un courant de chlore; ou bien on traite le résidu salin des eaux-mères évaporées à sec par l'acide sulfurique et le peroxyde de manganèse; ou encore on traite les eaux-mères par une solution de sulfate de cuivre et de sulfate ferreux. Dans le procédé Duflos, on obtient un précipité d'iodure cuivreux, dont on sépare l'iode en le chauffant avec le peroxyde de manganèse et l'acide sulfurique.

Il y a du brome dans les eaux-mères dont on a extrait les chlorures et sulfates alcalins et l'iode. On distille le liquide filtré avec l'acide sulfurique et le peroxyde de manganèse. Le brome condensé est distillé sur le chlorure de calcium; et il peut encore y avoir dans le liquide surnageant du chlorure de brome qu'on en extrait par des procédés divers.

Fucoglycine. — On a donné ce nom à un « produit végétal iodé », remède secret extrait de diverses Algues et dont on considère le mode d'action comme analogue à celui de l'huile de foie de morue. On l'a recommandé comme réparateur, antiscrofuleux, tonique, dépuratif, etc. On dit que « le chlore, l'iode, le brome, le phosphore et le soufre y sont combinés moléculairement à la matière grasse et à la matière organique soluble, si abondantes des *Fucus* et des Ulves » (Gressy).

CHLOROSPERMÉES

Ce groupe, peu important au point de vue médical, comprend les Algues dites Confervacées et Siphonées.

Les Confervacées, souvent comparées à des Mousses aquatiques, sont très communes dans les eaux douces. L'une d'elles, le *Cladophora refracta* KUETZ. se rencontre souvent dans les fossés et les ruisseaux desséchés où elle forme une couche de gazon blanchâtre, employé parfois à faire du papier. Le *C. glomerata* KUETZ. s'applique comme calmant sur les brûlures et les plaies. Le *Microspora floccosa* a servi aux mêmes usages.

Les Ulves (fig. 344) appartiennent à une famille voisine. L'*Ulva Lac-*

FIG. 344. — *Ulva umbilicata.*

FIG. 345. — *Bryopsis plumosa.*

tuca L., si commun au bord de la mer, sous forme de lames vertes et molles, est alimentaire. On en fait une sorte de salade; on l'a même mangé cuit. L'*Enteromorpha compressa* GREV., jadis rapporté au genre *Ulva*, enroulé en tubes, a été employé comme vermifuge. C'est un mets recherché au Japon, sous le nom de *Aonori*. Il se mange frais; ou bien on traite par l'eau les petits paquets prismatiques qui sont exportés secs et qui sont formés de ses frondes filamenteuses parallèles; on les mélange au sagou, avec du vinaigre ou du poivre.

Parmi les Siphonées, ordinairement marines, citons les *Bryopsis plumosa* (fig. 345) et *Balbisiana*, indiqués comme vermicides; le *Caulerpa prolifera*, parfois utilisé comme fourrage.

RHODOSPERMÉES.

Nous traiterons ici de toutes les Algues de cette division dont nous avons seulement indiqué le nom ou dont il n'a pas été question au sujet de la Phycocolle et d'autres produits généraux. Les plus importantes sont les Corallines.

Corallines.

Il est impossible, quand on voit les Corallines vivantes sur nos côtes, de ne pas leur trouver les plus grandes analogies extérieures avec les Floridées

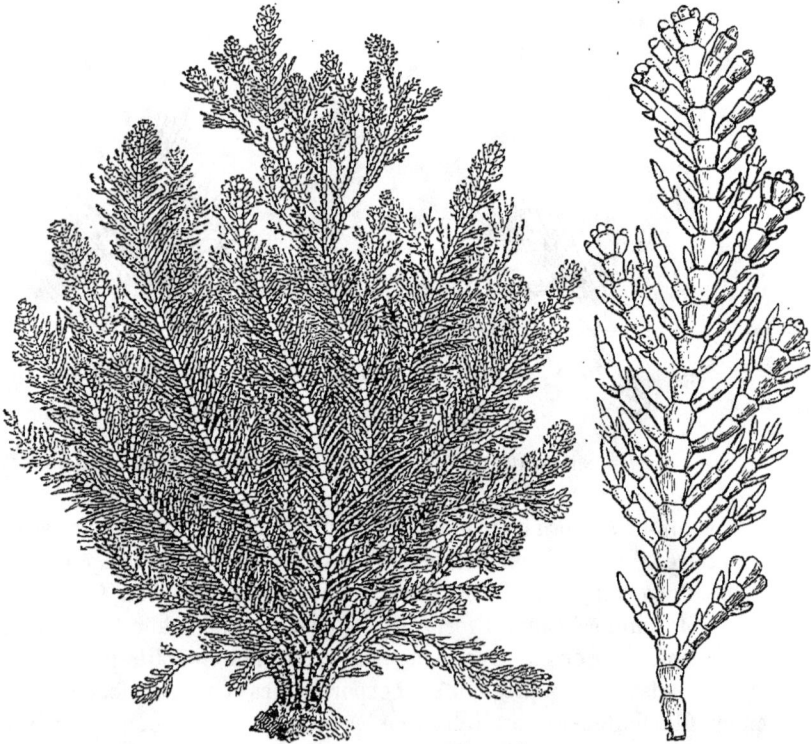

Fig. 346, 347. — *Corallina officinalis*. Port. Branche grossie.

en général. Aussi ne comprend-on guère aujourd'hui qu'on les ait long-temps rapportées au règne animal, sous le nom de Polypiers calcifères. Ce sont, en effet, des Algues qui ont donné leur nom à une tribu des

Corallinées, et dont la fronde est plus ou moins incrustée de calcaire. Cette fronde est articulée, fragile, souvent comprimée. Ses nombreux rameaux sont aplatis, surtout dans leur portion supérieure, très divisée. Leurs articles, en forme de tronc de cône, la petite base tournée en bas, sont formés de deux zones concentriques : des phytocystes corticaux, qui sont à peu près sphériques; et des phytocystes profonds, elliptiques ou filiformes, disposés en zones transversales. La distinction des zones dépend surtout du mode régulier de dépôt de la matière calcaire qui les incruste. Il est bon, pour étudier le tissu des Corallines, de se débarrasser de ce calcaire en les traitant par de l'acide chlorhydrique très étendu. Vivantes, les Corallines sont d'un rose ou d'un pourpre plus ou moins foncé, parfois verdâtres. Elles blanchissent en se desséchant. L'action de l'air et de la lumière les colore souvent en rose plus ou moins vif, ou sombre, ou en brun.

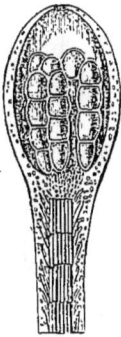

FIG. 348. — *Corallina officinalis*. Conceptacle asexué.

Ces plantes ont des organes de reproduction sexués et asexués, contenus les uns et les autres dans des conceptacles dont la forme extérieure est peu variable. Seuls les conceptacles à anthéridies sont assez faciles à reconnaître à leurs caractères extérieurs : ovoïdes, mais surmontés d'une sorte de bec ou de goulot, perforé d'un orifice. Il y a deux sortes de conceptacles (W. Harvey) : les uns, pédicellés, occupent le sommet des divisions des branches; les autres, sessiles, sont implantés sur le côté des articles. Lorsqu'un conceptacle doit se produire (fig. 349-351), les phytocystes qui terminent les filaments centraux du sommet des branches s'arrêtent dans leur accroissement et il ne se dépose plus de calcaire dans leur tissu. Leurs parois, simplement cartilagineuses, soulèvent la cuticule qui se détache sous forme d'une lame épaisse. Comme les filaments périphériques ne cessent pendant ce temps de s'accroître, ils forment, au-dessus du sommet du faisceau central, une muraille qui limite une chambre, étroite d'abord, à section triangulaire, plus tard bien plus large, et à section verticale ovoïde, communiquant par un orifice supérieur étroit avec l'extérieur. C'est au fond de cette cavité que les sommets des filaments du faisceau central se transforment en organes reproducteurs. L'avant-dernier phytocyste de chacun de ces filaments demeure court et est rempli d'un phytoblaste finement granuleux, de couleur jaunâtre. Une couche assez régulière, sorte de plateau orbiculaire, se trouve ainsi formée par ces phytocystes à peu près égaux et rangés à peu près à la même hauteur; et au-dessus d'eux se voient réunis les phytocystes qui, avant le développement du conceptacle, existaient au sommet de la fronde. Au fond du conceptacle se trouvent implantées des tétraspores que n'accompagnent pas des paraphyses et qu'on croit provenir de la couche des phytocystes terminaux et surtout de ceux qui sont sous-jacents. Ils forment, en s'élevant, de courts rameaux à axe terminal allongé et épaissi. Leur contenu est d'abord de couleur jaunâtre ; puis il se colore graduellement en rose, et il se partage, par des cloisons transversales et parallèles, en deux puis en quatre. Quand le périspore laisse échapper les tétraspores, celles-ci sont contenues dans un épispore quadrilocellé. Une des logettes crève sur un point de la paroi, au bout de quelques secondes, et la spore sort brusquement par la solution de continuité de la paroi. N'étant plus distendu, le sac épisporien se rétracte vivement. De là des mouvements brusques et saccadés, des torsions brusques qui s'observent chaque fois qu'une spore est évacuée.

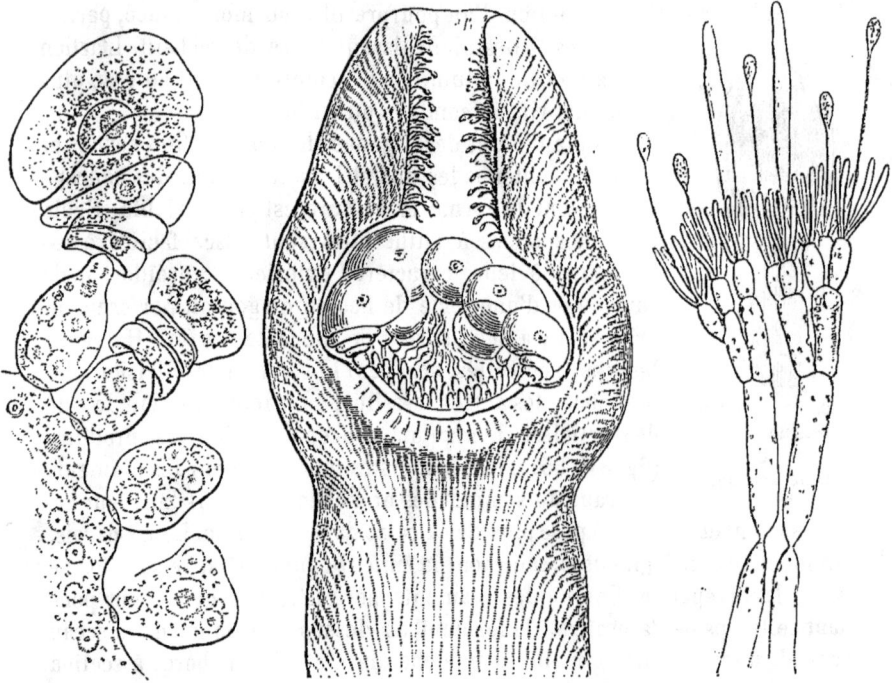

FIG. 349-351. — *Corallina mediterranea.* Conceptacle, coupe longitudinale. Organes mâles et femelles. (Solms-Laubach.)

Les organes mâles ou anthéridies sont représentés par des filaments ténus dont le fond et les parois latérales du conceptacle sont tapissés d'une façon à peu près uniforme. Plus haut, le col du conceptacle mâle est revêtu de phytocystes incolores qui diminuent graduellement de taille en se rapprochant de l'orifice extérieur. Quant à la couche anthéridienne, elle est surmontée de filaments plus allongés, légèrement claviformes, et de corpuscules mâles supportés par un très long pédicelle fort ténu. Pour la formation de ces corpuscules, le processus, fort peu compliqué, consiste en ce que le protoplasma finement granuleux que renferme le filament anthéridien, se rassemble vers le sommet légèrement renflé. Alors la membrane du filament se résorbe complètement; et ainsi se trouve mis à nu un pollinide ovoïde qui entraîne avec lui une sorte de fil, de nature protoplasmique, qu'on a considéré à tort comme un agent moteur; car le corpuscule ne possède aucun mouvement qui lui soit propre.

Dans les conceptacles dits à oogones, ceux-ci sont nombreux, pressés les uns contre les autres en couche épaisse, et ils s'étirent en un trichogyne de longueur variable, qu'un étranglement sépare de l'oogone. C'est la portion basilaire de celui-ci qui renferme l'oosphère, et celle-ci contient un noyau.

A l'époque où le pollinide vient de se fixer au trichogyne, les parois de l'un et de l'autre sont résorbées au point de contact; ce qui permet au contenu du pollinide, le phytoblaste et le noyau, de se déverser dans le trichogyne. On suppose qu'alors ce contenu arrive jusqu'à l'oosphère pour la féconder, quoique le fait n'ait pas encore été observé exactement. Quoi qu'il en soit, à partir de ce moment, l'oosphère passe à l'état d'oospore; il s'y forme une membrane délicate de cellulose qui est aussi appliquée étroitement contre la paroi de l'oogone, sauf en haut, au niveau de l'étranglement, où cette membrane, épaisse et libre, sépare complètement l'oospore du trichogyne. Celui-ci s'atrophie plus ou moins rapidement à partir de ce moment, et il finit par disparaître totalement. Tous les oogones ne sont pas d'ailleurs fécondés : ce n'est que le plus petit nombre. Après la fécondation, l'oogone femelle produit des tubes qui s'unissent aux phytocystes environnants, dits cellules auxiliaires, qui servent à nourrir les filaments du sporogone. Ces phytocystes développent à leur tour des filaments qui s'anastomosent avec d'autres cellules dites auxiliaires, et ainsi de suite, jusqu'à ce que toutes ces cellules auxiliaires aient constitué par leur ensemble une vaste enveloppe disciforme dont la périphérie développe une couronne de branches sporifères; branches auxquelles on a trouvé (Schmitz) de grandes ressemblances avec des tétrasporanges.

Jusqu'à sa maturité, le sporogone demeure recouvert par les téguments de son conceptacle protecteur. Après quoi, il s'ouvre par un pore spécial, et il laisse par là échapper les spores. Celles-ci sont nues et immobiles d'abord; puis elles se recouvrent d'une membrane cellulosique, et elles entrent en voie de germination, sans période de repos ni de vie latente.

Quoique tous ces phénomènes n'aient pas été observés dans la Coralline officinale (*Corallina officinalis*), mais dans des espèces voisines, on a lieu de croire qu'ils n'y présentent point de différence essentielle. Jadis très usitée en médecine, la C. blanche ou officinale (fig. 346-348) est commune sur toutes les côtes d'Europe, fixée aux rochers marins. Elle est d'un blanc verdâtre ou plus ou moins rougeâtre. Conservée dans un lieu éclairé, elle devient tout à fait blanche, opaque, cassante; ce qui est dû à la matière calcaire uniformément répandue dans toute sa masse. On cite encore une ancienne analyse de la Coralline faite par Bouvier et suivant laquelle cette plante renfermerait :

Gélatine	6.6
Albumine	6.4
Carbonate de chaux	61.6
Carbonate de magnésie	7.4
Sulfate de chaux	1.0
Chlorure de sodium	1.0
Silice	0.7
Oxyde de fer	0.2
Phosphate de chaux	0.3
Eau	14.1

C'est le *Muscus corallinus* des officines. Du temps de Dioscoride, la plante était déjà vantée contre la goutte et les congestions sanguines. Mais on l'employait surtout comme anthelminthique. On en préparait à cet effet un sirop qui s'altère facilement. Pulvérisée, elle faisait partie de certaines poudres dentrifices. Le *C. mediterranea* (fig. 349-351) a les mêmes propriétés,

Les *Jania* sont très voisins des Corallines, et le *Corallina rubens* d'Ellis est le *J. rubens* Lamx. Il se trouve dans la Méditerranée et est d'un beau rouge pourpre, mais il blanchit très rapidement au soleil. Il a une odeur marécageuse, fétide; une saveur terreuse, à peine salée; il fait souvent partie de la Mousse de Corse. Le *J. corniculata* (fig. 352) est également vermifuge. Ce genre se distingue des Corallines par sa ramification dichotomique. Dans le *J. rubens*, les articles de la fronde sont cylindriques, régulièrement superposés. Dans le *J. corniculata*, les articles sont en haut renflés en une cupule qui reçoit la base atténuée du segment suivant. Il y a souvent des ramuscules au niveau de la cupule. Les deux espèces possèdent les trois sortes d'oogones reproducteurs des Rhodosporées, très analogues d'ailleurs à ceux des Corallines. Les conceptacles à tétraspores, plus grands que ceux à cystocarpes, sont sur des pieds distincts, tandis que les cystocarpes et les anthéridies sont situés sur un même pied. Le sporogone se développe comme celui des Corallines.

FIG. 352.
Jania corniculata.
Rameau.

Mousse de Corse.

On admettait jadis théoriquement que ce célèbre médicament vermifuge était constitué par une seule plante, l'*Alsidium Helminthochorton*

KUETZ. (*Helminthochorton officinale* LINK. — *Sphærococcus Helmintho-chortos* AGH. — *Gigartina Helminthochortos* LAMX) (fig. 353). C'est une petite Algue de la famille des Rhodomélées, qui a un ou quelques centimètres de hauteur et qui possède un stipe formant une sorte de rhizome qui est souvent chargé de parcelles de gravier, et porte inférieurement des rhizoïdes, et en haut des rameaux filiformes, longs de 2 à 4 centimètres. Ces rameaux sont divisés dicho-tomiquement, avec des nœuds au niveau des divisions. Plus on s'élève et plus les ramuscules deviennent courts, de sorte que leur réunion au sommet des divisions forme des petits pinceaux. Leurs phytocystes constituants sont allongés au centre et plus ou moins cubiques à la périphérie. Au sommet des rameaux se développent les cystocarpes, disposés en spirale. La plante croît en Corse et sur un grand nombre de rivages méditerranéens. Elle est d'un gris rougeâtre à la surface et plus ou moins blanche à l'intérieur. Sa saveur est salée, et elle a une odeur marine peu agréable. Sèche, elle devient dure et difficile à broyer; mais elle demeure souple et flexible dans un endroit humide. On en prépare des poudres, des infusions, un sirop et une gelée, et on recommande de la choisir légère et privée autant que possible de graviers. On en possède une analyse déjà ancienne, due à Bouvier, mais qui ne paraît pas avoir été faite avec de l'*Alsidium* pur, car celui-ci ne contient pas, dit-on, de gélatine :

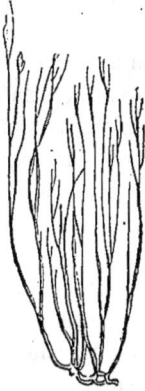

FIG. 353.
Alsidium Helminthochorton.

Squelette végétal	11
Gélatine végétale	60.2
Chlorure de sodium	9.2
Sulfate de chaux	11.2
Carbonate de chaux	7.5
Phosphate de chaux, fer, magnésie et silice	1.7
	100.8

L'usage de cette plante comme vermifuge est des plus anciens : on admet qu'on l'employait déjà du temps de Théophraste. On croit que c'est elle que Pline désignait vaguement sous le nom de *Muscus marinus*. On a aussi écrit que vers le milieu du XVIIIe siècle, une colonie grecque vint s'établir en Corse et y apporta la tradition des vertus vermicides de cette Algue. C'est, dit-on, Stephanopoli, médecin grec, qui découvrit en 1778 la précieuse plante sur les rochers maritimes de l'île et en rappela les propriétés à ses compatriotes. La plante fut décrite en 1780 par Schwendiman dans sa thèse: *Helminthochorti historia, natura, vires*, et en 1782 par Latourette dans une dissertation spéciale sur la prétendue *Mousse de Corse*. On savait déjà cependant que le médicament de ce nom était le plus souvent un mélange d'Algues très diverses (on en a compté jusqu'à quatre-vingts), et même que l'*Alsidium* pouvait y faire omplètement défau t. En 1834, Lesson écrivait que : « toutes petites espèces de *Fucus* capillaires, telles que Céramiées, Diatomées, Gigartinées,Corallinées, jouissent de propriétés vermifuges ; le *Fucus* le plus en vogue est l'*Helminthochorton.* Sur 500 parties, M. Fée en a trouvé 136 qui appartiennent à l'*Helminthochorton* ». En 1868, Debeaux, séjournant à l'hôpital de Bastia, y récolta de nombreuses Algues qu'il employa comme Mousse de Corse avec un succès complet, sans qu'il s'y trouvât un atome d'*Alsidium*. C'était un mélange de dix-sept Algues, notamment de *Corallina officinalis*, de *Gelidium corneum*, des *Jania rubens* et *corniculata* et du *Grateloupia filicina*.

Il ne se trouve pas davantage d'*Alsidium* dans un grand nombre d'échantillons de Mousse de Corse vendus dans des pharmacies de Paris et de Marseille. Au contraire, le médicament récolté aux environs d'Ajaccio est presque entièrement formé d'*Alsidium*, c'est-à-dire pour les neuf dixièmes ; le reste consistant en *Jania, Caulerpa* et *Bryopsis*. Debeaux a aussi récolté des Algues diverses à Tché-Fou, en Chine, pour en préparer un vermifuge qui lui a toujours réussi. Dans ce mélange, Areschoug a constaté la présence des *Grateloupia conferta* et *filicina, Gelidium corneum, Rytiphlœa capensis, Enteromorpha compressa, Bryopsis plumosa* et *arbuscula*. Il y a longtemps déjà que nous avons dressé pour notre collègue. le professeur J. Regnauld, la liste des Algues qui font le plus souvent partie de la Mousse de Corse. En complétant aujourd'hui cette liste, nous trouvons, outre l'*Alsidium Helminthochorton* et les plantes déjà signalées, les espèces suivantes : *Liagora viscida* AGH (*L. ceramioides* LAMX), *Sphacelaria cirrhosa* AGH, *Stypocaulon scoparium* KUETZ., *Halyseris polypodioides* AGH, *Dictyota vulgaris* KUETZ., *D. Fasciola* LAMX, *Phyllitis Fascia* KUETZ., *Spermatochnus rhizodes* KUETZ., *Desmaretia aculeata* LAMX, *Acrocarpus crinalis* KUETZ., *Cystoseira barbata* AGH, *Wrangelia penicillata* KUETZ., *Ceramium rubrum* AGH, *Phlebothamnion versicolor* KUETZ., *Hormoceras diaphanum* KUETZ., *H. circinatum* KUETZ., *Echinoceras ciliatum* KUETZ., *Gelidium corneum* LAMX, *Gigartina pistillata* LAMX (*Fucus gigartinus* L.), *Laurencia pinnatifida* LAMX (*Chondria pinnatifida* AGH), *L. obtusa* LAMX (*Chondria obtusa* AGH), *L. papillosa* GREV., *Eupogonium villosum* KUETZ., *Polysiphonia Wulfeni* AGH (*Ceranium Wulfeni* ROTH), *P. roseola* AGH (*Hutchinsia roseola* AGH), *P. pycnophlœa* KUETZ., *Trichothamnion coccineum* KUETZ. (*Dasya coccinea* AGH), *Rhodomela subfusca* AGH (*Lophura gracilis* KUETZ.), *Halopithys pinastroides* KUETZ., *Corallina officinalis* ELL. et SOL., *Jania rubens* KUETZ., *Hypnea musciformis* LAMX (*Sphærococcus musciformis* AGH), *Gymnogongrus plicatus* KUETZ. (*Gigartina plicata* LAMX), *Aglaophyllum laceratum* MTGNE.

Ceramium.

Ce genre a donné son nom à une famille des *Céramiées* dans laquelle la fronde est filamenteuse est très rameuse. Ordinairement nus, les filaments se recouvrent parfois d'une couche corticale. Au sommet de chacun des articles il se forme d'abord une couronne de petits phytocystes qui, s'allongeant sur le filament et se cloisonnant, recouvrent chaque articulation d'une sorte de manchon cortical. Les oogones sont accompagnés d'un phytocyste auxiliaire avec lequel l'œuf s'anastomose directement, au moins dans les *Ceramium* eux-mêmes. Quand la fécondation a été opérée par la fusion des phytoblastes des deux sexes, le phytocyste auxiliaire bourgeonne pour former un sporogone. Les spores se forment dans tous les phytocystes de ce dernier, sauf dans l'auxiliaire et dans le premier rameau qui en est issu. La seule espèce qui intéresse quelque peu la médecine, le *C. ciliatum* Agh, se distingue en ce que le milieu des articles de son thalle reste nu. Les segments terminaux sont, dans leur jeune âge, presque toujours régulièrement bifurqués, et les divisions se recourbent de façon à figurer comme un forceps clos. Dans cette espèce, les cystocarpes forment des verticilles autour des nœuds qui de la sorte simulent une petite couronne d'épines. C'est une plante de l'Atlantique et du Pacifique. Elle fournit de la Phycocolle et fait notamment partie de celle du Japon.

Iridæa.

Ces Algues font partie de la famille des *Cryptonémées* qui ont un thalle massif dans la couche périphérique duquel est plongé l'œuf. Il bourgeonne directement et produit un ou plusieurs rameaux grêles qui s'anastomosent de toutes parts avec les phytocystes du thalle. Puis, les portions anastomosées se séparent du reste du filament et se renflent en une ampoule sur laquelle ou au voisinage de laquelle le filament produit une branche courte et renflée qu'une cloison sépare bientôt à sa base et qui devient l'origine d'un appareil sporifère tout particulier. Elle forme, en bourgeonnant tout autour, une sorte de tubercule arrondi que recouvre une couche gélatineuse. Les rameaux pressés dont est composé ce tubercule produisent des spores, ou dans tous leurs phytocystes, ou dans la plupart d'entre eux, ou seulement dans quelques-uns des supérieurs, qui se renflent en chapelets généralemcment courts. Les spores sont finalement mises en liberté par des solutions de continuité du thalle, aux points où il enveloppe les amas de spores. Les *Iridæa* se distinguent dans la famille par un thalle aplati en feuille simple. L'*I. edulis* Bory (*Ulva edulis* DC. — *Halymenia edulis* Agh. — *Sarcophytis edulis*) a un stipe très court, qui s'élargit presque aussitôt en une lame membraneuse, ovale, entière, à stries parallèles fines, d'autant plus courtes qu'elles sont plus voisines de bords. C'est aussi une plante à Phycocolle.

Halymenia.

Ce sont aussi des *Cryptonémées*, et elles en ont les caractères généraux. Mais leur thalle est diversement découpé. L'*H. florida* Agh et quelques autres espèces, communes sur nos côtes, sont vermifuges et se trouvent parfois mélangées à la Mousse de Corse. Leur gelée est comestible.

Grateloupia.

Appartenant également à la famille des *Cryptonémées*, ces Algues sont plus ou moins ramifiées suivant le mode penné. Le *G. filicina* a un thalle aplati, comprimé, penné, avec un disque rolifère. Les pinnules sont rétrécies au sommet à la base où elles sont plus allongées. Son tissu est recouvert d'une sorte d'épiderme, et les parois de ses phytocystes se gonflent et se gélifient dans l'eau. La plante habite la Méditerranée, l'Océan jusqu'à l'extrémité australe de l'Afrique, et la mer des Indes. C'est un vermifuge qui se trouve souvent mélangé à la Mousse de Corse.

Le *G. conferta* (fig. 354) a les mêmes propriétés. Il se distingue de l'espèce précédente par la base renflée de son thalle dont les pinnules forment un élégant pinceau terminal au lieu d'être disposées tout le long de l'axe central. C'est une espèce de la mer des Indes, et qu'on dit comestible.

Fig. 54.
Grateloupia conferta.

Porphyra.

Les *Porphyra* sont des Algues-Rhodospermées, de la famille des *Bangiées* qui sont les moins compliquées comme structure de toutes les Floridées, et qui sont caractérisées par un thalle formé de phytocystes dis-

posés en une assise qui a la forme générale d'une lame à contours irréguliers. Tous ces phytocystes grandissent et se cloisonnent simultanément et
également, par un développement uniforme, dit intercalaire ; et la base
se termine par un crampon. Il n'y a de *Porphyra* que dans la mer, et ils
sont annuels, avec des spores qui se forment dans les phytocystes du
thalle. Chacun d'eux se divise par deux cloisons perpendiculaires à la surface ; et les phytocystes secondaires ainsi formés produisent chacun un
phytoblaste-spore qui est mis en liberté, se recouvre d'un phytocyste et se
multiplie de façon à produire un jeune thalle nouveau. Il y a, en outre,
dans ce genre des organes sexuels qui sont monoïques ou dioïques. Les
organes mâles présentent des pollinides dont les cellules-mères résultent
de la division d'un phytocyste du thalle, extrêmement divisé par cloisonnement. Chaque logette renferme un pollinide ; la paroi de la cellule-
mère se gélifie, se dissout, et le pollinide est de la sorte mis en liberté.
L'organe femelle est un oogone, également formé aux dépens d'un phytocyste thallin, d'abord semblable aux autres. Sur chacune de ses deux
faces libres, ce phytocyste développe une éminence papilliforme qui joue
probablement un rôle dans l'imprégnation. Une fois fécondé, l'œuf se
cloisonne sans changer de taille ni de forme. Une première cloison se produit parallèlement à la surface ; puis deux autres perpendiculairement,
et il se forme ainsi huit phytocystes secondaires, disposés quatre à quatre
sur deux étages superposés. Le phytoblaste de chacun de ces huit phytocystes est mis en liberté et constitue d'abord la spore qui est douée de
mouvements amyboïdes ; après quoi elle se recouvre d'un phytocyste de
cellulose qui devient épais et se cloisonne en développant à sa surface
quelques rhizines. Elle passe la mauvaise saison à l'état de repos et se
développe en un jeune thalle au retour du printemps.

Le *Porphyra laciniata* AGH varie beaucoup d'apparence avec l'âge.
Jeune et implanté sur les roches de l'Atlantique battues par le flot, il constitue un gazon serré à languettes étroites et allongées. Quand l'eau est plus
profonde, les languettes deviennent des frondes plus amples, entières ou
lobées, larges de 20 centimètres et plus, deux fois plus longues. Quand
plus tard le tissu de la plante s'est en grande partie transformé en organes
mâles ou femelles dispersés, il ne reste plus que la base indurée à laquelle
on avait donné le nom de *P. umbilicalis* KUETZ.

C'est principalement, a-t-on dit, le *P. laciniata* qui servait jadis à la préparation de l'*Æthiops végétal*. Mais les *Fucus* servaient aussi à cet usage.

Rytiphlœa.

Comme les *Alsidium*, les *Rytiphlœa* font partie de la famille des
Rhodomélées Celle-ci est caractérisée par des tétraspores ordinairement

groupées sur certaines divisions du thalle qui prennent de là une appa-rence particulière. Les organes mâles sont des anthéridies qui sont dis-posées en couches continues à la surface de lobes aplatis et discoïdes du thalle. C'est sur un court lobe ou rameau latéral que se développent les appareils femelles, aux dépens de l'avant-dernier segment, distingué des autres dès le début par un renflement unilatéral. Un ramuscule à un ou plusieurs phytocystes se forme par des segmentations successives, et son sommet porte l'oogone que surmonte un long trichogyne. L'ensemble est logé dans les segments, et l'enveloppe qu'ils forment a été comparée à une coquille bivalve. La fécondation une fois opérée, l'auxiliaire se partage en cinq phytocystes qui bourgeonnent, forment ainsi un sporogone qu'on a comparé à un buisson. L'article du segment s'ouvre assez largement, et par là s'échappent les spores au dehors.

Le *R. tinctoria* AGH *(Fucus purpureus* CLÉM.) a une fronde plane et légèrement comprimée. Ses rameaux sont assez épais et se divisent en nombreux ramuscules, assez courts, à sommet terminé par une sorte de forceps à branches arquées. Les anthérozoïdes sont portés à l'extrémité de ces branches, et les cysto-carpes globuleux s'insèrent latéralement sur les rameaux. Le tissu de la fronde est un parenchyme lâche que recouvre une couche épidermique. Les branches sont rouges, et les jeunes rameaux roses. La plante est assez abondante dans la Méditerranée, la mer Rouge, l'Océan. Elle est riche en matière co-lorante. Le *R. ridigula* KUETZ., des côtes de la Dalmatie, a les mêmes propriétés.

Le *R. capensis* est arborescent, et ses ramuscules très petits forment une sorte de forceps dont une des branches se transforme en un bouquet de ra-muscules stipités, portant les organes de la repro-duction. Le stipe est formé d'un parenchyme réti-culé. Cette Algue sert peu par sa matière colorante ; mais on en prépare un vernis assez estimé.

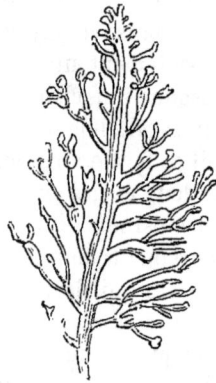

FIG. 355.
Laurencia pinnatifida.

Le *Laurencia pinnatifida* LAMX. *(Fucus pinnatifidus* L. — *Chondria pinnatifida* AGH) (fig. 355) est une Algue de la même famille. Sa fronde cespiteuse atteint jusqu'à près d'un demi-mètre de long. Elle se compose d'une sorte de tige qui porte des branches distiques, rapprochées, dissem-blables. Les petites sont pinnatifides ; les grandes bi- ou tripinnatifides, et ce sont les pinnules du dernier ordre qui portent les fructifications. Les cystocarpes sont situés latéralement sur les pinnules dont le sommet renflé en coupe porte les anthéridies. Le thalle est de consistance cartilagineuse ; et sa couleur varie, suivant l'exposition et la lumière, du jaune pâle au pourpre brun. C'est un médicament vermicide, un aliment, et on en prépare une sorte de salade. Les *L. papillosa* GREV.

(*Chondria papillosa* Agh) et *obtusa* Lamx (*Chondria obtusa* Agh), vermifuges, se rencontrent aussi, nous l'avons vu, dans la Mousse de Corse.

Gloiopeltis.

Ces Algues appartiennent à une division de la famille des Rhodyméniacées qui a reçu le nom d'*Areschougiées*. Ce sont des Algues qui se distinguent dans la famille par leurs cystocarpes, inclus dans le tissu de la fronde ou proéminents très peu au dehors. Les frondes s'y réduisent très facilement en gelée. Elles sont ordinairement cylindriques, pleines, dans les *Gloiopeltis*, avec des branches les unes dichotomes et les autres alternes. L'ensemble de la fronde peut atteindre un décimètre. Son tissu est intérieurement formé d'un réseau de trabécules, souvent décrits comme des rameaux intérieurs. On emploie principalement trois espèces de ce genre, les *G. coliformis, tenax* et *capillaris* qui se vendent au Japon sous le nom commun de *Satsuma-fanori* (Suringar).

Le *G. coliformis* (fig. 356) a une fronde dilatée, portant des rameaux qui deviennent creux avec l'âge. Elle est longue de 1-15 centimètres et épaisse de 1-6 millimètres. Les cystocarpes peuvent couvrir la fronde entière, sauf le pied, et ils apparaissent déjà sur des individus très petits. Au Japon, on récolte cette plante dans les mois d'août et septembre. Elle sert surtout à la préparation de la Phycocolle.

Fig. 356.
Gloiopeltis coliformis.

Le *G. capillaris* a un stipe capillaire, ordinairement court, plein à l'intérieur, au-dessus duquel le thalle devient tubuleux, cylindrique, quelquefois d'une extrême ténuité. Les divisions vont en s'atténuant au sommet. Toute la plante n'a pas plus de 1-3 centimètres de long. Sa couleur est d'un brun pourpré, et sa substance est nettement gélatineuse. On récolte cette espèce à la main sur les roches marines, aux environs de Satsuma. Les Japonais la nomment *Siraka-nori* (ce qui signifie Algue à cheveux blancs), nom qui est également donné au *Gracilaria confervoides*. On en prépare aussi de la Phycocolle.

Le *G. tenax* J. Agh (*Sphærococcus tenax* C. Agh) est voisin du *G. coliformis* et sert aux mêmes usages. Les Chinois lui donnent le nom de *Lukiotsaï* (légume en forme de corne de cerf).

Plocamium.

Dans ce genre de *Rhodhyméniacées*, la fronde est comprimée, plus ou moins élégamment ramifiée en sympode assez compliqué, et les tétraspores à division zonée sont reléguées dans des ramuscules particuliers. Lors de la fructification, c'est un auxiliaire qui envoie à l'œuf une papille d'anastomose. Tout le monde, sur nos côtes, connaît le *P. coccineum* KUETZ. (*P. vulgare* LAMX. — *Ceramium Plocamium* ROTH. — *D lesseria Plocamium* AGH) (fig. 357), dont on prépare tant d'élégants petits bouquets. De sa base partent en touffe des frondes presque planes, pennées dès l'origine et à ramification alternante. Sa couleur est d'un beau rouge pourpré. Outre qu'on rencontre cette espèce dans la Mousse de Corse, on l'a jadis préconisée contre bien des maux, sous les noms de *Thériaque marine* et de *Mille-feuille marine*. On en tire une sorte de fard rose ; et au Kamtchatka, les habitants se teignent les joues avec cette plante infusée dans de la graisse de poissons. Sur nos côtes, on la croit encore fébrifuge et diurétique.

FIG. 357. — *Plocamium coccineum.*

Rhodhymenia.

Ce genre a donné son nom à la famille des *Rhodhyméniacées*, à laquelle appartiennent les *Plocamium* et dans laquelle le thalle est formé d'un faisceau central de filaments parallèles et d'une couche corticale de phytocystes plus courts, assez souvent disposés en séries rayonnantes et rameuses. Un court ramule, formé de trois ou quatre phytocystes, est terminé par l'oogone, et il est lui-même porté latéralement sur un des rameaux dont est composée la couche corticale périphérique. Le rôle d'auxiliaire est ordinairement rempli par l'article même auquel s'insère le ramuscule; et ce dernier se courbe vers l'auxiliaire de façon à en rapprocher l'œuf. Le sporogone, qui provient du bourgeonnement de l'auxiliaire, se développe vers l'intérieur, condensant ses rameaux en un buisson serré qu'enveloppe un tégument à sommet pourvu d'un orifice. C'est dans plusieurs des phytocystes externes de chaque branche que naissent les spores, disposées en croix ou en chapelet.

Le genre *Rhodhymenia*, avec ces caractères généraux, présente une fronde plane et des tétraspores à divisions cruciales, répandues sur toute sa surface. Le *R. palmata* GREV. (*Halymenia palmata* AGH. — *Sphœrococcus palmatus* KUETZ.) (fig. 359) est une Algue assez grande, de couleur rouge, tirant un peu sur le violet. Son stipe est court et se dilate bientôt en une lame allongée et subpalmée, dont les bords portent de nombreux segments oblongs, obovales parfois, plus ou moins longuement atténués à la base. Les cystocarpes forment, çà et là, des taches sur toute la surface du thalle. C'est une espèce très variable de forme et qu'on a beaucoup trop divisée. Elle est alimentaire.

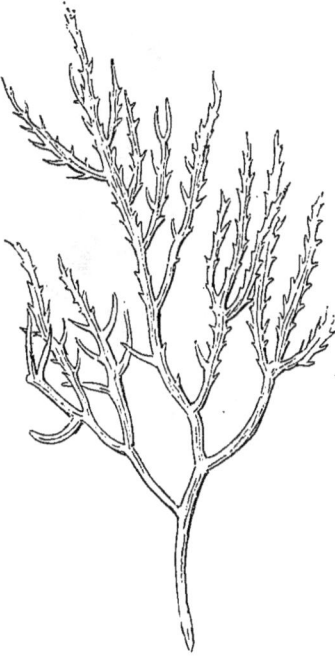

FIG. 358. — *Rhodhymenia ciliata.*   FIG. 359. — *Rhodhymenia palmata.*

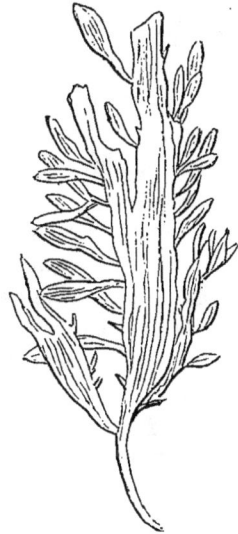

Le *R. ciliata* (*Calliblepharis ciliata*) (fig. 358) est annuel et fructifie d'ordinaire en hiver. Son stipe est subfiliforme et se dilate en une lame lancéolée, dichotome, pennée ou ciliée sur les bords. Les cils courts se terminent en ailettes. C'est aussi une espèce comestible, qui se trouve dans l'Océan et la Méditerranée.

Les *Gracilaria* dont il a été question plus haut (p. 281) appartiennent à cette famille et à la division des *Sphœrococcoïdées*, que caractérisent des thalles massifs, parenchymateux. Il est plan dans les *Gracilaria*, avec des tétraspores crucialement divisées.

Gelidium.

Ce genre a donné son nom à une famille des *Gélidiées*, dans laquelle le thalle, de consistance gélatineuse et plus ou moins rameux, possède un filament axile qui s'enveloppe de bonne heure d'une couche corticale. Il n'y a point de nervure dans les *Gelidium* proprement dits, quoiqu'elle existe dans les autres genres de la famille. Le *G. corneum* LAMX (*Fucus corneus* HUDS. — *Sphærococcus corneus* AGH) (fig. 360) est une plante très variable de forme, qui se trouve dans l'océan Atlantique, la Méditerranée, la mer des Indes, etc. Son thalle, de couleur purpurine, est divisé en branches très nombreuses, bi, tri-ou quadripinnées, avec les plus petites divisions linéaires, rétrécies à la base, plus ou moins renflées au milieu, puis atténuées au sommet où se trouve à certaines époques une légère dilatation qui est le siège des cysto-

FIG. 360. — *Gelidium corneum.*

carpes. Le *G. corneum* fait partie, nous l'avons vu, de la Colle du Japon; c'est donc une Algue alimentaire, analeptique, propre à nourrir les débilités et les convalescents.

Gigartina.

Ce genre d'Algues a donné son nom à une famille des *Gigartinées*, distinguée par un thalle massif et de consistance charnue ou cartilagineuse. Elle renferme entre autres le genre *Gigartina* et le genre *Chondrus* dont nous avons donné plus haut les caractères. Les *Gigartina* se distinguent des *Chondrus* en ce que les filaments issus de l'œuf demeurent groupés autour d'un phytocyste central et produisent un œuf dans chaque phytocyste. Le sporogone constitue de la sorte un massif sporifère unique. Les *C. isiformis* (fig. 361) et *spinosa* sont des *Gracilaria* et produisent, nous l'avons vu (p. 360), de l'*Agar-agar*. On en a fait aussi des *Euchuma*. Le *G. pistillata* LAMX se trouve dans la Mousse de Corse. Le *G. speciosa* SOND.,

20

d'Australie, est comestible. Le *G. acicularis* Lamx (*Fucus acicularis* Wulf.), de l'Adriatique, est vanté contre les maladies du poumon et des reins et comme antiscrofuleux. C'est une espèce très riche en matière gélatineuse et mucilagineuse.

L'*Endocladia vernicata* (*Acanthobolus brasiliensis* Kuetz.), dont on

Fig. 361.— *Gigartina (Euchuma) isiformis.*

a aussi fait un *Hypnea*, est également très voisin. C'est une petite plante (3-4 cent.) très ramifiée, à stipe court, presque immédiatement divisé en quatre ou cinq branches elles-mêmes ramifiées, avec les divisions ultimes chargées de petites aspérités. C'est aussi une plante gélatineuse et alimentaire.

NÉODIATOMACÉES

C'est avec raison qu'on a substitué le nom de *Neodiatoma* à celui de *Diatoma* qui avait été appliqué, à la fin du siècle dernier, à un genre de plantes phanérogames de la famille des Rhizophoracées. Les Néodiatomacées sont des Algues unicellulaires, partagées en genres très nom-

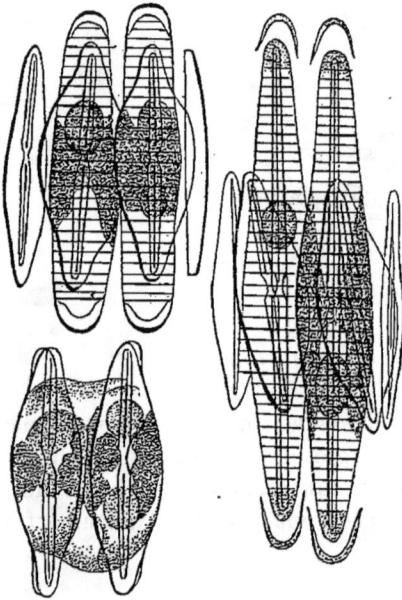

FIG. 362. — *Frustulia annonica*, en conjugaison. A, les deux cellules-mères fusionnant leur protoplasma; B, les deux auxospores, plus grandes que les quatre valves qu'elles ont quittées, en voie de produire des capuchons au niveau de leurs extrémités; C, les deux auxospores ayant sécrété leurs valves, et leurs capuchons s'étant écartés (Pfitzer).

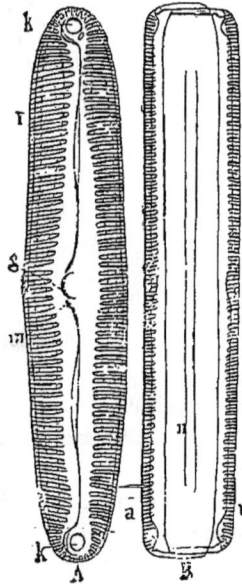

FIG. 363. — *Pinnularia viridis*. A, Individu vu par la face supérieure; B, Individu vu par la tranche; *g*, nodule médian; *k k*, nodules terminaux; *m*, ligne médiane; *r*, stries; *n*, valve externe; *i*, valve interne de l'individu (Pfitzer).

breux et distribuées en abondance dans les eaux douces et salées de toutes les parties du monde.

Ce sont des Algues très peu volumineuses, le plus souvent microscopiques, qui ont la forme de petites plaques, oblongues, ovales, fusiformes, rectangulaires, etc., libres et mobiles dans les eaux douces ou salées, ou vivant en grand nombre fixées à la surface des végétaux submergés.

Un individu se présente sous forme d'un phytocyste à phytoblaste plus

ou moins riche en chlorophylle que dissimule ordinairement une autre
substance pigmentaire, longtemps nommée *Diatomine*. La paroi du
phytocyste est de bonne heure incrustée de silice. Elle forme ainsi une
sorte de carapace dont la surface présente des lignes, des inégalités
diverses, des nodules, etc., qui diffèrent d'un genre à l'autre et d'une
espèce à l'autre. Le phytocyste silicifié est formé de deux valves, l'une
supérieure et l'autre inférieure. L'une d'elles, plus grande que l'autre, la
déborde en formant au-dessus d'elle comme une sorte de couvercle. Ces
plantes présentent deux modes de multiplication : sexué et asexué. Le
premier consiste en une division dans laquelle le phytoblaste se sépare en
deux parties qui s'écartent l'une de l'autre en entraînant avec elles la
valve qui les recouvre. Après la disjonction, chaque nouvel individu
sécrète sur sa surface nue une valve nouvelle, plus petite que l'ancienne
qui la déborde. Lorsque plus tard une nouvelle division se produit, les
mêmes phénomènes se reproduisent, et les nouvelles valves se trouvant
être toujours plus petites que les anciennes, les individus sont d'autant
plus petits qu'ils ont été précédés par une série plus considérable de
générations. Quand ils arrivent à un certain minimum, il se produit
une nouvelle série de phénomènes distincts. Deux individus différents se
rapprochent l'un de l'autre; leurs valves s'écartent; et leurs phytoblastes
sortant de leurs valves, se confondent en un seul corps. C'est un phénomène de conjugaison tout particulier; et cette conjugaison une fois
accomplie, la masse du phytoblaste qui en résulte se divise en deux
masses secondaires qui s'accroissent isolément et deviennent en peu de
temps beaucoup plus volumineuses que les valves des deux individus qui
se sont conjugués. C'est de là que leur est venu le nom d'*Auxospores*.
Chacune d'elles prend plus ou moins la forme de fuseau, et ses deux extrémités se recouvrent d'une sorte de capuchon dont l'existence est transitoire.
Ses faces sécrètent alors deux valves nouvelles; et deux individus sont
formés, plus volumineux que ceux qui se sont conjugués. Entre les deux
valves, on admet que le phytoblaste forme une mince couche de substance
contractile qui serait l'agent du mouvement de glissement en avant et en
arrière suivant lequel la Néodiatomacée progresse dans l'eau, parfois avec
une rapidité relativement considérable. En général, ces végétaux se
meuvent en portant en avant, tantôt l'une et tantôt l'autre de leurs extrémités. On a expliqué ces mouvements (Schultze) en établissant que la
carapace siliceuse est perforée d'orifices qui laissent passer des sortes de
pseudopodes du phytoblaste intérieur. On admet aussi que l'auxospore
peut se former sans être précédée d'une conjugaison; auquel cas le phytoblaste d'un individu abandonne ses valves, augmente alors rapidement de
volume, et sécrète à sa surface deux valves nouvelles.

Sans être directement utiles en médecine, les Néodiatomacées jouent
en biologie générale un rôle considérable. La silice dont leur phytocyste
est incrusté prend part à la formation de l'écorce terrestre. Grâce à cette

armure siliceuse, les Néodiatomacées se sont conservées pendant des périodes très longues. On les rencontre en nombre infini dans les cendres des houilles de Newcastle, de Saint-Étienne, des bassins belges, etc. On admet que ce sont les premiers végétaux qui aient, avant la formation des continents, peuplé l'immensité des eaux. Le fond de toutes les mers est tapissé de leurs carapaces siliceuses. Le *Tripoli* est un amas de Néodia-tomacées fossiles, rapprochées en bancs parfois gigantesques. On admet que, dans les périodes actuelles, ces végétaux microscopiques purifient les eaux douces et salées, de la même façon que les Algues plus élevées

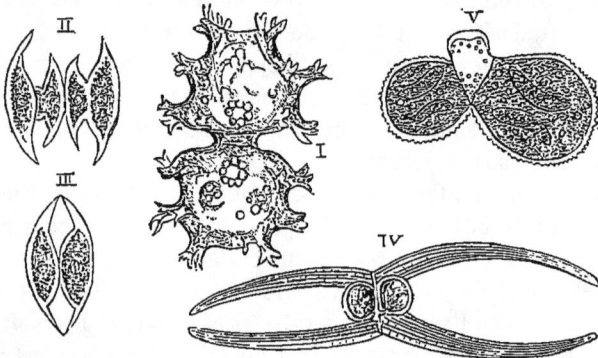

Fig. 364. — Desmidiées. I, *Xanthidium armatum*; II, III, *Arthrodesmus*; IV, *Closterium lineatum*, conjugué; V, une cellule de *Cosmarium Botrytis*, émettant un tube de conjugaison (De Bary).

en organisation et de plus grande taille, en décomposant l'acide carbonique qui s'y trouve libre ou à l'état de combinaisons. Ce sont des agents de transformation des matériaux inorganiques en substances organiques assimilables. Il y a souvent un grand nombre de Néodiatomacées dans la Phycocolle et les *Thao*. Beaucoup d'auteurs ont rattaché les Néodiatomacées aux Algues-Phéophycées ou Mélanospermées.

On a rangé non loin des Néodiatomacées les Desmidiées (fig. 364) qui sont des Conjuguées unicellulaires et dans lesquelles les zygospores se forment dans le canal de conjugaison. Puis elles se segmentent de bonne heure et donnent ainsi naissance à deux nouveaux individus. Moins qu'autrefois on rapproche aujourd'hui les Desmidiées des Néodiatomacées. Les premières sont vertes et partagées en deux segments symétriques. Il y en a de libres et d'agrégées en séries. On a considéré leur présence comme un indice de la pureté des eaux.

CYANOPHYCÉES

Nous ne parlons ici de ces Algues qui n'ont pas d'importance au point de vue médical que parce qu'elles sont les analogues des Schizophytes parmi les Fungacées. Leur nom vient de la matière colorante qu'elles renferment (*Phycocyanine*, *Phycochrome*). Les principales familles qui y sont comprises, sont celles des Oscillariacées, des Rivulariacées (fig. 366), des Nostocacées.

Les Oscillaires sont formées de filaments qui rappellent ceux des *Leptothrix*, et qui sont cylindriques, constitués par une foule de phytocystes placés bout à bout et formant comme de longues piles de disques. Ces filaments libres sont doués de mouvements lents et oscillatoires. Leur contenu est le plus souvent d'un vert bleuâtre, et l'on admet que cette teinte est due au mélange de la chlorophylle avec un principe colorant bleu. On nomme articles les phytocystes qui présentent cette coloration et sont susceptibles de se diviser transversalement. En observant les cloisons des Oscillaires de telle façon qu'elles paraissent sombres, il y a un moment où l'on aperçoit de chaque côté d'elles un espace clair, transversalement allongé où la matière bleuâtre devient très peu abondante. Il y a des Oscillaires de taille relativement grande, souvent recourbées aux extrémités, et à granulations intérieures apparentes. Il est assez facile d'y voir que le déplacement des filaments est lié à une rotation autour de l'axe. Il y a aussi des mouvements de nutation ou de flexion, qui sont attribués à des différences dans l'intensité de l'accroissement sur les diverses faces du filament. Ces courbures se produisent lentement ou çà et là brusquement. De plus, le filament se meut en totalité en avançant ou en reculant. Mais il faut pour que ces mouvements se produisent, que l'Oscillaire puisse prendre un point d'appui sur un objet quelconque. On a attribué la cause de ces mouvements (Engelmann) à des filaments protoplasmiques qui traverseraient la membrane d'enveloppe.

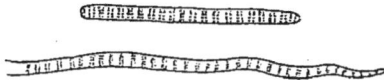

FIG. 365. — A, *Oscillaria viridis*. B, *Oscillaria trachiformis* (Rabenhorst).

Il y a beaucoup d'*Oscillaria* dans nos eaux douces, comme les *O. viridis* (fig. 365 A), *trachiformis* (fig. 365 B), *Frœlichii*, *princeps*, etc. On a décrit chez l'homme un *O*. (?) *intestini* FARRE qui a été observé en 1844 sur des lambeaux membraneux et rubanés, provenant du tube digestif et rejetés, après de fortes coliques, par une femme dyspeptique. Dans les eaux minérales sulfureuses, on a assez souvent observé (L. Soubeiran) l'*Oscillaria elegans* AGH, espèce à filaments très ténus, articulés, acuminés, et à endochrome d'un vert foncé.

Les *Anabaina* ont aussi été attribués aux Nostocacées. Ce sont des Algues constituées par des chapelets dont les grains ont la forme de sphère ou de barillet et sont placés bout à bout. Ces éléments sont à peu près de même taille; mais ils sont de temps en temps interrompus par un phytocyste plus grand, sphérique ou ellipsoïde, qu'on nomme *Hétérocyste* ou *Cellule-limite*. Les filaments sont contournés de façon diverse ou repliés en lignes brisées. Très souvent l'hétérocyste n'est pas de même couleur que les autres phytocystes; il sera, par exemple d'un vert foncé et noirâtre, quand les autres phytocystes sont d'un vert clair ou grisâtre. Tous ces éléments, dépourvus de noyau, renferment des corpuscules de teinte foncée. Il est très ordinaire de rencontrer des

FIG. 366.
Rivularia Pisum
(Rabenhorst).

sujets dans lesquels les phytocystes ordinaires sont en voie de division, se dédoublant par la production d'une cloison transversale en évolution. On a constaté la présence dans les eaux minérales sulfureuses de l'*A. smaragdina* L. SOUB., espèce à filaments moniliformes et à articles sphériques, excepté l'avant-dernier qui est cylindrique, et le dernier qui est plus renflé. L'endochrome y est d'un très beau vert.

Les *Nostoc* (fig. 367, 368) sont des Cyanophycées dont l'organisation rappelle beaucoup celle des types précédents, avec cette grande différence que les chapelets sont englobés dans des masses gélatineuses plus ou moins ridées ou ondulées, et qu'on peut comparer à la substance zoogléique que nous avons constatée dans certaines formes des Schizophytes. Tout le monde connaît le *N. ciniflonum* de Tournefort (*C. commune* VAUCH. — *Tremella Nostoc* L. — *T. atrovirens* BULL. — *Ulva terrestris tenerrima* BATT. —

FIG. 367. — *Nostoc ciniflonum*
(Rabenhorst).

Fucus Tremella Nostoc GMEL. — *Linkia Nostoc* LINK), qu'on rencontre souvent en abondance sur les terrains humides et qui devient surtout visible, avec sa couleur olivâtre, quand sa substance zoogléique a été gonflée par les pluies. Quand l'eau a bien ramolli cette sorte de gelée, des portions des filaments inclus, comprises entre les cellules-limites, se disjoignent, s'échappent au dehors et s'allongent, pendant que les cellules-limites demeurent incluses dans la gelée. Dans l'eau, les filaments échappés se meuvent comme des Oscillaires, et l'on a même supposé que ces mouvements ont provoqué leur sortie de la gelée. Leurs articles s'accroissent en travers et forment ainsi des disques qui se cloisonnent dans le sens de la longueur du filament. Celui-ci se trouve alors composé d'une série de courts chapelets à direction transversale. Ces chapelets secondaires, une fois arrivés à leur maximum d'élongation, s'incurvent et accolent leur phytocyste terminal à celui des chapelets transversaux qui sont au-dessus ou au-dessous. Il en résulte un seul filament fortement ondulé. Quelques-uns de ses phytocystes prennent les caractères des cellules-limites, et la couche gélatineuse extérieure se développe en même temps; de sorte que par l'accroissement de la gelée et la division répétée des chapelets, le *Nostoc* microscopique du début atteint graduellement le volume d'une noix ou même d'un œuf de poule.

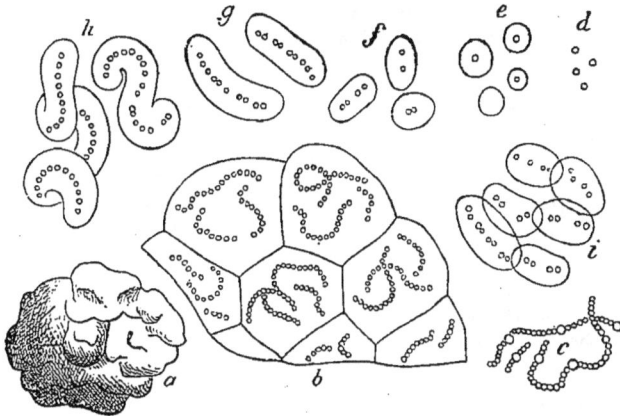

Fig. 368. — *Nostoc mesenteroides*. *a*, zooglée entière; *b*, portion d'une coupe de zooglée; *c*, chapelets de phytocystes avec cellules-limites; *d*, *e*, *f*, *g*, *h*, *i*, passage des éléments isolés à la reconstitution de la zooglée (Van Tieghem).

L'espèce commune que nous avons prise pour exemple a été fort employée comme médicament, sous les noms significatifs de *Beurre de terre, B. magique, Crachat de lune, C. de mai, Salive de coucou, Excrément de coucou, Fille du ciel, Purgation des étoiles, Réalgar de l'air, Fleur de soleil, Vitriol végétal, Perce-terre, Thrône de la terre*. Les alchimistes lui ont prêté les vertus les plus surprenantes. On l'a préconisée contre les cancers. Dans le nord de l'Europe, on croit qu'elle favorise le développement des cheveux. En Sibérie, on l'emploie topiquement contre les ophtalmies et l'enflure des pieds. On l'a aussi vantée comme cicatrisant des plaies. Il y a même des pays où on en fabrique une boisson qu'on prétend tonique, en la faisant infuser dans l'eau-de-vie.

Le *N. mesenteroides*, dont on a fait un genre spécial (*Ascococcus mesenteroides* CIENK. — *Leuconostoc mesenteroides* V. TIEGH.) (fig. 368), est depuis

longtemps connu sous les noms de *Gomme de sucrerie*, et en Allemagne,
de *Froslaich (Frai de grenouilles)*, comme se développant dans les sucs
de Betterave où M. Schreibler a étudié sa composition chimique en 1874.
La même année, sa nature végétale fut déterminée en France où l'on
prouva (Jubert) qu'il fallait le tuer par un antiseptique pour éviter une
grande perte dans la fabrication des sucres. C'est M. Mendès qui, en 1875,
le rangea parmi les *Nostoc*. Ses filaments sont à peu près incolores. La
plante intervertit, dans le suc des Betteraves, le sucre dont elle se nourrit
ensuite. On a aussi rapproché cette plante des Sarcines et on en a même
fait une Mucédinée et une Micrococcacée.

On a nommé *Chroococcacées* de très petites Algues vertes qui se
trouvent dans les milieux humides, dans les eaux douces et même salées.
Elles sont représentées par des phytocystes isolés ou unis en colonies,
mais tous semblables. Leur enveloppe, mince d'abord, se gélifie facilement, à peu près comme celle des *Nostoc*, mais à un degré moindre. Leur
multiplication s'opère par division. Comme, dans les *Glœocapsa* (fig. 369)

FIG. 369.
Glœocapsa polydermatica
(Rabenhorst).

FIG. 370.
Chroococcus turgidus
(Rabenhorst).

et les *Chroococcus* (fig. 370), la segmentation des phytocystes se produit
suivant trois directions, les colonies peuvent avoir à peu près les mêmes
dimensions dans trois sens, entourées d'ailleurs d'une gelée plus ou moins
épaisse. Ces végétaux à matière verte se comportent donc ici comme font
parmi les Schizophytes les Mérismopédies qu'on a aussi d'ailleurs attribuées, à une certaine époque, aux Chroococacées. Les *Glœothece* et *Syn-
chococcus*, voisins des *Chroococcus*, ne se divisent, au contraire, que dans
deux directions, ont des colonies en forme de plaque, et sont ici, au début du moins, les analogues des *Tetragenus*.

Nous arrivons ainsi aux formes les plus simples des Algues, constituées
par un seul phytocyste à matière colorante, c'est-à-dire aux *Protococcus*
qui intéressent la biologie générale par la quantité d'acide carbonique
qu'ils doivent réduire quand ils renferment de la chlorophylle, comme il
arrive pour l'espèce la plus commune du genre, le *P. viridis*. Sur les
troncs d'arbres, les murs, les roches, les bois exposés à l'humidité,
surtout du côté du nord, on voit souvent, en toute saison, des couches
vertes énormes formées par cette espèce. Ces couches sont constituées
par de nombreux phytocystes sphériques, isolés ou réunis en petits

groupes, souvent disposés par quatre (comme dans ce qu'on a nommé *Pleurococcus*). La paroi mince, que le chlorure de zinc iodé teinte en violet, renferme un phytoblaste qui est incolore en certains points, mais qui renferme un très grand nombre de chromatophores tangents les uns aux autres. Dans les points seulement où ils ne sont pas en contact immédiat, on aperçoit la substance incolore du phytoblaste. Le phytocyste possède d'ailleurs un noyau qui varie de place et qui contient un nucléole. La multiplication se fait par un cloisonnement du phytocyste en deux éléments secondaires qui se divisent eux-mêmes de la même façon, par des cloisons à peu près perpendiculaires ou parallèles. Peu à peu les nouveaux phytocystes produits se séparent les uns des autres et s'arrondissent. Par l'action de l'iodure de potassium ioduré, on rend les noyaux et leur nucléole bien visibles, et le noyau adhère à la paroi du phytocyste quand celui-ci est encore jeune. Il y a aussi des grains d'amidon dans les chromatophores. Voici donc des végétaux très simples qui ont en eux tout ce qui est nécessaire à leur évolution. Sont-ce des êtres autonomes? Le fait a souvent été mis en doute. Ce sont peut-être seulement des états transitoires d'autres Algues plus compliquées.

Il y a des *Protococcus* rouges; tel est le *P. nivalis*, la plante de la neige sanglante, qui a été observée aux plus grandes altitudes, qui a donné lieu à tant de fables, et qui n'est pas, pour certains auteurs, spécifiquement distincte du *P. viridis*.

Tableau du Droguier de la Faculté de médecine de Paris[1].

1. *Castoréum.* — Substance musquée, sécrétée par la paroi d'une paire de sacs glanduleux qui s'ouvrent dans la gaine préputiale du *Castor Fiber* L., le plus grand des Mammifères-Rongeurs, et dont le *C. canadensis* est une variété. Le contenu des sacs est résineux, d'un brun un peu rougeâtre, à odeur assez forte, spéciale, peu agréable. Les sacs sont oblongs, pyriformes, pédiculés et ridés, longs de 8-12 centimètres. On distingue, suivant le pays d'origine, le *Castoréum du Canada* ou *d'Amérique*, et le *C. de Russie*, moins commun.

2. *Musc.* — Produit très odorant, à parfum pénétrant, très diffusible, très persistant, sécrété par la paroi d'une poche abdominale et sousombilicale d'un Chevrotain, le *Moschus moschiferus* L., Mammifère-Ruminant, de l'ordre des Ongulés, à canines supérieures très développées, et dépourvu de cornes. La poche à musc, discoïde, subhémisphérique, formée par une invagination partielle de la peau, est recouverte en bas par la couche pilifère de cette dernière, et remplie d'une matière onctueuse, semi-fluide, plus tard desséchée. L'orifice du réservoir est inférieur et entouré d'une couronne de poils obliques. On distingue, suivant le pays d'origine, le *Musc Tonquin*, du Thibet, le plus estimé, et le *M. Kabardin*, de Sibérie, de qualité inférieure.

3. *Corne de cerf.* — Cornes du *Cervus Elaphus* L., Mammifère-Ruminant-Ongulé, à mâchoire supérieure dépourvue de canines et d'incisives; à mâchoire inférieure portant finalement deux canines et huit incisives. Les cornes n'existent que chez le mâle et sont d'origine dermique, indépendantes d'abord du frontal avec lequel elles s'unissent ultérieurement et dont elles se séparent vers l'époque du rut. Se présente sous forme de cônes jaunâtres, à section blanche et lisse, dits *Cornichons*, ou en copeaux blancs (*Corne de cerf râpée*), sans saveur et à odeur fade, peu agréable; riche en phosphate de chaux.

4. *Sucre de lait (Lactose).* — Sucre à saveur faible, ordinairement groupé en cristaux orthorhombiques, à sommets octaédriques, réunis sur une ficelle ou une baguette; fibroïde et d'un blanc jaunâtre terne. Extrait du lait des Mammifères domestiques, surtout de celui de la Vache, femelle du *Bos Taurus* L., Ruminant-Ongulé, à cornes creuses et persis-

1. Ce tableau qui, pour des raisons indépendantes de notre volonté, n'a pu être placé à la fin de notre *Botanique médicale phanérogamique*, renferme une caractéristique abrégée des drogues simples décrites aussi bien dans le présent ouvrage que dans celui dont nous venons de rappeler le titre. Pour une description plus détaillée de ces substances, la lettre P renvoie à la page de la partie phanérogamique de l'ouvrage; et la lettre C, à celle de la Botanique cryptogamique.

tantes; la base osseuse, surmontée d'une couche d'origine épidermique.

5. *Blanc de Baleine* (*Spermaceti*). — Substance grasse, d'aspect cireux, blanche ou un peu bleutée, à saillies brillantes et cristallines, à saveur nulle, à odeur stéarique légère, extraite d'un réservoir spécial de la tête du *Catodon macrocephalus* LAC. ou *Physeter macrocephalus*, Mammifère-Cétacé-Carnivore. Le réservoir à *spermaceti* renferme une masse huileuse dont se sépare finalement le Blanc de Baleine. Ce réservoir, situé en haut, en avant et à droite de la tête, a pour origine la cavité dilatée de la narine droite, cavité double et débouchant aussi dans l'évent.

6. *Colle de poisson* (*Ichtyocolle*). — Substance blanchâtre, translucide, provenant de la couche interne décolorée de la vessie natatoire de plusieurs Esturgeons (*Accipenser*) tels que les *A. Sturio, Huso, ruthenus, stellatus*. Poissons cartilagineux-Ganoïdes-Sturioniens. Elle est à peu près sans saveur et sans odeur et devient gluante au contact de la salive. Elle se présente sous des formes diverses; en plaques ou feuilles, livres, en cœur, en lyre, etc.

7. *Cantharides*. — Insectes-Coléoptères-Hétéromères-Trachélidiens (*Cantharis vesicatoria* GEOFFR. — *Lytta vesicatoria* L.), desséchés, entiers, longs de 1 1/2 à 2 centimètres, verdâtres, cuivrés, friables, à odeur pénétrante, fétide, à contact irritant.

8. *Cire*. — Substance constituant les alvéoles des ruches des Abeilles domestiques (*Apis mellifica* L.), Insectes-Hyménoptères-Apidés; fabriquée par elles aux dépens de matières sucrées et excrétée au niveau des plaques dites cirières de l'abdomen. Masse jaune ou blanche, décolorée, molle, à toucher gras, adhérente aux doigts qui la pétrissent; insipide, à odeur spéciale, non désagréable.

9. *Cochenille du Mexique*. — Corps desséchés des *Coccus Cacti* femelles, Insectes-Aptères de l'ordre des Hémiptères-Homoptères; irréguliers, grisâtres, plus ou moins chargés de matière pulvérulente blanche; légers, convexes en dessus, irrégulièrement concaves en dessous, transversalement segmentés, produisant, quand on les mâche, une coloration rose de la salive et une saveur de moisi.

10. *Cochenille de Honduras*. — Caractères de la précédente, sans pulvérulence et de couleur noirâtre; obtenue, dit-on, du *Coccus Cacti* préventivement lavé et chauffé.

11. *Cocons de Sangsue*. — Manchons ovoïdes, spongieux, formés au niveau de l'orifice génital de la *Sangsue médicinale* (*Hirudo medicinalis* L.) et de la *S. officinale* (*H. officinalis*), Annélides-Hirudinées, au moment de la ponte, pour recueillir les œufs, et formés extérieurement de fils nombreux, soyeux, bouclés, d'un blond terreux, intérieurement d'une lame sèche, gélatiniforme; incomplètement obturés aux deux pôles.

12. *Éponges*. — Zoophytes-Spongiaires (*Spongia communis* et *usitatissima* LAMK), à squelette corné, albuminoïde; légers, très poreux, plus ou moins blonds, préparés, soit en cylindres fortement enroulés d'une

ficelle (*E. à la ficelle*), soit en plaques minces comprimées et imprégnées de cire jaune fondue (*E. à la cire*).

13. *Racine d'Aconit Napel.* — Portion souterraine du *Delphinium Napellus* H. Bʀ (*Aconitum Napellus* L.), plante vivace, indigène, de la famille des Renonculacées, série des Aquilégiées; à fleurs irrégulières; formée de la base de la tige et de 1-3 racines adventives épaissies, à pivots napiformes, coniques, rectilignes ou arqués, d'un brun plus ou moins grisâtre, à plis longitudinaux et à cicatrices blanchâtres des racines latérales détruites, à cassure pâle, à odeur faible, à saveur finalement irritante. (P. 481 [1]).

14. *Feuilles d'Aconit Napel.* — Feuilles du *Delphinium Napellus* H. Bʀ, alternes, bi-tripinnatiséquées, vertes, à segments bi-trifides, inégalement incisés-dentés. (P. 486).

15. *Staphisaigre.* — Graines du *Delphinium Staphisagria* L., Renonculacée-Aquilégiée, indigène, bisannuelle, à fleur irrégulière. Masses irrégulières, polyédriques, déprimées (larges de 4-8 millimètres), rugueuses-réticulées, brunes, à albumen intérieur abondant, huileux; à saveur âcre, chaude et irritante. (P. 479).

16. *Racine d'Hellébore noir.* — Rhizome chargé de racines adventives, rarement de l'*Helleborus niger* L., plus souvent de l'*H. viridis* L., Renonculacée-Aquilégiée indigène, vivace, à fleurs régulières. Cordons droits ou tortueux, noirâtres, striés ou anfractueux, avec collerettes transversales plus ou moins saillantes, à moelle centrale piquetée de points résineux. Saveur un peu amère et âcre. (P. 467).

17. *Badiane (Anis étoilé).* — Fruit multiple de l'*Illicium verum* H. F., Magnoliacée-Illiciée du Tonkin; formé de follicules, ordinairement au nombre de huit, disposés en étoile au sommet d'un pédoncule commun, comprimés en carène et déhiscents par leur bord supérieur ou interne, contenant chacun une graine lisse. Coques épaisses, brunes, à saveur anisée, brûlante, un peu sucrée, chaude et piquante, à odeur agréable d'anis. (P. 498).

18. *Cannelle blanche.* — Écorce du *Cannella alba* Mᴜʀʀ., Magnoliacée-Cannellée des îles Bahama, en forme de rouleaux, longs de 10 à 40 centimètres, larges de 2-5 centimètres; blanchâtre ou crevassée en dehors, ou dépouillée de sa couche superficielle et d'un fauve clair, à surface interne lisse, d'un blanc sale ou un peu noirâtre, à cassure nette, à saveur poivrée, aromatique, chaude, piquante, à odeur aromatique agréable. (P. 505).

19. *Rose de Provins.* — Pétales du *Rosa gallica* L., Rosacée-Rosée, à fleurs généralement semi-doubles; obcordés, membraneux, souvent rapprochés et imbriqués, d'un beau rose carminé ou strié de blanc, souvent plus ou moins noircis; à saveur légèrement astringente, à odeur agréable, caractéristique. (P. 535).

20. *Kousso (Kosso).* — Inflorescences, le plus souvent mâles, de l'*Hagenia abyssinica* Lamk (*Brayera anthelminthica* K.), Rosacée-Agrimoniée arborescente, d'Abyssinie. Fleurs très nombreuses, petites, régulières, rousses, poilues, à réceptacle concave, disposées en vastes grappes ramifiées de cymes. (P. 540).

21. *Racine de Fraisier.* — Rhizome du *Fragaria vesca* L., Rosacée-Fragariée indigène; sympode cylindrique, long de 6-15 cent., tortueux ou droit, rugueux, portant souvent quelques restes de racines et terminé par un bourgeon à duvet soyeux; dur, à cassure fibreuse; brun, plus ou moins rougeâtre intérieurement, à odeur faible, à saveur un peu âpre, astringente. (P. 545).

22. *Racine de Tormentille.* — Rhizome du *Potentilla Tormentilla* DC., Rosacée-Fragariée indigène; plus ou moins contourné, parfois ramifié, de la grosseur du petit doigt, d'un brun terreux, à surface parsemée de petites ponctuations spiralées, triangulaires, entourant la cicatrice d'une racine adventive, à cassure granuleuse, à odeur presque nulle, à saveur très astringente. (P. 547).

23. *Amandes douces.* — Graines du *Prunus Amygdalus*, var. *dulcis*; ovales-aiguës, aplaties, longues de 2 1/2 cent., à enveloppe rouillée, rugueuse, poudreuse, avec un embryon intérieur blanc, charnu, huileux, à saveur douce, presque inodore. (P. 565).

24. *Amandes amères.* — Graines du *Prunus Amygdalus*, var. *amara*; présentant les mêmes caractères extérieurs que les précédentes, avec une saveur amère, et dégageant, quand on les broie avec de l'eau, une odeur cyanhydrique. (P. 566).

25. *Queues de Cerises.* — Pédoncules fructifères desséchés du *Prunus Cerasus* L., Rosacée-Prunée indigène; grêles, longs de 2-4 cent., d'un brun jaunâtre ou rougeâtre, un peu renflés aux deux extrémités, un peu astringents et sucrés, à odeur légère, dite de palissandre. (P. 563).

26. *Feuilles de Laurier-Cerise.* — Feuilles du *Prunus Lauro-Cerasus* L., Rosacée-Prunée ligneuse, cultivée; elliptiques-obovales, courtement acuminées, longues de 8-12 cent., rigides, un peu coriaces, cassantes, d'un vert plus ou moins brunâtre, plus claires en dessous, finement dentelées, à pétiole court, un peu tordu, glabres et réticulées-nervées, à saveur un peu âpre, sans odeur quand elles sont intactes et dégageant une odeur cyanhydrique quand on les déchire ou qu'on les broie fraîches. (P. 567).

27. *Racine de Benoîte.* — Rhizome du *Geum urbanum* L., Rosacée-Fragariée indigène, vivace; brun, de la grosseur au plus du petit doigt, portant des racines adventives, et, supérieurement, une couronne de bases de pétioles foliaires; dur, à cassure fibreuse, à saveur légèrement astringente, à odeur le plus souvent faible de girofle. (P. 547).

28. *Semences de Coings.* — Graines du *Cydonia vulgaris* Pers. (*Pyrus Cydonia* L.), Rosacée-Pyrée indigène. Pépins groupés en masses, d'un brun plus ou moins jaunâtre ou violacé; chaque semence ovale, aplatie,

longue d'environ, 2 cent., à tégument extérieur brun, glabre, inodore et d'une saveur faible d'amandes amères, se gonflant et devenant mucilagineux au contact de la salive. (P. 559).

29. *Gomme arabique.* — Suc durci de certains *Acacia*, Légumineuses-Mimosées-Acaciées, principalement de l'*A. arabica* L. Ce suc est le résultat d'une transformation morbide des parois des phytocystes des parenchymes de la tige et des branches. Cette gomme se présente en petites boules d'un jaune très pâle, faciles à égrener, se dissolvant facilement dans la salive. (P. 581).

30. *Gomme du Sénégal.* — Suc durci de l'*Acacia Senegal* W. (*A. Verek* GUILL. et PERR.), de même origine que la précédente et se présentant en grosses boules très dures, d'un jaune brun ou rougeâtre. (P. 580).

31. *Cachou de Pégu.* — Suc desséché, extrait des *Acacia Catechu* et *Suma*, Légumineuses-Mimosées-Acaciées de l'Asie tropicale. Se présente en masses brunes et légères, à cassure conchoïdale, à saveur âpre, astringente et légèrement sucrée. (P. 583).

32. *Cachou terreux.* — Même origine que le précédent. Se présente en pains cubiques, lisses et noirâtres, intérieurement d'un brun roux, friables et faciles à pulvériser. (P. 585).

33. *Écorce de Mouçenna (Besenna).* — Écorce de l'*Acacia anthelminthica* H. BN (*Albizzia anthelminthica* AD. BR.), Légumineuse-Mimosée-Acaciée d'Abyssinie; épaisse, grisâtre en dehors, à surface intérieure jaune, fibreuse, à cassure fibreuse, à saveur un peu âcre et acidule. (P. 585).

34. *Bois de Campêche.* — Cœur du bois de l'*Hæmatoxylon campechianum* L., Légumineuse-Cæsalpiniée-Encæsalpiniée; en blocs lourds, homogènes, fibreux, d'un rouge veiné de brun et de violet, à odeur agréable de rose, à saveur légèrement astringente. (P. 591).

35. *Casse en bâton.* — Fruit cylindrique, lisse, cloisonné en travers, de la grosseur du doigt, du *Cassia fistula* L., Légumineuse-Cæsalpiniée-Cassiée. Chaque compartiment de la gousse renferme une semence et, autour de celle-ci, la pulpe molle, brune, à saveur sucrée et acidulée qui est la partie utile. (P. 603).

36. *Séné de la Palte.* — Folioles du *Cassia acutifolia*, Légumineuse-Cæsalpiniée-Cassiée; de forme ovale-aiguë, insymétriques à la base, à saveur faible et un peu âcre, à odeur théiforme, un peu nauséeuse. (P. 605).

37. *Séné d'Alep.* — Folioles du *Cassia obovata*, Légumineuse-Cæsalpiniée-Cassiée; obovales, insymétriques, à grosse extrémité supérieure plus ou moins pourvue d'un acumen court. Souvent mélangées d'autres espèces de *Cassia* de la section *Senna*. (P. 607).

38. *Follicules de Séné.* — Gousses aplaties, tardivement déhiscentes des *Cassia acutifolia, angustifolia* et *obovata*, à paroi mince, parcheminée; plus ou moins arquées suivant les bords, arrondies aux extrémités,

avec saillies transversales brunes et quelques graines séparées les unes des autres par d'étroites fausses cloisons. (P. 605-607).

39. *Tamarins.* — Fruits du *Tamarindus indica* L., Légumineuse-Cæsalpiniée-Cassiée des tropiques; cylindriques, à coque sèche, cassante, recouvrant une pulpe du mésocarpe, noirâtre, sucrée, acidulée, parcourue de faisceaux fibreux et entourant l'endocarpe qui renferme les graines, aplaties, subquadrangulaires, lisses. (P. 594).

40. *Baume de Copahu.* — Oléo-résine extraite du tronc des *Copaifera*, Légumineuses-Cæsalpinées-Cassiées, notamment des *C. officinalis, Langsdorffii, pubifera, guianensis, Martii,* etc. Liquide oléo-résineux, jaunâtre, à odeur spéciale. (P. 613).

41. *Semences de Fenu-grec.* —Graines du *Trigonella Fœnum græcum*, Légumineuse-Papilionacée-Trifoliée; trapézoïdes, comprimées, jaune-brun, avec une encoche marginale prolongée sur les deux faces en sillon oblique, avec embryon conforme, dépourvu d'albumen; avec une saveur de pois secs et une odeur assez agréable du Mélilot. (P. 652).

42. *Gomme Adraganthe en plaques.* — Rubans aplatis, larges de 2-4 centimètres, arqués et onduleux, d'une matière blanche, inodore, insipide, insoluble et se gonflant dans l'eau et la salive, résultant d'une transformation des parois des phytocystes du parenchyme des tiges incisées en long de divers *Astragalus*, Légumineuses-Papilionacées-Galégées, notamment des *A. gummifer, verus, brachycalyx, adscendens, stromatodes, kurdicus, cylleneus, microcephalus, pycnocladus,* etc. (P. 639).

43. *Gomme Adraganthe vermiculée.* — Même substance que la précédente, sortie des tiges par des orifices étroits et à peu près aussi longs que larges. (P. 639).

44. *Racine de Réglisse.* — Rhizomes et racines du *Glycyrrhiza glabra*, Légumineuse-Papilionacée-Galégée; formés de cylindres de la grosseur du doigt, flexibles, à surface brune ou grise, plissée en long, à intérieur jaune clair; d'une odeur légère, agréable, d'une saveur sucrée, un peu âcre. (P. 646).

45. *Fèves de Calabar.* — Graines du *Physostigma venenosum*, Légumineuse-Papilionacée-Phaséolée de l'Afrique tropicale. Semences en forme de haricot, longues de 2 1/2 à 3 centimètres, avec un long hile unilatéral, une surface noirâtre, glabre, un peu rougeâtre vers les bords, et un gros embryon intérieur, blanchâtre, à cotylédons plan-convexes; à odeur nulle et à saveur peu prononcée ou nulle. (P. 629).

46. *Baume du Pérou liquide.* — Suc balsamique, extrait, à San Salvador et dans les régions mexicaines voisines, de la tige du *Toluifera Balsamum* var. *Pereiræ* (*Myroxylon Pereiræ* Kl.), Légumineuse-Papilionacée-Sophorée. Substance liquide, épaisse, comme huileuse, brune, plus ou moins rougeâtre, à odeur vanillée, balsamique, très agréable. (P. 666).

47. *Baume du Pérou en coque.* — Même substance, renfermée dans des

péricarpes peu volumineux de Cucurbitacées, de Calebasses ou de *Lecythis*. (P. 666).

48. *Baume de Tolu.* — Substance analogue à la précédente, extraite, à Tolu et dans les pays voisins, du *Toluifera Balsamum var. genuinum*; suc liquide ou visqueux, ou solide, à odeur très forte et très agréable de vanille et de benjoin. (P. 666).

49. *Cannelle de Ceylan.* — Ecorce du *Cinnamomum zeylanicum*, Lauracée-Cinnamomée; formée de lames épaisses d'environ 1 millimètre, enroulées et introduites les unes dans les autres, d'un brun plus ou moins fauve, rougeâtre en dedans, avec veines plus pâles, ondulées; à odeur aromatique et sucrée, chaude et piquante. (P. 680).

50. *Cannelle de Chine.* —Ecorce du *Cinnamomum Cassia*, Lauracée-Cinnamomée; formée de lames en gouttière, de 1, 2 centimètres de large, légères, cassantes, coriaces, d'un brun terreux en dehors, plus rougeâtres, ternes et finement granuleuses en dedans; à saveur plus faible et moins persistante, à odeur moins fine que celles de la C. de Ceylan. (P. 685).

51. *Camphre.* — C. ordinaire, dit de Chine ou du Japon : essence concrète, extraite par distillation du bois du *Cinnamomum Camphora* (*Laurus Camphora* L.), Lauracée-Cinnamomée. Matière blanche, translucide, craquelée, volatile, à toucher onctueux, rayée par l'ongle, à saveur chaude, brûlante, amère, à odeur spéciale, très forte. Masses courbées en forme de coupe circulaire, perforée au sommet, ou divisées en morceaux inégaux. (P. 687).

52. *Fève Pichurim.* — Cotylédons plans-convexes, épais, durs, à odeur et saveur aromatiques, chaudes, piquantes, rappelant celles du girofle et de la muscade. Ils proviennent des graines de deux Lauracées du genre *Nectandra* : le *N. Pichury major* (Grande Fève Pichurim) et le *N. Pichury minor* (Petite Fève Pichurim), arbres américains de la série des Ocotéées. (P. 691).

53. *Sassafras.* — Bois des tiges et des racines du *Sassafras officinalis* (*Laurus Sassafras* L.), Lauracée-Ocotéée; d'une teinte jaunâtre pâle, un peu rosée; sillonné de stries ténues, longitudinales; à odeur agréable, à saveur aromatique, puis un peu âcre. (P. 692).

54. *Baies de Laurier.* — Fruits charnus, ovoïdes, d'un brun noirâtre, odorants, très sapides, du *Laurus nobilis*, arbuste cultivé; contenant une seule grosse graine à cotylédons épais, plans-convexes. Réservoirs nombreux d'un mélange d'essences, épais, vert, volatile, odorant. (P. 694).

55. *Muscades.* — Albumen, ruminé et contenant un petit embryon apical, du *Myristica fragrans*, Myristicacée tropicale, arborescente, de l'ancien monde; à saveur aromatique, chaude et piquante. (P. 697).

56. *Muscades en coque.* — Même albumen, entouré des téguments de la graine, ovoïdes, bruns, lisses en dehors et portant des sillons inégaux peu profonds (traces du Macis). (P. 699).

57. *Macis.* — Arille lacinié de la graine du *Myristica fragrans*;

21

jaune orangé, presque corné, odorant, aromatique, très sapide. (P. 701).

58. *Beurre de Muscades.* — Substance grasse, savonneuse, compacte, d'un jaune orangé plus ou moins brunâtre, extraite de la Muscade par expression. (P. 700).

59. *Racine de Colombo.* — Racine du *Chasmanthera palmata* H. Bn, Ménispermacée-Chasmanthérée de l'Afrique tropicale orientale ; épaisse, fusiforme, charnue, et généralement découpée en rondelles contractées par la dessiccation ; d'un jaune pâle, blanchâtre ou un peu verdâtre ; déprimées au centre, à zones concentriques inégales, de saveur amère et d'odeur un peu rance de noix. (P. 703).

60. *Coques du Levant.* — Fruits de *l'Anamirta Cocculus* W. et Arn. (*Menispermum Cocculus* L.), Ménispermacée-Chasmanthérée de l'Asie tropicale ; formés de trois à six drupes globuleuses, un peu arquées, dures, brunes, à cicatrice pédonculaire assez rapprochée du sommet apiculé, à graine intérieure en forme de calotte, moulée sur une saillie interne et ventrale du péricarpe. (P. 709).

61. *Racine de Podophylle.* — Rhizomes du *Podophyllum peltatum* L. Berbéridacée-Podophyllée vivace de l'Amérique du Nord ; en forme de cordons cylindriques, un peu comprimés, épais de cinq à huit millimètres, d'un brun grisâtre ou un peu jaunâtre, avec renflements distincts d'où partent des racines adventives ; de saveur légèrement amère, et d'odeur légèrement nauséeuse. (P. 717).

62. *Opium de Smyrne.* — Latex concrété extrait des fruits verts du *Papaver somniferum album*, Papavéracée-Papavérée annuelle. Pains assez irréguliers, plus ou moins aplatis, longs de huit à dix centimètres, enveloppés souvent d'une feuille de la plante et souvent aussi de fruits de Patience ; d'un brun foncé, à section marbrée, d'aspect cireux, d'odeur vireuse, peu agréable, tout à fait spéciale (de Pavot), de saveur amère, persistante. (P. 729).

63. *Opium d'Égypte.* — Latex du *Papaver somniferum ;* concrété et rassemblé en gâteaux orbiculaires, d'un centimètre de diamètre environ, d'un brun roux homogène, à surface lisse ; souvent enveloppés de petites feuilles ou portant leur empreinte. Saveur très amère et odeur légèrement vireuse. (P. 731).

64. *Opium indigène.* — Latex concrété du *Papaver somniferum nigrum ;* en masses de forme variable, souvent en grains homogènes, d'un brun foncé, à surface lisse, sans grains ni bulles intérieures ; souvent très riche en morphine. (P. 731).

65. *Capsules de Pavot.* — Fruits mûrs du *Papaver somniferum album*, arrondis ou déprimés, surmontés du style court et large, rayonnant ; indéhiscents et renfermant un grand nombre de petites graines blanchâtres, réniformes, albuminées, mobiles dans le péricarpe. (P. 728).

66. *Semences de Pavot blanc.* — Graines du *Papaver somniferum album ;* très petites, de couleur blanchâtre ; réniformes, à surface du tégu-

ment extérieur réticulée, à albumen charnu, huileux, très abondant, à petit embryon arqué. (P. 728).

67. *Semences de Pavot noir.* — Graines de *Papaver somniferum nigrum*, très petites, rugueuses-réticulées, de couleur noirâtre ou violacée, à albumen abondant, huileux (donnant l'Huile d'Œillette), et à petit embryon arqué. (P. 729).

68. *Fleurs de Coquelicot.* — Pétales du *Papaver Rhœas* L., Papavéracée-Papavérée indigène; obovales, entiers, d'un rouge éclatant, ternis par la dessiccation, souvent tachés de noirâtre vers l'onglet très court; à odeur faible spéciale et un peu vireuse d'Opium, à saveur faible et mucilagineuse. (P. 733).

69. *Fumeterre.* — Herbe entière du *Fumaria officinalis* L., Papavéracée-Fumariée indigène, annuelle, haute de 10-20 cent.; à feuilles d'un vert glauque, profondément pinnatifides, à lobes pinnatifides, à lobules découpés, les derniers en raquette; à petites fleurs rosées, irrégulières, éperonnées, en grappes; à petits fruits globuleux, drupacés; le sarcocarpe finalement desséché. (P. 739).

70. *Graines de Moutarde noire.* — Graines du *Brassica (Melanosinapis) nigra (Sinapis nigra* L.), Crucifère-Cheiranthée-Brassicinée indigène; globuleuses, un peu ovoïdes, longues d'environ 1 1/2 mill., à coque cassante, d'un brun foncé, devenant mucilagineuse en dehors par humectation et contenant un embryon charnu, sans albumen, à cotylédons condupliqués. La graine écrasée dans la bouche est piquante et provoque le larmoiement. (P. 753).

71. *Graines de Moutarde blanche.* — Graines du *Brassica (Leucosinapis) alba (Sinapis alba* L.,) organisées comme celles du *B. nigra*, mais d'une grosseur double, à coloration d'un blanc jaunâtre, cireux, à couche superficielle mucilagineuse plus abondante. (P. 754).

72. *Styrax liquide.* — Baume opaque, à consistance de miel, et plus tard épais et presque solide, extrait par ébullition des copeaux de l'écorce profonde du *Liquidambar orientalis* MILL. (*L. imberbe* AIT. — *Platanus orientalis* POC.), Saxifragacée-Liquidambarée ou Styracifluée de l'Asie Mineure; d'un gris jaunâtre ou verdâtre, à surface souvent brunâtre, à saveur un peu âcre, à odeur suave, balsamique, persistante, rappelant celle du Baume de Tolu. (P. 770).

73. *Poivre noir.* — Fruits (baies) du *Piper nigrum*, Pipéracée-Pipérée des régions tropicales de l'ancien monde; de la forme et de la grosseur d'un pois, sessiles, à surface noirâtre ou brune, irrégulièrement plissée, contenant une seule graine dressée, à double albumen et à très petit embryon; l'albumen extérieur farineux, blanc; à odeur aromatique quand on les brise; à saveur poivrée, âcre et brûlante. (P. 776).

74. *Poivre blanc.* — Fruits du *Piper nigrum*; dépouillés, après macération et frottement, de la portion extérieure du péricarpe, et devenus de la sorte d'un blanc terne ou jaunâtre. (P. 777).

75. *Poivre long*, — Fruits composés du *Piper longum* L. et du *Piper officinarum* DC., Pipéracées-Pipérées de l'Asie et de l'Océanie tropicales; en forme d'épi cylindro-conique, long de 4-5 cent., pédonculé, d'un brun un peu rougeâtre, masqué par une poussière d'un gris terreux. Chaque fruit est une baie, construite comme celle du *P. nigrum*, à faible odeur aromatique, à saveur brûlante. (P. 779).

76. *Cubèbes*. — Fruits (baies) du *Piper Cubeba* L., Pipéracée-Pipérée de l'Océanie tropicale; sphériques, larges de 5-6 mill., noirâtres, plissés, ridés à la surface, contenant une graine dressée à double albumen, et supportés par un pédoncule de même longueur au moins que le fruit. Saveur âcre, aromatique, un peu amère, camphrée. Odeur aromatique spéciale. (P. 779).

77. *Matico*. — Feuilles du *Piper angustifolium* R. et Pav. (*Artanthe elongata* Miq.), Pipéracée-Pipérée de l'Amérique méridionale tropicale; ovales-oblongues, longues de 10-14 cent., à base arrondie, insymétrique, à bords finement crénelés, à face supérieure rugueuse, à face inférieure plus pâle, grisâtre, finement rugueuse, réticulée-nervée, gaufrée; le réseau des nervures saillant, formé d'aréoles polyédriques. Odeur aromatique; saveur chaude et camphrée. (P. 780).

78. *Pariétaire*. — Branches feuillées et florifères du *Parietaria officinalis*, Urticacée-Pariétariée indigène; couvertes de poils blancs fins; les feuilles alternes, ovales-aiguës, longues de 4, 5 centimètres, à 6-8 nervures pennées; les poils crochus, et les cystolithes formant saillie sur le limbe desséché; les fleurs polygames en glomérules axillaires contractés.(P. 787).

79. *Fleurs de Mauve*. — Fleurs du *Malva sylvestris* et plus rarement du *M. rotundifolia*, Malvacées-Malvées indigènes, herbacées. Ces fleurs ont un calicule de trois bractées libres, un calice-5-mère, valvaire, une corolle tordue, rose, veinée, dont les pièces sont unies à la base entre elles et avec le tube de l'androcée monadelphe. Ovaire petit, circulaire, déprimé, formant un verticille de loges uniovulées qui deviennent autant d'achaines dans le fruit. Saveur mucilagineuse. (P. 795).

80. *Feuilles de Mauve*. — Celles ordinairement du *Malva sylvestris*; palmatilobées, incisées-cordées à la base, à long pétiole, à limbe 5-7-lobé, 5-7-nerve; les lobes plus ou moins arrondis et finement dentés; à saveur mucilagineuse et fade. (P. 796).

81. *Fleurs de Guimauve*. — Fleurs de l'*Althœa officinalis*, Malvacée-Malvée indigène; herbacée; présentant les caractères généraux et les dimensions de celles des Mauves, avec un calicule de 6-9 folioles lancéolées, unies dans un tiers environ de leur hauteur. Calice d'un vert pâle. Corolle d'un blanc terne ou un peu rosé. Odeur faible, assez agréable; saveur mucilagineuse. (P. 798).

82. *Racine de Guimauve*. — Celle de la plante précédente; cylindro-conique, avec des divisions à peu près cylindriques; blanche, un peu jaunâtre à la surface, rayée par l'ongle, à cassure courte, granuleuse au centre

et fibreuse aux bords. Odeur faible et douce. Saveur douceâtre et abondamment mucilagineuse au contact de la salive. (P. 799.)

83. *Cacao.* — Graines du *Theobroma Cacao*, Malvacée-Buettnériée de l'Amérique tropicale ; ovoïdes-aplaties, longues de 2-3 centimètres, à téguments fragiles, d'un brun rougeâtre ; l'embryon contenu avec ou sans traces d'albumen muqueux, à cotylédons fortement repliés sur eux-mêmes et corrugués, à replis très anfractueux, de couleur brune, plus ou moins violacée ou noirâtre, à odeur faible, à saveur fraîche, puis légèrement âcre et amère. (P. 792).

84. *Fleurs de Tilleul.* — Celles des *Tilia platyphylla* et *sylvestris*, réunies en grappes de cymes dont l'axe principal porte plusieurs bractées ; l'inférieure très développée, allongée et foliacée, adnée à l'axe jusque vers le milieu de sa longueur, enlevée dans les fleurs dites mondées. Androcée formé de nombreuses étamines en faisceaux. Gynécée central, libre, surmonté d'un style capité. Odeur douce et agréable. Saveur faible, un peu sucrée, mucilagineuse au contact prolongé de la salive. (P. 809).

85. *Thé vert.* — Feuilles desséchées, enroulées, du *Thea chinensis*, arbuste asiatique, cultivé, de la famille des Ternstrœmiacées, série des Théées ; ovales-oblongues, longues de 2-5 centimètres, finement dentées, à nervure principale saillante en dessous, à parenchyme traversé d'une face à l'autre par des phytocystes scléreux de soutènement, s'étendant plus ou moins d'un épiderme à l'autre, simples ou peu ramifiés. Odeur caractéristique, agréable. Saveur spéciale, un peu astringente. (P. 819).

86. *Thé noir.* — Mêmes feuilles, de couleur plus brune ou noirâtre ; ce qui est dû à ce qu'elles n'ont été chauffées sur des plaques de tôle que longtemps après la récolte et après avoir légèrement fermenté. Leur infusion ne réduit pas les sels d'argent. (P. 821).

87. *Ladanum.* — Suc résineux concrété, récolté à la surface du *Cistus creticus* et du *C. ladaniferus* (Cistacées) ; d'un noir grisâtre, terne, rugueux, se ramollissant et devenant poisseux au contact prolongé de la main ; à saveur faible, un peu âpre ; à odeur balsamique, comparée à celle de l'Ambre gris et développée par la chaleur. (P. 835).

88. *Fleurs de Violette.* — Celles du *Viola odorata*, Violacée-Violée indigène, vivace ; irrégulières, pourvues d'un éperon (au pétale antérieur), à étamines inégales (dont deux éperonnées), à ovaire uniloculaire et à placentas pariétaux. Odeur faible, moins agréable que celle de la corolle fraîche. Saveur faible, un peu mucilagineuse ou un peu amère. (P. 839).

89. *Pensée sauvage.* — Fleurs du *Viola tricolor arvensis*, Violacée-Violée indigène, annuelle ; d'un blanc jaunâtre terne ; inodores, ayant d'ailleurs à peu près les caractères de celles de la plante précédente. (P. 840).

90. *Rue.* — Sommités fleuries du *Ruta graveolens*, Rutacée-Rutée indigène, à feuilles alternes, pennées, décomposées, d'un vert glauque, parsemées de ponctuations pellucides-glanduleuses, et à fleurs en cymes, 4-5-mères, jaunes, dialypétales, diplostémonées ; les ovaires en partie-

libres. Toutes les parties de la plante ont une odeur forte, spéciale, s'atténuant avec le temps, et une saveur un peu amère. (P. 848).

91. *Dictamne blanc.* — Portion souterraine ou écorce de la portion souterraine du *Dictamnus Fraxinella* var. *alba*, Rutacée-Rutée indigène, à corolle irrégulière; en fragments droits, arqués ou tordus, cylindriques ou à peu près, avec bourrelets cicatriciels transversaux; l'écorce jaunâtre, roulée en tubes, blanche en dedans, à odeur agréable, aromatique, à saveur très amère, se développant lentement, mais très persistante. (P.849).

92. *Feuilles de Jaborandi.* — Feuilles composées-pennées du *Pilocarpus pennatifolius* LEM. et du *P. Selloanus* ENGL., Rutacées-Zanthoxylées de l'Amérique du Sud extra-tropicale; alternes, composées-imparipinnées, à 7-11 folioles à peu près opposées, ovales-oblongues, acuminées ou émarginées, entières, coriaces, cassantes, glabres en dessus, plus ou moins piquetées en dessous, parsemées de ponctuations pellucides, glanduleuses (réservoirs d'huile essentielle), à saveur faible, un peu âpre et nauséeuse, à odeur aromatique. (P. 857).

93. *Ecorces d'Oranges amères.* — Quartiers des couches extérieures (mésocarpe et épicarpe) du fruit de l'Oranger amer (*Citrus Bigaradia*); à surface extérieure d'un vert sale foncé, terne et rugueuse, à surface intérieure d'un blanc jaunâtre, lisse; l'ensemble épais, coriace, à odeur aromatique spéciale, à saveur amère, brûlante et persistante. (P. 864).

94. *Feuilles d'Oranger.* — Feuilles du *Citrus Bigaradia;* composées-unifoliolées, ovales-aiguës, acuminées, longues de 4-8 centimètres, à pétiole dilaté en ailes latérales, obovale, séparé du limbe par une articulation transversale; minces, coriaces, d'un vert pâle, partout ponctuées de réservoirs jaunâtres, translucides, d'huile essentielle, à odeur aromatique faible, à saveur légèrement aromatique et piquante-amère. (P. 864).

95. *Bois de Gaïac.* — Cœur du bois, en bûches ou copeaux, du *Guaiacum officinale*, Rutacée-Zygophyllée de l'Amérique centrale, avec parfois l'aubier, plus mou, d'un jaune terne. Le cœur est d'un brun foncé, très dur et très lourd, verdissant un peu au contact de l'air, pourvu de zones concentriques et de fins rayons médullaires qui les coupent; à odeur aromatique très faible et à saveur légèrement âcre. (P. 882).

96. *Quassia amara.* — Bois, entier ou en copeaux, du *Quassia amara*, Rutacée-Quassiée de la Guiane, en bûches droites, ayant généralement au plus un décimètre de largeur, avec ou sans écorce d'un gris jaunâtre; le bois lui-même léger, d'un blanc terne, un peu jaune, parsemé de nombreuses lignes déliées, transversales, qui le rendent comme moiré; à odeur faible, non désagréable; à saveur extrêmement amère. (P. 870).

97. *Quassia de la Jamaïque.* — Bois, entier ou en copeaux, du *Picræna excelsa*, Rutacée-Quassiée des Antilles; les bûches beaucoup plus grosses que celles du précédent, le cœur plus léger, le moiré moins régulier, la teinte plus blanche, avec taches d'un jaune clair; la saveur amère plus intense. (P. 876).

98. *Ecorce de Simarouba.* — Ecorce de la racine du *Simaruba amara* Aubl. (*S. officinalis* DC.), Rutacée-Quassiée de l'Amérique tropicale ; peu épaisse (2-5 millimètres), enroulée en gouttière, très fibreuse et se rompant très difficilement en travers ; d'un gris terne et sale en dehors, d'un brun pâle et lisse en dedans, sans odeur et à saveur bien amère. (P. 873).

99. *Ecorce d'Angusture.* — Ecorce du *Galipea febrifuga* H. Bn (*G. Cusparia* A. S.-H. — *Cusparia febrifuga* Humb.), Rutacée-Cuspariée de la région d'Angostura au Venezuela ; en rouleaux larges de 5-40 centimètres, d'un jaune gris, brunâtre ou verdâtre, pulvérulent et spongieux en dehors, d'un brun terne et lisse en dedans, avec paillettes brillantes d'oxalate de chaux à la surface ; à cassure courte, à peine fibreuse ; à odeur légèrement aromatique, à saveur amère ne se produisant que lentement. (P. 850).

100. *Noix de Cédron.* — Cotylédons de l'embryon du *Quassia Cedron* H. Bn (*Simaba Cedron* J.-E. Pl.), Rutacée-Quassiée de l'Amérique équinoxiale ; plans-convexes, allongés, un peu arqués, durs, lourds, d'un blanc terne, un peu jaunâtre ; à saveur très amère, un peu nauséeuse, à faible odeur de *Quassia* et à odeur plus forte de Cacao au moment où l'on râpe le cotylédon. (P. 872).

101. *Graines de Lin.* — Semences du *Linum usitatissimum*, Linacée-Linée herbacée, cultivée dans presque toute l'Europe ; ovales-acuminées, très comprimées, longues d'environ 1/2 centimètre, brunes, à surface lisse, luisante, avec un albumen peu épais et un embryon charnu, huileux ; l'un et l'autre, à saveur oléagineuse ; le tégument séminal externe devenant, au contact de la salive, plus épais, plus mou, mucilagineux, glissant. (P. 897).

102. *Coca du Pérou.* — Feuilles de l'*Erythroxylon Coca*, Linacée-Erythroxylée frutescente de l'Amérique tropicale ; ellipsoïdes, atténuées aux deux extrémités, minces, membraneuses, un peu flexibles, fragiles, longues de 4-8 centimètres, glabres, nervées-veinées ; à face inférieure d'un brun clair, lisse avec une côte assez proéminente, et, de chaque côté d'elle, pourvue d'une aire limitée par une ligne courbe, à peu près parallèle aux bords (et due à une impression des bords pendant la vernation) ; à odeur faiblement aromatique, à saveur légèrement âcre et « engourdissante ». (P. 900).

103. *Polygala de Virginie.* — Portion souterraine (rhizome et racines) du *Polygala Senega*, Polygalacée-Polygalée de l'Amérique du Nord ; à tronc noueux, tordu, sinueux, de la grosseur d'une plume d'oie, surmonté d'une tête rugueuse, gemmifère et chargée de cicatrices pressées ; toute la surface ridée et plissée, d'un jaune grisâtre terne ; à odeur faible, plus ou moins rance et nauséeuse, à saveur âcre et nauséeuse. (P. 906).

104. *Racine de Ratanhia.* — Racine du *Krameria triandra*, Polygalacée-Kramériée du Pérou ; cylindrique, épaisse de 2-6 centimètres, avec ramifications nombreuses, grêles, très longues, un peu sinueuses, d'un

brun rougeâtre, et d'un rouge brique là où manque la couche superficielle ; à bois compact, d'un jaune orangé plus ou moins rougeâtre ; la cassure grossièrement fibreuse ; l'odeur spéciale assez agréable ; la saveur astringente et un peu amère. (P. 909).

105. *Résine d'Euphorbe.* — Gomme-résine extraite des tiges de l'*Euphorbia resinifera* Berg, Euphorbiacée-Euphorbiée cactiforme du Maroc ; formée de larmes jaunâtres et ternes, mamelonnées, un peu translucides, souvent creuses, et traversées d'une épine, d'un fragment de fleur ou de pédoncule du fruit ; à odeur faible, à saveur peu accentuée, puis amère et extrêmement âcre, brûlante, prenant à la gorge. (P. 919).

106. *Fruits et graines d'Epurge.* — Fruits tricoques, déhiscents, et graines ovoïdes de l'*Euphorbia Lathyris*, Euphorbiacée-Euphorbiée indigène, herbacée. Les semences sont un peu comprimées, longues d'un peu plus d'un 1/2 centimètre, à surface jaunâtre, finement rugueuse, avec un arille micropylaire apical (caroncule) charnu, blanc, brunissant par la dessiccation ; les téguments cassants ; l'albumen abondant, huileux ; l'embryon à cotylédons elliptiques, minces ; toutes ces parties âcres et irritantes. (P. 921).

107. *Graines de Ricin.* — Semences du *Ricinus communis*, Euphorbiacée-Ricinée cultivée en Europe ; ovoïdes, longues de 8-16 millimètres, un peu comprimées, lisses, brillantes, d'un gris plus ou moins rougeâtre, chinées d'une façon variable de brun noirâtre, surmontées d'un arille micropylaire subglobuleux, lisse, charnu, blanc. Albumen huileux abondant. Embryon à cotylédons elliptiques, nervés, de la largeur de l'albumen. Odeur et saveur douceâtres, un peu vireuses, puis âcres. (P. 923).

108. *Tapioka.* — Fécule de *Manioc*, extraite des racines des *Manihot utilissima* et *dulcis* H. Bn, Euphorbiacées-Jatrophées d'origine américaine, cultivées dans toutes les régions tropicales. Grains grumeleux, très irréguliers, mamelonnés, d'un blanc un peu grisâtre et terne, à odeur nulle, à saveur un peu laiteuse. Le Tapioka proprement dit est plus anguleux, à facettes presque cristallines et brillantes. Ces fécules se gonflent et se ramollissent au contact de la salive. (P. 930).

109. *Pignons d'Inde.* — Graines de *Jatropha Curcas* L. (*Curcas purgans* Med.), Euphorbiacée-Jatrophée gamopétale des régions tropicales des deux mondes. Semences ovoïdes, un peu comprimées, longues d'environ 1 centimètre 1/2, noirâtres, un peu rugueuses, comme craquelées à la surface. Arille micropylaire charnu, blanc. Albumen abondant et embryon à cotylédons foliacés, huileux. Saveur finalement très âcre. (P. 928).

110. *Croton Tiglium.* — Graines (*Petits Pignons d'Inde*) du *Croton Tiglium*, Euphorbiacée-Crotonée asiatique, cultivée dans beaucoup de pays tropicaux. Semences ovoïdes, à 2-4 côtes longitudinales très mousses ; longues d'environ 1 centimètre, d'un brun jaunâtre foncé, souvent revêtues encore d'une couche jaune plus pâle. Arille micropylaire

blanc. Albumen huileux abondant. Embryon à cotylédons foliacés. Saveur finalement très âcre, brûlante et corrosive. (P. 940).

111. Cascarille. — Écorce du *Croton Eluteria* BENN., Euphorbiacée-Crotonée des îles Bahama ; roulée en tubes fins (1/2 centimètre à 1 centimètre), à surface grisâtre, souvent tachée de Lichens, fendillée en travers, brune, terne et lisse ou striée en dedans ; à cassure nette, résineuse ; à odeur légèrement aromatique de girofle, plus prononcée quand on brûle l'écorce ; à saveur légèrement âcre et amère. (P. 943).

112. Mercuriale. — Tiges feuillées et souvent fleuries du *Mercurialis annua*, Euphorbiacée-Jatrophée indigène, à feuilles opposées, d'un vert foncé, noircissant ou bleuissant plus ou moins par la dessication, ovales-aiguës, crénelées, penninerves. Fleurs axillaires, très petites, dioïques, à périanthe simple, 3-mère ; les mâles ∞-andres ; les femelles à gynécée ordinairement 2-carpellé. Fruit dioïque, didyme, à deux petites graines ovoïdes et jaunâtres. Odeur nauséeuse, surtout à l'état frais. Saveur légèrement nauséeuse et âpre. (P. 936).

113. Encens. — Gomme-résine principalement du *Boswellia Carteri*, Térébinthacée-Burserée des bords de la mer Rouge ; en larmes d'un jaune pâle et terne, ou en marrons irréguliers, d'un brun noirâtre, se ramollissant dans la main ; à surface souvent enduite d'une poussière grisâtre, à cassure nette, un peu rugueuse. Poudre blanchâtre ; saveur âcre et un peu amère ; odeur térébenthinée agréable. (P. 954).

114. Myrrhe. — Substance d'aspect résineux, provenant du suc concrété du *Balsamea Opobalsamum* H. BN (*Balsamodendron Myrrha* NEES) petit arbre de l'Afrique tropicale orientale, de la famille des Térébinthacées, série des Bursérées ; en masses irrégulières, inégales, mamelonnées, d'un brun rougeâtre ou orangé ; recouvertes d'une poussière jaunâtre, et translucides, fragiles, à cassure irrégulière, s'écrasant sous la dent et s'émulsionnant dans la salive ; à odeur aromatique agréable et à saveur légèrement amère. (P. 953).

115. Bdellium. — Gomme-résine extraite du *Balsamea africana* H. BN (*Balsamodendron africanum* ARN.), arbuste rameux de l'Afrique tropicale, du groupe des Térébinthacées-Bursérées. Larmes grasses, sphériques ou ovoïdes, à surface couverte d'un enduit jaunâtre, opaque et terne ; la masse sous-jacente transparente, rougeâtre, se ramollissant dans la main, s'écrasant sous les dents, leur adhérant et formant avec la salive une émulsion laiteuse. Odeur térébenthinée faible. Saveur légèrement amère et aromatique. (P. 954).

116. Mastic. — Suc du *Pistacia Lentiscus*, Térébinthacée-Anacardiée de la région méditerranéenne ; exsudé du tronc et durci. Larmes régulièrement claviformes, arrondies au sommet, de couleur jaune pâle, transparentes, recouvertes d'une pulvérulence grisâtre, fragiles, s'écrasant sous la dent, très solubles dans l'alcool, formant avec la salive une pâte laiteuse, non adhérente aux dents. (P. 964).

117. *Elémi* (de Manille). — Suc épaissi, plus ou moins mou, du *Garuga floribunda* (*Icica Abilo* Blanc.), Térébinthacée-Bursérée de l'archipel Indien ; résineux, granuleux, semblable à du vieux miel, d'une odeur térébenthinée et citronée agréable, rappelant celle du Fenouil et de la Muscade ; incolore s'il est frais et pur, durcissant et jaunissant au contact de l'air. (P. 952).

118. *Tacamaque.* — La *T. jaune huileuse* est attribuée avec doute au *Bursera guianensis* H. Bn (*Icica guianensis* Aubl.), Térébinthacée-Bursérée arborescente. Elle est formée de bâtons ou de boules à surface lisse, à facettes, chargée d'une efflorescence blanchâtre, avec cassure intérieure nette, ambrée, limpide, à éclat résineux. Odeur térébenthinée, rappelant celle de la Colophane ; saveur un peu amère, puis nulle. (P. 951).

119. *Baume de la Mecque.* — Oléo-résine attribuée avec doute, au *Balsamea Opobalsamum* H. Bn, Térébinthacée-Bursérée. Matière fluide trouble, d'un blanc jaunâtre, très aromatique. (P. 954).

120. *Térébenthine de Chio.* — Suc oléo-résineux du *Pistacia Terebinthus*, Térébinthacée-Anarcardiée de la région méditerranéenne ; plus ou moins fluide, trouble ou teinté en jaune verdâtre, parfois en masses molles, aplaties, rarement sèches ; faiblement translucide, à odeur térébinthinée, à saveur légèrement amère. S'aplatit entre les dents et se réduit en pâte sans se briser d'abord. (P. 964).

121. *Noix d'Acajou.* — Fruits de l'*Anacardium occidentale*, Térébinthacée-Anacardiée des tropiques ; sec, en forme de haricot, long de 3 à 5 centimètres, à surface à peu près lisse, grisâtre, avec cicatrice basilaire du pédoncule. Mésocarpe rempli de cavités à huile rougeâtre, très âcre. Graine conforme au fruit, sans albumen, à embryon épais, avec deux cotylédons plans-convexes, d'un blanc jaunâtre. (P. 958).

122. *Guarana.* — Pâte préparée avec les graines pilées du *Paullinia sorbilis* Mart., Sapindacée grimpante du Brésil ; façonnée en boules, pains ou en imitation de divers animaux ; d'un brun rougeâtre, terne, pesante, dure, à saveur légèrement astringente, sans odeur. (P. 967).

123. *Baies de Nerprun.* — Fruits (drupes) du *Rhamnus catharticus*, Rhamnacée-Rhamnée indigène ; globuleux, de la grosseur d'un pois, d'un noir verdâtre ou bleuâtre à la surface, avec un petit acumen stylaire et une cupule réceptaculaire à la base. Pulpe à odeur faible, à saveur douce, puis nauséeuse, avec 2-3 noyaux monospermes à l'intérieur. (P. 977).

124. *Jujubes.* — Fruits (drupes) du *Zizyphus vulgaris*, Rhamnacée-Rhamnée de la région méditerranéenne ; ovoïdes, d'un rouge brun, lisses, puis ridés par la dessiccation. Base excavée et sommet apiculé. Chair jaune-rougeâtre, douce, mucilagineuse. Noyau très épais et très dur, généralement monosperme. (P. 978).

125. *Écorce de Garou.* — Écorce de *Daphne Gnidium*, Thyméléacée-Thymélée du midi de l'Europe ; en lanières flexibles, repliées sur elles-mêmes ; la surface intérieure se trouvant en dehors. Suber d'un brun

chocolat, lisse, portant de nombreuses cicatrices. Couche moyenne très fibreuse, d'un jaune pâle. Surface interne jaune foncé, lisse. Odeur de savon commun. Saveur âcre et brûlante, persistante. (P. 983).

126. *Laque en écailles (Gomme-laque).* — Matière résineuse, produite à la surface d'un grand nombre d'arbres divers (Légumineuses, Euphorbiacées, Artocarpées, Rhamnacées) par le *Coccus Lacca* KERR, insecte hémiptère-coccidé. Lames minces, d'un jaune rougeâtre ou brun, lisses, parfois piquetées de trous fins, de bulles d'air; fragiles, se pulvérisant sous la dent, sans se ramollir, sans saveur ni odeur. (P. 998).

127. *Laque en bâtons.* — Même substance, formant un manchon autour d'un rameau de *Ficus* sur lequel elle a été produite. La surface est mamelonnée, et l'épaisseur renferme un certain nombre de cadavres des *Coccus* producteurs. (P. 998).

128. *Cônes de Houblon.* — Fruits composés de l'*Humulus Lupulus,* Ulmacée-Cannabinée, indigène et cultivée chez nous; ovoïdes, longs de 2 à 3 centimètres, avec bractées imbriquées, foliacées, portent des masses jaunes punctiformes de Lupulin, glandes particulières. Odeur forte, spéciale; saveur amère. (P. 1001).

129. *Lupulin.* — Glandes des cônes du Houblon (*Humulus Lupulus*), formant une poussière jaune, amère, aromatique, dont les grains sont autant de glandes, en forme de cupule constituée par les physiocystes sécréteurs, et dont la cuticule supérieure a été relevée par le liquide excrété, accumulé au-dessous d'elle. (P. 1003).

130. *Haschich.* — Inflorescences femelles et feuilles du *Cannabis sativa,* var. *indica,* Ulmacée-Cannabinée, cultivée dans l'Asie tropicale. Feuilles palmatilobées, à 3-5 lobes; rudes, poilues. Fleurs unisexuées, en cymes contractées; apétales, à un seul ovaire surmonté de deux branches stylaires et uniovulé. Le fruit est le Chènevis. Odeur spéciale nauséeuse; saveur légèrement aromatique. (P. 998).

131. *Glands de Chêne.* — Fruits (achaines) du *Quercus Robur,* Castanéacée-Quercinée indigène, arborescente; ovoïdes, lisses, d'un brun pâle, accompagnés ou non de leur cupule hémisphérique. Graine unique, à gros embryon non albuminé; les cotylédons charnus, plans-convexes; la radicule courte et supère. (P. 1005).

132. *Ecorce de Chêne.* — Ecorce du *Quercus Robur,* en lames épaisses de 2-5 millimètres, plates ou en gouttières ou en tubes enroulés; lisse et luisante, grise en dehors, avec lenticelles transversales; d'un brun jaunâtre en dedans, à cassure nette et fibreuse, blanchâtre, à odeur de tan, à saveur astringente, parfois un peu sucrée. (P. 1006).

133. *Noix de galle noire.* — Bourgeons du *Quercus lusitanica,* var. *infectoria,* Castanéacée-Quercinée de la région méditerranéenne; hypertrophiés par suite de la piqûre et du dépôt de l'œuf du *Diplolepis Gallæ tinctoriæ,* insecte hyménoptère. Corps globuleux, souvent atténués brièvement à la base, d'un gris olivâtre plus ou moins foncé, avec saillie obtuse

des bractées déformées. Le parenchyme central, amylacé, renferme l'œuf ou l'animal en état de développement, ne communiquant point avec l'extérieur. (P. 1009).

134. *Noix de galle blanche.* — Même production que la précédente, mais perforée pour la sortie de l'insecte producteur. Plus riche relativement en tannin que la Galle noire. (P. 1010).

135. *Clous de Girofle.* — Boutons de l'*Eugenia aromatica* H. Bn (*Caryophyllus aromaticus* L.), Myrtacée-Myrtée des régions tropicales asiatiques, océaniennes et africaines. Pédicelle épais, un peu aplati, supportant en haut le calice à quatre sépales libres, courts, épais et rigides, plus intérieurement les pétales qui se recouvrent, et un nombre indéfini d'étamines. Le haut du pédicelle est creusé de la cavité ovarienne. Odeur très aromatique, spéciale; saveur chaude, piquante, spéciale. (P. 1015).

136. *Feuilles d'Eucalyptus.* — Feuilles de l'*Eucalyptus Globulus*, Myrtacée-Leptospermée arborescente d'Australie; dimorphes, ou régulières, ou, sur d'autres branches, insymétriques, plus ou moins falciformes; coriaces, entières, d'un vert pâle, cassantes, parsemées de réservoirs pellucides d'essence et recouvertes d'un enduit blanchâtre ou un peu bleuâtre. pruineux. Odeur aromatique très forte, se développant beaucoup quand on froisse ou brise les feuilles. Saveur chaude et camphrée. (P. 1019).

137. *Piment de la Jamaïque (Toute-épice).* — Fruits (baies) desséchés du *Pimenta officinalis* Lindl. (*Myrtus Pimenta* L.), Myrtacée-Myrtée de l'Amérique tropicale; globuleux, larges de 5-8 millimètres, couronnés d'une cicatrice ou des restes du calice et du style, à 2 loges ordinairement monospermes; d'un brun terne; un peu bosselé, à odeur aromatique faible, à saveur chaude et piquante, analogue à celle du girofle. (P. 1012).

138. *Ecorce de racine de Grenadier* — Écorce de la racine du *Punica Granatum*, Myrtacée-Punicée d'Orient et de la région méditerranéenne; en plaques ou tubes enroulés, à surface extérieure plus ou moins rugueuse; le suber épais et brunâtre, souvent corrodé; la surface intérieure d'un jaune fauve, finement strié. Cassure courte et granuleuse. Odeur presque nulle. Saveur astringente. La salive et le papier mouillé sont colorés en jaune par cette écorce que le sulfate de fer colore en bleu violacé. (P. 1023).

139. *Millepertuis.* — Sommités fleuries de l'*Hypericum perforatum* L., Hypéricacée indigène, vivace, à feuilles opposées, ovales-lancéolées, ponctuées de réservoirs pellucides d'huile essentielle; à fleurs jaunes, pentamères, polypétales, polyandres; l'ovaire supère, à 3 placentas pariétaux. (P. 1027).

140. *Feuilles de Saponaire.* — Feuilles du *Saponaria officinalis*, Caryophyllacée-Lychnidée vivace, indigène; ovales-lancéolées, atténuées aux deux extrémités, longues de 5-8 centimètres, entières, glabres, à 3 grandes nervures longitudinales. Les feuilles sont opposées sur des branches glabres, noueuses et marquées de 4-6 côtes longitudinales, d'un

jaune brun ou un peu rougeâtre ; le tout d'une odeur faible, d'une saveur un peu amère, et développant au contact de la salive un peu de mucilage visqueux. (P. 1175).

141. *Racine de Saponaire* — Racines et branches souterraines de la plante précédente, en cylindres longs en général d'un décimètre au plus et de la grosseur au plus du petit doigt ; brunes, tuberculeuses ou lisses, ridées longitudinalement, à cassure courte, avec un parenchyme cortical blanchâtre, séparé du bois par une zone brune. Saveur mucilagineuse, puis nauséeuse, âcre. (P. 1176).

142. *Racine de Saponaire d'Egypte.* — Racine attribuée avec doute au *Gypsophila Struthium*, Caryophyllacée-Lychnidée d'Orient ; longue d'un demi-mètre et plus, blanchâtre, avec la surface d'un gris jaunâtre, riche en saponine et formant avec l'eau bouillante des infusions âcres qui, comme celles de la Saponaire officinale, font fortement mousser le liquide. (P.1176).

143. *Fruits et feuilles de Ciguë.* — Diachaines et feuilles du *Conium maculatum* (*Grande-Ciguë*), Ombellifère-Carée indigène, bisannuelle. Les fruits sont ovoïdes, courts, comprimés perpendiculairement à la cloison, avec 2 méricarpes obtusément 5-gonaux ; les côtes primaires obtuses ou filiformes, à bandelettes nombreuses, très minces, irrégulières ou nulles ; le carpophore simple ou un peu bifide ; le stylopode formé de 2 masses presque entières et comprimées de haut en bas. Les feuilles alternes, glabres, ont un limbe décomposé-imparipenné, à 5-11 divisions ; leurs segments nombreux ovales-oblongs, aigus, inégalement incisés-dentés. Ces feuilles peuvent être fixées à un fragment d'axe, vert et portant des taches vineuses inégales. Odeur forte, vireuse, accentuée quand on chauffe avec un alcali. Saveur souvent faible, nauséeuse. (P. 1058).

144. *Racine d'Ache.* — Sous ce nom, on vend généralement, non la racine de l'*Apium graveolens* (*Ache des marais*), mais celle de la *Livèche* ou *Ache de montagne* (*Angelica Levisticum* ALL. — *Ligusticum Levisticum* L.), Ombellifère-Peucédanée-Angélicée indigène, vivace ; racine épaisse, noirâtre en dehors, blanche en dedans, d'une odeur aromatique pénétrante et d'une saveur âcre, un peu sucrée ; de la grosseur du pouce quand elle est desséchée, ridée en long et en travers, souvent pourvue en haut de quelques renflements superposés. (P. 1049).

145. *Racine de Persil.* — Racine du *Carum Petroselinum* H. BN (*Petroselinum sativum* HOFFM.), Ombellifère-Carée de l'Europe méridionale, cultivée ; subcylindrique, de la grosseur du petit doigt ou moins, droite ou arquée, renflée au sommet, grise, à plis longitudinaux droits ou obliques ; l'écorce épaisse ; le centre jaune, non ligneux ; à odeur aromatique assez agréable, chaude ; à saveur légèrement âcre. (P. 1053).

146. *Fruits de Carvi.* — Fruits (diachaines) du *Carum Carvi*, Ombellifère-Carée herbacée, cultivée ; longs d'un 1/2 centimètre, ovoïdes-oblongs, assez fortement comprimés perpendiculairement à la commissure,

légèrement rétrécis au niveau de celle-ci; les méricarpes à section transversale à peu près circulaire, avec 5 côtes primaires mousses, pâles; une seule bandelette dans chaque vallécule. Columelle ténue et 2-partite. Saveur chaude. Odeur très aromatique. (P. 1050).

147. *Anis vert.* — Fruits (diachaines) du *Carum Anisum* H. Bn (*Pimpinella Anisum* L.), Ombellifère-Carée annuelle, cultivée; ovoïdes, couronnés des styles réfléchis, resserrés latéralement; les méricarpes à 5 côtes filiformes, subégales, avec plusieurs bandelettes dans les vallécules. Couleur d'un gris verdâtre; duvet tomenteux; saveur spéciale, *anisée*, agréable; odeur aromatique. (P. 1053).

148. *Fruits de Fenouil.* — Diachaines du *Fœniculum capillaceum* Gil. (*F. vulgare* Gærtn.), Ombellifère-Peucédanée vivace, indigène; elliptiques, légèrement arqués, longs de 10-15 millimètres, à pédicelle souvent un peu incliné; cylindroïdes, cannelés, à 8 côtes dont 2 doubles, carénés au sommet et élargis à la base. Couleur d'un vert pâle et blanchâtre; odeur aromatique; saveur agréable et finalement un peu âcre. (P. 1049).

149. *Racine de Fenouil.* — Racine de la plante précédente; ordinairement divisée en cylindres de 4-5 centimètres de long, à écorce mince, d'un gris terne, avec enduit pulvérulent et des stries sinueuses. Surface interne de l'écorce d'un brun clair. Moelle blanche, nacrée et compacte. Saveur et odeur aromatiques, faibles. (P. 1050).

150. *Fruits de Phellandrie.* — Diachaines de l'*Œnanthe Phellandrium*, Ombellifère-Peucédanée indigène; ovoïdes, oblongs, atténués au sommet, longs de 3-4 millimètres, avec côtes obtuses, épaisses, blanchâtres intérieurement. Graine à section souvent noirâtre sur le sec. Saveur faible, un peu nauséeuse; odeur légèrement vineuse. (P. 1062).

151. *Fruits d'Angélique.* — Diachaines de l'*Angelica Archangelica* L. (*Archangelica officinalis* Hoffm.), Ombellifère-Peucédanée bisannuelle, cultivée. Méricarpes séparés, elliptiques-ovales, plans-convexes, longs de 5-10 millimètres, d'un jaune pâle, à cinq côtes primaires; les bandelettes des vallécules nombreuses et très minces. Saveur aromatique, agréable, un peu âcre; odeur légèrement aromatique. (P. 1048).

152. *Racine d'Angélique.* — Portion souterraine de la plante précédente, avec souvent la base de la tige épaisse et, au-dessous d'elle, le pivot conique, rapidement atténué, de la racine, brun, plissé, ridé, avec stries annulaires, portant de longues racines secondaires, de la grosseur d'une plume, cylindriques et souvent comme tordues les unes sur les autres. Odeur musquée, analogue à celle des fruits. Saveur aromatique, chaude, piquante, puis âcre et pénible. (P. 1048).

153. *Asa fœtida.* — Gomme-résine du *Peucedanum Asa-fœtida* H. Bn (*Ferula Asa fœtida* L.), Ombellifère-Peucédanée de la Perse, et de quelques autres *Peucedanum* voisins, en larmes brunes et plus souvent en masses dures et ternes, d'un jaune plus ou moins brun ou noirâtre, avec taches amygdaloïdes, opalines, blanchâtres, visibles surtout sur la

coupe. Odeur alliacée, repoussante. Saveur âcre et désagréable. (P. 1038).

154. *Gomme-Ammoniaque.* — Gomme-résine des *Peucedanum Ammoniacum* et *Aucheri* H. Bn (sect. *Dorema*), Ombellifères-Peucédanées de la Perse et des pays voisins; en larmes isolées, opaques, blanches ou brunes, ou en masses irrégulières, jaunâtres, ternes ou presque cristallines, avec les larmes empâtées dans la gangue. Odeur caractéristique faible; saveur âcre et finalement brûlante. (P. 1042).

155. *Opoponax.* — Substance gommo-résineuse, due à un *Peucedanum* (?), ou au Lierre (?) dont elle a l'odeur ; en masses légères, friables, d'un brun terreux, nuancées de jaune pâle, à cassure granuleuse, à odeur forte d'Ache, à saveur âcre. (P. 1044).

156. *Fruits d'Aneth.* — Diachaines du *Peucedanum Anethum* H. Bn (*Anethum graveolens* L.), Ombellifère-Peucédanée annuelle, cultivée; unis en un fruit largement ovoïde, long de 4–7 millimètres, couronné des stylopodes, à méricarpes fortement comprimés sur le dos, avec trois côtes primaires saillantes; les latérales dilatées en aile mince. Bandelettes larges et solitaires. Odeur forte, aromatique, musquée; saveur de menthe et d'anis. (P. 1045).

157. *Fruits de Coriandre.* — Diachaines du *Coriandrum sativum* L., Ombellifère-Carée annuelle, cultivée; à peu près globuleux, longs de 4-5 millimètres, d'un jaune brun, formés de deux méricarpes concaves en dedans, de même que les graines à contour orbiculaire; à cinq côtes primaires flexueuses, peu saillantes, et quatre côtes secondaires bien plus proéminentes, droites. Saveur aromatique peu agréable. Odeur infecte de punaise, se modifiant un peu dans le fruit sec. (P. 1066).

158. *Fruits de Cumin.* — Diachaines du *Cuminum Cyminum*, Ombellifère-Daucée annuelle, cultivée. Méricarpes unis en un fruit oblong, atténué aux deux extrémités, comprimé latéralement; subarrondis, un peu comprimés sur le dos et rétrécis vers la commissure, à cinq côtes primaires égales, peu saillantes, et cinq côtes secondaires plus proéminentes, hérissées de papilles plus prononcées. Odeur et saveur spéciales, très fortes, aromatiques. (P. 1065).

159. *Racine de Thapsia.* — Ecorce de la racine du *Thapsia garganica* L., Ombellifère-Daucée de la région méditerranéenne ; en rouleaux gros comme le doigt ou davantage, souvent surmontés du collet garni de plusieurs séries de longs poils gris jaunâtre; épaisse, d'un gris jaunâtre pâle et terne, avec lignes circulaires, à cassure compacte, granuleuse, blanchâtre et comme farineuse, à odeur nulle et à saveur légèrement âcre. Le contact prolongé irrite la peau et les muqueuses. (P. 1063).

160. *Sagapenum.* — Suc gommo-résineux d'origine inconnue, attribué à une Ombellifère (*Ferula persica?*); en fragments irréguliers, d'un brun rougeâtre, translucides, lisses, pâteux, à odeur assez analogue à celle de l'Asa fœtida. (P. 1044).

161. *Galbanum.* — Gomme-résine extraite du *Peucedanum galbani-fluum* H. Bɴ (*Ferula galbaniflua* Boiss.), Ombellifère-Peucédanée du Turkestan et de la Perse; en larmes formant par leur rapprochement des boules peu volumineuses, irrégulières, jaunâtres, translucides; se ramollissant au contact de la main,devenant gluante dans la bouche, aromatique, camphrée-térébenthinée; à odeur spéciale aromatique et un peu vireuse. (P. 1043).

162. *Fleurs de Sureau.* — Fleurs du *Sambucus nigra*, Rubiacée-Sambucée ligneuse, indigène; petites, d'un blanc jaunâtre, à ovaire infère, 3-loculaire; les loges uniovulées; à corolle gamopétale supère, 5-mère; à androcée isostémoné. Saveur un peu amère et mucilagineuse; odeur aromatique assez intense. (P. 1109).

163. *Racine de Garance.* — Rhizome et racines adventives du *Rubia tinctorum*, Rubiacée-Rubiée cultivée; minces, flexibles, rougissant au contact de l'air, à cassure courte et serrée. Les portions de tige et de branches ont au centre un canal médullaire. Saveur légèrement amère; odeur nulle. (P. 1076).

164. *Ipecacuanha ondulé (mineur).* — Racine du *Richardia scabra* L. (*Richardsonia brasiliensis* Gom.), Rubiacée-Spermacocée de l'Amérique tropicale; en cylindres grêles (3-8 millimètres), sinueux, ondulés, flexibles, d'un gris terreux pâle, à cassure compacte, farineuse et blanche; à odeur terreuse; à saveur très faiblement nauséeuse. (P. 1088).

165. *Ipecacuanha annelé (mineur).* — Racine de l'*Uragoga Ipecacuanha* L. (*Cephœlis Ipecacuanha* Rich.), Rubiacée-Uragogée de l'Amérique méridionale; en cylindres tortueux, annelés, à écorce farineuse épaisse, d'un gris-brun en dehors, à méditullium central cylindrique, résistant. Cassure courte, compacte et farineuse; saveur faible, puis âcre et nauséeuse; odeur nauséeuse, légèrement irritante. (P. 1085).

166. *Ipecacuanha strié (majeur).* — Racine de l'*Uragoga emetica* H. Bɴ (*Psychotria emetica* Mut.), Rubiacée-Uragogée de la Colombie; à cylindres épais de 4-9 millimètres, étranglés çà et là, d'un gris brun, striés longitudinalement, à saveur un peu âcre et nauséeuse. (P. 1087).

167. *Racine de Caïnça.* — Racines des *Chiococca racemosa, anguifuga* et *densifolia*, Rubiacées-Chiococcées de l'Amérique tropicale; épaisses, à ramifications nombreuses, avec une écorce épaisse de 2-6 millimètres, rugueuse et d'un gris brun, à stries transversales et à petites verrucosités nombreuses; la surface interne brune, tachetée souvent de jaune; le bois léger, fibreux et d'un blanc grisâtre. Saveur de l'écorce un peu âcre; odeur presque nulle. (P. 1089).

168. *Café.* — Graines, avec ou sans l'endocarpe parcheminé, du *Coffea arabica*, Rubiacée-Cofféée, arbuste africain (?), cultivé dans tous les pays tropicaux; elliptiques, longues de 8-12 millimètres, à face dorsale convexe, à face ventrale plane ou concave, avec un sillon longitudinal médian à bords incurvés; l'albumen dur et corné; l'embryon dorsal et excentrique vers l'extrémité inférieure de la graine. Odeur faible; saveur un peu âpre ou presque nulle dans la graine non torréfiée. (P. 1078).

169. *Gambir.* — Suc concrété des *Ourouparia Gambir* H. Bn et *acida* H. Bn, Rubiacées-Cinchonées grimpantes de Malacca et de la Malaisie; en cubes compacts, rugueux, de 3-4 centimètres de côté, d'un brun foncé terne; la masse finement poreuse ou crevassée. Saveur amère, très astringente, un peu douceâtre. (P. 1105).

170. *Quinquina Calisaya* (Q. jaune type). — Écorce jaune du *Cinchona Calisaya* Wedd., Rubiacée-Cinchonée de la Bolivie; plate ou roulée, sans ou presque sans suber, d'un orangé sombre, fibreuse, à cassure transversale irrégulière. Odeur spéciale; saveur astringente-amère. (P. 1097). Beaucoup d'autres *Cinchona* américains donnent des quinquinas jaunes de qualité inférieure.

171. *Quinquina rouge* (type). — Écorce du *Cinchona succirubra* Pav., de l'Equateur; en lames plates ou en gouttières, d'un rouge vif ou brique; épaisse (jusqu'à 1 cent. 1/2), à surface externe subéreuse, dure, à surface interne lisse, égale, finement et régulièrement fibreuse, à cassure transversale compacte, avec une zone fibreuse et, sous le suber, une zone épaisse, dite résineuse, d'un brun plus ou moins noirâtre ou violacé. Odeur faible; saveur astringente assez prononcée. (P. 1095). Beaucoup d'autres *Cinchona* américains donnent des quinquinas rouges de qualité inférieure.

172. *Quinquina gris de Lima.* — Écorce des *Cinchona micrantha* R. et Pav., *nitida* R. et Pav., *ovata* R. et Pav., et de quelques autres, souvent dits *Huanuco*, usités sous la vague dénomination de *Q. gris*; roulées en tube, souvent recouvertes d'un suber d'un blanc sale, pulvérulent, ou de Lichens, à fissures longitudinales et parfois transversales. Surface intérieure brune, lisse, finement fibreuse. Odeur un peu aromatique; saveur astringente et légèrement amère. (P. 1099).

173. *Quinquina Loxa* (type). — Écorce du *Cinchona officinalis* et de ses variétés, du Pérou et de l'Équateur; en tubes roulés, simples ou doubles, de la grosseur des doigts; à surface extérieure brune, un peu lisse, mais tachée de Lichens grisâtres, avec fentes transversales nombreuses, assez régulièrement espacées, et plis fins longitudinaux. Surface intérieure lisse, finement striée, d'un brun orangé. Odeur assez aromatique; saveur astringente, légèrement amère. (P. 1091).

174. *Noix vomique.* — Graines du *Strychnos Nux vomica*, Solanacée-Strychnée de l'Asie et l'Océanie tropicales; nummuliformes, larges d'environ 2 centimètres, grises, à surface satinée ou un peu irisée, à albumen corné, gris, translucide, avec petit embryon excentrique. Saveur très amère; odeur nulle. (P. 1212).

175. *Fèves de Saint-Ignace.* — Graines du *Strychnos Ignatii*, des Philippines; très irrégulières, longues de 2 1/2-3 centimètres, ovoïdes-oblongues, à facettes inégales; la surface d'un gris brunâtre, chargée

de poils courts et jaunâtres souvent enlevés. Albumen corné, d'un gris brunâtre. Embryon à cotylédons ovales-lancéolés. Saveur très amère; odeur nulle. (P. 1214).

176. *Écorce de Fausse-Angusture.* — Écorce du *Strychos Nux vomica* (n° 174), analogue à celle de l'Angusture vraie, mais plus épaisse, pesante, compacte, à cassure droite et nette. Surface intérieure blanche, grise ou brune. Surface extérieure couleur de rouille claire ou d'un jaune plus ou moins orangé, souvent marquée de taches blanches irrégulières, saillantes et verruqueuses. Saveur extrêmement amère, perçue au moment même où l'écorce touche la langue humide. (P. 1214).

177. *Feuilles de Morelle.* — Feuilles du *Solanum nigrum*, Solanacée-Solanée indigène, annuelle; ovoïdes-aiguës ou acuminées, à base arrondie ou subcordée, à limbe descendant légèrement sur les côtés du pétiole; le bord sinué ou découpé de quelques dents peu saillantes. Face supérieure finement pubescente. Face inférieure glabre ou moins pubescente, avec 5-8 nervures secondaires saillantes, anastomosées. Saveur faible; odeur vireuse. (P. 1191).

178. *Tiges de Douce-amère.* — Branches du *Solanum Dulcamara*, Solanacée-Solanée indigène, vivace et grimpante; en tronçons de la grosseur d'une plume, longs de 2-5 cent., à surface d'un jaune brun ou verdâtre, verruqueuse ou exfoliée, avec coussinets alternes, saillants, gemmifères; flexibles, à moelle centrale rétractée. Saveur légèrement amère et douceâtre; odeur légèrement vireuse. (P. 1290).

179. *Fécule de Pomme de terre.* — Fécule extraite des tubercules du *Solanum tuberosum*, Solanacée-Solanée américaine, cultivée; pulvérulente, blanche, avec points scintillants, formée de grains très inégaux, irrégulièrement ovoïdes, à hile excentrique, avec zones inégalement concentriques, parfois à plusieurs hiles. (P. 1192).

180. *Fruits de Piment (P. de jardin).* — Fruits (baies) du *Capsicum annuum*, Solanacée-Solanée de l'Amérique méridionale, annuelle, cultivée; variables de forme, souvent coniques ou subovoïdes, etc., légers, souvent d'un rouge vif, à couche extérieure coriace, lisse, ridée par la dessiccation, avec graines nombreuses, réniformes, logées dans la pulpe intérieure. Saveur chaude, piquante et âcre. (P. 1199).

181. *Piment de Cayenne.* — Fruits (baies) du *Capsicum fastigiatum* Bl., Solanacée-Solanée, crue américaine, cultivée dans l'Asie et l'Océanie tropicales; petits (1-3 cent.), étroitement ovoïdes-oblongs, à sommet aigu ou un peu mousse, d'un jaune orangé brillant; à saveur très chaude, très piquante et très âcre. (P. 1199).

182. *Feuilles de Belladone.* — Feuilles de l'*Atropa Belladona*, Solanacée-Atropée indigène, vivace; à limbe ovale-aigu ou acuminé, atténué des deux côtés sur le pétiole; entières, glabres, à nervures secondaires pennées, alternes, finement réticulées; à saveur légèrement âcre, à odeur faiblement vireuse. (P. 1193).

183. *Fruits de Belladone.* — Baies de l'*Atropa Belladona*, sphériques, déprimées, presque noires, lisses, à suc vineux, avec apicule très court et une trace de sillon vertical, répondant à la cloison de séparation des deux loges polyspermes. Calice persistant à la base du fruit; vert, foliacé, étalé, 5-mère. (P. 1194).

184. *Racine de Belladone.* — Rhizome (creux) et racines (pleines) de l'*Atropa Belladona;* à écorce d'un gris un peu jaunâtre ou brunâtre, à sillons longitudinaux; blanchâtres intérieurement et plus ou moins marbrés de blanc, à cassure courte, assez nette. Saveur douceâtre, un peu mucilagineuse; odeur nulle ou très faiblement vireuse. (P. 1195).

185. *Racine de Mandragore.* — Racine des *Mandragora officinarum, vernalis, microcarpa,* Solanacées-Atropées de l'Europe méridionale; à pivot simple ou bifurqué, un peu tortueux, avec dépressions assez profondes; l'écorce jaunâtre, compacte, avec un axe ligneux, dur, à cassure courte, compacte, à odeur légèrement vireuse, presque sans saveur à l'état sec. (P. 1224).

186. *Feuilles de Nicotiane.* — Feuilles du *Nicotiana Tabacum,* Solanacée-Nicotianée cultivée, d'origine américaine; sessiles, les inférieures courtement pétiolées, ovales-oblongues ou obovales, entières, molles, couvertes de poils visqueux et de petites glandes sessiles, à nervures secondaires alternes, réticulées. Odeur caractéristique, très légère sur des feuilles non fermentées; saveur faible. (P. 1200).

187. *Feuilles de Stramoine.* — Feuilles du *Datura Stramonium,* Solanacée-Daturée indigène, annuelle; pétiolées, à limbe glabre, ovale-aigu, inégalement arrondi ou subaigu à sa base insymétrique, dont une moitié est parfois plus ou moins saillante-auriculée, avec un sommet aigu ou courtement acuminé, de même que les lobes inégalement incisés-dentés. Nervures secondaires pennées, alternes, concaves en dessus. Odeur et saveur spéciales, vireuses, disparaissant souvent par la dessiccation. (P. 1203).

188. *Fruits de Stramoine (Pomme-épineuse).* — Capsules du *Datura Stramonium;* ovoïdes, obtuses, accompagnées de la base réfléchie du calice en forme de manchette, chargées d'aiguillons coniques et présentant les sillons verticaux équidistants, suivant lesquels s'opère la déhiscence. Graines nombreuses, réniformes, aplaties, noires, séparées en groupes par quatre cloisons dont deux fausses. (P. 1204).

189. *Feuilles de Jusquiame.* — Feuilles de l'*Hyoscyamus niger,* Solanacée-Hyoscyamée herbacée, indigène; pétiolées : les supérieures sessiles, ovales-triangulaires, à grandes divisions triangulaires, inégales; molles, plus ou moins ondulées; la nervure médiane dilatée à sa base, blanchâtre comme les nervures secondaires peu nombreuses, inégalement espacées et irrégulièrement ramifiées. Duvet visqueux sur les deux faces d'un vert pâle. Odeur vireuse; saveur faiblement vireuse. (P. 1206).

190. *Semences de Jusquiame.* — Graines de l'*Hyoscyamus nigre,* ovoïdes-réniformes, longues de 2 millimètres, finement rugueuses-réticulées, grisâtres, à albumen charnu et à embryon arqué. (P. 1208).

191. *Racine de Jusquiame.* — Racine de l'*Hyoscyamus niger*; pivotante, simple ou peu rameuse, grisâtre ou d'un jaune pâle, terne, plissée fortement en long et parfois en travers, souvent surmontée de la base de la tige ; à cassure fibreuse, à moelle abondante, avec un cercle ligneux radié, jaune. Odeur et saveur vireuses, fort affaiblies par la dessiccation. (P. 1208).

192. *Fleurs de Bouillon-blanc (Molène).* — Fleurs du *Verbascum Thapsus*, Scrofulariacée-Verbascée indigène, herbacée, et de quelques espèces voisines; à large corolle jaune d'or, rotacée, presque régulière, portant cinq étamines dissemblables, dont trois sont chargées de poils roux; à odeur suave, douce; à saveur douceâtre et légèrement mucilagineuse. (P. 1229).

193. *Feuilles de Digitale.* —Feuilles du *Digitalis purpurea*, Scrofulariacée-Digitalée indigène, bisannuelle ; ovales ou ovales-oblongues, aiguës ou un peu mousses au sommet, sessiles, mais à limbe atténué de chaque côté en une languette étroite qui borde la nervure médiane concave en dessus, et qui simule un large pétiole; les bords découpés de crénelures mousses, séparées par des sinus peu profonds, mais aigus; couvertes d'un duvet mou et pâle; les nervures pennées et anastomosées, saillantes en dessous. Odeur légère, assez agréable, disparaissant en grande partie par la dessiccation. Dans la poudre des feuilles, cette odeur rappelle un peu celle du thé et de certaines pâtisseries. Saveur amère. (P. 1225).

194. *Feuilles de Pervenche.* — Feuilles du *Vinca minor*, Apocynacée-Vincée indigène; ovales-aiguës, longues de 2-5 centimètres, d'un vert jaunâtre, plus pâles en dessous, entières; les bords légèrement réfléchis; coriaces, lisses, à saveur légèrement astringente et amère. (P. 1272).

195. *Argel.* — Feuilles du *Solenostemma Argel*, Asclépiadacée-Cynanchée des bords de la mer Rouge; lancéolées, coriaces, penninerves, à pétiole rudimentaire ; longues de 2-4 centimètres, d'un vert grisâtre, plus pâles en dessous, ponctuées sur la coupe de taches résineuses de latex concrété. (P. 1279).

196. *Racine de Jalap (Jalap tubéreux).* — Racines adventives napiformes de l'*Exogonium Jalapa* H. Bn (*E. Purga* Benth. — *Ipomœa Jalapa* Nutt.), Convolvulacée du Mexique, notamment des environs de Xalapa; lourdes, compactes, brunes, rugueuses, à rides longitudinales nombreuses, avec cicatrices transversales pâles des radicules; souvent entaillées profondément, à cassure cornée, grisâtre, à odeur de pommes cuites, parfois un peu nauséeuse, à saveur âcre. (P. 1263).

197. *Résine de Jalap.* — Résine de la racine précédente, brunâtre, vernissée, piquetée, friable, à cassure anfractueuse et cristalline, brillante; s'écrasant en une poudre fine, jaune. Odeur de la racine; saveur douceâtre, puis rance, âcre, irritante. (P. 1266).

198. *Scammonée d'Alep.* — Gomme-résine extraite de la racine épaisse du *Convolvulus Scammonia*, Convolvulacée de la région méditerranéenne; en pains ou en larmes; masses chargées d'une poussière grise, masquant plus ou moins leur teinte brun noirâtre; lourdes, compactes, friables, à cassure irrégulière et luisante, formant au contact de la langue humide un enduit grisâtre, boueux. Odeur de brioches, souvent un peu rance. Saveur finalement âcre et persistante. (P. 1260).

199. *Racine de Turbith.* — Racines de l'*Ipomœa Turpethum*, Convolvulacée vivace de l'Asie et de l'Océanie tropicales; cylindriques, tordues en forme de cordes grisâtres, à cicatrices plus ou moins rugueuses, à odeur faible, à saveur légèrement nauséeuse. (P. 1261).

200. *Fleurs de Bourache.* — Fleurs du *Borago officinalis*, Boraginacée-Boragée indigène, annuelle; à corolle rotacée, généralement bleue, rarement rose, portant cinq étamines et dix appendices de forme variable, appartenant cinq à l'andocée et cinq à la corolle; le calice, parfois absent, à cinq divisions allongées, couvertes de poils blancs, brillants et rudes. Odeur faible ou nulle; saveur mucilagineuse. (P. 1282).

201. *Feuilles de Bourache.* — Feuilles du *Borago officinalis;* longuement pétiolées, elliptiques-ovales, entières ou sinuées, penninerves; la face supérieure d'un jaune verdâtre; l'inférieure plus pâle; toutes deux couvertes de poils rudes, insérés souvent sur des saillies du limbe, blancs, brillants. Saveur mucilagineuse. (P. 1282).

202. *Racine de Consoude.* — Portion souterraine du *Symphytum officinale*, Boraginacée-Boragée indigène, vivace, herbacée; consistant en un rhizome épais, qui porte des divisions épaisses et trapues chargées de cicatrices de feuilles, et des racines adventives, cylindriques, de la grosseur du doigt, à surface noirâtre, à intérieur blanchâtre ou jaunâtre, comme cireux, riche en suc mucilagineux qui abonde quand on mouille le médicament. (P. 1284).

203. *Racine d'Orcanette.* — Racine de l'*Alkanna tinctoria*, Boraginacée-Boragée vivace, de la région méditerranéenne; à écorce sèche, mince, d'un rouge sombre intense; le bois semblable à un faisceau tressé de branches rugueuses, rouges en dehors et intérieurement blanchâtres. Colore la salive et le papier humide en rouge souvent intense. (P. 1288).

204. *Feuilles de Pulmonaire.* — Feuilles du *Pulmonaria longifolia*, Boraginacée-Boragée indigène, vivace; lancéolées, entières, rudes, à taches grisâtres, inégales, souvent peu visibles; mucilagineuses. (P. 1288).

205. *Racine de Cynoglosse.* — Racine ou écorce de la racine du *Cynoglossum officinale*, Boraginacée-Boragée herbacée, bisannuelle, indigène; à tronçons bruns en dehors, à cassure compacte, avec bourrelet noir basilaire, à odeur légèrement vireuse; à saveur douceâtre et légèrement mucilagineuse. Fraîche, la plante a l'odeur de croûte de pain. (P. 1286).

206. *Écorce de Monesia (Guaranhem).* — Écorce du *Lucuma glycy-*

phlœa, Sapotacéé arborescente du Brésil; épaisse, très lourde, dure, brune, marbrée de noir et de blanc, à cassure compacte et rugueuse. Saveur sucrée, douce, puis légèrement âcre et passagère. (P. 1317).

207. *Gutta Percha*. — Suc concrété du *Palaquium Gutta* H. Bⁿ (*Isonandra Gutta* Hook. — *Dichopsis Gutta* Benth.), Sapotacée arborescente de Singapore (et secondairement d'une cinquantaine d'autres Sapotacées des régions tropicales des deux mondes); en masses irrégulières, brunes, rayables au couteau; à odeur spéciale rappelant un peu celle du caoutchouc; extensibles et non élastiques; le centre assez souvent blanchâtre et moins dur. (P. 1313, 1500).

208. *Gomme-gutte*. — Latex concrété des *Garcinia Morella* et *Hanburyi*, Clusiacées-Clusiées arborescentes de l'Asie tropicale; en blocs ou cylindres durs, d'un jaune orangé foncé, à cassure nette, subconchoïdale, jaunissant fortement la salive, et à saveur finalement très âcre, prenant à la gorge. (P. 1029).

209. *Benjoin*. — Suc résineux, balsamique, en blocs ou en larmes, du *Styrax Benzoin*, Styracée ligneuse de Siam et de Sumatra, à pâte résinoïde, brune ou jaune, transparente, tachée de larmes blanches et opaques. Odeur vanillée, analogue à celle du Baume de Tolu; saveur légèrement âcre à l'arrière-gorge. (P. 1324).

210. *Styrax Calamite* (*Storax*). — Résine odorante extraite du *Styrax officinale*, Styracée ligneuse de la région méditerranéenne; à pâte opaque, rougeâtre ou verdâtre, légère, cassante, avec grains fins et nombreux d'un blanc jaunâtre. Odeur de Benjoin; saveur gluante, après écrasement des grains sous la dent. (P. 1368).

211. *Manne en larmes*. — Suc concrété du *Fraxinus Ornus* (*Ornus europœa*) et d'autres Frênes, arbres de la famille des Oléacées-Fraxinées; extrait en Calabre et en Sicile, en blocs allongés, aplatis d'un côté, d'un blanc jaunâtre, à surface rugueuse et scintillante, cassante, soluble dans la salive, avec saveur sucrée-miellée. Odeur également miellée. (P. 1306).

212. *Manne en sortes*. — Même suc, en larmes petites, irrégulières, jaunâtres, sales et ternes, onctueuses et gluantes, avec impuretés. Saveur sucrée et légèrement âcre. (P. 1307).

213. *Verveine*. — Sommités fleuries et feuilles du *Verbena officinalis*, Verbénacée-Verbénée indigène, herbacée et vivace; à rameaux tétragones, à feuilles opposées, sessiles, oblongues, atténuées à la base, pinnatifides, à lobes dentés et crénelés. Fleurs petites, irrégulières, en épis. Odeur très faible; saveur très amère. (P. 1255).

214. *Fleurs de Lavande*. — Sommités fleuries du *Lavandula vera*, Labiée-Ocimée méridionale, suffrutescente, souvent cultivée, à épis de glomérules chargés de fleurs bleuâtres, aromatiques-camphrées, à saveur légèrement amère. (P. 1234).

215. *Fleurs de Stœchas*. — Inflorescences du *Lavandula Stœchas*, Labiée-Ocimée de la région méditerranéenne; spiciformes, oblongues,

denses, formées de glomérules pressés, avec bractées larges, acuminées, jaunâtres, veinées de violet; surmontées d'un bouquet de quelques bractées foliiformes, violacées. Odeur aromatique; saveur aromatique-amère. (P. 1236.)

216. *Feuilles de Menthe poivrée.* — Feuilles du *Mentha piperita*, Labiée-Menthée vivace, souvent cultivée; opposées, ovales-lancéolées, serrées, penninerves, d'un vert glauque terne; cassantes, à nervures chargées d'un duvet clair, blanchâtre. Odeur aromatique; saveur aromatique, forte et fraîche. (P. 1239).

217. *Hysope.* — Sommités fleuries de l'*Hyssopus officinalis* L., Labiée-Menthée suffrutescente, de la région méditerranéenne; à feuilles opposées, sessiles, étroites-lancéolées, entières; à fleurs ordinairement bleues, en glomérules axillaires, unilatéraux. Saveur aromatique, piquante, menthée; odeur aromatique, légèrement camphrée. (P. 1237).

218. *Feuilles de Mélisse.* — Feuilles de *Melissa officinalis*, Labiée-Menthée méridionale, cultivée, vivace; ovales-obtuses, légèrement cordées, crénelées, rugueuses en dessus, presque glabres en dessous, à nervures pennées, saillantes, un peu jaunâtres. Odeur aromatique, faible à l'état sec; saveur aromatique, menthée et citronnée. (P. 1244).

219. *Romarin.* — Feuilles du *Rosmarinus officinalis*, Labiée-Monardée méridionale, frutescente; opposées, sessiles, linéaires, acuminées, réfléchies sur les bords, coriaces, rigides, cassantes, vertes en dessus, pâles et finement tomenteuses en dessous; à odeur aromatique-camphrée, disparaissant en partie sur le sec, à saveur aromatique-amère. (P. 1247).

220. *Sauge.* — Feuilles et sommités fleuries du *Salvia officinalis*, Labiée-Monardée méridionale, cultivée, frutescente. Feuilles opposées, ovales-oblongues ou oblongues-lancéolées, entières, finement pubescentes, blanchâtres, nervées-réticulées. Fleurs blanches ou d'un bleu violacé, en épis terminaux de glomérules. Saveur aromatique, chaude, légèrement âcre; odeur fortement aromatique, spéciale. (P. 1245).

221. *Lierre terrestre.* — Branches feuillées du *Nepeta hederacea*, Labiée-Népétée indigène, herbacée et vivace. Feuilles opposées, pétiolées, ovales-obtuses, cordées, crénelées, finement pubescentes, à odeur aromatique faible, à saveur légèrement amère. (P. 1250).

222. *Fleurs d'Ortie blanche.* — Fleurs du *Lamium album*, Labiée-Lamiée indigène, vivace; en glomérules axillaires, à corolle bilabiée, blanche, portant 4 étamines didynames. Saveur mucilagineuse, un peu amère. (P. 1253).

223. *Petit Chêne (Germandrée).* — Sommités fleuries du *Teucrium Chamædrys*, Labiée-Ajugée, herbacée et vivace, indigène; à feuilles opposées, oblongues-lancéolées, crénelées; à fleurs roses, irrégulières, en cymes axillaires pauciflores; la corolle labiée fendue au côté postérieur suivant sa hauteur. Odeur presque nulle; saveur amère, à peine aromatique. (P. 1254).

224. Serpolet. — Branches fleuries du *Thymus Serpyllum*, Labiée-Menthée vivace, indigène; à petites feuilles opposées, sessiles, oblongues-lancéolées, entières et ciliées; à fleurs rosées en glomérules axillaires ou groupés vers le sommet des rameaux. Saveur chaude, légèrement âcre; odeur aromatique, agréable, forte, spéciale. (P. 1243).

225. Feuilles d'Airelle ponctuée. — Feuilles du *Vaccinium Vitis-idæa*, Ericacée-Vaccincée indigène, frutescente; obovales, inférieurement atténuées, coriaces, finement crénelées; les bords réfléchis. Face supérieure rougeâtre ou violacée, souvent maculée; face inférieure plus pâle, finement ponctuée de noir. Saveur légèrement astringente. (P. 1300).

226. Feuilles d'Uva-Ursi (Busserole). — Feuilles de l'*Arctostaphylos Uva-ursi*, Ericacée-Arbutée indigène, frutescente; obovales, atténuées à la base en pétiole très-court; entières, coriaces, glabres, penninerves-réticulées, finement chagrinées, vertes ou un peu brunâtres, ou rougeâtres, astringentes, à odeur faiblement aromatique. (P. 1299).

227. Racine de Valériane. — Portion souterraine, complexe (rhizome, base des branches aériennes et racines adventives) du *Valeriana officinalis*, Valérianacée-Valérianée indigène, vivace; avec restes de feuilles dont l'aisselle porte des rameaux souterrains, gemmifères; à odeur « de chat » caractéristique, à saveur aromatique, un peu nauséeuse, légèrement sucrée. (P. 1112).

228. Racine de Gentiane (Grande Gentiane, G. jaune). — Portions souterraines du *Gentiana lutea*, Gentianacée-Gentianée indigène, vivace, des régions montagneuses. Base de la tige, plus au moins creuse, se continuant avec une racine épaisse, souvent bifurquée plus ou moins haut, avec écorce portant des cicatrices espacées, taillées à pic, à cassure courte, peu fibreuse. Couleur d'un jaune brun plus ou moins rougeâtre, devenant plus grisâtre sur les petites divisions de la racine. Saveur très amère, quoiqu'un peu douce au début. Odeur de miel ou de pain d'épice. (P. 1290).

229. Petite Centaurée. — Sommités fleuries de l'*Erythræa Centaurium*, Gentianacée-Chironiée indigène, bisannuelle ou vivace; à axes anguleux, fistuleux, à feuilles opposées, ovales ou linéaires, entières, 3-5-nerves à la base; à fleurs petites et roses, rarement blanches, régulières, disposées en cymes bipares composées, terminales. Ovaire à deux placentas pariétaux. Saveur très amère, persistante; odeur assez agréable, un peu miellée dans la plante sèche. (P. 1293).

230. Feuilles de Ményanthe (Trèfle d'eau). — Feuilles du *Menyanthes trifoliata*, Gentianacée-Ményanthée vivace, aquatique, indigène; alternes, trifoliolées, à long pétiole dilaté inférieurement en gaine; les folioles ovales ou obovales, glauques, à saveur amère. (P. 1294).

231. Bourgeons de Peuplier. — Bourgeons hibernaux de *Populus nigra*, Salicacée arborescente, indigène; ovoïdes-aigus, plus ou moins arqués, à axe court portant un jeune chaton, entouré de 4-8 bractées imbriquées, fauves ou brunes, engluées d'une substance résineuse-visqueuse, d'un jaune verdâtre, à odeur balsamique, à saveur aromatique-amère. (P. 1180).

232. *Semences de Courge (Potiron).* — Graines du *Cucurbita Pepo,* Cucurbitacée-Cucurbitée annuelle, cultivée; ovales-elliptiques, aplaties, marginées, à petite extrémité terminée en court bec oblique, répondant au hile et au micropyle, avec triple tégument; le moyen blanc épais; l'interne mou et verdâtre, subsistant seul souvent sur les embryons mondés du commerce. Embryon volumineux, à deux cotylédons aplatis, huileux, à saveur douceâtre, puis un peu âcre ; à odeur faible, souvent un peu rance. (P. 1161).

233. *Coloquinte.* — Fruit du *Citrullus Colocynthis,* Cucurbitacée-Cucurbitée herbacée d'Orient; sphérique (baie cortiquée), souvent dépouillé de sa couche superficielle, rempli d'une pulpe blanche, desséchée, dans laquelle sont plongées les graines obovales, comprimées, lisses et glabres. Pulpe extrêmement amère. (P. 1161).

234. *Racine de Bryone.* — Racine du *Bryonia dioica,* Cucurbitacée indigène, vivace; épaisse, cylindrique ou fusiforme, souvent découpée en tranches transversales; d'un blanc jaunâtre, à écorce rugueuse, plissée par la dessiccation; le bois, charnu, formé de zones concentriques. Odeur nulle; saveur extrêmement amère; contact irritant et déterminant l'éternuement. (P. 1164).

235. *Rhizome d'Aristoloche ronde.* — Rhizome (?) presque cylindrique de l'*Aristolochia longa,* Aristolochiacée-Aristolochiée du Midi; de la grosseur du pouce, arrondi aux deux bouts, d'un brun grisâtre, avec cicatrices espacées, jaune pâle en dedans; à odeur de Réglisse, à saveur finalement amère et âcre. (P. 1174).

236. *Rhizome d'Aristoloche ronde.* — Rhizome de l'*Aristolochia rotunda,* Aristolochiacée du Midi; irrégulièrement globuleux, ridé, d'un brun terreux, avec cicatrices de racines et de branches aériennes ; jaune pâle intérieurement. Caractères organoleptiques du précédent.

237. *Rhizome de Cabaret.* — Portion souterraine de l'*Asarum europæum,* Aristolochiacée indigène, vivace; formée de fragments irrégulièrement cylindriques, à section polygonale, d'un jaune brun ou terne; cassants, à plis longitudinaux irréguliers. Nœuds distants, avec cicatrices des branches aériennes, et racines adventives grêles, souvent nombreuses. Cassure compacte, courte. Saveur piquante, térébenthinée; odeur poivrée assez forte. (P. 1170).

238. *Serpentaire de Virginie.* — Portion souterraine de l'*Aristolochia Serpentaria,* Aristolochiacée de l'Amérique du Nord, vivace. Rhizome petit, grêle et tortueux, brun, chargé en haut des bases durcies des branches aériennes, et en bas de nombreuses racines adventives grêles, jaunâtres. Cassure compacte, jaunâtre. Odeur camphrée-térébenthinée; saveur aromatique-amère, un peu chaude. (P. 1171).

239. *Feuilles de Chicorée sauvage.* — Feuilles du *Cichorium Intybus*, Composée-Chicoracée indigène, vivace; oblongues, atténuées à la base, acuminées, à bords profondément et inégalement pennatiséqués, roncinés, à nervure médiane large, pubescente en dessous, blanchâtre, à nervures secondaires pennées, nombreuses, anastomosées-réticulées. Saveur franchement amère. (P. 1120).

240. *Racine de Chicorée.* — Racines du *Cichorium Intybus*, Composée-Chicoracée; découpées en fragments à écorce jaunâtre, ridée; l'intérieur d'un blanc laiteux, à cassure courte; la zone ligneuse présentant des coins bruns, aigus, et des rayons médullaires interposés. Saveur un peu amère, mucilagineuse. (P. 1120).

241. *Fleurs de Carthame.* — Fleurons du capitule du *Carthamus tinctorius*, Composée-Carduée cultivée, annuelle; tubuleux, à limbe un peu irrégulier, portant cinq étamines syngénèses, avec ovaire infère. Corolle de couleur rouge orangé, à odeur aromatique spéciale, à saveur légèrement amère; teignant la salive en jaune. (P. 1142).

242. *Racine de Bardane.* — Portion souterraine de l'*Arctium Lappa*, Composée-Carduée indigène, cylindrique; les tronçons desséchés plus larges vers les deux bases que vers le milieu de leur hauteur, durs et légers, gris ou brun clair, à surface rugueuse, plissée et sillonnée; les sections d'un gris jaunâtre, avec une ligne brune délimitant l'écorce parallèlement aux bords; les rayons médullaires linéaires et pâles; les sections transversales des faisceaux ligneux plus pâles que celles des faisceaux du liber. Odeur peu agréable; saveur mucilagineuse, puis amère. (P. 1147).

243. *Racines de Pyrèthre* (d'Afrique). — Portion souterraine du *Matricaria Pyrethrum* H. Bn (*Anacyclus Pyrethrum* DC.), Composée-Hélianthée-Anthémidée vivace; cylindrique, de la grosseur du doigt, grise et rugueuse en dehors, blanchâtre ou grisâtre en dedans, garnie de filaments radiculaires; à saveur brûlante, persistante et amenant une abondante salivation. (P. 1134).

244. *Fleurs de Camomille* (romaine). — Capitules du *Matricaria nobilis* H. Bn (*Anthemis nobilis* L.), Composée-Hélianthée-Anthémidée vivace, indigène; « doubles » ou simples; le centre jaune et le rayon blanc, ou à fleurons réguliers et à demi-fleurons du rayon blancs; amers, très peu mucilagineux, à odeur légèrement aromatique. (P. 1135).

245. *Feuilles d'Armoise.* — Feuilles de l'*Artemisia vulgaris*, Composée-Hélianthée-Anthémidée indigène, vivace; alternes, sessiles, auriculées, pinnatipartites, à 5-9 lobes aigus, incisés, multidentés; d'un vert foncé en dessus, épaissement lanugineuses et d'un blanc grisâtre en dessous; légèrement aromatiques, à saveur un peu aromatique-amère, se perdant à peu près complètement par la dessiccation. (P. 1142).

246. *Semen contra* (d'Alep). — Capitules jeunes de l'*Artemisia maritima* var. *pauciflora* (*Stœchmanniana* Berg), Composée-Hélianthée-Matricariée de l'Asie tempérée; petits, ovoïdes, à involucre de 10-20 brac-

tées inégales, imbriquées, glandulifères sur leur ligne médiane; pauciflores, à saveur un peu amère et térébenthinée, à odeur spéciale, développée par le froissement. (P. 1140).

247. *Feuilles d'Absinthe* (Grande). — Feuilles de l'*Artemisia Absinthium*, Composée-Absinthiée-Matricariée, indigène et vivace; alternes, tripennatiséquées, à divisions ultimes grêles, inégales, mousses au sommet; avec duvet blanc verdâtre, doux au toucher. Saveur extrêmement amère; odeur aromatique spéciale, très forte. (P. 1138).

248. *Fleurs de Souci.* — Capitules du *Calendula officinalis*, Composée-Calendulée indigène, annuelle, ou leurs fleurs extérieures ligulées, d'un beau jaune orangé, à saveur légèrement amère, à odeur spéciale, forte et peu agréable. (P. 1152).

249. *Racine d'Aunée.* — Portion souterraine de l'*Inula Helenium*, Composée-Astérée indigène, vivace. Rhizome court et épais, à racines atteignant la grosseur du doigt; gris ou d'un brun clair à la surface, rugueux, plissé, gemmifère, à section transversale d'un jaune brunâtre; de consistance cornée, à odeur un peu aromatique-camphrée, à saveur un peu aromatique-amère. (P. 1128).

250. *Fleurs de Pied-de-chat.* — Capitules du *Gnaphalium dioicum* L. (*Antennaria dioica* GÆRTN.), Composée-Astérée vivace, indigène, dioique; petits, à bractées blanches ou rosées, aromatiques. (P. 1148).

251. *Fleurs d'Arnica.* — Capitules radiés du *Doronicum montanum* LAMK (*D. Arnica* DESF. — *Arnica montana* L.), Composée-Hélianthée-Sénécionée, herbacée, vivace, indigène, des montagnes; à involucre formé de 15-25 bractées lancéolées; les fleurs d'un beau jaune plus ou moins orangé, toutes fertiles; celles du rayon ligulées, et celles du disque régulières; l'ovaire surmonté d'une couronne de longs poils blancs. Odeur aromatique spéciale, agréable. (P. 1131).

252. *Fleurs de Tussilage.* — Capitules du *Petasites Farfara* H. BN (*Tussilago Farfara* L.), Composée-Hélianthée indigène, vivace; s'épanouissant avant les feuilles; à fleurs jaunes; celle du rayon ligulées et celles du disque régulières; le réceptacle sans paillettes. Saveur légèrement amère; odeur céracée, assez aromatique. (P. 1150).

253. *Camphrée de Montpellier.* — Sommités fleuries du *Camphorosma monspeliaca*, Chénopodiacée-Chénopodiée-Camphorosmée suffrutescente du Midi; à petites inflorescences spiciformes, compactes, verdâtres, grisâtres ou jaunâtres; les fleurs cachées dans leurs bractées, apétales et 5-andres, à odeur légèrement aromatique-camphrée, à saveur un peu amère. (P. 1186).

254. *Rhubarbe de Moscovie.* — Section souterraine et tige aérienne surbaissée du *Rheum officinale* H. BN et parfois (?) du *R. palmatum* L., Polygonacées-Polygonées asiatiques, ou de quelques autres espèces ou variétés; venant de l'Asie en Europe par la Russie, représentées par des fragments très variables de forme, souvent perforés, d'un brun orangé,

avec réseau blanc superficiel à mailles losangiquées et étoiles intérieures blanches; d'odeur spéciale, de saveur amère, légèrement âcre; craquant plus ou moins sous la dent et colorant la salive en jaune vif. (P. 1334).

255. *Rhubarbe de France.* — Portion souterraine du *Rheum Rhaponticum*, de l'Europe austro-orientale, et de quelques autres espèces cultivées en Europe, en masses variables de forme, assez souvent cylindriques, d'un brun plus ou moins roux ou jaune, sans réseau blanc superficiel et en général sans étoiles blanches bien indiquées. Saveur amère et un peu âpre; odeur assez faible. (P. 1340).

256. *Racine de Bistorte.* — Rhizome brun, en forme d'S, du *Polygonum Bistorta* L., Polygonacée-Polygonée indigène, vivace; à intérieur d'un brun plus ou moins clair, rougeâtre ou orange, à surface ridée et plissée, portant des racines adventives. Saveur douceâtre, puis très astringente. (P. 1341).

257. *Semences de Sarrazin.* — Fruits (achaines) du *Polygonum Fagopyrum*, Polygonacée annuelle, cultivée; tétraédriques, glabres, bruns, contenant une seule graine dressée, à abondant albumen farineux. (P. 1344).

258. *Racine de Patience.* — Racine du *Rumex obtusifolius*, Polygonacée indigène, vivace; ordinairement en courts cylindres, à surface d'un brun rougeâtre, avec enduit souvent grisâtre, ridés de côtes transversales, à intérieur jaune, puis tournant au gris avec l'âge, avec cercle cambial brun, ténu. Saveur légèrement amère; odeur spéciale faible. (P. 1334).

259. *Feuilles de Noyer.* — Feuilles composées-imparipennées du *Juglans regia*, type de la famille de Juglandacées, arbre cultivé; à 7-9 folioles ovales-acuminées, presque glabres, glanduleuses-ponctuées, à odeur spéciale, caractéristique, à saveur astringente. Noircissent le fer. (P. 1346).

260. *Santal citrin.* — Bois, d'après M. Pierre, d'une Méliacée-Trichiliée de Cochinchine, l'*Epicharis Loureiri* PIERRE (*Santalum album* LOUR., non L.); léger, d'un jaune orangé pâle, avec rayons médullaires rapprochés et ondulés; à odeur aromatique, agréable, spéciale, comparée à celle des roses; saveur légèrement âcre. (P. 974).

261. *Bourgeons de Pin* (B. de Sapin). — Bourgeons du *Pinus sylvestris*, Conifère-Pinée arborescente de l'Europe, l'Asie et l'Amérique du Nord; groupés au nombre de 3-5 au sommet d'un rameau, inégaux, ovoïdes-cylindriques, chargés d'écailles imbriquées, membraneuses, d'un brun clair, à franges marginales blanches. Odeur aromatique, résineuse, assez agréable. (P. 1350).

262. *Térébenthine de Bordeaux.* — Suc résineux du *Pinus Pinaster* SOL., Conifère-Pinée européenne, cultivée; mou, blond, trouble, diffluent, se séparant par le repos en deux couches : la supérieure transparente et pâle; l'intérieure résineuse et opaque. Odeur dite térébenthinée; saveur amère, âcre. (P. 1350).

263. *Galipot (Barras).* — Suc qui, pendant l'hiver, s'écoule des incisions

faites au *Pinus Pinaster* et s'est solidifié sur son tronc en croûte jaunâtre, à odeur térébenthinée, à saveur amère. (P. 1350).

264. *Colophane.* — Substance résineuse, obtenue du Galipot fondu et purifié par filtration. Masse transparente d'un jaune pâle; plus brune quand elle se trouve au fond des alambics après la distillation des térébenthines. Odeur térébenthinée faible. Se réduit facilement en poudre blanche. (P. 1350).

265. *Poix résine (Résine jaune.)* — Masses dures, opaques, d'un jaune sale ou brunâtre, à cassure vitreuse, obtenue en brassant dans l'eau chaude ce qui reste au fond de l'alambic après la distillation de l'essence de Térébenthine. (P. 1353).

266. *Goudron végétal.* — Substance demi-liquide, noirâtre, grumeleuse, à odeur forte, spéciale, et à saveur âcre et chaude, obtenue par la distillation sèche des branches des Pins, etc.

267. *Térébenthine de Venise.* — Liquide oélo-résineux extrait du tronc de *Pinus Larix* L. (*Larix europæa* DC.), Conifère-Pinée arborescente, à feuilles non persistantes; épais, louche, blond, à odeur fine, rappelant celle du Macis; à saveur amère, âcre, légèrement aromatique. (P. 1356).

268. *Baume du Canada.* — Térébenthine extraite en Amérique du *Pinus balsamea* L., Conifère-Pinée; semi-liquide, visqueuse, s'épaississant lentement, finalement tout à fait transparente et de couleur jaune d'or, à saveur amère, âcre; à odeur térébenthinée agréable. (P. 1355).

269. *Sandaraque.* — Substance résineuse, extraite du *Callitris quadrivalvis* VENT. (*Thuya articulata* VAHL), Conifère-Capressinée de l'Afrique boréale; en larmes jaunes, pâles, translucides, à surface un peu terne et grisâtre, à cassure vitreuse, friable et se réduisant facilement en poudre blanche. Odeur résineuse faible; saveur amère, légèrement résineuse. (P. 1360).

270. *Baies de Genièvre.* — Fruits composés (achaines) du *Juniperus communis*, Conifère-Cupressinée indigène, ligneuse; entourés par les bractées de l'inflorescence devenues charnues et épaisses, noirâtres, à odeur aromatique, à saveur sucrée et parfumée. (P. 1358).

271. *Sabine.* — Rameaux feuillés du *Juniperus Sabina*, Conifère-Cupressinée indigène; chargés de nombreuses petites feuilles opposées-décussées, imbriquées, polymorphes, à saveur amère et âcre, irritante, à forte odeur résineuse. (P. 1358).

272. *Racine d'Iris.* — Rhizome de l'*Iris florentina* et de quelques espèces voisines, européennes, cultivées; cylindrique, un peu aplati, formant une série de renflements, à surface supérieure émondée au couteau, à surface inférieure montrant des traces punctiformes de racines adventives; le tout blanc, à odeur agréable de violette, à saveur faible et mucilagineuse ou un peu âcre. (P. 1418).

273. *Safran.* — Styles du *Crocus sativus*, Iridacée orientale, cultivée: à 3 branches stigmatifères, rougeâtres, représentant chacune un cornet

strié, fimbrié et enroulé, non fermé; flabelliformes quand elles sont étalées, plissées en long, à odeur aromatique spéciale, à saveur amère; teignant la salive en jaune. (P. 1421).

274. *Bulbes de Colchique*. — Bulbes pleins du *Colchicum autumnale*, Liliacée-Colchicée indigène, vivace; sphériques-déprimés, pédalés et portant en bas des racines adventives dont on peut voir la trace. Surface d'un gris terreux, plus ou moins brun, avec un sillon vertical au milieu d'une des faces; en haut une assez large cicatrice. Saveur âcre et amère. (P. 1399).

275. *Semences de Colchique*. — Graines de la plante précédente; petites (2, 3 millim.), subglobuleuses, à surface rugueuse, d'un brun foncé, avec un petit arille blanc, saillant, voisin de la cicatrice du hile. Albumen abondant, corné, et petit embryon excentrique. Saveur amère. (P. 1401).

276. *Cévadille*. — Graines du *Schœnocaulon officinale* A Gr. (*Asagrœa officinalis* Lindl.), Liliacée-Vératrée de l'Amérique centrale; petites (env. 1 cent.), allongées, fusiformes, subclaviformes, inégalement prolongées aux deux bouts en pointe aliforme, glabres, noires, à albumen charnu. Saveur amère, puis très âcre. (P. 1406).

277. *Racine d'Hellébore blanc*. — Rhizome du *Veratrum album*, Liliacée-Vératrée vivace, de l'hémisphère boréal des deux mondes: épais, cylindrique, à surface d'un brun plus ou moins foncé, chargée de cicatrices et de nombreuses racines adventives appliquées; l'extrémité supérieure portant une épaisse couronne de cicatrices foliaires; les intérieures cassantes et blanches intérieurement. Saveur âcre. (P. 1403).

278. *Squames de Scille*. — Écailles (bases foliaires), entières ou découpées du bulbe volumineux du *Scilla maitima* L. (*Urginea Scilla* St.), Liliacée-Scillée des rivages méridionaux; plates ou un peu concaves, d'un rouge brun ou plus ou moins blanchâtres, coriaces par la dessiccation, lisses ou légèrement rugueuses, pourvues de lignes saillantes longitudinales, obtuses, se brisant avec étirement des trachées et scintillement de cristaux d'oxalate de chaux. Saveur douceâtre, puis extrêmement âcre. (P. 1387).

279. *Aloès succotrin*. — Nom donné jadis à tort à toutes les qualités supérieures d'Aloès, de quelque espèce d'*Aloe* qu'elles proviennent. C'est souvent aujourd'hui l'*A. spicata*, du Cap, ou l'*A. vera* L. (*A. vulgaris* Lamk), Liliacées-Aloinées à feuilles grasses. Le suc extrait de ces feuilles est d'un brun rougeâtre translucide, brillant, cristallin. Quand il est opaque, c'est l'*Aloès hépatique* des anciens. L'odeur est douce, assez agréable ou un peu hircine; la saveur très amère. (P. 1830).

280. *Aloès des Barbades*. — Suc épaissi des feuilles de l'*Aloe vera*, transporté (?) en Amérique; d'un brun noirâtre, opaque, à odeur peu agréable, souvent expédié dans des calebasses. (P. 1384).

281. *Aloès caballin*. — Nom impropre, appliqué aux aloès impurs, noirs, ternes, à odeur répugnante, tirant leur ancien nom de ce qu'on les réservait jadis pour les bestiaux.

282. *Racine d'Asperge.* — Portion souterraine de l'*Asparagus offici-nalis*, Liliacée-Asparagée indigène, vivace, à fruit charnu (baie); formée d'un rhizome cylindrique, d'un gris jaunâtre sale, portant des écailles (feuilles modifiées) et de nombreuses racines adventives, très développées, de la grosseur d'une plume, à odeur et saveur légères, non spécifiques. (P. 1391).

283. *Salsepareille* (de la Jamaïque). — Portion souterraine du *Smilax officinalis*, Liliacée-Smilacée de l'Amérique centrale, à fruit charnu; à rhizome épais, avec nœuds saillants, portant de longues racines cylin-driques, plus ou moins renflées vers le milieu de leur longueur, simples, sauf au sommet où elles portent de nombreuses radicules, d'un gris plus ou moins jaunâtre; à saveur un peu douce et sucrée, puis plus ou moins âcre et amère. (P. 1392).

284. *Squine.* — Portion souterraine du *Smilax China*, Liliacée-Smi-lacée grimpante de l'Asie tropicale; cylindrique, inégalement bosselée, ordinairement lisse ou satinée, d'un brun pâle ou un peu rougeâtre, por-tant des entailles inégales et des traces de racines, à cercle subéreux épais, à odeur et saveur très faibles. (P. 1399).

285. *Racine de Petit Houx* (*Fragon épineux*). — Portion souterraine du *Ruscus aculeatus*, Liliacée-Asparagée indigène; à rhizome de la grosseur du doigt, d'un gris jaunâtre, portant des collerettes transversales, traces d'écailles (feuilles modifiées), quelques bases de branches aériennes, et de nombreuses racines adventives grêles, grisâtres. Saveur douceâtre, puis légèrement âcre; odeur légèrement térébenthinée. (P. 1409).

286. *Salep.* — Tubercules (Ophrydobulbes) de plusieurs *Orchis* indi-gènes et orientaux vivaces; en masses ovoïdes, pyriformes ou palmées, dures, cornées, d'un brun grisâtre ou jaunâtre, à excavation supérieure répondant à la base de la portion aérienne. Subtance intérieure translu-cide, peu odorante, insipide, légèrement mucilagineuse. (P. 1437).

287. *Vanille.* — Fruit (baie imparfaitement déhiscente) du *Vanilla claviculata* Sw. (*V. planifolia* ANDR.), Orchidacée-Aréthusée grimpante du Mexique, introduite et cultivée dans un grand nombre de pays tropicaux des deux mondes; en baguettes molles, brunes, ridées et « givrées » par la dessiccation, à odeur balsamique très-suave, à saveur douceâtre, agréable. (P. 1438).

288. *Gingembre.* — Rhizome du *Zingiber officinale*, Zingibéracée asia-tique, cultivée dans beaucoup de pays tropicaux des deux mondes; allongé, ramifié, à divisions obovales, aplaties, épaisses, grises, ou d'un blanc mat quand elles sont décortiquées; à odeur spéciale, aromatique; à saveur aromatique, poivrée et brûlante. (P. 1424).

289. *Curcuma.* — Portion souterraine, cylindrique (*C. long*) ou ovoïde-sphérique (*C. rond*) du *Curcuma rotunda*, Zingibéracée de l'Asie et de l'Océanie tropicales; dure, à écorce subéreuse d'un gris brunâtre, avec cicatrices de feuilles et de racines, intérieurement d'un jaune foncé ou

rougeâtre, à cassure courte et terne, à saveur un peu âcre, à odeur de Macis, colorant la salive en jaune. (P. 1429).

290. *Zédoaire ronde.* — Rhizome attribué au *Curcuma Zedoaria* Rosc. (*Amomum Zedoaria* W.), Zingibéracée de l'Asie tropicale ; ovoïde ou subsphérique, tuberculeux, à cassure compacte, d'un gris pâle ; la surface d'un brun pâle, subéreuse, à odeur camphrée, à saveur amère-térébenthinée. (P. 1430).

291. *Zédoaire longue.* — Portion souterraine (racines ?) de la plante précédente, en cylindres de la grosseur du doigt, à surface d'un brun clair. Mêmes propriétés organoleptiques.

292. *Galanga* (mineur). — Rhizomes de l'*Alpinia officinarum* Hnce, Zingibéracée de la Chine méridionale ; cylindriques ou bifurqués, ou à divisions latérales, d'un brun rougeâtre, avec anneaux circulaires, frangés et blanchâtres, répondant aux appendices détruits ; entre-nœuds striés. Cassure fibreuse, d'un brun clair ; odeur aromatique, camphrée ; saveur poivrée et brûlante. (P. 1427).

293. *Arrow-root.* — Fécule du *Maranta arundinacea*, Zingibéracée-Marantée américaine, cultivée dans tous les tropiques ; en grains elliptiques ou ovoïdes, un peu irréguliers, secs, d'un blanc brillant, à hile transversal ou étoilé. Toucher doux, mais non gras. (P. 1430).

294. *Maniguette.* — Graines de l'*Amomum Melegueta* Rosc. (*A. Grana-Paradisi* L.), Zingibéracée de l'Afrique tropicale occidentale ; irrégulièrement ovoïdes-pyramidales, polygonales ou subcordées, brunes, rugueuses, arillées, albuminées, à saveur poivrée et brûlante, à odeur aromatique. (P. 1434).

295. *Cardamome du Malabar.* — Fruits de l'*Elettaria repens* H. Bn (*E. Cardamomum* Mat. — *Amomum Cardamomum* Whit., non L.), Zingibéracée de l'Asie tropicale ; capsulaires, ovoïdes-oblongs, obtusément trigones, longs de 1, 2 centimètres, parcheminés, d'un gris pâle, brunâtre ; à graines nombreuses, comprimées, d'un brun rougeâtre, aromatiques ; à saveur chaude et camphrée. (P. 1432).

296. *Cardamome de Ceylan.* — Fruits de l'*Elettaria major* Sm., qu'on suppose être une variété de l'*E. repens ;* plus gros (2, 5 centimètres), plus grisâtres et moins aromatiques que ceux de l'espèce type.

297. *Cardamome de Siam* (*C. en grappes*). — Fruits de l'*Amomum Cardamomum* L., Zingibéracée du Cambodge et de Siam ; sphériques, d'un gris brunâtre, surmontés d'une cicatrice proéminente du style. Graines brunes, très aromatiques, brûlantes. (P. 1433).

298. *Acore vrai* (*Calamus aromaticus*). — Rhizome de l'*Acorus Calamus*, Aroïdacée-Orontiée vivace, indigène ; cylindrique, un peu aplati, d'un brun rougeâtre à la surface, intérieurement d'un blanc grisâtre, spongieux, portant en dessus des côtes transversales proéminentes, répondant à l'insertion des appendices, et en dessous des groupes de cicatrices circulaires et déprimées, répondant aux racines adventives. Odeur

aromatique agréable; saveur légèrement amère et âpre. (P. 1444).

299. *Sagou (Gros)*. — Fécule des *Metroxylon Sagu* ROTTB. et *Rumphii* MART., Palmiers arborescents de l'Asie et l'Océanie tropicales; en grains composés, irréguliers, opaques, rugueux, de couleur blanche, grise ou rosée, se gonflant dans la salive et y devenant translucides. Hile répondant à la petite extrémité, rond ou étoilé. (P. 1411).

300. *Sagou (Petit)*. — Fécule des *Metroxylon* précédents, chauffée, à l'état de pâte, sur des plaques métalliques. A cette forme appartient le *S. Tapioca*, d'un gris brun, avec taches laiteuses et surface terne, subcornée. Hile dilaté et plus ou moins éclaté. (P. 1411).

301. *Fruit de Sagoutier*. — Obovoïde, brun, brillant, chargé d'écailles imbriquées (poils d'abord peltés et durcis), réfléchies. Graine unique, mobile à l'intérieur. (P. 1411).

302. *Sang-dragon* (en roseaux). — Suc résineux desséché du *Calamus Draco* W. (*Dæmonorops Draco* MART.), Palmier grimpant de l'Océanie tropicale; en cylindres ou boules enveloppés d'une feuille de Palmier, d'un brun rouge foncé, lisse, terne, à stries fines, à cassure compacte, courte, à saveur légèrement âcre. Par le grattage, ces masses donnent une poudre rouge; elles tachent le papier en rouge brun. (P. 1413).

303. *Sang-dragon* (en masses). — Même produit que le précédent, mais de qualité inférieure, en blocs irréguliers, d'un brun rougeâtre terne, avec nombreux débris, notamment des poils écailleux qui recouvrent le fruit.

304. *Chiendent (Petit)*. — Rhizomes du *Triticum repens*, Graminée-Hordéée indigène; en cordons subprismatiques, larges de 2-3 millimètres, jaunes, lisses, durs, à côtes longitudinales saillantes, avec nœuds espacés, portant des traces d'écailles engainantes, et souvent des racines adventives grêles. Saveur légèrement sucrée. (P. 1368).

305. *Canne de Provence*. — Rhizome de l'*Arundo Donax*, Graminée-Festucée vivace, de la région méditerranéenne; cylindrique, épais (4-5 cent.), à surface luisante, jaune pâle, cannelée en long, avec anneaux saillants, transversaux, et cicatrices circulaires de racines adventives; à cassure compacte, légèrement spongieuse, de couleur gris brunâtre, à saveur douceâtre et à odeur douce. (P. 1377).

306. *Gruau d'Avoine*. — Graines, sans tégument, de l'*Avena sativa*, Graminée-Avénée cultivée; allongée, atténuée aux deux extrémités, d'un blanc un peu translucide, éburné; portant d'une part un sillon longitudinal; à albumen abondant, à petit embryon basilaire, excentrique. (P. 1370).

307. *Orge* (mondée). — Fruit (caryopse), sorti des glumelles, de l'*Hordeum vulgare*, Graminée-Hordéée cultivée; elliptique, un peu aplati, à tégument jaunâtre, à graine albuminée; l'embryon basilaire excentrique; à saveur faible. (P. 1368).

308. *Orge perlée*. — Fruit précédent, décortiqué et ayant perdu son

péricarpe; devenu plus rond que l'O. mondée, et à surface farineuse, grisâtre.

309. *Amidon* (de Blé). — Fécule des graines du *Triticum sativum*, Graminée-Hordéée cultivée; en petits grains inégaux, orbiculaires ou un peu ovales-elliptiques, aplatis, à hile central, punctiforme, et à zones concentriques très peu visibles. (P. 1365).

310. *Riz.* — Fruits (caryopses) de l'*Oryza sativa*, Graminée-Oryzée cultivée; en général dépouillés en totalité ou en partie du péricarpe; oblongs, obliquement tronqués à la base, à albumen abondant, croquant sous la dent et à cassure cornée; à embryon basilaire, excentrique, superficiel. (P. 1371).

311. *Racine de Fougère mâle.* — Rhizome du *Dryopteris Filix-mas* (*Polystichum Filix-mas* ROTH), Fougère vivace, indigène; cylindrique, d'un brun noirâtre, ridé, surmonté en dessus de nombreuses bases de pétioles des frondes, et en dessous de nombreuses racines adventives, grêles et noires; à cassure compacte, courte, d'un jaune verdâtre. Saveur sucrée, puis légèrement astringente-amère, un peu spéciale; odeur spéciale de moisi. (C. 14).

312. *Polypode commun (P. de Chêne).* — Rhizome du *Polypodium vulgare*, Fougère indigène, vivace; grêle, cylindrique, irrégulièrement aplati, tortueux, d'un brun jaunâtre ou rougeâtre, avec saillies supérieures tronquées (restes des pétioles) et, en dessous, des restes de racines ténues. Cassure courte, compacte; odeur spéciale, un peu nauséeuse; saveur sucrée et finalement âcre. (C. 1).

313. *Capillaire du Canada.* — Frondes de l'*Adiantum pedatum*, Fougère vivace de l'Amérique du Nord et de l'Asie tempérée; à longs pétioles lisses; les divisions du limbe pédalées, à ramifications unilatérales; les folioles oblongues, irrégulièrement parallélogrammiques ou scalènes, à bord supérieur découpé de lobules rabattus portant les sores; glabres, d'un vert gai, à odeur faible et à saveur douceâtre ou un peu styptique. (C. 12).

314. *Lycopode.* — Spores (microspores) du *Lycopodium clavatum*, Lycopodiacée-Lycopodiée indigène; courtement tétraédriques, à arêtes pourvues d'une ligne saillante; à faces un peu courbes, chargées d'un réseau à mailles polygonales. Poudre jaune, onctueuse, flottant sur l'eau froide, brûlant avec éclair, inodore. (C. 28).

315. *Lichen d'Islande.* — Thalle du *Cetraria islandica*, Lichen des régions froides et tempérées; foliacé, coriace, enroulé, d'un vert jaunâtre ou brunâtre en dessus, blanc, dur et fovéolé en dessous, à lobes inégaux, irrégulièrement bifurqués; les bords découpés en deux lobules, portant çà et là des plaques (apothécies) d'un jaune rougeâtre et souvent aussi des spermogonies cylindro-coniques. Saveur amère; odeur spéciale, faible. (C. 70).

316. *Agaric blanc (Polypore du Mélèze).* — *Polyporus officinalis*

Fr., Champignon-Basidiomycète indigène; en forme de cône plus ou moins oblong, surbaissé ou claviforme, d'un blanc jaunâtre, farineux, à zones annulaires concentriques; la base ponctuée de fins orifices. Saveur douceâtre, puis bientôt d'une extrême âcreté. (C. 108).

317. *Agaric de chêne (Amadouvier).* — *Polyporus fomentarius,* Champignon-Basidiomycète indigène, réduit par compression et battage à des lames molles, d'un brun jaunâtre, légères, flexibles, à surface lisse ou un peu inégale, dédoublables en lamelles veloutées, satinées; souvent imprégné de sels qui lui permettent de brûler sans flamme d'une façon continue. Odeur et saveur nulles. (C. 107).

318. *Ergot de Seigle (Seigle ergoté, S. cornu.).* — Fruits du *Secale cereale,* déformés par un Champignon thécasporé, à sclérote, le *Claviceps purpurea;* de forme cylindrique, arquée, atténués aux deux bouts, durs, d'un brun noirâtre ou violacé, à intérieur blanc, bordé de violacé, compact, corné, à odeur et saveur rances, âcres. (C. 129).

319. *Coralline blanche (C. officinale).* — Algue-Floridée marine, indigène, calcifère, en forme de touffes ramifiées, dont les divisions sont obconiques, aplaties, comme articulées, à écorce calcaire qui se brise et permet de plier l'axe central ténu. Les sommets des axes peuvent porter des sacs (cystocarpes) tétrasporés. Saveur presque nulle; odeur marine. (C. 291).

320. *Mousse de Corse.* — Mélange d'Algues-Floridées marines, indigènes, brunes ou rougeâtres, ramifiées, filamenteuses, à odeur de Varecs, à saveur salée, parmi lesquelles se trouve parfois, mais non forcément, l'*Alsidium Helminthochorton,* très petit, d'un gris rougeâtre, formé de filaments courts et grêles, irrégulièrement dichotomes. (C. 295).

321. *Carragahen (Mousse perlée).* — *Chondrus crispus* Lingb., Algue-Floridée marine, indigène, à thalle arboriforme, aplati, plus ou moins dilaté en éventail, plusieurs fois dichotome, crépu au sommet, glabre, lisse, subcorné, élastique, plus ou moins rougeâtre, souvent tout à fait décoloré, portant parfois des cystocarpes. Odeur de Varecs; saveur mucilagineuse, parfois légèrement salée. La fronde se gonfle et devient visqueuse au contact de la salive. (C. 285).

322. *Capillaire de Montpellier.* — *Adiantum Capillus Veneris,* Fougère de la région méditerranéenne, à frondes bipinnatiséquées; les folioles presque aussi larges que longues, insymétriquement quadrilatérales, cunéiformes à la base, serrées en haut ou avec lobes sorifères à bords arrondis et réfléchis. Odeur agréable, faible et douce. (C. 11).

323. *Capillaire rouge.* — *Asplenium Trichomanes,* Fougère indigène, à frondes une fois pinnatiséquées; les segments ovales et arrondis, dentelés, à sores linéaires, obliques, distincts, puis confluents. Saveur faible. (C. 19).

324. *Rue des Murailles (Sauve-vie).* — *Asplenium Ruta muraria,* petite Fougère indigène, à frondes bipinnatiséquées, avec lobes obovales-

oblongs, entiers ou lobulés. Sores linéaires. Indusium détaché par son bord interne. Saveur et odeur presque nulles. (C. 19).

325. *Capillaire noir.* — *Asplenium Adiantum nigrum*, Fougère indigène, à frondes glabres, d'un vert foncé, bi-tripinnatiséquées, à segments lancéolés-aigus, multilobulés. Sores linéaires, puis confluents, à indusium allongé. Odeur et saveur presque nulles. (C. 20).

326. *Scolopendre.* — *Scolopendrium officinale*, Fougère indigène, à frondes entières, oblongues ou oblongues-lancéolées, à base cordée, biauriculée; les sores linéaires, obliques, parallèles aux nervures secondaires, avec deux lames indusiales parallèles, se regardant et se recouvrant par leur bord interne libre. (C. 22).

327. *Écorce de Winter fausse.* — Écorce du *Cinnamomdendron corticosum* Miers, Magnoliacée-Canellée des Antilles; épaisse, arquée, d'un gris rougeâtre ou d'un brun ferrugineux, à dépressions arrondies, à cassure courte, granuleuse, un peu fibreuse. Surface interne d'un brun noirâtre, presque lisse. Odeur aromatique. Saveur chaude et piquante. (P. 509).

328. *Boldo.* — Feuilles du *Peumus Boldus* Mol., Monimiacée-Hortoniée arborescente du Chili; opposées, persistantes, elliptiques ou ovales-elliptiques, entières, rudes, ponctuées de réservoirs d'essence très odorante, à odeur de certaines Labiées. (P. 524).

329. *Jéquirity.* — Graines de l'*Abrus precatorius* L., Légumineuse-Papilionacée-Viciée grimpante, des régions tropicales; pisiformes, rouges, tachées de noir au sommet, lisses, assez dures, avec un embryon charnu, sans albumen. Odeur nulle; saveur désagréable. (P. 632).

330. *Mélilot.* — Sommités fleuries du *Melilotus officinalis*, Légumineuse-Papilionacée-Trifoliée, indigène, vivace; à feuilles alternes, trifoliolées; à petites fleurs jaunes en grappes, pendantes, pourvues d'une corolle irrégulière. Odeur aromatique, forte à l'état sec, assez agréable, spéciale. (P. 650.)

331. *Genêt à balais.* — Sommités fleuries du *Genista scoparia* H. Bn (*Spartium scoparium* L. — *Cytisus scoparius* Link. — *Sarothamnus scoparius* Koch), Légumineuse-Papilionacée-Génistée indigène, frutescente; à petites feuilles supérieures 1-3-foliolées; à fleurs solitaires ou géminées, irrégulières, jaunes; la corolle papilionacée et l'androcée monadelphe. Saveur âcre, s'atténuant beaucoup par la dessiccation. (P. 662).

332. *Viburnum prunifolium.* — Rubiacée-Sambucée de l'Amérique du Nord. Feuilles obovales, subarrondies ou ovales, glabres, nettement dentées en scie, à pétioles marginés. Fleurs en cymes composées, corymbiformes. Fruits charnus, d'un noir bleuâtre. Écorce en plaques canaliculées; légère, mince, d'un brun jaunâtre clair en dedans, extérieurement garnie d'une couche subéreuse spongieuse, plus ou moins épaisse; à saveur faible, farineuse, à odeur faible, un peu nauséeuse.

333. *Cascara sagrada.* — Écorce mince des branches plus ou moins grosses du *Rhamnus Purshianus* DC. (*R. alnifolius* Pursh), Rhamnacée-

Rhamnée frutescente de l'Amérique du Nord, à feuilles ovales, courtement pétiolées, denticulées, légèrement cordées à la base; les nervures pubescentes en dessous; les pédoncules floraux deux fois bifides; les fruits globuleux-déprimés, charnus. Écorce rigide, assez fragile, à cassure courte; grise ou plus ou moins brune en dehors, lisse ou peu rugueuse, brune en dedans et lisse, glabre. Saveur amère, assez franche. Odeur nulle.

334. *Cajeput.* — Huile volatile extraite des feuilles de *Melaleuca Leucadendron*, var. *minor*, Myrtacée-Leptospermée des Moluques et des îles voisines; verte ou décolorée, mobile, transparente, à odeur forte, agréable, camphrée et térébenthinée, rappelant un peu celle de la rose; entièrement soluble dans l'alcool. (P. 1017).

335. *Petite Ciguë.* — Feuilles et fruits de l'*Æthusa Cynapium*, Ombellifère-Peucédanée annuelle, indigène, la plus vénéneuse de toutes, glabre, à tige verte ou uniformément teintée de pourpre; les feuilles décomposées-ternatipennées; les fleurs blanches, en ombelles composées, avec involucre nul ou réduit à une courte bractée, à involucelle de 1-5 bractéoles sétacées; les trois plus longues extérieures et descendantes. Odeur vireuse, fétide. (P. 1059).

336. *Curare.* — Mélange brun, concrété, opaque, plus ou moins résineux ou terne, devant surtout ses propriétés toxiques ou physiologiques au *Strychnos Castelnæana* WEDD., Solanacée-Strychnée américaine, à tige grimpante, à crocs axillaires, à grandes feuilles elliptiques, aiguës, 5-7-nerves. (P. 1217).

337. *Tabac rustique.* — Feuilles du *Nicotiana rustica*, Solanacée-Nicotianée indigène, annuelle; pétiolées, ovales-obtuses, épaisses, molles, d'un vert foncé, couvertes de poils visqueux; brunissant par la dessiccation qui atténue l'odeur vireuse et désagréable. (P. 1202).

338. *Plantain* (Grand). — Feuilles du *Plantago major*, Plantaginacée indigène, vivace; largement ovales, épaisses, coriaces, à 3-5 nervures convergentes; glabres ou à peu près, légèrement amères et styptiques, un peu mucilagineuses. (P. 1186).

339. *Iné (Onaie).* — Graines du *Strophanthus hispidus* DC., Apocynacée-Nériée ligneuse, de l'Afrique tropicale, ou d'une de ses variétés glabres (*S. Kombe*); ovoïdes-subfusiformes, d'un jaune grisâtre, surmontées d'une longue tige grêle, qui porte un grand bouquet de poils blanchâtres formant aigrette. (P. 1270).

340. *Laurier-Rose.* — Feuilles opposées ou verticillées du *Nerium Oleander*, Apocynacée-Nériée de la région méditerranéenne; lancéolées, entières, coriaces, glabres ou à peu près, penninerves, âcres, irritantes, inodores. (P. 1267).

341. *Séné de l'Inde (S. de la Pique).* — Folioles du *Cassia angustifolia* (*C. medicinalis* BISCH. — *C. lanceolata* W. et ARN.), longuement ovales-lancéolées ou linéaires-lancéolées, longuement aiguës au sommet, glabres ou à peine pubescentes, d'un vert clair en dessus, plus ou moins glauques

en dessous. Caractères organoleptiques du *C. acutifolia*. (P. 606).

342. *Camphre de Bornéo (Bornéol)*. — Camphre cristallin, extrait du *Dryobalonops aromatica* Gærtn. (*D. Camphora* Col.), Diptérocarpacée-Dryobalonopsée arborescente de Bornéo et de Sumatra ; d'un blanc plus ou moins grisâtre, en petits grains dont l'odeur tient à la fois du C. du Japon, du poivre, du Patchouly et de l'Ambre gris. Saveur brûlante. (P. 812).

343. *Duboisia*. — Feuilles du *Duboisia myoporoides*, Solanacée ou Scrofulariacée-Salpiglossée océanienne ; alternes, courtement pétiolées, oblongues, obtuses ou aiguës au sommet, entières, penninerves, ayant les propriétés de la Belladone. (P. 1209).

344. *Caoutchouc* (de Colombie). — Suc durci, blanchâtre, puis noirci ou bruni par la fumée, élastique, du *Castilloa elastica* Cerv., Ulmacée-Artocarpée arborescente de l'Amérique tropicale. (P. 993).

345. *Menthe japonaise*. — Feuilles du *Mentha arvensis*, var. *piperascens*, herbe du Japon, Labiée-Menthée vivace; ovales-aiguës, dentées, à odeur fine, non térébenthinée, sans âcreté. (P. 1241).

346. *Thym* (commun). — Branches foliifères ou fleuries du *Thymus vulgaris*, Labiée-Menthée cultivée, odorante-aromatique, à saveur chaude. Feuilles opposées, petites, lancéolées ou linéaires, obtuses, à bords réfléchis, chargés de petits poils glanduleux, rougeâtres, sécrétant l'essence. Fleurs petites, blanches ou rosées, irrégulières, en faux-capitules (cymes) ovoïdes ou globuleux. (P. 1242).

347. *Santal blanc*. — Bois du *Santalum album* L. (*S. myrtifolium* Roxb.), Santalacée-Santalée arborescente de l'Inde; d'un jaune plus ou moins brun, à zones concentriques plus brunes ; dur, riche en huile essentielle. Saveur forte, amère-aromatique. Odeur développée par le frottement et le rapage, persistante, spéciale, comparée à celle des roses. (P. 1320).

348. *Vigne*. — Feuilles du *Vitis vinifera*, type des Ampélidées ; sarmenteux, cultivé; pétiolées, palmatilobées, à base cordée et à lobes sinués-dentés; vertes ou rougissant en automne et par la dessiccation, acidules, plus ou moins pubescentes, notamment à la face inférieure blanchâtre. (P. 1326).

349. *Maïs*. — Fruits du *Zea Maïs* L., Graminée-Maydée, à gros épis composés, cylindriques. Grains (caryopses) réniformes-arrondis, comprimés, lisses, luisants; souvent jaunes, disposés en séries verticales sur l'axe épaissi de l'inflorescence femelle, souvent enveloppé de grandes bractées papyracées. Albumen dur. Embryon basilaire, excentrique. Styles longs, grêles, bidentés au sommet, pendant dans l'intervalle des bractées de l'inflorescence. (P. 1372).

350. *Fausse-Oronge*. — *Amanita muscaria* Pers. (*Agaricus muscarius* L.), Champignon-Hyménomycète-Agaricé indigène, très commun et très vénéneux, à stipe central, bulbeux à sa base, avec volva complet et voile réduit à l'état de collerette à la maturité. Stipe et lames hyméniales

blanches. Chapeau d'un rouge vermillon ou un peu orangé en dessus, parsemé des débris maculiformes et blancs de la volve. Saveur légèrement douceâtre, sans âcreté ni amertume. (C. 86).

351. *Polytric.* — *Polytrichum commune,* petite Mousse indigène, vivace, à feuilles nombreuses, étroites, aiguës, non vasculaires, à axe grêle (soie), supportant une urne terminale ovoïde-anguleuse, fermée par une membrane horizontale, recouverte d'un opercule conique, lui-même chargé d'une coiffe filamenteuse, fauve. (C. 46).

352. *Laminaria Cloustoni.* — Algue-Halyséridée-Laminariée indigène, à fronde formée d'un stipe brunâtre, cylindrique, pourvu à sa base d'une dilatation qui porte les crampons de fixation, et en haut d'un limbe partagé en nombreuses et étroites lanières, cordiforme à la base. Efflorescence saline et amère. (C. 280).

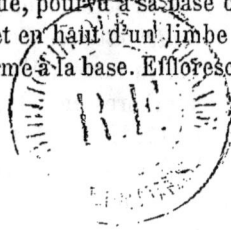

TABLE DES MATIÈRES

M

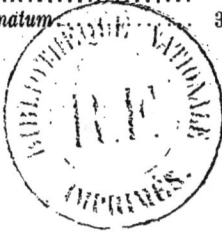

FIN DE LA TABLE DES MATIÈRES

ERRATA

Page 43, fig. 64, au lieu de *vulgare*, lisez *commune*.

Page 110, fig. 133, 134, au lieu de *Cornucopia*, lisez *cornucopioides*.

Page 213, ligne 6, au lieu de *Selm*, lisez *Selmi*.

Imprimeries réunies, B, rue Mignon, 2.